DIANLI SHENGCHAN XIANCHANG
ZUOYE ANQUAN FANGFAN CUOSHI

电力生产现场
作业安全防范措施

（第二版）

兰成杰　主编

中国电力出版社
CHINA ELECTRIC POWER PRESS

内 容 提 要

本书为配合全国范围的安全生产大检查而编写，旨在促进安全生产形势持续稳定好转，结合电网安全风险管控，强化安全基础、推动安全发展、防范电力行业人身伤亡事故，2016年4月首次出版，2023年修订为第二版。

本书共分为13章，主要内容包括：电力生产现场人员伤害紧急救护措施；现场作业不受伤害基本措施；输变电工程施工现场关键点作业安全管控措施；作业人员触电事故防范措施；现场触电急救基本要求和操作；作业人员高处坠落事故防范措施；作业人员机械伤害事故防范措施；物体打击、挤压作业人员事故防范措施；创伤急救基本要求和处理操作；灼伤、烧烫伤、冻伤事故防范措施和急救操作；中毒事故防范措施和急救操作；中暑、溺水、动物咬伤事故防范措施和急救操作；噪声污染和电磁辐射防范措施。

本书可供电力行业现场作业人员学习、培训使用，也可供其他行业自备发电厂、变电站、自供区、线路工区及电力用户单位电气作业人员参考使用。

图书在版编目（CIP）数据

电力生产现场作业安全防范措施 / 兰成杰主编 . —2 版 . —北京：中国电力出版社，2023.5（2024.7 重印）

ISBN 978-7-5198-6719-5

Ⅰ . ①电… Ⅱ . ①兰… Ⅲ . ①电力工业－安全生产－生产管理 Ⅳ . ① TM08

中国版本图书馆 CIP 数据核字（2022）第 065461 号

出版发行：中国电力出版社
地　　址：北京市东城区北京站西街 19 号（邮政编码 100005）
网　　址：http://www.cepp.sgcc.com.cn
责任编辑：安小丹（010-63412367）
责任校对：黄　蓓　李　楠
装帧设计：张俊霞
责任印制：吴　迪

印　　刷：三河市万龙印装有限公司
版　　次：2016 年 4 月第一版　2023 年 5 月第二版
印　　次：2024 年 7 月北京第八次印刷
开　　本：787 毫米 ×1092 毫米　16 开本
印　　张：17.25
字　　数：426 千字
印　　数：9001—10000 册
定　　价：69.00 元

本书编委会

主　　编　兰成杰

副 主 编　张　鑫

编写人员　王晋生　李军华　胡中流

赵　炎　王凤芝　郑四喜

王　政　马　威　周小云

谢天朋　李焜烨　王　超

赵　璐　白　力　王　娜

宋　荣　王嘉悦　郑雅琴

前　言

安全是电力生产的基础，电力的安全生产关系到人民群众的生命财产安全，同时也关系到社会的稳定和谐，做好电力安全生产工作是各行各业稳定快速发展的基础。一切电力生产工作必须要在保证安全的前提下进行，遵守“安全第一，预防为主，综合治理”的安全生产方针，必须强化生产作业安全意识，建立健全事故防范措施，以期电力生产不发生人员伤害事故，即使发生也能尽力挽回生命。

电力生产事故的引发是多方面的，有人为的，也有不可控制因素导致的，但只要我们做好电力安全生产事故的各项防范措施，就能够尽可能地将事故发生率降到最低，将事故带来的损害降到最小。本书将电力生产现场作业时容易发生的各类事故（事件）进行整理、归纳，并指出事故（事件）发生时应采取的正确措施和操作，自 2016 年 4 月首次出版以来得到读者厚爱。现应读者要求予以修订为第二版，在第一版内容的基础上进行完善、补充。第二版共分为 13 章，主要内容包括电力生产现场人员伤害紧急救护措施；现场作业不受伤害基本措施；输变电工程施工现场关键点作业安全管控措施；作业人员触电事故防范措施；现场触电急救基本要求和操作；作业人员高处坠落事故防范措施；作业人员机械伤害事故防范措施；物体打击、挤压作业人员事故防范措施；创伤急救基本要求和处理操作；灼伤、烧烫伤、冻伤事故防范措施和急救操作；中毒事故防范措施和急救操作；中暑、溺水、动物咬伤事故防范措施和急救操作；噪声污染和电磁辐射防范措施。

本书可供电力行业现场作业人员学习、培训使用，也可供其他行业自备发电厂、变电站、自供区、线路工区及电力用户单位电气作业人员参考使用。

本书由兰成杰主编，张鑫副主编，王晋生、李军华、胡中流、赵炎、王凤芝、郑四喜、王政、马威、周小云、谢天朋、李焜烨、王超、赵璐、白力、王娜、宋荣、王嘉悦、郑雅琴参与编写工作，王晋生进行统稿。限于编者知识水平，书中不妥与疏漏之处在所难免，恳望读者批评指正。

编　者

2023 年 4 月

目　录

第一章

电力生产现场人员伤害紧急救护措施

第一节　电力员工职业病防治措施

一、保证劳动者职业健康的基本要求

职业健康越来越受到人们的重视，一方面，《中华人民共和国劳动合同法》第四十二条规定，从事接触职业病危害作业的劳动者未进行离岗前职业健康检查，或者疑似职业病病人在诊断或者医学观察期间的，用人单位不得依照本法第四十条、第四十一条的规定解除劳动合同；另一方面，《中华人民共和国职业病防治法》第三十二条规定，对从事接触职业病危害的作业的劳动者，用人单位应当按照国务院卫生行政部门的规定组织上岗前、在岗期间和离岗时的职业健康检查，并将检查结果如实告知劳动者。

我国是世界上劳动人口最多的国家，2022 年全国就业人口达 7.34 亿人，多数劳动者职业生涯超过其生命周期的 1/2。截至 2021 年底，全国累计报告职业病 102.67 万例，其中，职业性尘肺病 91.54 万例。由于职业健康检查覆盖率低和用工制度不完善等原因，实际发病人数远高于报告病例数。为认真贯彻党中央、国务院关于职业病防治工作的决策部署，深入宣传贯彻《职业病防治法》，推动用人单位落实职业病防治主体责任，保障广大劳动者职业健康权益，我国将每年 4 月的最后一周至 5 月 1 日国际劳动节（4 月 25 日～5 月 1 日）定为全国《职业病防治法》宣传周。每年的宣传周都有一个主题，卫生健康主管部门会同人力资源社会保障、工会等有关部门和组织围绕这个主题联合开展《职业病防治法》宣传周活动。

二、职业病防治管理措施

《中华人民共和国职业病防治法》规定用人单位应当采取下列职业病防治管理措施：

（1）设置或者指定职业卫生管理机构或者组织，配备专职或者兼职的职业卫生专业人员，负责本单位的职业病防治工作。

（2）制定职业病防治计划和实施方案。

（3）建立、健全职业卫生管理制度和操作规程。

（4）建立、健全职业卫生档案和劳动者健康监护档案。

（5）建立、健全工作场所职业病危害因素监测及评价制度。

（6）建立、健全职业病危害事故应急救援预案。

（7）用人单位必须采用有效的职业病防护设施，并为劳动者提供个人使用的职业病防护用品。用人单位为劳动者个人提供的职业病防护用品必须符合防治职业病的要求；不符合要求的，不得使用。

（8）用人单位应当优先采用有利于防治职业病和保护劳动者健康的新技术、新工艺、新材料，逐步替代职业病危害严重的技术、工艺、材料。

（9）产生职业病危害的用人单位，应当在醒目位置设置公告栏，公布有关职业病防治的规章制度、操作规程、职业病危害事故应急救援措施和工作场所职业病危害因素检测结果。对产生严重职业病危害的作业岗位，应当在其醒目位置，设置警示标识和中文警示说明。警示说明应当载明产生职业病危害的种类、后果、预防以及应急救治措施等内容。

三、诱发职业病的有关因素

1. 化学性因素

（1）生产性毒物生产过程中产生的，存在于工作环境空气中的化学物质称为生产性毒物。有的为原料，有的为中间产品，有的为产品。常见的有氯、氨等刺激性气体，一氧化碳、氰化氢等窒息性气体，铅、汞等金属类毒物，苯、二硫化碳等有机溶剂。

（2）生产性粉尘在生产过程中产生的，较长时间悬浮在生产环境空气中的固体微粒，称为生产性粉尘。如硅尘、滑石尘、电焊烟尘、石棉尘、聚氯乙烯粉尘、玻璃纤维尘、腈纶纤维尘等。

2. 物理性因素

（1）温度。高温如热油泵房、催化剂生产的焙烧岗位、加氢催化剂反应器内操作、夏天进入油罐车或油槽车内作业等；低温，如石蜡成形的冷库。

（2）噪声。噪声来自机械力（固体或液体表面的振动）、气体湍流、电动力及磁动力等。如催化“三机”（主风机、气压机、增压机）室、加热炉、高压蒸汽放空、泵、球磨机、粉碎机、机械传送带、电气设备等。

（3）振动。如循环压缩机转动；使用风动工具，如锻锤、风锤；电锯、捣固机；研磨作业的砂轮机、铣床、镟床；交通运输工具，如汽车、摩托车、火车等。

（4）电离辐射。如工业探伤用的X射线；放射性同位素仪表，如料位计的γ射线等。

（5）非电离辐射。如高频热处理时的高频电磁场，电焊、氩弧焊、等离子焊时产生的紫外线，加热金属、玻璃时产生的红外线等。

3. 生物性因素

生物性有害因素是指由细菌、寄生虫或病毒所引起的与职业有关的某些疾病。如引起皮革工人、畜产品加工工人等职业性炭疽的炭疽杆菌，引起森林工作者的职业性森林脑炎的是由蜷蟀传布的一种森林脑炎病毒等。

4. 劳动过程中的有害因素

（1）劳动组织不合理如劳动时间过长，特别多见于检修期间，有的一天工作10～12h，连续10天、半个月，甚至更长时间，如果组织不当则不利于员工的健康。

（2）劳动精神过度紧张多见于新工人或新装置投产试运行，或生产不正常时。如重油加氢，高压，硫化氢浓度大，易发生燃烧、爆炸和中毒，不仅新工人紧张，老工人在试运行期间也十分紧张。

（3）劳动强度过大或安排不当，如超负荷加班加点，检修时的工业探伤工作量过大。

（4）个别器官、系统过度疲劳如光线不足使视力紧张，长时间处于不良体位或使用不合理的工具设备。

5. 卫生条件和技术措施不良的因素

(1) 生产场所设计不合理如车间布置不当，有毒与无毒岗位设在同一工作间；厂房矮小、狭窄，设计时没考虑必要的卫生技术设施，如通风、换气或照明等。

(2) 防护措施缺乏、不完善或效果不好如一些包装厂房或操作岗位，往往缺乏防尘、防毒、防噪声等措施，特别是聚丙烯粉料、硅酸铝催化剂等包装时粉尘飞扬。

(3) 缺乏安全防护设备和必要的个人防护用品如铆工与焊工在同一厂房作业，铆工有耳塞防噪声，但焊工却没有；焊工有防紫外线的面罩，保护眼睛，铆工却没有。

(4) 自然环境因素如炎热季节的太阳辐射，长时间头部受照而发生中暑。

(5) 环境污染因素如氯碱厂泄漏氯气，处于下风侧的无毒生产岗位的工人，吸入了氯气；化肥厂的氨气泄漏，同样，也可使处于下风侧的其他工种工人受害。

四、从事有毒有害作业职工应增加身体营养

对从事有毒有害作业的职工，应该增加相对应的营养来保障身体健康。

(1) 铅作业：提高蛋白质、维生素 C 的供给量，多吃新鲜水果；适量增加维生素 B 族、维生素 K；减少脂肪和钙的供给量。

(2) 苯作业：提高维生素 C、蛋白质和碳水化合物的供给量；增加维生素 B 族和铁；减少脂肪的供给量。

(3) 汞作业：提高蛋白质供给量，尤其是富含蛋氨酸的动物蛋白质；适当增加 B 族维生素和维生素 C；减少脂肪供给量。

(4) 镉作业：提高维生素 A 和蛋白质的供给量。

(5) 矿尘作业：提高蛋白质、维生素 C 的供给量；适当增加维生素 B6、A、D 和钙。

(6) 高温作业：提高无机盐和水溶性维生素供给量；适当增加蛋白质、碳水化合物等各类营养物质。

(7) 低温作业：提高脂肪供给量；适当增加蛋白质、各类维生素和食盐。

(8) 噪声作业：提高维生素 A、E、B2 的供给量；适当增加蛋白质。

(9) 振动作业：增加脂肪，尤其是不饱和脂肪的供给量；适当增加蛋白质、维生素 C 和水溶性维生素。

(10) 高气压作业：提高碳水化合物的供给量；适当增加蛋白质和各类维生素。

(11) 电离辐射作业：提高蛋白质的供给量；适量增加维生素 B1、B6、C、A，减少脂肪供给量。

(12) 生物因素作业：提高蛋白质的供给量；适当增加维生素 C、A 和锌。

第二节　紧急救护组织和紧急救护设备

DL/T 692—2018《电力行业紧急救护技术规范》规定了电力行业紧急救护工作中的技术操作要求，适用于全国电力行业各企业单位的生产现场紧急救护技术操作，不适用于医院内的紧急救护。

一、紧急救护组织

1. 院外急救网络

电力行业各企业单位应组建相应的医院外的急救网络，形成“现场急救-转送急救-医院急救”的急救链，从而提高受伤害作业人员抢救成功率。

2. 院外紧急救护小组的职责

（1）电力行业各企业单位的院外紧急救护小组应明确任务，熟练掌握各种急救技术。

（2）院外紧急救护小组应负责对本单位作业人员进行紧急救护技术培训。

（3）院外紧急救护小组要经常处于应急状态，接到急救通知后应以最快的速度到达现场，坚持不懈地展开紧急救护工作。

（4）在现场紧急救护的同时，应立即与当地急救中心或就近医院取得联系，以便得到下一步的急救指导。

（5）急救中心或医院的医务人员来到现场后，应听从医务人员的指挥，积极配合医务人员的抢救工作。

3. 开展现场紧急救护的原则

（1）院外紧急救护小组应准备随时接受重大急救指令或现场紧急救护人员的咨询。

（2）事故发生现场的作业人员应在班组长安全员或受过紧急救护培训人员的带领下，迅速开展现场紧急救护工作，并及时向有关部门报告，请求急救医疗支援。

（3）院外紧急救护小组在事发现场负责和指导伤员转送。

二、紧急救护设备

（一）作业现场配备简易急救箱

生产现场（主控室、化验室等必要场所）和流动作业车上应配备简易急救箱或应根据生产实际存放相应的急救药品，并由专人负责、定期检查、补充及更换，应在有效期或保质期内使用。

急救箱内的物品的配备，参见表 1-1。

表 1-1　　简易急救箱应配置的物品

序号	配置物品清单	规格/单位	数量
1	简易人工呼吸器	硅胶，成人	1
2	人工呼吸面膜	30cm×20cm	4
3	卡扣式止血带	2.5cm×45cm	4
4	纱布片 2 片/袋	7.5cm×7.5cm	20
5	聚对苯二甲酸丁二醇酯（PBT）绷带	5cm×450cm	5
6	弹力绷带	7.5cm×450cm	3
7	三角绷带	96cm×96cm×135cm	4
8	头部弹力网状绷带	L	3
9	烧伤敷料	40cm×60cm	2
10	吸血垫	10cm×10cm	3
11	伤口敷贴	6cm×10cm	5
12	创可贴	20 张/盒	1
13	棉签	7.5cm	50
14	安全别针	2 号	20
15	透气胶带	1.25cm×910cm	3
16	卷式夹板	11cm×90cm	1
17	四合一颈托	L	1
18	纱布剪	15cm	1

续表

序号	配置物品清单	规格/单位	数量
19	镊子	11cm	2
20	电子血压计	只	1
21	苯扎溴铵片	100片/瓶	1
22	聚维酮碘片	100片/瓶	1
23	清洁湿巾	10cm×15cm	10
24	检查手套	L	5
25	体温计	支	2
26	急救毯	1.3m×2.1m	2
27	速冷袋	133g	4
28	防水手电筒	只	1
29	求生哨	只	1
30	防水牛津包	55cm×22cm×30cm	1

（二）院外紧急救护小组配备器材

电力行业各企业医院院外急救小组应配备氧气、简易球囊呼吸器、呼吸机、自动体外除颤器、专用急救箱、急救用车辆及必要的通信设备。

1. 呼吸机

呼吸机是一种能代替、控制或改变人的正常生理呼吸，增加肺通气量，改善呼吸功能，减轻呼吸功消耗，节约心脏储备能力的装置。当呼吸减弱和痰多且稠，排痰困难，阻塞气道或发生肺不张，应考虑气管插管及呼吸机。呼吸机有多种类型，急救小组应配置现场急救的急救呼吸机。急救呼吸机可以将机器放置或固定到救护车内，进行急救或治疗；也可以用于野外现场急救。急救呼吸机具有三种电源方式：具有可供机器长时间工作的内置的锂离子电池组，可供机器使用8h以上；连接救护车内AC 100～240V的外接电源；连接车载DC 12V的电源。急救呼吸机具有三种气源方式：配备了2L的铝合金氧气瓶，可直接使用；配备了专用的氧气减压装置，可以与救护车内任意大氧气瓶连接使用；配备专用的氧气管路，可以与车载中心供氧连接使用。配备了携带包可以手提或肩背，而重量仅有7kg；携带包内装备了呼吸机与氧气瓶等使用必需的附件，无需拿出机器即可使用。

2. 自动体外除颤器

心源性猝死最常见原因是心室颤动（ventricular fibrillation，VF，简称“室颤”，是一种严重的室颤性心律失常，心脏失去有效的排血功能），无论做心脏按压还是其他措施都只能延长室颤的持续时间，暂时为重要脏器供血供氧，而无法终止室颤恢复有效灌注的心律。所以，在现场快速终止室颤，才是挽救生命最根本的方法，这就是除颤。自动体外除颤器（AED）是一种便携式、易于操作，稍加培训即能熟练使用，专为现场急救设计的急救设备，从某种意义上讲，AED不仅是种急救设备，更是一种急救新观念，一种由现场目击者最早进行有效急救的观念。AED有别于传统除颤器可以经内置电脑分析和确定发病者是否需要予以电除颤。除颤过程中，AED的语音提示和屏幕显示使操作更为简便易行。AED非常直观，对多数人来说，只需几小时的培训便能操作。美国心脏病协会（AHA）认为，学用AED比学心肺复苏术（CPR）更为简单。AED使用步骤如下：

（1）开启AED。打开AED的盖子，依据视觉和声音的提示操作（有些型号需要先按下电源)。

(2) 给患者贴电极。在患者胸部适当的位置上，紧密地贴上电极。通常而言，两块电极板分别贴在右胸上部和左胸左乳头外侧，具体位置可以参考 AED 机壳上的图样和电极板上的图片说明。也有使用一体化电极板的 AED。

(3) 将电极板插头插入 AED 主机插孔。

(4) 开始分析心律，在必要时除颤。按下“分析”键（有些型号在插入电极板后会发出语音提示，并自动开始分析心率，在此过程中请不要接触患者，即使是轻微的触动都有可能影响 AED 的分析），AED 将会开始分析心率。分析完毕后，AED 将会发出是否进行除颤的建议，当有除颤指征时，不要与患者接触，同时告诉附近的其他任何人远离患者，由操作者按下“放电”键除颤。

(5) 一次除颤后未恢复有效灌注心律，进行 5 个周期 CPR。

(6) 除颤结束后，AED 会再次分析心律，如未恢复有效灌注心律，操作者应进行 5 个周期 CPR，然后再次分析心律，除颤，CPR，反复至急救人员到来。

3. 急救用车辆

最好能配备救护车，救护车上的 AMBULANCE 应反过来写，其目的是让前面的汽车司机通过后视镜直接看到正方向的 AMBULANCE 单词，从而迅速让道。伴随着警示灯的闪烁和警报器的呼啸声，毫无疑问，一辆救护车在赶往一个紧急呼叫的事故现场时，所有的交通要道都应为它放行。司机也可以在车行道边缘、人行道，甚至反方向上行驶——任何地方都行，只要救护车能通过。像奔赴火灾现场的消防员一样，救护人员也需要分秒必争，因为这可能意味着生死之差。

以往救护车的主要任务仅仅是将人们从事故现场尽快运送到医院。车内空间十分狭窄，只有一些非常基本的急救设备。现代救护车的内部比较宽敞，使救护人员有足够的空间去往医院的途中对患者进行救护处理。现代救护车内还携带了大量的绷带和外敷用品，可以帮助止血、清洗伤口、预防感染。车上还带着夹板和支架用来固定病人折断的肢体，并避免病人颈部和脊椎的伤害加重。车上也备有氧气、便携式呼吸机和心脏起搏除颤器等。大多数救护车上还带有病人监护仪，可以在前往急诊室的路上监测患者的脉搏和呼吸。这些检测数据可以通过无线电发送到医院。经过培训的专业急救人员，他们能够进行高水平的急救处理。他们在现场和途中的专业救护经常能够挽救伤者的生命。他们受过诊断患者伤势的训练，所以他们可以提前用无线电传送数据，并建议医院让那些医护人员和技师做好准备，并备好相应的手术用具。

4. 氧气

(1) 医用氧气质量标准。医用氧气是用于医疗保健与抢救的高纯度氧气制品，具有纯度高、无色、无味、无有害杂质等特点。医用氧气制取方法有低温空气分离法和医用分子筛变压吸附法两种。低温空气分离法制取的氧气，其质量必须符合《中华人民共和国药典》规定要求，实行的是药品批准文号管理，执行的是国家强制性标准《医用氧》(GB 8982)。医用氧气检测指标有氧含量、水分含量、二氧化碳含量、一氧化碳含量、气态酸性物质和碱性物质含量、臭氧及其他气态氧化物、气味等 7 项。医用分子筛变压吸附法制取氧气，其分子筛制氧设备必须获得《医疗器械注册许可证》，同时必须符合《医用分子筛制氧设备通用技术规范》(YY/T 0289) 规定要求，经省级药品监督管理局备案后方可供临床医疗使用。从现实情况看，临床上医用氧气（含液态氧）基本上都是低温分离法制取的。氧有液态和气态两种物理状态，液态氧是气态氧经过零下183℃低温处理转变为液态。液态氧与气态氧一样，也必须按已有国家标准药品申请上报，经国家药品监督管理局批准注册后方可生产销售。

(2) 医用氧气装置的类型。

1) 机械电子方式生产氧气的医用制氧机，其体积是普通床头柜2/3大小。家庭医用氧气装置可以24h连续工作。以空气为能源，无耗材，在家里制造符合医用氧标准的氧气，其洁净、无污染，满足人们一般正常使用。

2) 化学方式产生氧气，如人们熟知的"氧立得"，其小巧便携，使用不受环境、时间、地点、位置限制，但只能应急，不能持久。

3) 氧气袋、氧气钢瓶，是最原始的供氧方式，欠安全、单薄、笨重，并且要保证氧气袋、氧气钢瓶和制氧机不要接触任何油污，以免发生危险。

(3) 医用氧气袋。

1) 医用氧气袋作为常用输氧设备，具备以下优点：①医用氧气袋为橡胶尼龙布氧气袋，采用尼龙橡胶涂覆织物，具有强度高、轻便美观、使用方便等优点；②医用氧气袋可应用于呼吸衰竭、肺气肿、哮喘、高原缺氧等内外各科疾病及抢救，简便有效；③医用氧气袋可用于转院等各种临时输氧及家庭备用，方便携带及使用。

2) 医用氧气袋使用注意事项：①充入氧气的医用氧气袋勿接近明火，以防发生意外；②应避免与酸、碱、油类直接接触及过度用力挤压；③医用氧气袋充入氧气后储存或停用期间，勿在强烈太阳光下照射；④使用后的空氧气袋存放时，不宜硬折，可卷曲成筒状放置；⑤充入袋内的氧气压力不可超过3kPa，否则易造成氧气袋损坏。

3) 医用氧气袋使用方法：

① 氧气袋不宜过大，以71cm×42cm的为宜。

② 使用前应反复给氧气袋充气（用气筒或嘴吹都可以），并不断拍打，这样可避免使新袋中的滑石粉被患者吸入体内。

③ 氧气应到医院或急救中心购买。

④ 吸氧时，先在湿化瓶内放入60℃左右的热水，这样能湿化氧气，防止鼻腔干燥及分泌物黏稠。然后打开开关，调节氧气流量。

⑤ 将鼻塞插入鼻腔（要使鼻导管插入鼻腔4～5cm），如无呛咳即可用胶布将导管固定，患者头部枕于氧气袋上，以产生压力使氧气充分流出。

4) 医用氧气袋安全操作方法：医用氧气袋使用时要注意清理吸氧管内存水，保持管内干燥。并且要做到氧气湿化瓶的用水每天更换；吸氧管、面罩、含嘴等用毕要及时清洗，有条件者可用84消毒液等浸泡灭菌。避免产生细菌对患者的身体造成伤害。

在平时要注意氧气减压阀不要碰撞摔跌，以免失灵。氧气流量调节应合适，对于慢性阻塞性肺疾病患者，特别是伴有慢性二氧化碳潴留的患者，应按1～3L/min低流量持续给氧。对于有其他情况的患者，使用时有必要谨遵医嘱。

在日常使用中应半个月清洗制氧机空气过滤网一次，保证气路畅通。在制氧机发生报警要分析原因并及时解除。或者制氧机内有异常响声或只出空气，不出氧气应立即检查并请修理。保证医用氧气袋的正常使用。

5. 简易球囊呼吸器

(1) 适用范围和特点。简易球囊呼吸器也称为简易呼吸器，又称复苏球、气囊、皮球等，适用于心肺复苏及需人工呼吸急救的场合，尤其是适用于窒息、呼吸困难或需要提高供氧量的情况。可用于供电、供气不完备场合和紧急情况下对突发呼吸困难或呼吸衰竭的患者实施人工呼吸急救时提供肺通气。其目的是维持和增加机体通气量，纠正威胁生命的低氧血量。具有使用方便、痛苦轻、并发症少、便于携带、有无氧源均可立即通气的特点。遇到机械呼吸机（指有创呼吸机，不包括无创人工气道）因障碍、停电等特殊情况时，可临时应用简易球囊呼吸器替代。

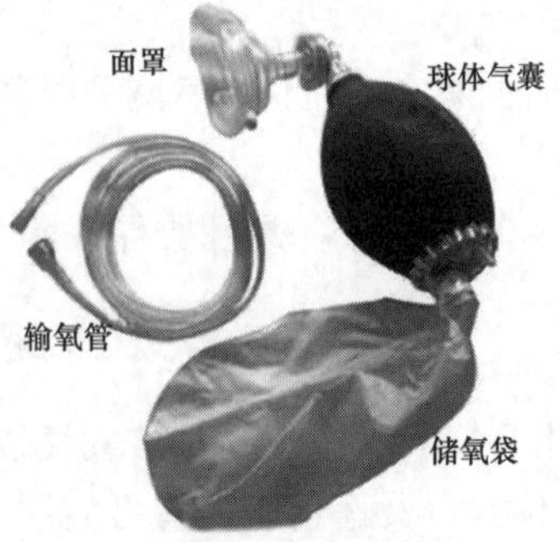

图 1-1　简易球囊呼吸器组成

（2）结构组成。简易球囊呼吸器通常由进气阀、压缩单元（如气囊）和患者阀组成，一般配有储气袋、呼吸面罩等附件，是一种通过操作者按压设备上压缩单元（如气囊），从而实现向患者肺部通气的复苏装置，如图 1-1 所示。

（3）使用注意事项。使用简易球囊呼吸器时应注意，如果抢救现场没有毒性气体可以只接储气袋、氧导管，如现场有多人进行抢救，接氧管及接储气袋动作由助手进行。开口器适用于出现口腔紧闭、口咽通气道不能进入口腔内的情况时使用。

（4）患者是否处于正常换气的确认。抢救者应注意患者如下情形，以确认患者处于正常的换气：

1）注视患者胸部上升与下降（是否随着压缩球体而起伏）。

2）经由面罩透明部分观察患者嘴唇与面部颜色的变化。

3）经由透明盖，观察单向阀是否适当运用。

4）在呼气当中，观察面罩内是否呈雾气状。

5）面罩要紧扣鼻部，否则易发生漏气。

6）若病人有自主呼吸，应与之同步，即病人吸气初顺势挤压呼吸囊，达到一定潮气量便完全松开气囊，让病人自行完成呼气动作。

7）简易呼吸器抢救无效时，把简易呼吸器与面罩分离，将呼吸机与面罩连接，建立无创人工气道。

（5）操作方法。简易球囊呼吸器操作方法如下：

1）将伤员去枕仰卧。

2）开放气道，清理口咽分泌物。

3）（此环节可不做）插入口咽通气道，防止舌咬伤和舌后坠。

4）抢救者应位于患者头部的后方，将头部向后仰，并托牢下额使其朝上，使气道保持通畅。

5）将面罩扣住口鼻，并用 CE 手法（即拇指和食指紧紧按住面罩，其他的手指则紧按住下颚）固定面罩。

6）用另外一只手挤压球体，将气体送入肺中，规律性地挤压球体提供足够的吸气/呼气时间（成人 12～15 次/min；小孩 14～20 次/min）。

（6）维护要求。简易球囊呼吸器按如下要求进行日常维护：

1）所有简易球囊呼吸器配件中，只有硅胶材质才可反复进行消毒，其余材质只能消毒剂擦拭消毒并且只供一次性使用，单个伤员可重复使用。

2）将简易球囊呼吸器各配件依顺序拆开，置入 2%碱性戊二醛溶液中浸泡 4～6h。

3）取出后使用灭菌蒸馏水冲洗所有配件，去除残留的消毒剂。

4）储气袋只需擦拭消毒即可，禁用消毒剂浸泡，因易损坏。

5）如遇特殊感染患者，可使用环氧乙烷熏蒸消毒。消毒后的部件应完全干燥，并检查是否有损坏，将部件依顺序组装。

6）做好自检工作，备用。

（7）自检方法。简易球囊呼吸器自检方法如下：

1）检测入气情况：按压球囊，堵塞通气阀，球囊迅速回弹，说明入气通畅。

2）检测储气装置密闭性：堵塞通气阀，按压球囊，球囊不可下压，说明储气装置无漏气。

3）检测通气情况：连接储气袋于通气阀，按压球囊，储气袋充盈，鸭嘴阀开放与闭合方向正确，通气顺畅，表明通气阀通畅，通气方向正确。

4）检测通气情况：充盈储气袋后，按压储气袋，通气阀瓣膜上下摆动，说明肺内气体可呼出，患者有自主呼吸时气体可排出体外。

5）检测气体补充情况：充盈储气袋，接储气袋于入气阀，按压球囊，储气袋迅速排空，说明当通气不足时，可从储气袋内摄入补充。

6）检测过多气体排出情况：充盈储气袋，接储气袋于入气阀，按压储气袋，储气袋瓣膜上下摆动，说明当通气过量时，可经储气阀排出。

7）检测氧气入口通畅情况：按压球囊排出球囊内气体堵塞空气入气口，球囊缓慢回弹，说明氧气入口通畅，球囊内可获氧气充盈。

第三节　现场紧急救护知识培训与基本要求

一、现场紧急救护知识培训

1. 总的规定

电力行业各企业单位应普及现场紧急救护知识，努力提高职工自救、互救能力。

2. 重要意义

现场紧急救护培训是电力行业安全教育必修内容之一。

现场紧急救护培训是加强事故防范意识、提高伤员现场抢救成功率的有效手段。

3. 培训目的

（1）使电力行业全体人员都要掌握“触电急救技术规范”的所有内容，能进行现场徒手抢救。

（2）使生产第一线人员掌握触电急救紧急救护原则，能根据“触电急救技术规范”中规定的急救技术规范，熟练、正确地进行现场徒手现场抢救，并能使用现场简易急救设备。

（3）使生产第一线人员能遵照“创伤急救技术规范”“止血处理技术规范”“骨折处理技术规范”“颅脑外伤处理技术规范”“烧伤急救处理技术规范”“挤压外伤处理急救技术规范”“冻伤急救处理技术规范”“动物咬伤急救处理技术规范”“溺水急救技术规范”“中暑急救技术规范”“有害气体中毒急救技术规范”“伤员搬运急救技术规范”进行相应简单的现场急救。

（4）使行业医务人员能较熟练地掌握现场紧急救护的基本理论，不仅能熟练地进行现场徒手抢救，还能使用现场急救设备，而且应具有进行紧急救护培训和现场指导等技术工作的能力。

4. 培训要求

（1）培训操作应采用模拟人和必备的仪器、设备。

（2）凡参加培训的人员一律经考试合格后，发给合格证书。

（3）每隔 2～3 年应对上述人员进行一次加强培训。

（4）新入职员工必须经过培训考核，合格后方能上岗。

5. 触电急救模拟人操作培训

触电急救模拟人（又称心肺复苏模拟人），是电力系统单位在培训触电时进行的急救训练用的人体模型，可模拟人体在触电后如何进行心肺复苏急救操作。

CPR 680 触电急救模拟人（高级电脑心肺复苏模拟人）的执行标准是：美国心脏学会（AHA）2010 国际心肺复苏（CPR）& 心血管急救（ECC）指南。经国内权威专家建议指导下，开发用于提高受训者在发生触电意外时应急能力最新急救培训模型。一具高级复苏全身人体模型还配置有：高级液晶显示器一台（人工呼吸与胸外按压、模拟心脏搏动显示、模拟心电图显示）；豪华手拉推式人体硬塑箱一只；复苏操作垫一条；屏障面膜（50 张/盒）一盒；可换肺囊装置四套：可换面皮一只；热敏打印纸二卷；心肺复苏教材一本；使用说明书一本；保修卡、合格证。

触电急救模拟人操作方法及要求如下：

（1）模拟标准气道开放。

（2）人工手位胸外按压时。

1）移动的动态条码指示灯可以动态反馈显示 CPR 按压深度：按压深度正确（5～6cm 区域）由条码绿色指示灯显示，按压深度不够（小于 5cm）由条码黄色指示灯显示，按压深度过深（大于 6cm）由条码红色指示灯显示。

2）液晶计数显示：详细记录按压错误的具体原因（按压力量过大、按压力量过小、按压位置不对及正确的次数）。

3）语言提示：中文语音提示，详细提示按压错误的具体原因，以便训练者及时改正。

（3）人工口对口呼吸（吹气）时。

1）移动的动态条码指示灯可以动态反馈显示潮气量度：吹入的潮气量正确（500～1000mL）时由条码绿色指示灯显示，吹入的潮气量过小或过大时分别由条码黄色指示灯或条码红色指示灯显示。

2）液晶计数显示：详细记录吹气错误的具体原因（按吹气量过大、吹气力量过小及吹气正确的次数）。

3）语言提示：中文语音提示，详细提示吹气错误的具体原因，以便训练者及时改正。

（4）按压与人工呼吸比：30：2（单人或双人）。

（5）操作周期：有效 30 次按压及 2 次人工吹气（30：2），五个循环周期 CPR 操作。

（6）操作频率：最新国际标准，至少 100 次/min.

（7）操作方式：训练操作；考核操作（专业考核、普及考核）。

（8）操作时间：以秒为单位计时。

(9) 语言设定：可进行语言提示设定及提示音量调节设定；或关闭语言提示设定。

(10) 成绩打印：操作结果可热敏打印长条和短条成绩单。

(11) 检查瞳孔反应：考核操作前和考核程序操作完成后模拟瞳孔由散大、缩小的自动动态变化过程的真实体现。

(12) 检查颈动脉反应：用手触摸检查，模拟按压操作过程中的颈动脉自动搏动反应；以及考核程序操作完成后颈动脉自动搏动反应的真实体现。

二、现场紧急救护的基本要求

1. 紧急救护的总的要求

紧急救护应在保证救护者自身及环境安全的前提下就地展开，动作迅速、果断，方法正确、有效。

2. 紧急救护基本原则

紧急救护的基本原则是在现场采取积极措施，保护伤员的生命，减轻伤情，减少痛苦，并根据伤情需要，迅速与医疗急救中心（医疗部门）联系救治。

3. 急救成功的关键

急救成功的关键是动作快、操作正确。任何拖延和操作错误都会导致伤员的伤情加重或死亡。

4. 如实填写紧急救护现场记录表

现场紧急救护要如实填写紧急救护现场记录表，参见表 1-2。

表 1-2　　紧急救护现场记录表

受伤者姓名		性别		年龄		单位	
受伤类型							
受伤部位	1.						
	2.						
	3.						
受伤时间		急救时间		参加急救人数			
呼吸脉搏情况	急救前						
	急救后						
其他情况	急救前						
	急救后						
急救措施							
主要急救人							
填表人			填表时间		年　月　日		

第四节　必须现场就地抢救的情形和急救方法

一、必须现场就地抢救的情形

要认真观察伤员全身情况，防止伤情恶化。发现伤员意识不清、瞳孔扩大无反应，呼吸、心跳停止时，应立即在现场就地抢救。

1. 猝死

猝死是指伤病员突然发生的意外死亡。主要表现为瞬间丧失意识、呼吸停止、心脏停搏和瞳孔散大。

造成猝死的原因很多，常见的原因归纳如下：

（1）意外伤害，如触电、溺水、勒缢、中暑、冻伤等。

（2）各种中毒，植物性中毒（如毒蘑菇、棉籽油、黄曲霉素中毒等）、动物性中毒（如河豚、鱼胆、蟾蜍、蛇毒、蝎毒中毒等）、化学品中毒（如氰化物、砷化物、汞中毒等）、各种农药中毒和灭鼠药中毒、各种有毒气体中毒等。

（3）严重的酸中毒、高血钾、低血钾等。

（4）麻醉或手术中发生意外。

（5）各种原因造成的休克，如低血容量性休克（包括出血过多、烧伤、剧烈吐泻失水、肠梗阻等）；各种感染造成的感染性休克；心力衰竭造成的心源性休克；因对青霉素、普鲁卡因等药物过敏造成的过敏性休克，以及严重创伤造成的休克等。

（6）严重缺氧引起的呼吸衰竭，如较大的咽喉部异物、气管异物、喉水肿、喉梗阻、肺水肿、肺出血、窒息和肺栓塞等。

（7）各种心脏病，如心肌炎、冠心病、心肌梗死，各种严重的心律失常，药物对心脏的抑制等。

2. 猝死判断

猝死前通常会有不同程度的先期症状，表现为心慌、胸闷、明显疲乏无力，呼吸困难或点头呼吸，精神不振、意识模糊或昏迷，口唇、面部皮肤青紫，血压下降、心律减慢、心音减弱和异常心律。

判断猝死应抓住如下特征：

（1）意识突然丧失并伴有全身抽搐。

（2）颈动脉和股动脉搏动消失。

（3）心音消失。

（4）呼吸断续，呈叹息样，随后呼吸停止。

（5）瞳孔散大、固定，光反应消失（可用手电筒光源照射瞳孔，如未死亡，瞳孔遇强光即缩小；如已死亡，瞳孔对强光无反应）。

3. 猝死的人是能够救活的

（1）临床死亡，即伤病员的心跳、呼吸已经停止，但还未超过 6min；脑细胞虽已缺氧，但还未受到严重损害，若能抓住时机及时抢救，是有可能把病人从死亡的边缘挽救回来的。猝死属于临床死亡范围，是可以逆转的。但猝死后若不及时抢救，超过 6min 便进入生物学死亡期。因此，发现猝死及时抢救至关重要。

（2）生物学死亡，是指伤病员因缺血、缺氧所致的永久性脑死亡。在心跳停止后 6min 抢救成功率仅达 4%；如果在心跳停止后 10min 才进行抢救，则存活的希望更小，抢救成功率几乎等于零（低温情况下溺水除外），因为此时脑细胞已发生严重损害；如果心跳停止超过 10min，脑组织基本死亡，以致不能恢复，不可逆转。

总之，猝死情形下有些是可以逆转的，是能够被救活的。请记住如下数字：心跳停止 4min 内进行抢救，有 40%的成功率；4～6min 才开始抢救，其成功率已下降至 10%；超过

10min 再抢救，则鲜有成功者。

4. 怎样抢救猝死的伤病员

时间就是生命，一旦发现猝死，应该争分夺秒地进行抢救，绝不能犹豫、等待。抢救的方法如下：

（1）如果把胸骨分成三等份，抢救者握拳从离胸骨 25cm 高处，坚定地向病员胸骨中、下 1/3 交界处叩击两次，此法对心室颤动所引起的猝死效果较佳。

（2）如果叩击两次无效，即心跳未能恢复正常的心律，触摸颈动脉仍无搏动，应立即进行正确的心肺复苏术（操作方法见后面的相关内容）。

（3）如果在有条件的医院，可立即进行电除颤，同时静注 0.1%肾上腺素溶液 5～10mL，以促进除颤效果。如未成功，也应立即进行心肺复苏术。

（4）心肺复苏成功后，病员恢复了自主心律，应继续采取各种措施防治多系统器官衰竭。其中最重要的是进行脑复苏。方法是降低头部和体表的温度（使用冰袋和冰帽），治疗脑水肿，采用高压氧疗法等。这些治疗宜在医院内进行。

二、现场就地抢救方法

用心肺复苏术支持呼吸和循环，对脑、心重要脏器供氧。

应当记住，心脏停止跳动后，只有分秒必争地迅速抢救，救活的可能才较大。

1. 心肺复苏术

顾名思义，心肺复苏术是在伤病员突然心跳停止和呼吸停止后所采取的一项紧急抢救技术，通过抢救使伤病员恢复正常的心跳和呼吸，从而挽救生命，并力求不留下影响患者生活质量的后遗症。心肺复苏术的国际通用名称为 CPR，分为现场心肺复苏和医院内心肺复苏，这里我们只介绍适用于家庭、劳动现场和灾害事故现场的心肺复苏术（即徒手心肺复苏）。

现场心肺复苏术是指非医务人员在发病现场，不借助任何医疗器械所进行的徒手心肺复苏，又称为初级生命支持，它与医院内医务人员所进行的心肺复苏（又称为高级生命支持）同样重要。因为心跳和呼吸骤停发生的瞬间是最危险的时刻，也是抢救最关键的时刻，此时不可能凑巧有医务人员在场，因此，抢救任务必须由懂得急救常识的群众来完成。一般来说，在常温情况下，心跳停止 3s 患者即感头晕，10～20s 发生昏厥或抽搐，60s 瞳孔散大，4～6min 后大脑细胞就会发生不可逆转的损害，造成生物学死亡，再也无法挽救。因此，一旦发现患者心跳、呼吸停止，必须抓住时机，不能有任何犹豫和拖延，力争在 4min 内进行心肺复苏术，把患者从死亡的边缘（即临床死亡期）抢救回来。“时间就是生命”，此时最能体现。消极观望、等待医务人员都会丧失抢救时机，造成无法弥补的后果。

2. 应该学会也能够学会心肺复苏术

有人认为抢救伤病员是医生的事，普通人怎能学会？其实这种看法是十分错误的。现场心肺复苏术在发达国家已经比较普及，许多人包括市民和农民都会做。我国也正在朝着普及化方向努力，许多机动车驾驶员、消防队员、电业工人、大学生、中学生等都接受过这种训练，并取得较好效果。笔者就曾有过生动的感受：一位受过县电业局触电急救法培训的农电工，发现他的母亲因病而突然心跳、呼吸骤停时，他立即为母亲施行心肺复苏术，母亲很快恢复了呼吸和心跳；之后又立即将母亲送进医院进行高级生命支持，挽救了母亲的生命。一般来说，具有初中文化程度的人，只要认真学习本章内容，体会心肺复苏术的支持生命的三项基本措施，就能学会这项抢救技术。

三、现场工作人员都应掌握“七会”

现场工作人员都应定期进行培训，学会紧急救护法。

紧急救护法的“七会”如下：

（1）会正确解脱电源。

（2）会心肺复苏术。

（3）会止血。

（4）会包扎。

（5）会转移搬运伤员。

（6）会处理急救外伤。

（7）会处理中毒。

第五节　伤员搬运急救技术规范

一、伤员搬运基本原则

（1）经过现场必要的处理后，方能搬运伤员。

（2）密切观察伤员病情，监测其生命体征，若病情恶化，应立即停止搬运，就地抢救。

（3）动作轻柔、迅速，避免不必要的震动。

二、搬运伤员方法

1. 单人徒手搬运法

（1）扶持搬运法。伤员一只手放在救护者肩上，救护者扶持伤员行走。宜用于病情较轻、能够站立行走的伤员，如图 1-2 所示。

（2）抱持搬运法。伤员双手环抱救护者颈部、双肩部，救护者一手抱住伤员腰背部，另一手托起大腿。不宜用于怀疑脊柱损伤、骨盆骨折的伤员，如图 1-3 所示。

（3）背负搬运法。伤员前胸紧贴救护者后背，将双上肢放在救护者胸前，救护者用双前臂托住伤员大腿。不宜用于怀疑脊柱或肋骨有损伤的伤员，如图 1-4 所示。

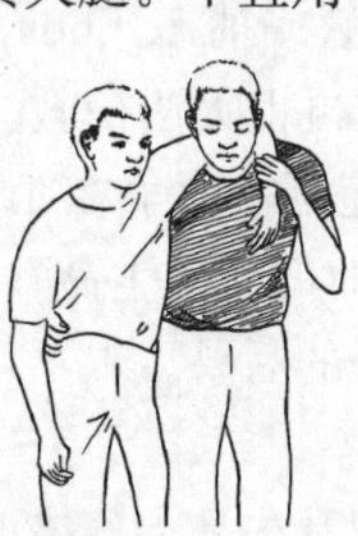

图 1-2　扶持搬运示意图

图 1-3　抱持搬运示意图

图 1-4　背负搬运示意图

（4）肩负搬运法。将伤员扛在肩上，救护者单手抱住伤员腿部并牵住伤员同侧上肢。不宜用于呼吸困难、胸部创伤或者怀疑脊柱、肋骨有损伤的伤员，如图 1-5 所示。

（5）拖拉搬运法。伤员卧位，救护者在伤员后方，双手绕过伤员腋下，用上臂的力量拖拉。不宜用于怀疑脊柱损伤、四肢骨折的伤员，如图 1-6 所示。

2. 双人徒手搬运法

（1）拉车搬运法。一名救护者抱住伤员双腿，另一名救护者从腋下抱住伤员。不宜用于怀疑脊柱损伤、骨盆骨折或双下肢骨折的伤员，如图 1-7 所示。

图 1-5　肩负搬运示意图

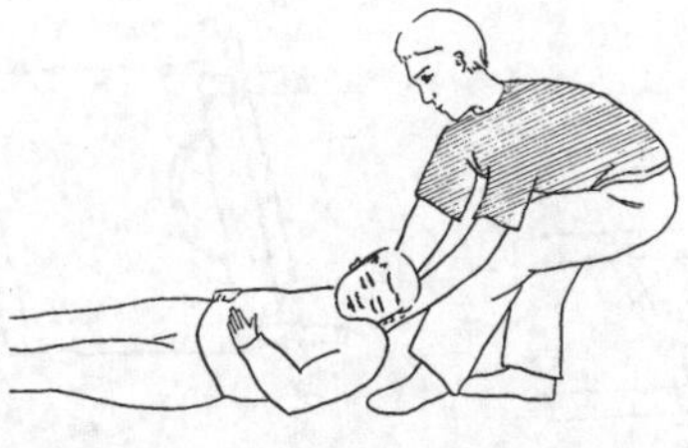

图 1-6　拖拉搬运示意图

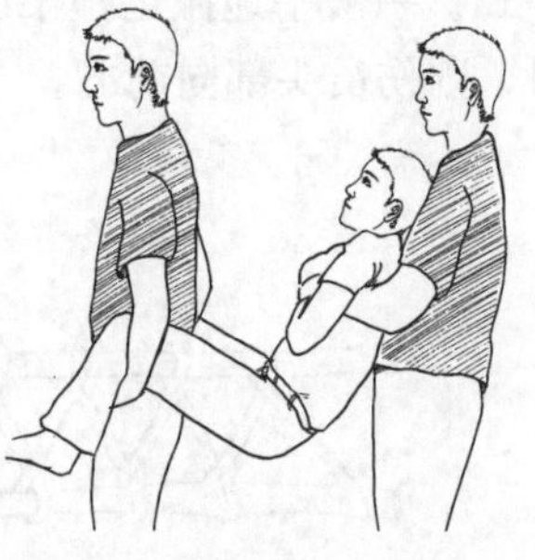

图 1-7　拉车搬运示意图

(2) 椅托式搬运法。两名救护者面对面，一名救护者的左手抓住另一名救护者的右手手腕，置于伤员膝后侧，另一手抱住伤员的腋下，呈坐椅状，伤员双手搭在两名救护者的双肩上。不宜用于怀疑脊柱损伤、骨盆骨折或四肢骨折的伤员，如图 1-8 所示。

(3) 平抬搬运法。两名救护者站在伤员同侧，双手平抱伤员颈部、背部、臀部及大腿，动作一致地将伤员托起。宜用于胸部创伤的伤员，如图 1-9 所示。

(4) 扶持搬运法。伤员两只手分别放在两名救护者的双侧肩上，救护者扶持伤员行走。不宜用于怀疑脊柱损伤、骨盆骨折或双下肢骨折的伤员，如图 1-10 所示。

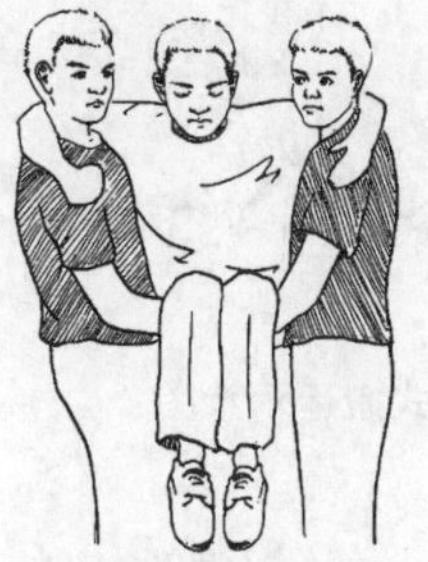

图 1-8　椅托式搬运示意图

图 1-9　平抬搬运示意图

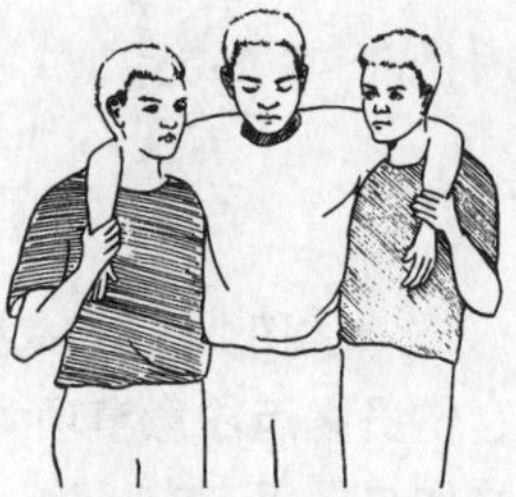

图 1-10　扶持搬运示意图

3. 多人徒手搬运法

三名救护者站在伤员同侧，或两名救护者在一侧、另一救护者在另一侧，一人用双手抬颈肩部、背部，一人抬腰部、臀部，另一人抬下肢，动作一致地将伤员托起。宜用于怀疑脊柱损伤的伤员，如图 1-11 所示。

图 1-11　三人徒手搬运示意图

4. 器械搬运法

(1) 担架搬运法：将伤员抬至担架并固定后，抬担架两端即可。如无担架，可用绳索、衣服、床单、竹竿、门板等制作简易担架。绳索制作担架见图 1-12，自制衣服担架见图 1-13。一般平地搬运担架时，应让伤员足向前方；在上楼梯、上坡路面，或者抬上救护车时，则伤员头部向前方。

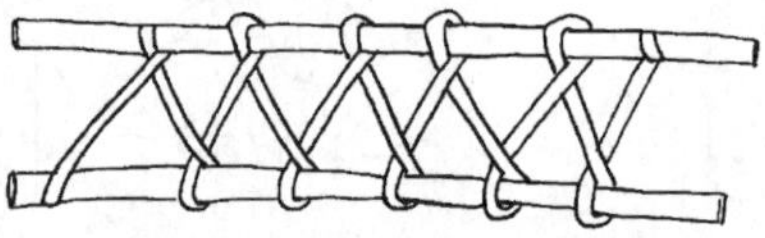

图 1-12　绳子简易担架示意图

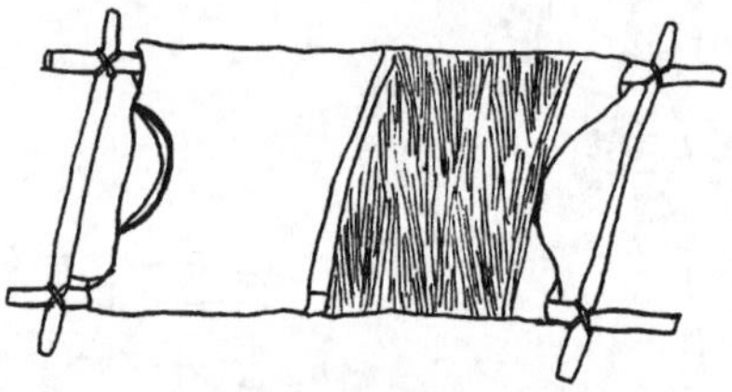

图 1-13　自制衣服担架示意图

（2）毯式搬运法。将伤员置于毛毯、床单等中间，两侧向内卷曲，至少由四名救护者搬运。不宜用于胸部创伤、四肢骨折、脊柱损伤及呼吸困难的伤员，如图 1-14 所示。

（3）椅式搬运法。伤员在椅子上坐稳并固定后，两名救护者分别抬椅子的前、后侧。宜用于胸部创伤的伤员，如图 1-15 所示。

图 1-14　毯式搬运示意图

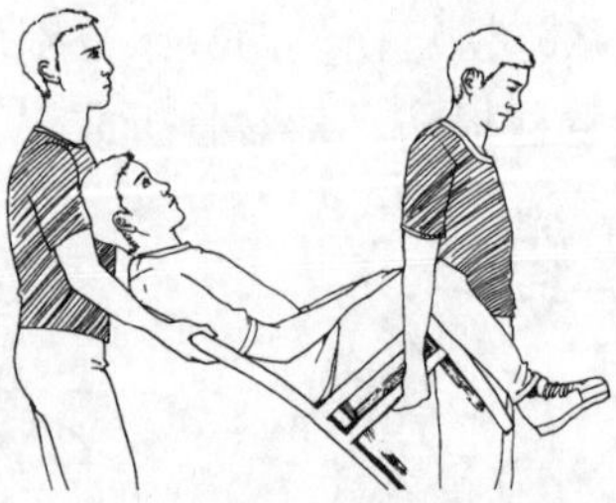

图 1-15　椅式搬运示意图

三、伤员搬运注意事项

（1）伤势较重，有昏迷、内脏损伤、骨盆骨折、双下肢骨折、腹部内脏脱出的伤员应使用担架器材搬运。

（2）搬运呼吸困难的伤员，应采取坐位，宜用椅式搬运法。

（3）昏迷或有呕吐窒息危险的伤员，使伤员侧卧或俯卧于担架上，头偏向一侧，在保证呼吸道通畅的前提下搬运转送。

（4）搬运休克伤员，应半卧位，双下肢抬高。

（5）颈椎损伤、颅脑损伤的伤员在搬运时，应固定头颈部。

（6）脊柱损伤或疑似损伤的伤员，采取“轴向”搬运方式平放于硬质担架或硬板上，不可背负或屈曲位搬运。

第二章

电力生产现场作业不受伤害基本措施

第一节　电力生产防止人身伤亡事故重点要求

一、国家电力公司发布的《防止电力生产重大事故的二十五项重点要求》

国家电力公司于2000年发布的《防止电力生产重大事故的二十五项重点要求》中提出“为防止人身伤亡事故发生，应严格执行国家电力公司《安全生产工作规定》（国电办〔2000〕3号）《电业安全工作规程》以及其他有关规定，并重点要求如下……”以下六条是防止发生人身伤亡事故重点要求的内容：

（1）工作或作业场所的各项安全措施必须符合《电业安全工作规程》和《电力建设安全工作规程》的有关要求。

（2）领导干部应重视人身安全，认真履行自己安全职责。认真掌握各种作业的安全措施和要求，并模范地遵守安全规程制度，严格劳动纪律，并经常深入现场检查，发现问题及时整改。

（3）定期对人员进行安全技术培训，提高安全技术防护水平。

1）应经常进行各种形式的安全思想教育，提高职工的安全防护意识和安全防护方法。

2）要对执行安全规程制度中的主要人员如工作票签发人、工作负责人、工作许可人、工作操作监护人等定期进行正确执行安全规程制度的培训，务必熟练地掌握有关安全措施和要求，明确职责，严把安全关。

（4）加强对各种承包工程的安全管理，反对对工程项目进行层层转包，明确安全责任，做到严格管理，安全措施完善，并根据有关规定严格考核。

（5）在防止触电、高处坠落、机械伤害、灼烫伤等类事故方面，应认真贯彻安全组织措施和安全技术措施，并配备经国家或省、部级质检机构检测合格的、可靠性高的安全工器具和防护用品。完善设备的防护设施（如输煤系统等），从措施上、装备上为安全作业创造可靠条件。淘汰不合格的工器具和防护用品，以提高作业的安全水平。

（6）提高人在生产活动中的可靠性是减少人身事故的重要方面，违章是人的可靠性降低的表现，要通过对每次事故的具体分析、找出规律，从中积累经验，采取针对性措施提高人在生产活动中的可靠性，防止伤亡事故的发生。

二、国家能源局印发的《防止电力生产事故的二十五项重点要求》

（一）防止电力生产事故的二十五项重点要求（2014版）制定背景和工作要求

1. 修订背景

2014年4月15日，国家能源局以国能安全〔2014〕161号文件印发《防止电力生产事故的二十五项重点要求》。

原国家电力公司《防止电力生产重大事故的二十五项重点要求》自 2000 年 9 月发布以来，在防范电力生产重、特大安全生产事故发生，保证电厂和电网安全运行以及可靠供电方面发挥了重要作用，各类事故均呈下降趋势。但是，随着我国电力工业快速发展和电力工业体制改革的不断深入，高参数、大容量机组不断投运，特高压、高电压、跨区电网逐步形成，新能源、新技术不断发展，电力安全生产面临一些新的风险和问题，对电力安全生产监督和防范各类事故的能力提出了迫切要求；2006 年以来，国务院及有关部门连续出台了一系列安全生产法规制度，对企业安全生产提出了新的要求；2007 年，《生产安全事故报告和调查处理条例》（国务院令第 493 号）重新划分了生产安全事故等级和调查处理权限；2011 年 9 月，《电力安全事故应急处置和调查处理条例》（国务院令第 599 号）进一步规定了电力安全事故的定义、等级划分标准、调查处理权限，强化了发生事故的法律责任；2013 年 11 月，《国家能源局关于防范电力人身伤亡事故的指导意见》（国能安全〔2013〕427 号）对电力安全生产工作提出了更高要求。因此，为进一步适应当前电力安全生产监督和管理的需要，落实“安全第一，预防为主，综合治理”方针，完善电力生产事故预防措施，有效防止电力事故的发生，国家能源局在原国家电力公司《防止电力生产重大事故的二十五项重点要求》的基础上，归纳总结各电力企业近些年来防止电力生产事故的反事故措施经验，制定了《防止电力生产事故的二十五项重点要求》，在内容上增加了“防止机网协调及风电大面积脱网事故”“防止发电机励磁系统事故”“防止电力电缆损坏事故”“防止电力调度自动化系统、电力通信网及信息系统事故”“防止水轮发电机组（含抽水蓄能机组）事故”“防止串联电容器补偿装置和并联电容器装置事故”“防止直流换流站设备损坏和单双极强迫停运事故”的要求，修编了“防止人身伤亡事故”等其他 18 项重点要求的条款和内容，并在附录中列出了对应各项重点要求应遵循的国家有关法律法规和标准规范。

2. 六条工作要求

为进一步完善电力生产事故预防措施，提高电力生产工作水平，有效防止电力生产事故的发生，国家能源局在原国家电力公司《防止电力生产重大事故的二十五项重点要求》的基础上，制定了《防止电力生产事故的二十五项重点要求》，并提出以下工作要求：

（1）各电力企业要高度重视《防止电力生产事故的二十五项重点要求》落实工作，坚持“安全第一，预防为主，综合治理”的方针，加强领导，认真组织，切实保证有关要求在规划设计、安装调试、运行维护、更新改造等阶段落实到位，有效防止电力生产事故的发生。

（2）各电力企业要细化《防止电力生产事故的二十五项重点要求》落实责任，明确责任部门和责任人员，制定工作计划并保证实施到位。

（3）各电力企业要加强《防止电力生产事故的二十五项重点要求》宣传教育工作，认真组织所属各级各类相关单位、部门和人员培训。

（4）各电力企业要保证《防止电力生产事故的二十五项重点要求》落实工作所需费用。

（5）国家能源局各派出机构要加强监督管理，督促、检查电力企业《防止电力生产事故的二十五项重点要求》落实工作。

（6）各单位要跟踪了解《防止电力生产事故的二十五项重点要求》落实情况，发现问题要认真分析，并及时向国家能源局电力安全监管司反馈。

（二）防止电力生产事故的二十五项重点要求（2023 版）修订背景和工作要求

1. 修订背景

为切实做好电力安全监管工作，有效防范电力生产事故，国家能源局组织电力行业有关单位及部分专家，根据近年来电力生产事故的经验教训，以及电力行业的发展趋势，结合已颁布的标准规范，对 2014 年印发的《防止电力生产事故的二十五项重点要求》（国能安全〔2014〕161 号）进行了修订，并于 2023 年 3 月 9 日印发《防止电力生产事故的二十五项重点要求（2023 版）》（国能发安全〔2023〕22 号）[以下简称《二十五项反措（2023 版）》]。

2. 三条工作要求

国家能源局对各省（自治区、直辖市）能源局，有关省（自治区、直辖市）及新疆生产建设兵团发展改革委，北京市城市管理委，各派出机构，全国电力安委会企业成员单位等，就《二十五项反措（2023 版）》的贯彻执行提出三条工作要求：

（1）各电力企业要加强领导，认真组织，确保《二十五项反措（2023 版）》的有关要求在规划设计、安装调试、运行维护、更新改造等阶段落实到位，有效防范电力生产事故的发生。

（2）各电力企业要结合工作实际，采取多种方式，做好《二十五项反措（2023 版）》的宣传培训工作，确保各项要求入脑入心。

（3）地方政府各级电力管理部门、各派出机构要加强监督管理，督促、指导电力企业落实《二十五项反措（2023 版）》的有关要求。

（三）防止人身伤亡事故的重点要求

1. 防止高处坠落事故

（1）高处作业人员必须经职业健康体检合格（检查周期为 1 年），凡患有不宜从事高处作业病症的人员，不得参加高处作业。

（2）高处作业人员，必须经过专业技能培训，并取得合格证书后方可上岗。

（3）高处作业应穿工作服、防滑鞋，正确佩戴使用个人安全防护用具，并设专人监护。

高处作业人员配备的安全帽、安全带、安全绳、攀登自锁器、防坠器等应检验合格并符合要求；使用前应检查确认。安全带、安全绳必须系在牢固物件上，防止脱落。安全带应采取高挂低用的方式，安全带的使用长度应事前调整合适，必要时加缓冲器，避免在高空坠落防护范围内造成二次冲击或应力伤害。作业人员应随时检查安全带、安全绳是否拴牢，在转移作业位置时不得失去安全保护。

高处作业所用的工具和材料应放在工具袋内或用绳索拴在牢固的构件上，较大的工具应系保险绳。上下传递物件应使用绳索，不得抛掷。

（4）遇有阵风风力 6 级及以上以及暴雨、雷电、冰雹、大雾、沙尘暴等恶劣天气，应停止露天高处作业；冰雪、霜冻、雨雾天气未采取防滑、防寒、防冻措施，禁止进行高处作业。在夜间或光线不足的地方作业，应设充足的照明。

特殊情况下，确需在恶劣天气进行抢修时，应制定完善的安全措施，经本单位批准，并在安全措施执行到位后方可进行高处作业。

（5）高处作业应设有防止作业人员失误、失踏或坐靠坠落的牢固作业立足面、防护栏、防护网、停歇区等。立足面应有足够面积，脚手板应满铺并有效固定。

（6）施工或生产作业区的通道及各种孔、洞、井、沟、坑口、平台等临边部位应设置可靠的安全防护设施、悬挂安全标志牌。

基坑（槽）临边应装设合格牢固的防护栏杆，防护栏杆上除安全标志牌外不得拴挂任何物件。上下基坑必须设置专用斜道、梯道、扶梯、入坑踏步等攀登设施，作业人员严禁沿坑壁、支撑或乘坐运土工具上下。

(7) 作业现场常设洞口应设盖板并盖实、表面刷黄黑相间的安全警示线或装设栏杆护板；临时洞口或洞口盖板掀开后，应装设刚性防护栏杆，装设挡脚板，悬挂安全标志牌，夜间无照明或照明不足时应设红灯警示。

(8) 登高用的支撑架、脚手架、作业平台应使用合格材质搭设。高处作业层应装有防护栏杆并搭设牢固，经验收合格后方可使用，使用中严禁超载。

作业层脚手板必须铺满、铺稳、铺实、铺平，脚手板和脚手架应连接牢固。禁止使用单板或大于 150mm 的探头板。作业层脚手板下必须采用足够强度的安全平网兜底，以下每隔不大于 10m 必须采用安全平网封闭。

脚手架内立杆与建筑物距离大于 150mm 时，必须采取封闭防护措施。

特殊形式的脚手架，如悬吊式脚手架、水电站的进水口处脚手架、调压井处脚手架等，应专门设计并经批准。

(9) 作业现场使用移动高处作业平台四周应设置保护栏杆、护脚板或其他保护设施，作业平台表面应防滑、支撑稳定，不得超载。

移动式升降工作平台应经验收合格后方可投入使用。操作人员必须经专业培训合格，操作时遵守安全操作规程和制造商的操作使用说明。工作平台升降作业时，必须设置醒目的作业警戒控制区，悬挂安全标志牌和风险告知牌，无关人员严禁入内。

(10) 高处作业应使用有防滑保护装置（如防滑套、挂钩等）的合格的梯子，梯阶的距离不应大于 30cm，并在距梯顶 1m 处设限高标志。使用单梯工作时，梯腿和水平面之间的夹角为 65°～75°，梯子应有人扶持，以防失稳坠落。梯上有人时，禁止移动梯子。

(11) 作业现场使用的吊篮应检验合格，悬挂机构的结构件应有足够的强度、刚度、配重以及可固定措施。操作人员应经专门培训。

禁止货运吊篮、索道载人。

吊篮的每个吊点处除工作钢丝绳外还应独立设置安全钢丝绳，安全钢丝绳必须装有安全锁或相同作用的独立防坠落装置。

(12) 线路施工作业，登杆塔前应对塔架、根部、基础、拉线、桩锚、地脚螺母（螺栓）等进行全面检查。合格后，方可登杆塔作业。

(13) 在轻质型材等强度不足的高处作业面（如石棉瓦、铁皮板、采光浪板、装饰板、屋面光伏板等）上作业，必须搭设带安全护栏的临时通道，悬挂安全标志牌，在梁下张设安全平网或搭设安全防护设施。

严禁无有效防护措施在轻质型材上行走、作业。

(14) 绑扎钢筋和安装钢筋骨架需要悬空作业时，必须搭设脚手架和上下通道，严禁攀爬钢筋骨架；绑扎圈梁、挑梁、挑檐、外墙、边柱和悬空梁等构件的钢筋时，必须设置合格作业平台；绑扎立柱和墙体钢筋时，严禁站在钢筋骨架上或攀登骨架作业。

严禁未设置作业平台，进行高处绑扎柱钢筋作业、预应力张拉作业和开展临边高度 2m 及以上混凝土结构构件浇筑作业。

模板安装和拆卸时，作业人员必须有可靠的立足点和防护措施。上下模板支撑架必须设置专用攀登通道，不得在连接件和支撑件上攀登，不得在上下同一垂直面上装拆模板。

钢结构安装或装配式混凝土结构安装作业层未设置手扶水平安全绳、未搭设水平通道、两侧未设置防护栏杆，禁止作业。

严禁在未固定、无有效防护措施的物件以及安装中的管道上作业或通行。

(15) 在煤（粉、灰）仓或斗内作业时，作业人员必须佩戴防坠器和全身式安全带，安全带上应挂有安全绳，安全绳另一端必须握在仓或斗外的监护人手中，且牢固地连接到外部固定物体上。

(16) 从事风电机组塔筒清洗、叶片维修等高处作业，必须在风机停机状态并将叶轮锁定、做好防止吊篮摆动等措施后进行，作业人员必须使用独立安全绳、防坠器，安全绳应避免接触边缘锋利的构件，严禁对安全绳接长使用。工作地点 20m 直径范围内禁止人员停留和通行。

(17) 拆除工程必须事先制定安全防护措施和作业程序，并对作业人员进行安全技术交底；作业人员必须在安全措施落实到位后，按照拆除程序进行作业，不得颠倒、漏项。

2. 防止触电事故

(1) 凡从事电气操作、电气检修和维护的人员（统称电气作业人员）必须经专业技术培训、触电急救培训并考试合格方可上岗。带电作业人员应经专门安全作业培训，考试合格并经单位批准。

(2) 电气作业人员应正确佩戴合格的个人防护用品，使用合格的电力安全工器具。绝缘鞋（靴）、绝缘手套等必须符合国家或行业相关标准。作业时，应穿工作服，戴安全帽，穿绝缘鞋（靴），根据作业需要佩戴绝缘手套。

(3) 使用绝缘安全工器具（绝缘操作杆、验电器、携带型短路接地线等）必须经过定期试验合格，使用前必须检查安全工器具结构完整、性能良好，在检验有效期内。

使用的手持电动工器具和电气机具应定期检验合格，使用前应进行检查，并按工器具类型在使用中佩戴绝缘手套、配备剩余电流动作保护器或隔离电源。

(4) 电气设备的金属外壳应有良好的接地装置，使用中不得将接地装置拆除或对其进行任何工作。

(5) 检修动力电源箱的支路开关都应加装剩余电流动作保护器并应定期检查和试验。连接电动机械及电动工具的电气回路应单独装设开关或插座，并装设剩余电流动作保护器，做到“一机一闸一保护”。

对氢站、氨站、油区、危险化学品间、酸性蓄电池室（不含阀控式密封铅酸蓄电池室）等特殊场所，应选用防爆型检修电源箱，并使用防爆插头。

(6) 在高压线路、设备及相关区域工作，根据不同的作业方式、地点，人体与带电体的安全距离应满足《电力安全工作规程（电力线路部分）》（GB 26859）和《电力安全工作规程（发电厂和变电站电气部分）》（GB 26860）相关要求。低压电气带电工作时，人体不得直接接触裸露的带电部位并保持对地绝缘。作业中应采取防相间短路和单相接地措施。

(7) 高压线路、设备停电检修时，应采取停电、验电、接地、悬挂标示牌和装设遮栏（围栏）等措施，作业人员应在接地装置的保护范围内作业。禁止作业人员擅自移动或拆除接地线、遮栏（围栏）、标示牌。

低压线路、设备停电、验电后，无法实施接地措施时，可采取加锁、挂牌或绝缘遮蔽等措施，必要时派人看守。

带电作业主要采取等电位、中间电位、地电位 3 种方式。等电位作业时，作业人员须穿屏蔽服，与带电部位保持电位相同；中间电位和地电位作业时，作业人员需借用绝缘工器具对带电部位进行操作。

(8) 高压电气设备带电部位对地距离不满足设计标准时周边必须装设防护围栏，门应加锁，并挂好安全警示牌。围栏与带电部位最小间距应满足《电力安全工作规程（发电厂和变电站电气部分）》(GB 26860) 相关要求。

(9) 雷雨天气，需要巡视室外高压设备时，应穿绝缘靴，并不准靠近避雷器和避雷针。

雨天操作室外高压设备时，应使用有防雨罩的绝缘棒，穿绝缘靴、戴绝缘手套。雷电时禁止就地倒闸操作和登塔作业。发生雷雨天气后 1h 内禁止靠近风力发电机组。

(10) 当高压设备发生接地故障时，室内不得进入故障点 4m 以内，室外不得进入故障点 8m 以内。进入上述范围的人员必须穿绝缘靴，接触设备的外壳和构架应戴绝缘手套。

当发觉有跨步电压时，应立即将双脚并在一起或用一条腿跳着离开接地故障点。

(11) 高压试验时，必须装设围栏，悬挂安全标示牌，并设专人看护，严禁其他人员进入试验场地或接触被试验设备。试验设备两端不在同一地点时，另一端也应采取防范措施，并指派专人看守。试验时，操作人员应站在绝缘物上。禁止越过遮栏（围栏）。

(12) 因临近带电设备或工作地段有临近、平行、交叉跨越及同杆塔架设带电线路，导致检修设备（线路）可能产生感应电压时，应加装工作接地线或使用个人保安线。

架空绝缘导线不得视为绝缘设备，在停电检修作业中，开断或接入绝缘导线前，应做好防感应电的安全措施。

(13) 电缆及电容器检修前应逐相充分放电，并可靠接地；试验后的电缆及电容器应充分放电。

(14) 在地下敷设电缆附近开挖土方时，严禁使用机械开挖。

(15) 严禁用湿手去触摸电源开关以及其他电气设备。

(16) 在变电站户外和高压室内搬动梯子、管子等长物，应放倒后搬运，并与带电部分保持足够的安全距离。在变、配电站带电区域内或临近带电线路处，禁止使用金属梯子。

(17) 在带电设备周围或上方进行安装或测量时，严禁使用钢卷尺或带有金属丝的测绳、皮尺，上下传递物件必须使用干燥的绝缘绳索。

(18) 有限空间移动照明应使用 36V 以下的电压，金属容器内、潮湿环境下应使用 12V 的安全电压。

使用超过安全电压的手持电动工具，应按规定配置剩余电流动作保护器。

(19) 严禁无票操作、擅自修改操作票、擅自解除高压电气设备的防误操作闭锁装置，严禁带接地线（接地开关）合断路器（隔离开关），严禁带电挂（合）接地线（接地开关）和带负荷拉（合）隔离开关，严禁误入带电间隔。

(20) 3～66kV 中性点不接地系统发生单相接地故障时，一次设备应能快速切除故障，从而降低人身触电风险。变电站 3～66kV 各段母线，因地制宜配置主动干预型消弧装置。

3. 防止物体打击事故

(1) 进入生产现场人员必须掌握相关安全防护知识，正确佩戴合格的安全帽。工作场所井、坑、孔、洞或沟道、缝隙等，应覆以与地面齐平的坚固盖板，作业平台临边必须装设踢脚板。建构筑物或设备设施上搁置物、悬挂物必须采取防止脱落、掉落措施。

（2）高处临边原则上不得堆、放物件，必须堆放时应采取防止物件掉落措施。在格栅式平台上堆、放小型物件时，应铺设木板或胶皮等，采取确保物件不掉落的措施。

高处场所的废弃物应及时清理，清理前应做好防止物件掉落的措施。

（3）高处作业时，必须做好防止物件掉落的防护措施，严禁两名及以上作业人员同时攀爬直梯；使用工具袋时，应拴紧系牢；上下传递物件时，应用绳子系牢物件后再传递，严禁上下抛掷物品。

上、下层垂直交叉同时作业时，中间必须搭设严密牢固的防护隔板、罩栅或其他隔离设施。无专项施工方案和现场安全措施未落实，禁止立体交叉作业。

高处作业地点的下方应用围栏设置隔离区，人员进出通道口和通行道路上部应设置安全防护棚；无法设置隔离区的应设警戒区，应设专人监护，人员不得在工作地点下面通行和逗留。

（4）从事手工加工的作业人员，必须掌握工器具的正确使用方法及安全防护知识，作业前应检查工器具安装牢固。

从事人工搬运的作业人员，必须掌握撬杠、滚杠、跳板等工具的正确使用方法及安全防护知识，必须戴好安全帽、防护手套，穿好防砸鞋，必要时戴好披肩、垫肩、护目镜。

（5）进入锅炉炉膛、尾部烟道、脱硫吸收塔、电除尘等设备内部进行工作前，应先清除上方可能掉落的焦、渣，并做好防止工作时上方落物的安全措施。

（6）风力发电机组叶片有结冰现象且有掉落危险时，禁止人员靠近。登风机前，应确定无高处落物风险。禁止两人同时攀爬。随手携带工具人员应后上塔、先下塔。

4. 防止机械伤害事故

（1）机械（设备）的操作人员必须经过专业技能培训，并掌握现场操作规程和安全防护知识。

操作人员着装不应有可能被转动机械绞住的部分，必须穿好工作服，衣服、袖口应扣好、扎紧，不得戴围巾、领带，长发必须盘在帽内。

使用机床时，必须戴防护眼镜，不得戴手套。不得在运转设备的旋转和移动部分旁边换衣服。

（2）机械设备各转动、传动部位（如传送带、齿轮机、联轴器、飞轮等）必须装设防护装置。

机械设备必须装设紧急制动装置，“一机一闸一保护”。周边必须划警戒线，照明必须充足。

工作场所应设人行通道，设备移动或转动时与构筑物或固定物体之间安全距离不符合要求的区域，应用固定式安全网封闭隔离，限制人员通行。

（3）在停运检修的机械设备上工作，应切断电源、风源、水源、汽（气）源、油源等，必须采取强制制动措施，防止设备突然转动。

（4）严禁清扫、擦拭和润滑运行设备中的旋转和移动部分，严禁将头、手、脚伸入部件活动区内。

（5）输煤皮带的转动部分及拉紧重锤必须装设遮栏，加油装置应接在遮栏外面。输煤皮带两侧人行通道必须装设固定防护栏杆和标识明显的紧急停止拉线开关。

(6) 在输煤皮带运行、备用过程中，严禁清理皮带和设备中杂物。在防止输煤皮带启动安全措施实施前，输煤皮带上严禁站人，严禁跨越和爬过输煤皮带，严禁在输煤皮带上传递各种用具。

(7) 给料（煤）机在运行中发生卡、堵时，应停止设备运行，做好设备防转动措施后方可清理塞物，严禁用手直接清理塞物。

钢球磨煤机运行中，严禁在传动装置和滚筒下部清除煤粉、钢球、杂物等。

(8) 空气预热器内进行检修工作前，内外部人员信息必须保持通畅并做好相应的安全措施；回转式空气预热器盘车时，内部人员应撤离至安全位置；盘车用的工具应封闭存放，由专人保管。

5. 防止灼烫伤害事故

(1) 电工、电（气）焊人员均属于特种作业人员，必须经专业技能培训，取得《特种作业操作证》。电工作业、焊接与热切割作业、除灰（焦）人员、热力作业人员必须经专业技术培训，符合上岗要求。

电（气）焊作业面应铺设防火隔离毯并做好防焊渣、焊花飞溅的措施，作业区下方设置警戒线并设专人看护，作业现场照明充足。

(2) 作业人员应避免靠近或长时间地停留在可能受到灼烫危及人身安全的地方。

进行接触高温物体的工作，必须穿好防烫伤的隔热劳动防护用品。电（气）焊作业人员必须穿好焊工工作服、焊工防护鞋，戴好工作帽、焊工手套，其中，电焊须戴好焊工面罩，气焊须戴好防护眼镜。化学作业人员［配置化学溶液，装卸酸（碱）等］必须穿好耐酸（碱）服，戴好橡胶耐酸（碱）手套和防护眼镜（面罩）。

(3) 在维护和检修热力系统的阀门、管件、设备时，必须采取防止汽水串通的可靠隔离措施。

严禁在热力系统消压、放水前作业，严禁近距离检查带压状态设备、管道的泄漏，严禁用敲打法检查管道的泄漏，严禁带压堵漏。

(4) 除焦作业人员必须穿好防烫伤的隔热工作服、工作鞋，戴好防烫伤手套、防护面罩和必需的安全工具，站在除焦口的侧面。

除焦时，原则应停炉进行。确需不停炉除焦（渣）时，应设置警戒区域，挂上安全警示牌，设专人监护，非除焦人员禁止进入除焦作业区；必须做好确保锅炉稳定燃烧的措施，当燃烧不稳定或有炉烟向外喷出时，禁止打焦。

循环流化床锅炉除焦，必须停炉处理，指定专门的现场指挥人员，开工前必须制定好除焦方案，并进行安全和技术交底。

(5) 捞渣机周边应装设固定防护栏杆，设置“当心烫伤”警示牌，禁止人员在运行中的捞渣机周围长时间停留。

不停炉在捞渣机区域进行检修作业时，作业人员必须穿好防烫伤的隔热工作服、戴头盔等，应采取降低机组负荷、关闭锅炉冷灰斗关断门并设置支撑等防止大焦块掉落，渣飞溅伤人措施。

循环流化床锅炉的外置床事故排渣口周围必须设置固定围栏。循环流化床排渣门须使用先进、可远操作的电动锤型阀，取消简易的插板门。

(6) 制粉系统防爆门应装有阻火装置，不应正对人行道。对给粉机、给煤机、磨煤机入口管道、制粉系统设备内部进行清理煤（粉）前，应确保煤粉无自燃，入口门（挡板）关闭。

（7）锅炉运行时，因工作需要打开的门孔应及时关闭。人员不得在锅炉人孔门、炉膛连接的膨胀节处长时间逗留。

观察炉膛燃烧情况时，必须站在看火孔的侧面；同时佩戴防护眼镜或用有色玻璃遮盖眼睛。

6. 防止起重伤害事故

（1）属于特种设备的起重机械必须按照国家相关规定周期进行检验，并在特种设备安全监督管理部门登记备案，应定期检查并作好记录。

（2）起重吊具（钢丝绳、钢丝绳卡、吊带、吊钩、卸扣等）由使用单位每月检查1次、每年自检1次；手拉葫芦（倒链）、电葫芦、卷扬机由使用单位每年自检1次。

（3）从事起吊作业及其安装维修的人员必须取得相应证书，并经县级以上医疗机构体检合格方可上岗。持证人员应按照证书上的作业类别和准操项目，操作相应的起重机械。

（4）起重作业人员必须穿工作服和安全鞋（靴），佩戴安全帽；起重指挥人员必须佩戴明显标志，配备必要的通信设备，不得兼做司索（挂钩）及其他工作，严禁多人指挥；起重司机必须听从指挥人员的指挥，指挥信号不明时严禁操作；吊装中任何人发出紧急停车信号时，司机必须立即停车。

（5）大型起重作业、易燃易爆物品吊装及危险化学品的吊装作业必须制订“三措两案”（即组织措施、技术措施、安全措施、施工方案、应急预案），经本单位审批执行，并设置专业人员监护。吊装易燃易爆物（如氧气瓶、煤气罐等）、危险化学品时，由专业人员负责吊物的安全性，指挥人员负责吊装的安全性。

（6）起吊现场必须保证光线和视线良好、照明充足，设置警戒区域并设专人监护，非工作人员严禁入内。

（7）吊装散件物时应用料斗或箱子，装料高度严禁超过上口边，散粒状的物料必须低于料斗上口边线100mm；吊装大的或不规则的物件时，应在物件上系上控制其姿态和方向的拉绳。

（8）起重吊物前，必须清楚吊物重量并捆绑牢固，严禁起吊不明物和埋在地下的物件。当吊物无固定吊点时必须按规定选择吊点，使吊物在吊运中保持平衡和吊点不发生移动。带棱角或缺口的吊物无防割措施严禁起吊。

（9）吊装前，必须检查起重机械的安全装置可靠、起重工具检验合格并在有效期内、吊具、钢丝绳等完好无损，确认吊点承载能力、吊物重量、捆绑正确牢固、吊装区域内无人、吊运路线无障碍物、与电气设备距离符合安全要求。

（10）起吊前必须鸣铃（或口哨）示警，吊装接近人时应给断续铃声（或口哨）示警。当起吊物离地20～30cm时必须停吊检查，确认安全性；吊装中的吊物不得长期悬在空中；吊物暂时悬在空中时，司机不得离开驾驶室或做其他工作；吊装中突遇停电，应先将控制器恢复到零位，切断电源，然后采用防止吊物坠落的可靠措施将吊物缓慢放下。

（11）吊装作业，严禁利用管道、设备、防护栏杆、脚手架以及不坚固的建（构）筑物上作为起吊物的吊点，严禁超载或歪斜拽吊，严禁在吊物上站人或放有活动物件，严禁起重人员停留在吊物下作业，严禁吊物从人的头上越过或停留，严禁人员从吊物下方行走或停留。

（12）利用两台或多台起重机械吊装同一重物时，绑扎时应根据各台起重机械的允许起重量按比例分配负荷，保持吊装同步，每台起重机械的起重量不得超过其额定起吊重量的80%。

（13）翻转吊物时，起重人员必须站在吊物翻转方向反侧来翻转吊物；放置吊物必须平稳牢固，并做好防倾倒、滑动和滚动措施；抽出吊物绑绳时，不得斜拉、强拉或旋转吊物等。

（14）在电气设备附近或高压线下起吊物体，必须履行审批手续，起重机械必须使用不小于 16mm^2 的软铜线可靠接地，且与电气设备或高压线保持安全距离，制订好防范措施，并设电气监护人监护。

（15）大雪、大雨、雷电、大雾、风力 6 级及以上等恶劣天气严禁户外起重作业。

7. 防止坍塌伤害事故

（1）堆放物料前必须检查确认堆放物处的地面平整、平台牢固且承载能力满足要求；堆放物料时应自下而上逐层进行，取物料时与此相反。严禁超高堆放物料，严禁中间抽取物料，严禁倚靠堆置物，严禁在堆置物旁逗留、工作或休息。

（2）开挖土石方（基坑）前，必须勘察确认施工场地的地质、水文和地下管网布置等情况，基坑四周和坑底四周应设置排水措施，对大型基坑、井坑等必须有经专家审定的施工方案。严禁掏根开挖和反坡开挖，严禁在石土滑落方向撬挖，严禁上下层同时开挖，严禁在基坑或边坡下休息。开挖过程中，若发现有可能坍塌或滑动裂缝时，作业人员必须立即撤离危险区域，待险情处理或采取可靠的防护措施后再恢复作业。

（3）人工开挖基坑要有支护方案，基坑深度不足 2m 时，原则上不再进行支护但要放坡；基坑深度超过 2m 但小于 5m 应按表 2-1 的规定对基坑放坡；基坑深度超过 5m 且不具备放坡条件时，要有专项支护设计。严禁开挖已支护基坑的下层土石方；严禁在支护结构上放置或悬挂重物。

表 2-1　　各类土质的坡度

土质类别	砂土、砾土、淤泥	砂质黏土	黏土、黄土	硬黏土
坡度（深、宽）	1∶0.75	1∶0.5	1∶0.3	1∶0.15

（4）煤场汽车接卸煤指挥人员必须远离煤车指挥，严禁站在汽车上煤堆行驶方向指挥。用推煤机压实整形煤堆时，应注意煤堆坡度和煤堆坍塌的风险，应注意与煤堆边缘保持一定安全距离。

（5）加强对存在可能垮塌风险的场所（如尾部烟道、料仓、粉仓、灰斗等）的定期巡检和管理工作，保证料位计指示正确，严禁长期高料位运行。若发现有漏灰、灰斗脱落等异常情况时应及时采取防护措施后进行处理，周围应悬挂警示牌，严禁人员在附近逗留和通过。

（6）搭设脚手架必须使用合格的管件、脚手板、扣件等材料，搭设好后必须验收合格、悬挂验收合格牌；每次使用前必须检查确认架体连接稳固、安全可靠、承载能力；使用时，严禁擅自改变架体结构，严禁超载使用，严禁在脚手架上起重作业，严禁将任何管道、起重装置等与架体结构连接；拆除脚手架时，必须由上而下逐层拆除，连墙件必须随脚手架逐层拆除，严禁数层同时拆除，严禁将整个脚手架推倒拆除。

（7）模板工程施工，严禁擅自改变施工方案或凭经验施工，搭设模板必须选用合格的搭设材料，浇筑混凝土必须办理混凝土浇筑许可手续，浇筑时必须按照“先浇筑柱、再浇筑梁和板”工序进行；拆除模板必须办理申请拆模手续，且确认混凝土达到拆模强度后方可拆除，拆除模板时必须按照“先拆侧模后拆底模，先拆非承重部分后拆承重部分”的原则进行，严禁随意拆模。

（8）搭设临时建筑必须制订施工方案，选择安全地段和合格建材，必须验收合格后方可使用。严禁使用钢管、毛竹、三合板、石棉瓦等搭设，严禁使用夹芯板作为活动房的竖向承重构件，严禁在易发生泥石流、季节旋风、山洪、微地形大风处搭设，严禁在临时建筑墙外周边开挖土石方。

（9）拆除工程应制订施工方案，并遵守“先上后下、先屋面后主体、先水电后建筑、先梁板后墙柱、先内墙后外墙”原则；拆除前必须现场研究拟拆除物整体结构、确定拆除顺序，按照拆除顺序施工，对局部拆除影响结构安全的必须先加固后拆除。严禁随意拆除或立体交叉拆除作业。

8. 防止中毒窒息事故

（1）进入有限空间，必须佩戴合格的防护用品和应急装备；进入可能会持续释放有毒有害气体或作业可能产生有毒有害气体的场所，必须佩戴长管呼吸器或正压式空气呼吸器；进入有有害气体的场所，必须佩戴防毒面罩；进入酸气较大的场所，必须佩戴套头式防毒面具；进入液氨泄漏的场所，必须穿好重型防化服，并佩戴正压式空气呼吸器。

（2）有限空间作业必须遵守“先通风、再检测、后作业”原则，对隧洞作业或者有害因素可能发生变化的作业，还必须做到“持续通风、持续检测”原则。必须执行有限空间作业审批许可制度、有限空间出入登记制度，必须设专人监护。

（3）有限空间作业必须对其危险有害因素进行辨识，进入前 30min 内必须检测有害气体浓度不得超过表 2-2 限值，氧气浓度在 19.5%～21.0%范围内，并保持良好通风；作业中至少每 2h 检测一次有害气体含量，对可能释放有害物质的有限空间应连续监测；作业中断时间超过 30min 必须重新检测。

表 2-2　　有限空间作业常见有毒气体浓度判定限值

气体名称	评判值	
	mg/m^3	ppm（20℃）
硫化氢	10	7
氯化氢	7.5	4.9
氰化氢	1	0.8
磷化氢	0.3	0.2
溴化氢	10	2.9
氯	1	0.3
甲醛	0.5	0.4
一氧化碳	30	25
一氧化氮	10	8
二氧化碳	18000	9834
二氧化氮	10	5.2
二氧化硫	10	3.7
二硫化碳	10	3.1
苯	10	3
甲苯	100	26

续表

气体名称	评判值	
	mg/m³	ppm（20℃）
二甲苯	100	22
氨	30	42
乙酸	20	8
丙酮	450	186

注 标中数据均为该气体容许浓度的上限值。

（4）有限空间仅有 1 个进出口时，必须将通风设备出风口置于作业区域底部进行送风；有限空间有 2 个或 2 个以上进出口（通风口）时，必须在临近作业人员处进行送风，远离作业人员处进行排风，且出风口应远离进风口，防止有害气体循环进入有限空间。

（5）对容器内的有害气体置换时，吹扫必须彻底、不留残留气体，吹扫气体排放必须符合安全要求，易燃易爆气体必须使用符合要求的惰性气体置换，容器与其他管道的连接处应加装可靠隔离封堵措施。

（6）在有限空间内从事衬胶、涂漆、刷环氧树脂等具有挥发性溶剂作业时，必须进行强力通风，采取防止爆燃措施。严禁使用纯氧通风。

（7）进入容器、罐、井、仓或池内的作业人员除必须遵守“防止高处坠落事故”部分（15）和本部分（2）、（3）、（5）等的相关要求外，还必须确保作业人员与外部监护人联络畅通，联络不畅时严禁作业。严禁在容器、罐、井、仓或池内使用软梯。

（8）在有限空间内作业感觉身体不适时，应立即撤离现场；如发生中毒窒息事件时，现场监护人应在有限空间外施救，并立即报告。施救人员必须正确选用并佩戴好合格的防毒用品、呼吸器具，携带救援器材后，方可进入施救。严禁盲目进入施救。

（9）有限空间内作业结束后，必须清点人员和工具，确认有限空间内无人后，方可关闭人孔门或盖板，并解除采取的隔离封闭措施。

（10）两台锅炉共用一个烟囱，当一台锅炉运行另一台锅炉检修需进入脱硫吸收塔、净烟道时，净烟气挡板必须关闭严密并切断电源，防止烟气倒入检修系统。

（11）危险化学品专用仓库必须装设机械通风装置、冲洗水源及排水设施，必须设专人管理，应进行出入库登记。从事危险化学品的人员必须熟悉所用药品的毒性、腐蚀、爆炸、燃烧等特性，掌握操作要点及安全注意事项，掌握现场急救方法和程序。

（12）化学实验室必须装设通风、自来水、消防设施，应在明显处放置急救药箱、酸（碱）伤害急救中和用药、毛巾、肥皂等。从事化验人员必须穿专用工作服并做好安全防护。

（13）盛装化学药品和溶剂的容器必须标识正确，严禁容器上无标签。剧毒危化品必须储藏在隔离房间或保险柜内，保险柜应装设双锁，并双人、双账管理，装设电子监控设备，并挂“当心中毒”警示牌。

（14）进入尿素溶解罐前，必须将罐内浆液全部清空，充分通风，并检测罐内氨气残存量的气体浓度值不得大于 30mg/m³，方准作业。

（15）配制有毒性、致癌或有挥发性等药品时，室内必须在通风柜橱内进行，室外必须站在上风口进行。露天装卸化学药品（溶液）时，人必须站在上风口作业。

（16）化学室内作业时，应每隔 1～2h 到室外换气。若感到头痛、恶心、胸闷、心悸等不适症状，立即停止作业，并到室外换气。

(17) 化学实验时，严禁一边作业一边饮食（水）；工作中断或结束后，工作人员必须及时换衣洗手。化学实验用过的有毒有害废弃物严禁随意抛弃，必须集中保管，妥善处理。

9. 防止电力生产交通事故

(1) 建立和完善电力生产交通安全管理制度和相应的实施细则，健全交通安全保证和监督体系，明确责任。严禁无证驾驶、酒后驾驶、超速超载、人货混装等违法违章驾驶行为。

(2) 加强对电力生产所用车辆维修管理，确保车辆的技术状况符合国家规定，安全装置完善可靠。定期对车辆进行检修维护，在行驶前、行驶中、行驶后对安全装置进行检查，发现危及交通安全问题，应及时处理，严禁带病行驶。

(3) 大件运输、大件转场、运输危化品或易燃易爆物品应严格遵守有关法规，制定运输方案和专门的安全技术措施，指定有经验的专人负责，事前应对参加工作的全体人员进行全面安全技术交底。危险货物运输驾驶员、装卸员、押运员应取得相应的从业资格证。

(4) 在临边、狭窄场地、临近带电体及线路等危险区域（路段）使用车辆作业时，应划定明确的作业范围，设置明显的警示标志，并设专人监护。

(5) 严禁未提前确认路基、边坡满足安全作业要求盲目作业，悬崖陡坡、路边临空边缘必须设安全警示标志、安全墩、挡墙等防护设施，并确保夜间有充足照明。

(6) 严禁在铁道上或机车底下休息，不准在车辆下面或两节车的中间穿过。在铁道附近进行工作可能影响调车作业或行车安全时，工作负责人应事先与调车人员联系，做好安全措施，必要时应设专人监护。煤车摘钩、挂钩或起动前，必须由调车人员查明车底下或各节车辆的中间确已无人，才可发令操作。

(7) 叉车、翻斗车、起重机、铲车等特种车辆，除驾驶员、副驾驶员座位以外，任何位置在工作中不得载人。

(8) 机动车在无限速标志的厂内主干道行驶时，不得超过 30km/h，其他道路不得超过 20km/h。机动车行驶特定地点、路段或遇到特殊情况时的限速要求应符合相关规定。

(9) 建立交通安全预警机制。按恶劣气候、气象、地质灾害等情况及时启动预警机制，制定并落实防止车辆伤害事故的管控措施。

10. 防止电力生产淹溺事故

(1) 水上运输应遵守水运管理部门或海事管理机构的有关规定。机动作业船、运维交通船等作业船只，必须有船舶行驶许可证，必须按要求配备船员，配备救生设备，船体不得有损伤漏水。

(2) 上下船使用的跳板宽度不得小于 250mm，水上临时人行跳板宽度不得小于 600mm，跳板的强度和刚度应满足使用要求，跳板端部应固定，板面应设置防滑设施。水上临时人行跳板应设置安全护栏或张挂安全网。

(3) 船上装卸大件物体或大型施工设备应有专门的装卸方案，严禁船舶超载。海上风电建设项目大件运输应制定海上运输方案和应急预案。

(4) 进入水轮机（水泵）等内部工作时，必须严密关闭进水闸门（或进水阀），并切断其动力电源和控制电源，做好隔离水源措施，排除内部积水。工作结束撤出时，必须清点人数。

(5) 集水井、集水廊道洞口、生产区域水池等有淹溺危险的场所应设置坚固的盖板或护网并盖实，防止人员掉落溺水。集水井、集水廊道内的工作，必须有专人监护，作业人员必须系好安全带和安全绳，安全绳由监护人掌握，遇有水位上涨时，井内作业人员必须立即撤离。

（6）临水、水上作业应对作业人员进行安全救生培训，必须制定详细的预控措施并进行现场交底，必须有 2 人以上方可进行。

临水、水上作业及乘坐交通工作船时，人员必须穿好救生衣（或绑安全绳、安全带）、穿防滑鞋，作业人员在出海前或在船期间不得饮酒，禁止游泳、捞物。

临水作业现场应设置有效的安全防护措施、安全警示牌，夜间作业配备足够的照明设施，五级及以上大风、大雨、雷电、浓雾天气禁止临水和水上作业。

（7）围堰施工过程中必须监测水位变化，围堰内外的水头差必须在设计范围内，筑岛围堰必须高出施工期间可能出现的最高水位 0.7m 以上。

（8）基坑、顶管工作井周边必须有良好的排水系统和设施，设置防护盖板或围栏，夜间必须设置警示灯。

（9）严禁穿越深浅不明的水域。对于抗洪抢险作业、台风暴雨持续期间，故障巡视应至少两人一组进行，巡视期间保持通信畅通。

（10）当大坝溢流或泄洪量达到规定值时，禁止在上、下游大坝近区进行任何水上作业。

（11）潜水作业应由取得相关资质的人员担任，作业前，必须对装具、设备和系统进行现场检查和测试，并遵守潜水作业相关安全要求。禁止夜间水下作业，如遇特殊情况需在夜间作业时，应经本单位批准，并做好相关措施。

11. 防止烟气脱硫设备及其系统中人身伤亡事故

（1）新建、改建和扩建电厂的吸收塔及内部支撑架、烟道、浆液箱罐、烟气挡板、浆液管道、烟囱做防腐处理时，应选择耐腐蚀、耐磨损的材料，对浆液泵及搅拌器、浆液管道（管件）、旋流器、膨胀节要做防磨处理，并加强日常检查维护，防止由于设备腐蚀、卡涩带来的安全隐患。

（2）防止脱硫塔进口烟气温度过高损坏防腐层。及时修复损坏的防腐层和更换损坏的衬胶管。

（3）加强石灰石粉输送系统防尘措施，防止粉尘飞扬对作业人员造成职业健康伤害。在脱硫石膏装载作业时，必须在确认运输车厢（罐）内无人后才能进行装载作业。

（4）加强浆液池等盛装液体的沟池的安全防护，有淹溺危险的场所必须设置盖板，并做到盖板严密，以防作业人员落入沟池。

（5）进入脱硫塔前，必须打开人孔门进行通风，在有毒气体浓度降低到允许值以下才能进入。进入脱硫塔检修，应做好防止作业人员坠落、防落物伤人安全措施，脱硫塔外必须设专人监护。

（6）加强保安电源的维护，发生全厂停电或者脱硫系统突然停电时，保安电源能确保及时启动并向脱硫系统供电。

12. 防止液氨储罐泄漏、中毒、爆炸伤人事故

（1）液氨储罐区应由具有综合甲级资质或者化工、石化专业甲级设计资质的化工、石化设计单位设计。储罐、管道、阀门、法兰等必须定期检验、检测、试压，确保质量性能符合要求。

（2）液氨区域应必须设置安全警示标志，现场必须放置防毒面具、防护服、药品等防护用具。

液氨区域必须标识清晰的安全逃生方向和路线，必须设置及时掌握风向变化的方向标，必须放置符合规定要求的消防灭火器材，必须设置洗眼器、淋洗器和喷淋系统，必须按要求设置避雷装置和静电释放装置，输送易燃物质的管道、法兰等应有防静电接地措施。

氨区控制室和配电间出入口不得朝向装置间。氨区所有电气设备、远传仪表、执行机构、热控盘柜等均选用相应等级的防爆设备，防爆结构选用隔爆型（Ex-d），防爆等级不低于IIAT1。

（3）进入液氨储存区，严禁吸烟，严禁携带火种，严禁携带和使用无线通信设备，严禁人员未释放静电进入。

（4）应加强液氨区域管理，建立液氨管理制度，加强相关人员的业务知识培训，液氨作业人员必须经过专门培训，熟悉系统，熟悉液氨物理、化学特性和危险性，经考试合格，持证上岗。

严格工艺措施，加强巡回检查，防止液氨系统跑、冒、滴、漏，尤其应防止因外部环境腐蚀发生泄漏。

应制定液氨储罐意外受热或罐体温度过高致使压力显著升高、液氨泄漏等应急预案，并定期组织演练。

（5）进入液氨储存区域的人员必须正确穿戴劳动防护用品，严禁穿戴易产生静电服装（严禁穿带钉皮鞋、穿易起静电化纤类服装等）。作业人员实施操作时，应按规定佩戴个人防护品。

（6）氨区应设置事故报警系统，氨气泄漏检测装置应覆盖氨区，具有检测数据远传、就地报警功能，并自动联锁启动水喷淋系统。

液氨泄漏时，应立即采取处理措施，在保证安全的情况下，尽可能切断泄漏源；应急处理人员必须戴正压式空气呼吸器，穿专用防护服；泄漏区周围立即设置隔离带，并监测空气中氨气的浓度，撤离隔离带内所有人员。

（7）严格控制液氨储罐充装量，不应超过储罐总容积的85%。严禁过量充装，防止因超压而发生罐体开裂或阀门顶脱、液氨泄漏伤人。

（8）应在液氨储罐四周安装自动水喷淋装置，当罐体温度过高时该装置自动启动。氨储存箱、氨计量箱的排气，应设置氨气吸收装置。

（9）在液氨储存区检修时应做好防护措施，严格执行动火审批制度，并加强监护。氨罐检修时，必须采取防止形成爆炸性混合气体的措施后方可开工。严禁在充装液氨的罐体上实施动火作业。

（10）液氨槽车卸料时应严格遵守操作规程，卸料过程应有专人监护。完善储运等生产设施的安全阀、压力表、放空管、氮气吹扫置换口等安全装置，并做好日常维护；严禁使用软管卸氨，应采用金属万向管道充装系统卸氨。

（11）加强进入液氨储存区车辆管理，严禁未装阻火器机动车辆进入，运送物料的机动车辆必须正确行驶。

（12）加强厂外运输液氨车辆管理，不得随意找社会车辆进行液氨运输。电厂应与具有危险货物运输资质的单位签订专项液氨运输协议。

三、国家电网有限公司发布的《十八项电网重大反事故措施（修订版）》

国家电网有限公司于2018年11月9日以国家电网设备〔2018〕979号文发布《国家电

网有限公司关于印发〈十八项电网重大反事故措施（修订版）〉的通知》：为贯彻落实国家安全生产工作要求，强化电网、设备、人身安全管理，提升电网设备本质安全水平，在全面总结分析公司近年来各类事故经验教训基础上，公司组织对原《国家电网公司十八项电网重大反事故措施（修订版）》（国家电网生〔2012〕352号）进行了修订。

2018年版国家电网有限公司《十八项电网重大反事故措施（修订版）》仍把“防止人身伤亡事故”列为十八项重大反措的首项。为防止人身伤亡事故，应全面贯彻落实《中共中央国务院关于推进安全生产领域改革发展的意见》（中发〔2016〕32号）、《特种作业人员安全技术培训考核管理规定》（国家安全监管总局令第80号）、《电力建设工程施工安全监督管理办法》（国家发展和改革委员会令第28号）、国家电网公司《电力安全工作规程变电部分》（Q/GDW 1799.1—2013）、《电力安全工作规程 线路部分》（Q/GDW 1799.2—2013）、《关于印发〈国家电网公司电力安全工作规程（配电部分）（试行）〉的通知》（国家电网安质〔2014〕265号）、《国家电网公司电力安全工作规程（电网建设部分）（试行）》（国家电网安质〔2016〕212号）、《国家电网公司关于强化本质安全的决定》（国家电网办〔2016〕624号）、《国家电网公司关于印发〈生产作业安全管控标准化工作规范（试行）〉的通知》（国家电网安质〔2016〕356号）、《国家电网公司关于印发贯彻落实〈中共中央国务院关于推进安全生产领域改革发展的意见〉实施方案的通知》（国家电网办〔2017〕1101号）、《国家电网公司业务外包安全监督管理办法》（国家电网安质〔2017〕311号）、《营销业扩报装工作全过程安全危险点辨识与预控手册（试行）》（国家电网营销〔2011〕237号）、《国家电网公司生产作业安全管控标准化工作规范（试行）》（国家电网安质〔2016〕1356号）及其他有关规定，并提出以下七条重点要求。

1. 加强各类作业风险管控

（1）实施生产作业标准化安全管控，科学安排作业任务，严格开展风险识别、评估、预控，有序组织生产工作。对于事故应急抢修和紧急缺陷处理，按照管辖范围履行审批手续，保证现场安全措施完备，严禁无工作票或事故（故障）紧急抢修单、无工作许可作业。

（2）根据工作内容做好各类作业各个环节风险分析，落实风险预控和现场管控措施。

1）对于开关柜类设备的检修、试验或验收，针对其带电点与作业范围绝缘距离短的特点，不管有无物理隔离措施，均应加强风险分析与预控。

2）对于敞开式隔离开关的就地操作，应做好支柱绝缘子断裂的风险分析与预控，操作人与专责监护人应选择正确的站位。监护人员应实时监视隔离开关动作情况，操作人员应做好及时撤离的准备。

3）对于高处作业，应搭设脚手架、使用高空作业车、升降平台、绝缘梯、防护网，并按要求使用安全带、安全绳等个体防护装备，个体防护装备应检验合格并在有效期内。严禁在无安全保护的情况下进行高处作业。高处作业人员应持证上岗，凡身体不适合从事高处作业的人员，不得从事高处作业。

4）对于近电作业，要注意保持安全距离，落实防感应电触电措施。对低压电气带电作业工具裸露的导电部位，应做好绝缘包缠，正确佩戴手套、护目镜等个体防护装备。

5）对于业扩报装工作，应做好施工、验收、接电等各个环节的风险辨识与预控，严格履行业扩报装验收手续，严禁单人工作、不验电、不采取安全措施以及强制解锁、擅自操作客户设备等行为。对于营销小型分散作业，现场开工前应认真勘查作业点的环境条件及风险点，并根据作业现场实际情况补充完善安全措施。

6）对于杆塔组立工作，应做好起重设备、杆塔稳定性方面的风险分析、评估与预控，作业人员应做好安全防护措施，严格执行作业流程，监护人员应现场监护，全面检查现场安全防护措施状态，严禁擅自组织施工，严禁无保护、无监护登塔作业等行为。

7）对于输电线路放线紧线工作，应做好防杆塔倾覆风险辨识与预控，登杆塔前对塔架、根部、基础、拉线、桩锚、地脚螺母（螺栓）等进行全面检查，正确使用卡线器或其他专用工具、安全限位以及过载保护装置，充分做好防跑线措施，并确保现场各岗位联系畅通，严禁违反施工作业技术和安全措施盲目作业。

8）对于有限空间作业，必须严格执行作业审批制度，有限空间作业的现场负责人、监护人员、作业人员和应急救援人员应经专项培训。监护人员应持有限空间作业证上岗；作业人员应遵循先通风、再检测、后作业的原则。作业现场应配备应急救援装备，严禁盲目施救。

9）对于抗洪抢险作业，台风暴雨持续期间，故障巡视应至少两人一组进行，巡视期间保持通信畅通，严禁冒险涉水通过严重积水路段及河流。故障巡视期间应始终认为线路、杆塔拉线或设备带电，保持足够安全距离。进入水淹站房，应确保电源已断开、水已抽干，注意防范地下站房气体中毒。

（3）在作业现场内可能发生人身伤害事故的地点，应采取可靠的防护措施，根据实际情况设立安全警示牌、警示灯、警戒线、围栏等警示标志，必要时增加物理隔离带或设专人监护。对交叉作业现场应制定完备的交叉作业安全防护措施，必要时设工作协调人。

（4）采取劳务外包的项目，对危险性大、专业性强的检修和施工作业，劳务人员不得担任现场工作负责人，必须在发包方有经验人员的带领和监护下进行。

（5）加强作业现场反违章管理，健全各级安全稽查队伍，严肃查纠各类违章行为，积极推广应用远程视频监控等反违章技术手段。

2. 加强作业人员培训

（1）定期开展作业人员安全规程、制度、技术、风险辨识等培训、考试，使其熟练掌握有关规定、风险因素、安全措施，提高安全防护、风险辨识的能力。

（2）对于实习人员、临时人员和新参加工作的人员，应强化安全技术培训，证明其具备必要的安全技能，方可在有工作经验的人员带领下作业。禁止指派实习人员、临时人员和新参加工作的人员单独工作。

（3）应结合生产实际，经常性开展多种形式的安全思想、安全文化教育，开展有针对性的应急演练，提高员工安全风险防范意识，掌握安全防护知识和伤害事故发生时的自救、互救方法。

（4）推行作业人员安全等级认证，建立作业人员安全资格的动态管理和奖惩机制。

（5）创新安全培训手段，可采用仿真、虚拟现实、互联网＋等新技术丰富培训形式。

3. 加强设计阶段安全管理

（1）在电力工程设计中，应认真吸取人身伤亡事故教训，并按照相关规程、规定的要求，及时改进和完善安全设施及设备安全防护措施设计。

（2）施工图设计时，涉及施工安全的重点部位和环节应在设计文件上注明，并对防范安全生产事故提出指导意见。采用新结构、新材料、新工艺的建设工程和特殊结构的建设工程，设计单位应在设计中提出保障施工作业人员安全和预防安全生产事故的措施建议，并在设计交底中体现。

4. 加强施工项目管理

（1）工程建设要确保合理工期，工期进行调整时必须重新进行施工方案审查和风险评估，严格施工作业计划管理。

（2）加强对各项承包工程的安全管理，签订安全协议书，明确业主、监理、承包方的安全责任，严格外包队伍及人员资质审查和准入，严禁转包和违法分包，做好外包队伍入场审核、安全教育培训、动态考核工作，建立淘汰机制。

（3）落实施工单位主体责任，将劳务分包人员统一纳入施工单位管理，统一标准、统一要求、统一培训、统一考核（“五统一”）。

（4）发包方应监督检查承包方在施工现场的专（兼）职安全员配置和履职、作业人员安全教育培训、特种作业人员持证上岗、施工机具和安全工器具的定期检验及现场安全措施落实等情况。

（5）在有危险性的电力生产区域（如有可能引发火灾、爆炸、触电、高空坠落、中毒、窒息、机械伤害、烧烫伤等人员、电网、设备事故的场所）作业，发包方应事先对承包方相关人员进行全面的安全技术交底，要求承包方制定安全措施，并配合做好相关安全措施。

（6）施工单位应建立重大及特殊作业技术方案评审制度，施工安全方案的变更调整要履行重新审批程序，应严格落实施工“三措”（组织措施、技术措施、安全措施）和安全文明施工相关要求。

（7）严格执行特殊工种、特种作业人员持证上岗制度。项目监理单位要严格执行特殊工种、特种作业人员入场资格审查制度，审查上岗证件的有效性。施工单位要加强特殊工种、特种作业人员管理，工作负责人不得使用非合格专业人员从事特种作业。

（8）加强施工机械安全管理。施工企业应落实对分包单位机械、外租机械的管理要求，掌握大型施工机械工作状态信息，监理单位应严格现场准入审核。

5. 加强安全工器具和安全设施管理

（1）认真落实安全生产各项组织措施和技术措施，配备充足的、经国家认证认可的、经质检机构检测合格的安全工器具和防护用品，并按照有关标准、规定和规程要求定期检验，禁止使用不合格的安全工器具和防护用品，提高作业安全保障水平。

（2）对现场的安全设施，应加强管理、及时完善、定期维护和保养，确保其安全性能和功能满足相关标准、规定和规程要求。

6. 加强验收阶段安全管理

（1）运维、施工单位办理交接前，建设管理单位应负责组织参与现场验收人员对现场已带电部位、高处作业等风险点进行安全交底，熟悉现场的验收配合人员在验收过程中需加强安全监护。

（2）运维、施工单位完成各项作业检查、办理交接后，施工人员应与将要带电的设备及系统保持安全距离，未经许可、登记，严禁擅自再进行任何检查和检修、安装作业。

7. 加强运行安全管理

（1）严格执行“两票三制”（两票：工作票、操作票；三制：交接班制、巡回检查制、设备定期试验轮换制），落实好各级人员安全职责，并按要求规范填写“两票”内容，确保安全措施全面到位。

（2）强化缺陷设备监测、巡视制度，在恶劣天气、设备危急缺陷情况下开展巡检、巡视等高风险工作，应采取措施防止触电、雷击、淹溺、中毒、机械伤害等事故发生。

第二节　发电厂厂区布局和工作场所要求

一、基本要求

1. 厂区选址论证和竣工验收

（1）厂区选址应经过安全条件论证，总平面布局合理。

（2）竣工后，安全设施应经过竣工验收。

2. 建筑物和构筑物检查维护

（1）厂房等主要建筑物、构筑物必须定期进行检查，结构应无倾斜、裂纹、风化，下塌、腐蚀的现象，门窗及锁扣应完整，化妆板等附着物固定牢固。

（2）寒冷地区的厂房、烟囱、水塔等处的冰溜子，应及时清除，以防掉落伤人或压垮构建筑物。如不能清除，应采取安全防护措施。

（3）厂房屋面板上不许堆放物件，对积灰、积雪、积冰应及时清除。

（4）厂房建筑屋顶的排汽门、水门、管道应无因漏汽、漏水而造成的严重结冰，以防压垮房顶。

3. 厂区的道路、设备通道

（1）厂区的道路应随时保持畅通。

（2）室外设备通道上、厂区主要道路有积雪时，应及时清扫，室外作业场所路滑的地段应铺撒防滑砂或采取其他防滑措施。

4. 对厂区建筑物和构筑物的附属设施的要求

（1）所有楼梯、平台、通道、栏杆都应保持完整。

（2）在楼梯的始级应有明显的安全警示。

（3）铁板必须铺设牢固，铁板表面应有纹路以防滑跌。

5. 消防要求

（1）厂区消防设施的设计应符合 GB 50229《火力发电厂与变电所设计防火规范》及 DL 5027《电力设备典型消防规程》的规定。

（2）厂区建筑物和构筑物的防火设计应符合 GB 50016《建筑设计防火规范》的规定。

6. 对工作场所的照明的规定

（1）工作场所必须设有符合规定照度的照明。

（2）主控制室、重要表计、主要楼梯、通道等地点，必须设有事故照明。

（3）工作地点应配有应急照明。

（4）高度低于 2.5m 的电缆夹层、隧道应采用安全电压供电。

二、对通道和地面的要求

1. 对工作场所的井、坑、孔、洞或沟道应设置安全措施

（1）工作场所的井、坑、孔、洞或沟道，必须覆以与地面齐平的坚固盖板。

（2）在检修工作中如需将盖板取下，必须设有牢固的临时围栏，并设有明显的警告标

志。临时打的孔、洞，施工结束后，必须恢复原状。

2. 对所有升降口、大小孔洞、楼梯和平台应设置安全设施

(1) 所有升降口、大小孔洞、楼梯和平台，必须装设栏杆和脚步护板，栏杆的高度不低于1050mm，脚步护板的高度不低于100mm。

(2) 离地高度高于20m的平台、通道及作业场所的防护栏杆不应低于1200mm。

(3) 如在检修期间需将栏杆拆除时，必须装设牢固的临时遮栏，并设有明显的警告标志，应在检修结束时将栏杆立即装回。原有高度1050mm或1200mm的栏杆可不作改动。

(4) 所有高出地面、平台1.5m，需经常操作的阀门，必须设有便于操作、牢固的梯子或平台。

(5) 楼板、平台应有明显的允许荷载标志，据此确定楼板、平台的荷载。

(6) 禁止利用任何管道、栏杆、脚手架悬吊重物和起吊设备。

(7) 在楼板和结构上打孔或在规定地点以外安装起重滑车或堆放重物时，必须事先经过本单位有关技术部门审核许可。

3. 对工作场所通道和地面的要求

(1) 室内的通道应随时保持畅通，地面应保持清洁。

(2) 地面有油水、泥污等，必须及时清除，以防滑跌，有碍观瞻。

三、对物件和危险品的放置要求

1. 对厂区内物件的放置要求

(1) 门口、通道、楼梯和平台等处，不准放置杂物。

(2) 电缆及管道不应敷设在经常有人通行的地板上。

(3) 地板上临时放有容易使人绊跌的物件（如钢丝绳等）时，必须设置明显的警告标志。

(4) 当过道中存在高度低于2m的物件时，必须设置明显的警告标志。

2. 对危险品的放置要求

易燃、易爆、有毒危险品，高噪声以及对周边环境可能产生污染的设备、设施、场所，在符合相关技术标准的前提下，应远离人员聚集场所。

四、消防工作规定和防止火情伤人措施

1. 对生产厂房及仓库的消防设施和消防防护装备以及易燃品存放规定

(1) 生产厂房及仓库应备有必要的消防设施和消防防护设备，如消防栓、水龙带、灭火器、砂箱、石棉布和其他消防工具以及正压式消防空气呼吸器等。

(2) 消防设施和防护装备应定期检查和试验，保证随时可用。

(3) 严禁将消防工具移作他用；严禁放置杂物妨碍消防设施、工具的使用。

(4) 禁止在工作场所存储易燃物品，例如，汽油、煤油、酒精等。

(5) 运行中所需小量的润滑油和日常使用的油壶、油枪，必须存放在指定地点的储藏室内。

(6) 生产厂房应备有带盖的铁箱，以便放置擦拭材料，如抹布和棉纱头等。

(7) 用过的擦拭材料应另放在废棉纱箱内。

(8) 含有毒有害工业油品的废弃擦拭材料，应放置专用箱收集，定期清除。

2. 对管道和容器的有关规定

（1）所有高温的管道、容器等设备上都应有保温，保温层应保证完整。

（2）当环境度在25℃时，保温层表面的温度不宜超过50℃。

（3）油管道不宜用法兰盘连接。在热体附近的油管道已用法兰盘连接的，必须将法兰盘装金属罩壳。

（4）热管道或其他热体保温层外必须再包上金属皮。如检修时发现保温层有渗油，应更换保温层。

（5）油管道的法兰、阀门以及轴承、调速系统等应保持严密不漏油。如有漏油现象，应及时修好，漏油应及时拭净。

3. 电缆孔洞的防火要求

生产厂房内外的电缆，在进入控制室、电缆夹层、控制柜、开关柜等处的电缆孔洞，必须用防火材料严密封闭，并沿两侧一定长度上涂以防火涂料或其他阻燃物质。

4. 对生产厂房的取暖用热源和室外临时取暖设施的要求

（1）生产厂房的取暖用热源，应有专人管理。

（2）使用压力应符合取暖设备的要求。

（3）如用较高压力的热源时，必须装有减压装置，并装安全阀。安全阀应定期校验。

（4）冬季室外作业采用临时取暖设施时，必须做好相应的防火措施。高处作业的场所必须设置紧急疏散通道。

五、生产厂房电梯安全运行措施

（1）生产厂房装设的电梯，在使用前应经有关部门检验合格，取得合格证并制定安全使用规定和定期检验维护制度。

（2）电梯应有专责人负责维护管理。

（3）电梯的安全闭锁装置、自动装置、机械部分、信号照明等有缺陷时必须停止使用，并采取必要的安全措施，防止高处摔跌等伤亡事故。

六、空气流动性差和高温场所要求

1. 进入空气流动性较差的场所作业必须采取的安全措施

（1）进入煤粉仓、引水洞等相对受限场所以及地下厂房等空气流动性较差的场所作业，必须事先进行通风，并测量氧气、一氧化碳、可燃气等气体含量，确认不会发生缺氧、中毒方可开始作业。

（2）作业时必须在外部设有监护人，随时与进入内部作业人员保持联络。

（3）进出人员应登记。

2. 对在高温场所的工作人员应采取的防护措施

（1）在高温场所工作时，应为工作人员提供足够的饮水、清凉饮料及防暑药品。

（2）对温度较高的作业场所必须增加通风设备。

七、安全警示标志

应根据生产场所、设备、设施可能产生的危险、有害因素的不同，分别设置明显的安全警示标志。

第三节　发电厂工作人员的条件和个人防护要求

一、工作人员条件

1. 工作人员应具备的基本条件

（1）新录用的工作人员应经过身体检查合格。

（2）工作人员至少两年进行一次身体检查。

（3）凡患有不适于担任热力、机械、电气、线路、高压试验等生产工作病症的人员，经医生鉴定和有关部门批准、应调换从事其他工作。

（4）经过三级安全教育培训，并经考试合格后方可上岗作业。

2. 三级安全教育培训

（1）企业必须对所有新员工进行厂（公司）、车间（部门）、班组（岗位）的三级安全教育培训。

（2）告知作业现场和工作岗位存在的危险因素、防范措施及事故应急措施，并按国标安规相关安全规程的有关部分要求，考试合格后方可上岗作业。

（3）调整岗位人员，在上岗前必须学习国标安规的有关部分，并经考试合格后方可上岗。

3. 对外来参观人员和外来临时工作人员应做的工作

（1）对外来参观人员，必须进行现场危险有害因素的告知，并在有关人员陪同下，方可进入现场。

（2）对外来临时参加现场工作的人员，必须经过本部分教育和安全知识培训并经考试合格后，方可进入现场参加指定的工作，开始工作前必须向其介绍现场安全措施和注意事项。

4. 安规考试

（1）与国标安规有关部分相关的工作人员应按国标安规的有关部分每年考试一次。

（2）中断工作连续3个月以上者，必须重新学习本部分，并经考试合格后，方能恢复工作。

二、对工作人员的个人防护要求

1. 安全救护知识要求

（1）所有工作人员都应具备必要的安全救护知识，学会紧急救护方法，特别要学会触电急救法、窒息急救法、心肺复苏术等，并熟悉有关烧伤、烫伤、外伤、气体中毒等急救常识。

（2）使用易燃物品（如乙炔、氢气、油类、天然气、煤气等）的人员，必须熟悉这些物质的特性及防火防爆规则。

（3）使用有毒危险品（如氯气、氨、汞、酸、碱）的人员，必须熟悉这些物质的特性及应急处理常识，防止不当施救。

（4）油漆作业时，应保持现场通风良好，工作人员戴口罩或防毒面具、现场应做好防火措施。

（5）冬季室外作业应做好作业人员的防寒、防冻伤措施。

2. 对作业人员的着装要求

（1）作业人员的着装不应有可能被转动的机器绞住的部分和可能卡住的部分。

（2）工作服禁止使用尼龙、化纤或棉、化纤混纺的布料制作，以防遇火燃烧加重烧伤程度。

3. 作业人员进入生产现场应做好的防护措施

(1) 进入生产现场必须穿着材质合格的工作服，衣服和袖口必须扣好；禁止戴围巾，穿着长衣服、裙子。

(2) 工作人员进入生产现场，禁止穿拖鞋、凉鞋、高跟鞋；辫子、长发必须盘在工作帽内。

(3) 接触高温物体作业，从事酸、碱作业，在易爆场所作业，必须穿着专用的手套、防护工作服；接触带电设备工作，必须穿绝缘鞋。

(4) 任何人进入生产现场（办公室、控制室、值班室和检修班组室除外），必须戴安全帽。

4. 防护用品的更换要求

工作服、专用防护服、个人防护用品应根据产品说明后实际情况进行更换。

第四节　发电厂和变电站电气部分工作场所要求和安全措施

一、作业现场

(1) 作业现场的生产条件、安全设施、作业机具和安全工器具等应符合国家或行业标准规定的要求，安全工器具和劳动防护用品在使用前应确认合格、齐备。

(2) 经常有人工作的场所及施工车辆上宜配备急救箱，存放急救用品，并指定专人检查、补充或更换。

(3) 作业人员应被告知其作业现场存在的危险因素和防范措施。

(4) 在发现有直接危及人身安全的紧急情况时，现场负责人有权停止作业，组织人员撤离作业现场。

二、对工作人员的要求

(1) 经医师鉴定，无妨碍工作的病症（体格检查每两年至少一次）。

(2) 具备必要的安全生产知识和技能，从事电气作业的人员应掌握触电急救等救护法。

(3) 具备必要的电气知识和业务技能，熟悉电气设备及其系统。

三、保证作业人员安全作业的措施

(1) 在电气设备上工作应有保证安全的制度措施，可包含工作申请、工作布置、书面安全要求、工作许可、工作监护以及工作间断、转移和终结等工作程序。

(2) 在电气设备上进行全部停电或部分停电工作时，应向设备运行维护单位提出停电申请，由调度机构管辖的需事先向调度机构提出停电申请，同意后方可安排检修工作。

(3) 在检修工作前应进行工作布置，明确工作地点、工作任务、工作负责人、作业环境，工作方案和书面安全要求，以及工作班成员的任务分工。

四、发电厂和变电站电气部分安全组织措施

1. 一般要求

安全组织措施包含的内容：安全组织措施作为保证安全的制度措施之一，包括工作票、工作的许可、监护、间断、转移和终结等。工作票签发人、工作负责人（监护人）、工作许可人、专责监护人和工作班成员在整个作业流程中应履行各自的安全职责。

2. 工作票

工作票是准许在电气设备上工作的书面安全要求之一，可包含：①编号；②工作地点；

③工作内容；④计划工作时间；⑤工作许可时间；⑥工作终结时间；⑦停电范围和安全措施；⑧工作票签发人；⑨工作许可人；⑩工作负责人；⑪工作班成员等内容。

3. 非书面安全要求形式

除需填用工作票的工作外，其他可采用口头或电话命令方式。

五、发电厂和变电站电气部分安全技术措施

1. 在电气设备上工作保证安全的技术措施

在电气设备上工作，应有：①停电；②验电；③装设接地线；④悬挂标示牌和装设遮栏（围栏）等保证安全的技术措施。

2. 保证安全的技术措施的执行人员

在电气设备上工作，保证安全的技术措施由运行人员或有操作资格的人员执行。

3. 绝缘安全工器具

在电气设备上工作中所使用的绝缘安全工器具应满足 GB 26860—2011《电力安全工作规程　发电厂和变电站电气部分》中的附录 E（规范性附录）表 E.1（绝缘安全工器具试验项目、周期和要求）的要求。

第五节　电力线路工作场所要求和安全措施

一、作业现场

（1）作业现场的生产条件、安全设施、作业机具和安全工器具等应符合国家或行业标准规定的要求，安全工器具和劳动防护用品在使用前应确认合格、齐备。

（2）经常有人工作的场所及施工车辆上宜配备急救箱，存放急救用品，并指定专人检查、补充或更换。

（3）野外作业前，应根据野外工作特点做好工作准备，对工作环境的危险点进行排查，并做好防范措施。

（4）配电系统中的开关站、高压配电站（所）内工作可参照 GB 26860—2011《电力安全工作规程　发电厂和变电站电气部分》的有关规定执行。

（5）工作人员应被告知其作业现场存在的危险因素和防范措施。

（6）在发现直接危及人身安全的紧急情况时，现场负责人有权停止作业并组织人员撤离作业现场。

二、对工作人员的要求

（1）经医师鉴定，无妨碍工作的病症（体格检查每两年至少一次）。

（2）具备必要的安全生产知识和技能，从事电气作业的人员应掌握触电急救等救护法。

（3）具备必要的电气知识和业务技能，熟悉电气设备及其系统。

三、保证作业人员安全作业的措施

（1）在电力线路（简称“线路”）及配电设备上工作应有保证安全的制度措施，可包含工作申请、工作布置、现场勘查、书面安全要求、工作许可、工作监护以及工作间断和终结等工作程序。

（2）在线路及配电设备上进行全部停电或部分停电工作时，应向设备运行维护单位提出停电申请，由调度机构管辖的需事先向调度机构提出停电申请，同意后方可安排检修工作。

（3）在检修工作前应进行工作布置，明确工作地点、工作任务、工作负责人、作业环境、工作方案和书面安全要求，以及工作班成员的任务分工。

四、电力线路作业安全组织措施

1. 一般要求

电力线路作业安全组织措施作为保证安全的制度措施之一，包括工作票、工作的许可、监护、间断和终结等。工作票签发人、工作负责人（监护人）、工作许可人、专责监护人和工作班成员在整个作业流程中应履行各自的安全职责。

2. 工作票

工作票是准许在线路及配电设备上工作的书面安全要求之一，可包含：①编号；②工作地点；③工作内容；④计划工作时间；⑤工作许可时间；⑥工作终结时间；⑦停电范围和安全措施；⑧工作票签发人；⑨工作许可人；⑩工作负责人；⑪工作班成员等内容。

3. 非书面安全要求的形式

除需填用工作票的工作外，其他可采用口头或电话命令方式。

五、电力线路作业安全技术措施

1. 在电力线路和配电设备上工作的保证安全技术措施

在线路和配电设备上工作，应有：①停电；②验电；③装设接地线及个人保安线；④悬挂标示牌和装设遮栏（围栏）等保证安全的技术措施。

2. 绝缘安全工器具

在线路和配电设备上工作所使用的绝缘安全工器具应满足 GB 26859—2011《电力安全工作规程　电力线路部分》附录 E（规范性附录）表 E.1（绝缘安全工器具试验项目、周期和要求）的要求（安规线路部分的表 E.1 与安规电气部分的表 E.1 内容相同）。

第六节　高压试验室（场）要求和安全措施

一、对高压试验室（场）的要求

1. 接地系统

（1）高压试验室（场）应有良好的接地系统，以保证高压试验测量准确度和人身安全。

（2）接地电阻应符合设计规范要求，一般不超过 0.5Ω。

（3）试验设备的接地点与被试设备的接地点之间应有可靠的金属性连接。

（4）试验室（场）内所有的金属架构、固定的金属安全屏蔽遮（栅）栏均应与接地网有牢固的连接。

（5）接地点应有明显可见的标志。

（6）为了保证接地系统始终处于完好状态，每 5 年应测量一次接地电阻，针对接地线和接地点的连接进行一次检查。

2. 试区

（1）高压试验室内应采用安全遮栏围成符合 GB/T 16927.1《高电压试验技术　第 1 部分：一般试验要求》临近效应影响要求的试区。

（2）试区内不应堆放杂物。

（3）在不影响安全的前提下，试区也可采用专用隔离带围成（特别是对于高压户外试验场的大试区）。

3. 环境

（1）高压试验室应保持光线充足，门窗严密，通风设施完备。

（2）高压试验室内宜留有符合要求、标志清晰的信道。

（3）高压试验室周围应有消防通道，并保证畅通。

（4）控制室应铺橡胶绝缘垫。

（5）高压试验室宜配备相应的安全工器具，如防毒、防射线、防烫伤的防护用品以及防爆和消防安全设施，配备应急照明电源。

二、对高压试验人员的要求

（1）高压试验人员应具有高压试验专业知识，熟悉试验设备和试品，熟悉 GB 26861—2011《电力安全工作规程 高压试验室部分》，并经培训考试合格后方能从事高压试验工作。

（2）新参加高压试验的实习人员，应在有经验的高压试验人员监护下参加指定的高压试验工作，不宜担任工作负责人和监护人。

（3）外来的参加试验人员，应进行现场安全工作培训和技术交底。

（4）高压试验人员对 GB 26861—2011《电力安全工作规程 高压试验室部分》应每年进行一次考试。

（5）此外，高压试验人员应：

1）身体健康，无妨碍高压试验工作的病症。

2）学会紧急救护法，特别要学会触电急救法。

3）了解消防的一般知识，会使用试验室的消防设施。

三、保证高压试验人员安全作业的措施

（1）试验室应有安全工作制度。主要设备均应编制安全操作规程，建立完备的技术档案。

（2）每次试验全过程应有完整、详细的记录。

（3）使用试验设备后，对设备的状况应有描述、维修宜有完整的记录。

（4）易燃易爆或放电后可能产生毒性物质的设备应做好防火、防爆、防毒措施。

（5）SF_6 气体绝缘高压试验设备及试品应密封良好，试验现场应按规定装设强力通风装置和防护设施。

（6）重要的仪器和弱电设备应装设防止放电反击和感应电压的保护装置或采取其他安全措施。

第七节　电力电缆工作安全措施

一、一般要求

（1）在电力电缆的沟槽开挖、电缆安装、运行、检修、维护和试验等工作中，以及作业环境应满足的安全要求。

（2）电缆隧道、电缆井内应有充足的照明，并有防火、防水、通风的措施。

二、电缆施工安全措施

（1）电缆施工前，应先查清图纸，再开挖足够数量的样洞和样沟，查清运行电缆位置及地下管线分布情况。

（2）沟槽开挖应采取防止土层塌方的措施。

（3）进入电缆井和电缆隧道前，应用通风机排除浊气，再用气体检测仪检查井内或隧道内的易燃易爆及有毒气体的含量。

（4）电缆开断前，应核对电缆走向图，并使用专用仪器确认电缆无电，可靠接地后方可工作。

第八节　智能变电站继电保护和安全自动装置现场检修安全措施

一、安全措施隔离技术

1. 安全隔离措施

继电保护和安全自动装置的安全隔离措施一般可采用投退检修压板、装置软压板、出口硬压板以及连接和断开装置间的连接光纤等方式，实现检修装置（新投运装置）与运行装置的安全隔离。

（1）检修压板。继电保护、安全自动装置、合并单元及智能终端均设有一块检修硬压板。装置将接收到 GOOSE 报文 TEST 位、SV 报文数据品质 TEST 位与装置自身检修压板状态进行比较，做“异或”逻辑判断，两者一致时，信号进行处理或动作，两者不一致时则报文视为无效，不参与逻辑运算。

（2）软压板。软压板分为发送软压板和接收软压板，用于从逻辑上隔离信号输出、输入。装置输出信号由保护输出信号和发送压板数据对象共同决定，装置输入信号由保护接收信号和接收压板数据对象共同决定，通过改变软压板数据对象的状态便可以实现某一路信号的逻辑通断。其中：

1）GOOSE 发送软压板：负责控制本装置向其他智能装置发送 GOOSE 信号。软压板退出时，不向其他装置发送相应的保护指令。

2）GOOSE 接收软压板：负责控制本装置接收来自其他智能装置的 GOOSE 信号。软压板退出时，本装置对其他装置发送来的相应 GOOSE 信号不作逻辑处理。

3）SV 软压板：负责控制本装置接收来自合并单元的采样值信息。软压板退出时，相应采样值不显示，且不参与保护逻辑运算。

（3）智能终端出口硬压板。安装于智能终端与断路器之间的电气回路中，可作为明显断开点，实现相应二次回路的通断。出口硬压板退出时，保护装置无法通过智能终端实现对断路器的跳、合闸。

（4）光纤。继电保护、安全自动装置和合并单元、智能终端之间的虚拟二次回路连接均通过光纤实现。断开装置间的光纤能够保证检修装置（新投运装置）与运行装置的可靠隔离。

2. “三信息”安全措施核对技术

在“检修装置”“相关联运行装置”及“后台监控系统”三处核对装置的检修压板、软压板等相关信息，以确认安全措施执行到位。

3. “一键式”安全措施执行技术

为提升安全措施的可靠性和完备性，智能变电站宜具备“一键式”安全措施执行功能，即在保护投退方式调整、装置缺陷处理安全隔离等情况下，可依据预先设定的安全措施票，

“一键式”退出该装置发送软压板、相关运行装置的接收软压板等，实现软压板的“一键式”操作。

4. 安全措施可视化技术

将保护装置、二次回路及软压板等信息智能分析后以图形化显示装置检修状态和二次虚回路等的连接状态，为运维人员提供更为直观的状态确认手段。二次虚回路包含但不仅限于软压板状态、交流回路、跳闸回路、合闸回路、启失灵回路等。

二、安全措施实施原则

1. 保证安全措施不影响运行设备的正常运行

装置校验、消缺等现场检修作业时，应隔离采样、跳闸（包括远跳）、合闸、启失灵等与运行设备相关的联系，并保证安全措施不影响运行设备的正常运行。

变电站二次设备现场工作开始前，工作负责人应逐条核对所执行的安全措施（如软、硬压板、光纤隔离和二次空气开关的位置等），确保符合要求，运行设备和检修设备之间的隔离措施是否正确完备。

2. 是否停役相关一次设备

单套配置的装置校验、消缺等现场检修作业时，需停役相关一次设备。双重化配置的二次设备仅单套设备校验、消缺时，可不停役一次设备，但应防止一次设备无保护运行。

（1）单套配置的二次设备现场校验、消缺时，为了防止一次设备无保护运行，需停役相关一次设备。

（2）双重化配置的二次设备单套设备现场校验、消缺时，视现场工作类型，可不停役一次设备；如 SV 采样模式的保护装置现场作业时，可不停役一次设备；电缆采样的保护装置或合并单元装置缺陷处理时，若涉及模拟量回路时，需停役一次设备；智能终端现场作业，不涉及出口回路时，可不停役一次设备，若涉及出口回路，需停役一次设备。

3. 检修作业不宜采用断开光纤的安全措施

断开装置间光纤的安全措施存在装置光纤接口使用寿命缩减、试验功能不完整等问题，对于可通过退出发送侧和接收侧两侧软压板以隔离虚回路连接关系的光纤回路，检修作业不宜采用断开光纤的安全措施。

（1）光纤接口属于易耗品，多次插拔之后对接口性能和寿命均有较大影响；断开装置光纤后，可能造成部分回路无法测试；如 220kV 线路保护与母线保护失灵回路试验时，若断开保护组网光纤，则该回路无法测试。

（2）对于可以通过退出发送和接收两侧软压板来隔离虚回路，不宜采取拔出光纤的方式隔离。

第九节　新能源发电场要求和安全措施

一、风电场要求和安全措施

1. 风电场

常规风电场由风机工程、集电线路、升压站、送电线路、对端变电站扩建几大部分组成。一座 5 万 kW 的风力发电场，占地面积在 10～20km^2，通常由约 40 座风力发电机组组成，需要建设 20～30km 的集电线路、占地 3.33hm^2（约合 233333.33m^2）左右的升压站，以及长达几十千米的送电线路和送电线路接入的对端变电站扩建工程。在这漫长的施工作业面上，多支队伍同时开展工作，点多面广，安全问题矛盾凸现。对于工程的安全管理组织来讲，一个施工项目是一个重大危险源，只有对各分项工程的危险源进行辨识，在危险源辨识的基础上建立事故紧急救援体系，进行有效的应急管理，才能真正地达到“安全第一，预防为主”和“防患于未然”的目的。

2. 风电场危险源

按照对人造成伤害、影响人的身体健康甚至导致疾病的因素性质，危险源分为人的因素、物的因素、环境因素、管理因素四大类。

（1）人的因素，是指在生产活动中来自人员或人为性质的危险和有害因素。

（2）物的因素，是指机械、设备、设施、材料等方面存在的危险和有害因素。

（3）环境因素，是指生产作业环境中的危险和有害因素。

（4）管理因素，是指管理和管理责任缺失所导致的危险和有害因素。

在风险源因素辨识过程中，要按照《生产过程危险和有害因素分类与代码》标准中的大类、中类、小类、细类四层结构，逐一对照查找，确保辨识全面。辨识可能导致的事故时，需结合风电行业特点，从《企业职工伤亡事故分类》标准 20 个事故类别中，至少选择物体打击、车辆伤害、机械伤害、起重伤害、触电、淹溺、灼烫、火灾、高处坠落、坍塌、容器爆炸、中毒和窒息及其他伤害 13 个类别，来定义危险源造成的伤害。

3. 风电场危险源辨识方法和危险源预控

（1）风电场危险源辨识方法。坚持“横向到边、纵向到底、不留死角”的辨识原则，对风电场六类作业场所各种作业过程中所涉及的人员、设备设施、工器具、作业环境等存在的危害因素进行逐一辨识，特别是可能导致重大事故的危险源要重点关注，不仅分析正常作业时的危险因素，更要分析设备、装置破坏及操作失误可能产生严重后果的危险因素。

（2）危险源预控方法。传统发电企业及国内外风电企业危险源预控方法主要分为两类：一是注重事前培训，将风险预控措施与技术指导书结合，随着工作进程，在相应的节点进行安全警示和安全提示，详细描述安全注意事项；二是注重事中过程控制，专门编写现场各种作业预控措施，形成涵盖所有现场作业类型的风险预控措施数据库，工作人员根据不同作业内容，结合现场实际由工作负责人（或安全监护人）确认人员、环境、工器具等是否符合作业要求，并在作业过程中逐条落实。

4. 六类作业场所及典型作业内容

（1）风电机组。登塔作业、机舱外作业、轮毂内作业、定检与技术监督、工器具使用、大部件更换、发电机对中、控制系统检修、液压系统检修、变频系统检修、故障处理、周边环境保护等。

（2）升压站。设备运行与巡检、设备检修、继电保护、高压试验，以及直流、计量与通信等。

1）设备运行与巡检：设备巡检、倒闸操作、防误闭锁装置维护、照明设备维护、二次线及控制屏清扫等。

2）设备检修：断路器维修、变压器大小修、SF_6 断路器检修、隔离开关大小修、互感器及避雷器维修、母线清扫、绝缘子更换等。

3）继电保护：变压器保护校验、母差保护校验、保护及自动装置异常检查与处理、电流互感器更换后的试验校验、故障录波装置校验等。

4）高压试验：避雷器试验、高压断路器试验、高压试验、高压套管试验、交流耐压试验、电流互感器试验、绝缘油试验等。

5）直流、计量与通信：蓄电池室巡视及更换、电能表安装更换与校验、计量互感器试验、通信线路巡视与检查等。

（3）线路与箱式变压器。杆塔基础开挖、杆塔扶正、砍伐树木、巡视检查、电缆测量、电力线路停电清扫、故障电缆处置、沟道开挖等。

（4）建筑物。房屋修缮、库房油品和备件摆放、厨房液化气罐更换等。

（5）车辆与道路。生产车辆驾驶与检修、特种车辆驾驶与检修、车辆停放、车辆警示带配置、特殊路况、道路警示标识设置等。

（6）测风塔。测风装置检修、数据传输装置检修、太阳能板检修、拉线调整、测风塔本体养护等。

5. 危险源的风险预控

（1）危险源分级。风电危险源应实行全过程分级控制，其中，风险等级为4级及以上的重大危险源由企业及相关部门控制，风险等级为3级的中度危险源由风电场控制，2级及以下危险源的由班组控制。

（2）重大危险源的风险预控。重大危险源主要包含非作业类危险源和现场作业类危险源，预控程序与方法如下：

1）非作业类：危险化学品重大危险源，应按照《危险化学品重大危险源监督管理暂行规定》进行管理；除危险化学品外的其他非作业类重大危险源，应编制“重大危险源风险控制计划表”，计划表中应明确危险源可能导致的事故及控制措施，制订整改计划与方案，确定整改时间及责任人，限期整改完成。

2）现场作业类：结合现场安全工作流程，编制涵盖安全工作程序和进程提示的《作业指导书》，在作业指导书中设置类似于质检点和停工待检点的“安全检查确认点”，经安生部相关负责人或专职安全监护人签字许可，方可继续，《作业指导书》与工作票配合使用。涉及重大危险源的作业未见《作业指导书》，不得办理工作票，企业及安生部负责人履行“作业指导书”审批签字手续，以实现现场作业过程中重大危险源有效控制的目的。

（3）中度危险源的风险预控。

1）风电场编制通用危险源预控措施单（如开展机舱内所有工作均涉及登塔，登塔即为通用作业）和专用危险源预控措施单（如进行机舱内发电机对中作业，发电机对中即为专用作业），并以两类预控措施单为基础建立预控措施单数据库。

2）根据作业内容，从数据库中选取通用和专用危险源预控措施单，与工作票配合使用。危险源预控措施单须包含对人员、设备设施、工器具、作业环境等因素所涉及的全部危险源预控措施，由风电场场长、安全专责或专职安全监护人负责各项预控措施的落实。

（4）2级及以下危险源的风险预控。由班组编写危险源预控措施单（通用和专用组合为一体），工作负责人负责预控措施落实，危险源预控措施单与工作票配合使用，工作许可人未见危险源预控措施单，不得办理工作票。

（5）预控措施落实效果检查、反馈与考核。在作业结束后，按上述危险源风险等级，由企业及相关部门、风电场、班组分别开展安全检查、信息反馈。重大危险源要检查《作业指导书》设置的安全工作程序是否正确并具有针对性，中毒危险源重点检查预控措施单选择是否合理，2级及以下危险源检查风险辨识和预控措施是否切合实际，并按照预先规定进行监督考核，做好闭环管理“最后一公里”的工作，敦促风电现场各种现场作业风险预控措施有效落实。

6. 国家能源局综合司关于进一步加强电力安全生产的紧急通知

能源局综合司于2020年11月20日下发《国家能源局综合司关于进一步加强电力安全生产的紧急通知》，旨在有效防范各类人身、设备事故，保障系统安全稳定运行和电力（热力）可靠供应，要求如下：

（1）电力建设工程，特别是风电建设工程各参建单位要提高政治站位，正确处理安全与发展的关系，充分尊重工程建设周期的科学规律，坚持时间服从安全和质量的原则，科学确定工程建设时间节点，严防由于抢工期、超能力作业引发的施工安全和工程质量隐患。

（2）各电力企业要严格落实主体责任，按照国家和行业有关标准、规定，制定并严格执行各项人身、设备事故防范措施，严防事故发生。

（3）各电力建设工程参建单位要进一步加强施工现场安全管控，尤其要加强对高支模、深基坑、起重机械、脚手架等危大工程及危险作业的现场管控和旁站监护，杜绝冒险作业、野蛮作业和违章作业。同时，各参建单位要按照国家有关要求，加强工程质量管控工作，主动接受质监机构质量监督，确保工程质量。

（4）各电力企业要加强设备检修维护，减少设备非计划停运；发电企业要提前做好燃料采购和储存工作，保障电力（热力）可靠供应，确保人民群众平安过冬。

（5）各电力企业和电力建设工程参建单位要进一步完善细化应急组织体系和应急联动机制，及时修订应急预案和现场处置方案，强化应急值班值守工作，有效处置各类突发事件，并严格执行事故（事件）信息报送规定。

【事故案例1】

2020年6月22日，某风电场发生人身死亡事故，1人死亡。在该风电场进行风机维护过程中，外包单位在完成检修作业后，装载工器具准备转场撤离时，板车司机违规进入起重吊运区域，吊运的轮毂工装底座突然从距离地面5m左右高度脱落，砸倒板车司机，造成1人死亡，酿成一起维护作业物体打击一般人身伤亡事故。

【事故案例2】

2020年4月6日10时37分左右，某5万kW风电项目拆除测风塔作业进行至测风塔第5节时，地面施工人员在松弛南侧缆风绳过程中，测风塔突然整体倾倒，造成位于第4节、第5节的两名作业人员坠落死亡。

（1）责令项目即日起停工整顿，经上级公司验收具备安全生产条件方可复工，并将相关情况报告上报。

（2）要深刻吸取事故教训，尽快查清事故原因，针对暴露出的问题，举一反三，全面开展排查整改。要立即组织参建单位开展全员事故警示教育，深入分析安全风险，采取有效措施，提升安全防范意识，提高安全技术能力，强化安全责任落实，有效提高防风险、除隐患、遏事故能力。要切实履行建设单位施工安全全面管理责任，建立健全安全生产组织和管理机制、安全生产监督检查和隐患排查治理机制、安全生产应急响应和事故处置机制以及电力建设工程项目应急管理体系，完善现场安全防范措施，加强全过程安全管控，确保电力建设工程施工安全可控、能控、在控。

7. 安全防范措施

(1) 新能源领域的企业应尽快建立生产作业管理标准，规范操作程序，提高管理和技术人员知识和技能水平，不断完善安全管理制度，提升安全生产管理水平。

(2) 严格“两票”执行管理。各单位要严格落实“两票”责任，层层把关，保证工作票的安全措施完善并正确实施，切实提高作业人员思想认识，狠抓制度执行，严肃劳动纪律。

(3) 认真开展风险辨识工作，加强作业现场的风险控制措施。

1) 开工前，应严格按照施工方案和“三措”进行风险辨识。

2) 当作业现场发生变化时，应根据变化情况重新进行风险辨识。

(4) 严格落实安全技术交底要求。施工前，项目管理技术人员应向作业人员进行安全技术交底，如实告知作业场所和作业过程中可能存在的风险因素、防范措施以及现场应急处置预案，检查作业人员的个人防护用品是否符合要求。作业人员应严格按照审批的施工方案作业，严禁违规操作。

(5) 切实加强对施工现场安全管理，加大对职工及外委人员的安全教育培训，保证作业人员掌握本岗位的安全操作技能和对危险因素的认知，规范作业人员的行为，严格遵守规章制度，杜绝违章操作。

(6) 充分认识当前电力建设施工安全面临的严峻形势。要始终把安全生产摆在首要位置，结合自身实际，建立健全电力工程安全生产管理体系，加强基层项目部人员力量配备，层层压实安全责任，深入开展安全生产专项整治行动，全面辨识安全风险，排查事故隐患，狠抓整改落实。

(7) 要牢固树立安全发展理念，抓实抓细复工复产安全防范工作。要严格遵守电力安全监督管理相关规定，及时备案电力工程安全生产管理情况。要充分考虑人员、设备、环境、管理等现实条件，尊重客观规律，把握工程节奏，加强节假日和非正常工作时间的施工安全管理。要严格执行定额工期，工期确需调整的，必须对安全影响进行论证和评估，制定并落实相应的施工组织措施和安全保障措施，严禁抢工期、赶进度。

(8) 要深入分析外包管理方面存在的薄弱环节和突出问题，强化作业计划管理和现场安全管控，加强作业人员安全意识和安全防护技能培训，严厉打击“三违”行为，杜绝冒险作业和野蛮作业，强化外包工程管理，严禁转包和违法分包，严禁以包代管，包而不管。

(9) 要畅通信息渠道，严格执行电力安全事故（事件）报送要求，及时、有效、完整报送电力安全信息，坚决杜绝迟报、漏报、谎报或瞒报事故行为。

8. 防止高处坠落事故

(1) 高处作业人员必须取得《中华人民共和国特种作业操作证》后，方可上岗作业。从事高处作业期间，应按要求定期接受体检、培训、复审。

(2) 高处作业（在坠落高度基准面 2m 及以上）必须系好安全带（包括安全滑块），穿防滑绝缘鞋；在高处作业转移工作位置时，严禁失去安全防护。

(3) 助爬器是协助人员登塔的辅助工具，设计上不具备安全绳的功能，仅用于在现场工作人员向上攀爬塔筒时提供爬升助力，严禁将助爬器的环形钢索作为安全钢丝绳使用；在机舱内作业或用助爬器攀爬塔过程中，执行重要动作或作业内容改变前必须与地面人员进行确认。

(4) 严禁在没有安全防护措施的情况下，进行攀爬风电机组、线路杆塔及建筑物等工作；严禁不系安全带、未采用防坠器上下风电机组。严禁使用不合格的安全带、保险绳等登高工具。

(5) 风速超过 15m/s 时，禁止登风电机组；风速超过 12m/s 时，禁止打开机舱盖（含天窗）；超过 14m/s 时，应关闭机舱盖。

(6) 严禁用铲车、装载机等作为高处作业的攀登设施。

(7) 在风电机组机舱内有人工作时，就地检修车辆至少停在上风向安全区域。用机舱内的升降设备起吊物品时，上、下必须有可靠的通信保障；机舱内人员起吊物品时必须使用安全带，并设置可靠的安全链作为防护。

(8) 定期检查风电机组塔筒爬梯、助爬器和安全钢丝绳等安全用具是否完好，必须及时清除塔架爬梯及机舱内的油污。

(9) 风电机组塔筒内必须有足够的照明设施，且保持照明设施良好。

(10) 人员进行风电机组塔筒外壁、出机舱作业、建筑物外墙粉刷，维修用吊篮上工作，必须采用双安全绳保险，安全绳必须拴在专用挂钩或牢固的构件上。塔底或建筑物下方必须有人监护，至少有两组人员采用缆绳对吊物（或人）进行有效控制。

(11) 工作温度低于零下 20℃时，禁止使用吊篮。当风速大于 8m/s 时，禁止在吊篮上工作。

(12) 维修风电机组用的吊篮，必须配置制动器、行程限位、安全锁等安全保护装置，吊篮平台的底板必须有防滑措施，起重用钢丝绳必须以一主一备配置，严禁超额定载荷使用吊篮。应定期对制动器、安全锁、行程限位等装置进行检查和测试，钢丝绳的保养、维护、安装、检验和报废应符合国家有关标准。

(13) 攀登电杆必须使用脚扣，并系好双保险安全带；立杆组塔必须使用安全防护设施；杆上有人作业严禁调整拉线，调整拉线应由专业人员指挥监护。

(14) 高于 2m 以上的作业必须搭设脚手架，脚手架必须经验收合格方可使用；临时楼梯步道及各种平台和脚手架均应装设网状护栏；严禁在脚手架的上下层同时工作。

(15) 在 110kV 及以上升压站的电气设备拆接引线，应搭设脚手架，严禁在断路器、电流互感器等电气设备上爬跨进行工作。工作前应检查和清理工作鞋、攀登物体、架构上的油污、积雪等，防止打滑。

(16) 高处作业物件移动时要做好相应的安全措施，移动物件必须用绳系好并且平稳移动防止摆动；高处作业上、下传递物件应使用工具袋、吊装袋，用绳系牢后吊送，严禁上下抛掷物件。

(17) 生产现场的井、孔、洞、坑、沟盖板、踢脚板应齐全完整，夜间巡视经过的通道必须保证足够的照明。

(18) 高处作业的工作面应设有合格、牢固的防护栏，防止人员失误或坐靠坠落。作业面应能满足实际工作需要，应满铺架板，并有效固定。

(19) 高处作业使用的支撑架、脚手架、吊篮等应按标准搭设，经验收合格后方可挂牌使用。任何情况下不得超载使用，以防架体坍塌、坠落，发生人员踏空或失稳坠落。

(20) 基坑（槽）临边应装设有不低于 ϕ48mm×3.5mm（直径×管壁厚）的钢管搭设并带有中杆的防护栏杆，以防止作业人员行走踏空坠落，防护栏杆上除安全标示牌外不得拴挂任何物件。

(21) 孔洞（含机舱吊物口）应装设牢固、可靠的盖板，盖板表面刷黄黑相间的安全警示标识。孔洞盖板掀开后，应装设刚性防护栏杆，悬挂安全警示标识，夜间还应装设警示红灯，以防止人员失足坠落。

(22) 登高作业应使用两端装有防滑套的合格梯子，梯阶间距离不应大于 40cm，并在距梯顶 1m 处设限高标志。使用直梯工作时，梯子与地面的角度 60°为宜。梯子应有人扶持，以防失稳坠落。

(23) 人员需在强度不足的作业面（如石棉瓦、铁皮板、采光浪板、装饰板等）作业时，必须采取加强措施，以防踩踏坠落。

(24) 建筑物高空平台的临空面、楼梯、走道均应装设栏杆和护板并保持完好；楼梯踏板尽量使用花纹板等防滑材料，避免使用圆钢筋。

9. 防止触电及电弧灼伤事故

(1) 现场作业应严格执行《电力（业）安全工作规程》和“两票”管理制度，严禁无票工作、无票操作或不按程序执行“两票”的行为。进行电气作业时，电气工作人员必须穿绝缘鞋和戴绝缘手套，穿工作服，严禁穿化纤衣服进行电气作业。

(2) 高压电气设备上工作的人员必须经过专业技术培训，工作前应得到运行人员的许可并办理相关手续；严禁强行破坏各类电气设备闭锁装置；严禁违章移动、拆除、破坏安全防护以进入带电区域；严禁检修人员擅自扩大电气设备检修工作范围和改变工作内容。

(3) 升压站电气运行人员在倒闸操作时，必须由两人执行，其中一人对设备熟悉者作监护人，另一人操作。雨天操作应有防雨措施，雷电或恶劣天气时严禁操作。电气设备倒闸操作，必须认真、严肃、正确使用操作票，在实施操作过程中执行倒闸操作“六把关”，即操作准备关、操作票填写关、操作接令关、模拟盘预演关、操作监护关和操作质量检查关。

(4) 运行人员巡视电气设备时，应穿绝缘鞋、戴安全帽，一般应由两人一起进行。经领导批准允许单人巡视电气设备时，不得进行其他工作，不得移开或越过设备区安全遮栏。雨天巡视电气设备应穿绝缘靴，不得靠近避雷器或避雷针。

(5) 在高压设备作业时，人体及所带的工具与带电体的最小安全距离应符合如下要求：

1) 在低压设备作业时，人体与带电体的安全距离不低于 0.1m。

2) 当高压设备接地故障时，室内不得接近故障点 4m 以内，室外不得接近故障点 8m 以内。需进入时，必须穿绝缘靴，接触设备的外壳和构架应戴绝缘手套。

3) 为了警示现场工作人员和其他人员，在工作地点和相关位置，悬挂“禁止合闸，有人工作”“止步，高压危险！”等标示牌。

(6) 检修人员在电气设备（线路）上工作，应做好四项组织措施（工作票制度、工作许可制度、工作监护制度、工作间断、转移和终结制度）和四项技术措施（停电、验电、装设接地线或合接地开关、悬挂安全标示牌和装设临时遮栏），保证不发生人身伤亡事故。

(7) 严格执行防止触电的五条禁令：

1) 严禁不使用工作票在电气设备上工作。

2）严禁未经验电，且在工作地段未挂接地线的情况下，在高压设备上作业。

3）严禁约时停、送电，送、配电线路停电作业必须使用“停电区域图”。

4）严禁无人监护单人在高压设备上工作，作业前应严格遵守悬挂标示牌和装设遮栏的规定。

5）严禁使用未经考试合格的农电员、农民工等非电业工作人员在高压设备上工作。

（8）在配电盘（柜）、电源箱内工作时应停电作业，特殊情况不能停电工作的，应用绝缘板或采取其他安全措施；拆接线前核实无误后进行，设备检修中电缆或电线接头拆开后，必须短路接地；锯电缆线前，应验明停电并核实无误。

（9）在电缆沟附近进行开挖、打桩等工作前应先查清图纸，摸清地下电缆分布情况，并应由有经验的人员在场指导，以确定电缆敷设位置及确保不损坏运行电缆和其他地下管线。直埋电缆附近应设置明显的标记。

（10）非电气人员进入带电设备区域施工，应办理工作票采取可靠安全措施，对裸露的带电部分要用网状围栏隔离并挂安全警告标志牌。

（11）临时电源接线必须规范，电源线、照明电线、灯具等应绝缘良好，并应装设剩余电流动作保护器。临时电源应使用胶皮水线或电缆，电源线不准随地乱拉，应悬空架设或放入电缆沟内，非电气人员严禁装拆或移动临时电源。

（12）所有的电气设备外壳必须有良好的接地，防止漏电伤人；临时使用的电源箱、开关刀闸和插座必须使用剩余电流动作保护器。

（13）对电气设备做高压试验时，试验设备区域要装设安全围栏，并挂“止步，高压危险”标志牌；试验现场装设临时遮栏，挂“止步，高压危险”标示牌，并由专人看护；试验前应交待安全注意事项，通知工作人员撤离现场；被试设备两端不在同一地点，两端应派专人看守；在加压前必须要与接线员联系清楚，撤离后方可加压，加压试验时人员远离设备；试验结束后应先断开电源，并将被试验设备短路接地，充分放电。

（14）使用的电动工器具，必须符合《电力（业）安全工作规程》及有关安全技术标准的要求；严禁使用未经检查试验的电动工器具，使用移动式电动设备必须使用漏电空气开关，并按规定装设接地线；在电感、电容性设备上作业前或进入其围栏内工作时，应将设备充分接地放电后方可进行。

（15）在带电电气设备旁或高压线下起吊物体，起重设备应可靠接地，注意与输电线的安全距离，必要时制定好防范措施，并设电气监护人监护。升降车、汽车吊在电气设备附近行驶时，应由专人引导、指挥；使用升降车、汽车吊应安置平稳牢固，吊臂与带电体部分要保证足够的安全距离；吊臂升降、移动注意带电距离。

（16）在风电机组机载升压变压器上或周围进行维修工作时，必须切断变压器电源并挂接地线，相关设备上应悬挂相应标示牌，必要时在地面来电设备附近设专人看守直至工作结束；需要对变频柜进行断电检修时，至少要在断电后 15～20min（注：厂家提供明确放电时间要求的，按照厂家要求执行）后才可打开柜门，并应首先测量直流侧电压，待其降到安全值之后才可操作。需要接触变频器控制板时，应首先释放本人身体残存的静电。

（17）在巡视检查时如发现有威胁人身安全的缺陷，应采取全部停电、部分停电或其他临时性安全措施。工作中所有拆除的电线要处理好，带电线头包好，以防发生触电。

（18）在带电设备周围严禁使用钢卷尺、皮卷尺和线尺进行测量工作。

(19) 风电机组安装、调试、维护检修过程中，起吊物品采用的临时缆绳应由非导电材料制成，起吊作业时，必须与可能触及的带电设备保持足够的安全距离。

(20) 使用风电机组机舱吊机从塔架外部起吊设备时，机舱轮毂应朝向线路，必须确保与附近输电线路等电气设备有足够的安全距离。

(21) 凡从事电气设备运行操作、检修维护等作业人员，必须按国家法律法规、部门规章及规范性文件要求经专业技术培训后持证上岗，风电场全体人员应熟悉紧急救护知识，每年对全体人员开展一次触电紧急救护培训。

(22) 个人防护用品，如高压绝缘鞋（靴）、高压绝缘手套等，必须选用具有国家质监部门颁发“生产许可证书”资质单位的产品；绝缘安全用具，如绝缘操作杆、验电器、携带型短路接地线等，必须选用具有“生产许可证”“产品合格证”“安全鉴定证”的产品，工作时必须使用在检验周期内且贴有“检验合格证”标签的绝缘安全用具；手持电动工具必须有有效的“产品合格证”，使用前必须按标准进行检查检验，无“检验合格证”标识或超过检验周期（6 个月）不得使用。

(23) 高压电气设备带电部位对地距离不满足设计标准时，周边必须装设防护围栏，门应加锁，并挂好安全警示牌。在做高压试验时，必须装设围栏，并设专人看护，非工作人员禁止入内。操作人员应站在绝缘物上。

(24) 电气设备必须装设保护接地（接零），不得将接地线接在金属管道上或其他金属构件上。接地网应按规定由有资质的部门定期测试。

(25) 当发觉有跨步电压时，应立即将双脚并在一起或用一条腿跳着离开导线断落地点。

(26) 严禁湿手触摸电源开关以及其他电气设备，严禁不停电移动电焊机。

10. 防雷击伤害事故

(1) 雷雨天气时，室内人员应离开可能传来雷电侵入波的线路和设备 1.5m 以上。应尽快关好门窗、不要使用手机，不要靠近潮湿的墙壁，不要靠近室内的金属设备，如暖气片、自来水管、下水管、设备外壳等；尽量离开电源线、电话线、广播线，以防止这些线路和设备对人体的二次放电。

(2) 在室外遇到雷雨天气，要远离建筑物的避雷针及其接地引下线。切勿靠近导电性高的物体，远离各种天线、电线杆、铁丝网、机组塔筒、旗杆、孤立的树木等物体。尽量离开山丘、海滨、河边、池旁，切勿站在山顶、楼顶或其他相对较高的地点；尽快进入有防雷设施的建筑物或金属壳的汽车和船只内。

(3) 雨天操作室外高压设备时，绝缘棒应有防雨罩，操作人员应穿绝缘靴。雷电时，一般不进行倒闸操作，禁止在就地进行倒闸操作。

(4) 在独立避雷针、架空避雷线（网）的支柱上严禁悬挂灯具、电话线、广播线、电视接收天线及低压架空线，以防雷电侵入室内。

(5) 雷雨天气尽量不要在旷野里行走，要穿塑料等不浸水的雨衣，不要用金属杆的雨伞，肩上不要扛带有金属杆的工具。不要停留在风电机组内或靠近风电机组，风电机组遭雷击后 1h 不得接近，以降低或避免跨步电压伤害。

(6) 雷雨天气时，不得检修和巡视风电机组；雷雨天气风电机组受潮会发出“沙沙”噪声，此时不得接近风电机组，以防感应电。

(7) 如在风电机组塔筒内工作，没有及时注意到逼近的雷电而来不及离开机组，可双脚并拢站在塔架平台上，不要碰任何东西，直到雷电结束。

（8）人在遭受雷击前，会突然有头发竖起或皮肤颤动的感觉，这时应立即躺倒在地，或选择低洼处蹲下，双脚并拢两只鞋底相互接触，减小跨步电压，双臂抱膝，头部下俯，尽量缩小暴露面，衣服不要接触地面。尽可能站在一个孤立的表面上，例如：干树枝上、帆布背包或棉制的夹克。

11. 防止机械伤害和物体打击事故

（1）设备运转时，严禁清擦齿轮箱、高速轴、主轴、风轮等设备；严禁用手摸齿轮、链条、皮带轴头等转动部分。清扫或维修齿轮、链条和皮带等转动部分要停止设备运行，并有可靠的固定措施。

（2）在已停运的转动设备上从事检修维护工作，必须切断电源、并做好辅助制动措施；转动设备检修后试转时，观察人员不允许身体任何部位触及设备转动部分。试用设备需重新检修时，必须重新履行工作票程序。

（3）所有转动机器必须设置防护罩或遮栏，严禁在运行中拆开。严禁在运行中清扫、擦拭、维护设备的旋转和移动部分。严禁将手伸入栅栏内。严禁将头、手脚伸入转动部件活动区内。

（4）严禁在风电机组起吊孔、起吊物下部，以及建筑物附近和建筑工地脚手架处通过或停留。

（5）严禁不戴安全帽、不穿工作服进入生产及施工现场。操作人员必须穿好工作服，衣服、袖口应扣好，不得戴围巾、领带，女同志长发必须盘在帽内，操作时必须戴防护眼镜，必要时戴防尘口罩、穿绝缘鞋。操作钻床时，不得戴手套，不得在开动的机械设备旁更衣。

（6）严禁从建筑物顶部、线路杆塔、风电机组塔筒和机舱上以及其他高处往下扔零部件、杂物。

（7）应尽量减少立体交叉作业，无法错开的垂直交叉作业，层间必须搭设严密、牢固的防护隔离设施。

（8）风电机组机舱和塔架内进行检修维护作业时，必须关闭作业点高度以下的所有盖板，作业工具应放置在专用的工具袋或工具筒内。完全一项维护和检修时，相应的工器具应及时放回工具箱。

（9）起重设备应有可靠的安全装置，要严格执行“十不吊”的规定。发现起重设备有缺陷严禁使用，起吊重物应捆绑牢固，对大的和不规则物件应系以牢固的挂绳，起吊速度应保持平稳。

（10）严禁使用机动车辆牵引起吊重物，严禁人员随同起重物起吊升降。

（11）在机舱上固定起吊的滑轮，支点必须牢固可靠，开启式机舱打开盖后，必须有可靠的锁定装置。

（12）需要从地面查看风电机组运行情况时，人应站在风电机组的上风向，并与机组塔筒保持一定距离（约10m）。风电机组叶片有覆冰时，禁止任何人员在叶片风轮平面附近逗留和通过。

（13）定期检查风电机组机舱吊机、链条、挂钩等是否良好。弹簧舌片等挂钩防脱装置损坏或弹力不足时，禁止起吊物品，并应及时修复或更换。

（14）用机舱升降机起吊物品时，所吊物品应绑扎牢固，小件物品应放置在专用的工具袋、箱或桶内起吊。

(15) 当风速超过 10m/s 时，禁止采用风电机组机舱升降吊机从塔架外部起吊物品。

(16) 进入现场的作业人员应分析工作全过程存在的危险有害因素，以确保人身安全，进入生产现场必须正确佩戴安全帽，同时根据分析结果，佩戴好防止高处落物的劳动保护用品（防砸鞋、垫肩等）。

(17) 高处作业时，必须做好防止物件掉落的防护措施，下方设置警戒区域，并设专人监护，任何人不得在工作地点下面通行和逗留。上、下层垂直交叉作业时，中间必须搭设严密牢固的防护隔板、罩栅或其他隔离设施。

(18) 高处作业需使用工具袋时，工具袋应拴紧系牢，上下传递物件时，应用绳子系牢物件后再传递，严禁上下抛掷物品。

(19) 高处临边不得堆放物件，空间小必须堆放时，必须采取防坠落措施，高处场所的废弃物应及时清理。

(20) 使用机组升降机从塔底运送物件到机舱时，应使吊链和起吊物件与周围带电设备保持足够的安全距离，应将机舱偏航至与带电设备最大安全距离后方可起吊作业。

12. 防止电力生产交通事故

(1) 健全企业交通安全管理规章制度，落实交通安全职责，明确交通安全责任，制定防止重、特大交通事故的安全措施，并严格执行《中华人民共和国道路交通安全法》《中华人民共和国特种设备安全法》等有关车辆、船舶安全的法律法规。

(2) 按照“谁主管、谁负责”的原则，对企业所有车辆（含厂内专用机动车辆）、船舶以及驾驶员加强管理，车辆（含厂内专用机动车辆）、船舶以及驾驶员必须依法取得相应资格证。交通安全应与安全生产同布置、同考核、同奖惩。

(3) 企业内部必须实行“准驾证”许可制度，驾驶员在取得有关政府部门颁发的资格证外，还需经企业二次培训许可。未经企业培训许可的驾驶员，严禁驾驶企业所属车辆（含厂内专用机动车辆）、船舶。

(4) 企业是所属车辆（含厂内专用机动车辆）、船舶的责任主体，应对车辆（含厂内专用机动车辆）、船舶定期进行检修维护，保证其处于健康状态。驾驶员在行驶前、行驶中、行驶后应对安全装置进行检查，发现危及交通安全问题，必须及时处理，严禁带病行驶。

(5) 加强对驾驶员的管理和教育，定期组织驾驶员进行安全技术培训，提高驾驶员的安全行车意识和驾驶技术水平，严禁违章驾驶；对培训考试不合格或经常违章肇事的驾驶员，取消其许可资格。

(6) 推土机、挖掘机、叉车、流动式起重机、自卸车等有升高或回转功能的车辆，除设定（驾驶员）座位以外，任何位置在行驶、使用中不得有人坐立。

(7) 加强对多种经营企业和外包工程车辆及驾驶员的入场（厂）安全管理。严禁无牌、无证、带病等存在危险危害的车辆及人员参与企业生产活动。

(8) 在场区（公司）内的车辆速度必须有明确的限制，严禁超速驾驶，特别是道路狭窄、转弯较多的路段。

(9) 应依法完善道路行走、限速、限高、防撞等安全提示、警示标识标志。对重要架空管线和标高较低的综合架空管线，在道路架空段应设置牢固的防撞设施。

(10) 大件运输、大件转场等除严格执行国家有关规定程序外，还应制订搬运方案和专门的安全技术措施，并指定有经验的专人负责，在事前对参加工作的全体人员进行全面的安全技术交底。

(11) 车辆应按规定配备、配齐消防器材，驾驶员必须熟练掌握灭火技能。驾驶员在收车后应认真检查车上有无烟头、火种，确认无火灾隐患后，方能离开车辆。

(12) 动车行驶时，驾驶人、乘坐人员必须系好安全带。严禁酒后驾车、私自驾车、无证驾车、疲劳驾驶以及超速、超载行驶。严禁非专职驾驶员驾驶本单位车辆出长途。严禁领导干部迫使驾驶员违章驾车。

(13) 在装运整体重物时，严禁人货混载；场内特种车辆，除规定座位外，不得搭乘。

(14) 各种车辆和起升设备在架空高压线附近作业时，必须划定明确的作业范围，并设专人监护。

13. 防中毒窒息措施

为防止作业人员吸入有毒有害（氯气、一氧化碳、硫化氢、二氧化碳、二氧化硫、沼气等）气体，导致中毒或窒息，应重点做好以下措施：

(1) 打开沟道（池、井）的盖板，保持良好通风，工作期间，严禁关闭盖板；进入沟道（池、井）内施工前，应进行强制通风，并保持空气持续循环流动。人员进入前，应确保沟道（池、井）内有毒有害气体含量不超标，氧气含量应保持在19.5%～21%范围内。

(2) 井下或池内作业人员必须系好安全带和安全绳，安全绳的一端必须系在井外、池外监护人手能触及的牢固构件上，工作人员感到身体不适时，必须立即撤离工作现场。

(3) 出现有人中毒、窒息的紧急情况，不得盲目施救，抢救人员必须佩戴防护器具进入有限空间，同时至少有一人在外部做联络、报告工作。

(4) 有毒、致癌、有挥发性的物品必须储藏在隔离房间和保险柜内，保险柜应装设双锁，并双人、双账管理，还应装设电子监控设备，并挂“当心中毒”警示牌。

(5) 六氟化硫电气设备室必须装设机械排风装置，其电源开关应设置在门外，排气口距地面高度应小于0.3m，室内装设六氟化硫泄漏报警仪，且电缆沟道必须与其他沟道可靠隔离。

14. 防止其他伤害事故

(1) 针对易发生泥石流、山体滑坡、洪水、滚石等自然灾害区域，企业要实时跟踪天气预报，及时发布防灾信息，制定防灾措施，合理调整职工上下班时间，避免或减少由自然灾害引发人身、设备事故。

(2) 加强消防水池等盛装液体的沟池以及临海、临江、临湖的安全防护，设置的栏杆应牢固可靠，盖板应严密有效，以防止人员落入。

(3) 焊接与热切割作业必须穿好焊工工作服、焊工防护鞋，戴好工作帽、焊工手套，其中焊接作业须戴好焊工面罩，热切割须戴好防护眼镜。焊接与热切割作业面应进行防火隔离，控制好明火，作业区下方应设置警戒线并设专人看护，作业现场照明要充足。

(4) 电梯、起重机械等特种设备应取得生产许可并经检验合格，禁止使用国家明令淘汰和已经报废的设备。使用前要从负责特种设备安全监督管理的部门取得使用登记证书。

(5) 电梯、起重机械等特种设备安全管理人员、作业人员应当按照国家有关规定经专业技能培训，取得国家质监部门颁发的《特种设备作业人员证》后，方可上岗作业。

(6) 乘坐电梯应查清轿厢确实已停靠到位，且要快进、快出，不允许在电梯厅门、轿门间长时间逗留。严禁用手或身体其他部位阻挡厅门、轿门的关闭。电梯故障应停止使用。乘坐过程中发生故障，严禁用手或工具扒、撬厅门或轿门脱困，应用电话通知专业人员处理。

（7）吊装作业必须设专人指挥，指挥人员不得兼做捆绑、挂钩等其他工作，严禁违章指挥或不使用规范指挥信号。起重设备操作人员对指挥信号不确认情况下，禁止操作。

（8）起吊现场应照明充足，视线清晰。起重工器具使用前，必须检查完好、无破损。起吊前，必须核实物件的实际重量，不准起吊不明物和埋在地下物件；工作起吊时，严禁超负荷或歪斜拽吊。

（9）工件或吊物起吊时必须捆绑牢靠，当重物无固定吊点时，必须按规定选择吊点并捆绑牢固，使重物在调运过程中保持平衡和吊点不发生移动；带棱角、缺口的物体无防割措施不得起吊。严禁吊物上站人或放有活动的物体。吊装作业现场必须设警戒区域，由专人监护。严禁吊物从人的头上越过或停留。

（10）起吊易燃、易爆物（如氧气瓶、氢气瓶、煤气罐）时，必须制定好安全技术措施，并经分管生产领导或总工程师批准后，方可吊装。

（11）遇大雪、大雨、大雾、风力6级以上等恶劣天气，严禁户外或露天起重作业。

（12）现场作业应使用对讲机等通信设备进行联络，并应确保在工作全过程中通信清晰稳定；作业开始和作业完成时，风电机组机舱内人员须向地面人员报告，作业过程中应按双方约定的时间间隔报告作业进展情况。

二、光伏发电施工常见危害及防护要求

太阳能光伏发电系统的施工现场与其他工程的施工现场一样，存在着许多的不安全因素，包含许多带电的和非电的危险。光伏发电系统工程绝大多数是在户外、野外或屋顶施工，当进行光伏发电系统的安装及检测操作时，要随时警惕可能发生的潜在的物理、电气及化学方面的危害，如太阳暴晒、昆虫蛇咬、撞击、扭伤、坠落、灼伤、触电、烫伤等。

1. 常见安全危害

（1）物理危害。在户外对光伏发电系统进行操作时，通常用手或者电动工具对电气设备进行操作，在有些系统中，还需要对蓄电池进行相关的操作，操作中稍有不慎，就可能对操作者造成灼伤、电击等物理危害。因此，正确安全地使用工具并进行必要的防护措施是非常重要的。

（2）阳光辐射。光伏发电系统都安装在阳光充足、没有阴影的地方，因此，长时间在烈日下进行施工作业，一定要戴上遮阳帽，并涂抹防晒霜以保护自己不被烈日灼伤。天气炎热时，要大量饮水，每工作1h在阴凉处休息几分钟。

（3）昆虫、蛇及其他动物。马蜂、蜘蛛及其他昆虫经常会在接线箱、光伏方阵的外框及其他光伏系统的保护壳中栖息，某些偏远的野外，蛇也经常出没。同样，蚂蚁也会在光伏方阵基础或蓄电池箱周围栖息。因此，在打开接线箱或其他设备外壳时，需要做好一定的防备措施。在到光伏方阵下面或背后工作之前，需要仔细观察周围的环境，以免意外状况的发生。

（4）切伤、撞击与扭伤。许多光伏发电系统的零部件有锋利的边角，稍不注意就有可能发生伤害，如电池组件的铝合金边框、接线箱外壳翻边、螺栓螺母毛刺、支架边缘毛刺等。特别是进行有关金属的钻孔与锯切时，一定要戴上防护手套。另外，在低矮的光伏方阵或系统设备下进行作业时，一定要戴好安全帽，以防不留心撞伤脑袋。

在搬运蓄电池、电池组件及其他光伏设备时，要注意用力均匀，或者两人一起搬运，防止用力过猛而扭伤。

（5）热灼伤。光伏方阵在夏季的阳光下，其玻璃表面、铝合金边框等温度会达到80℃以上。为确保安全，防止皮肤被灼伤，在夏季对光伏系统进行操作时一定要戴好防护手套，尽量避开发热部位。

（6）电气伤害。电击可以导致人员的烧伤或休克，造成肌肉收缩或外伤，甚至死亡。如果流经人体的电流大于0.02A，便会对人体造成伤害，电压越高，流经人体的电流越大。因此，不管是直流电还是交流电，光伏电还是电网电，只要有一定的电压，就会造成伤害。虽然单块电池组件的输出电压没有多高，但十几块组件串联起来输出电压往往比逆变器输出的交流电压还要高。操作时为避免电击伤害，一是要确保切断相关电源，二是要尽量使用钳形电流表进行线路电流的测试，三是要戴上绝缘手套。

（7）化学危害。离网光伏发电系统往往使用蓄电池作为储能系统，铅酸蓄电池是常见的蓄电池之一。铅酸蓄电池使用硫酸作为电解液，硫酸具有很强的腐蚀性，在操作过程中可能会发生泄漏或在充电过程中产生喷洒。如果接触到身体裸露的地方，皮肤便会被化学烧伤。另外，眼睛也是特别容易被伤害到的，衣服也会被烧出个洞。尽管密封性铅酸蓄电池发生电解液泄漏的事情比较少，但还是要以防万一。

蓄电池在充电过程中会排放出少量氢气，氢气是可燃气体，当氢气积聚到一定浓度时遇明火、电火花时极易发生爆炸或火灾。因此，蓄电池放置场所要保持通风良好，避免可燃气体的积聚，避免爆炸或火灾事故对人员造成的伤害。

2. 安全防护措施

施工现场的安全防护，不仅要保护好自己，还要保护好一起施工和操作的周围伙伴，要做到三不伤害，即不伤害自己、不伤害别人、不被别人伤害。

（1）要各自穿戴好防护用品。常用的安全防护用品有安全帽、防护眼镜、手套、鞋子、安全带、防护围裙等。

1）安全帽保护脑袋不被撞伤或坠落物砸伤。

2）防护眼镜有两个作用，一是保护眼睛不受强烈阳光的刺激，二是进行蓄电池系统的安装维护操作时，防止酸液溅入。

3）手套分好多种，不同的工作内容要选择不同的手套。进行安装操作，可以选用线手套；搬动有锐角或毛刺的金属类物件，可以选择帆布手套；进行蓄电池维护操作，要选择橡胶耐酸手套；进行电气检测，要选择高压绝缘手套等。当然，也可以选择优质的全功能手套进行操作。

4）鞋子的选择取决于工作场合和环境，如果光伏施工现场是新建的工业环境，最好选择穿硬头劳保皮鞋；如果是地面或山地环境，最好选择标准工作鞋或登山鞋；如果是在屋顶作业，最好选择胶底工作鞋。

5）防护围裙是在对蓄电池进行操作时需要配备的。

6）安全带是在屋顶、梯子等环境下进行作业需要配备的。

（2）要在工作当中互相关照、提醒、协作。每个施工人员都要保持一定的警觉，切不可麻痹大意。需要两个人一起操作的事情，或者需要双人在场的工作，不要单独行事，不要为省时省钱而降低用人成本，安全才是最大的节约。

【事故案例】

2012年6月7日22时11分，某光伏电站二期（基建试运期）站用变电源改接工作完成后，试送电过程中发生短路故障，造成二期主变压器35kV进线气体绝缘开关柜母线室爆炸及站用变架空线起始杆处部分设备烧毁，并导致二期35kV母线停电12天，30MWp光伏容量无法送出，损失电量约为185万kWh。经过调查分析，该事故原因是二期站用变压器高压侧断路器进线处防火隔板材料达不到绝缘要求，且未做有效固定，导致送电后（约20s）隔板快速贴附到三相铜排，造成铜排三相短路接地。由于35kV气体绝缘开关柜（3501）存在缺陷，短路过程中母线室发生爆炸并在三相母线处再次形成短路，导致3501断路器动作跳闸，开关柜部件损坏。该起事故暴露了该项目在施工建设、交接验收以及试运期管理和事故应急处理等多个环节上的问题。

（1）要进一步加强项目建设管理，严格按照设备标准技术规范进行设计与招投标，规范施工流程，严禁未经设计论证擅自改变高压电气设备用途和电气接线方式。加强继电保护和变电站综合自动化设备的管理，保证故障录波等设备与输变电主设备同时建成和投运。

（2）要进一步加强施工单位作业审核，严格对安装工艺质量进行验收，主要设备的安装调试要全面参与，确保设备和安装工程合格。新建、扩建项目在电气设备投运前，必须按照标准进行全面的交接试验，投产项目必须严格按照相关规程定期开展电气设备预防性试验。特别是对于气体绝缘开关设备（GIS和C-G1S）的装配、调试工作及投运后的监测、维护工作，要严格按照国家有关标准执行，尤其重视对设备绝缘特性、气体参数、主回路导电电阻值及各部件的操动性能的试验和监测。

（3）要高度重视电气设备的日常运行管理，切实加强送电前的现场检查工作，必须对相应电气回路进行全面、细致的检查，严禁随意合闸送电；切实加强新投运设备的巡视检查，特别是大负荷状态下站内设备的巡检，重视对重要连接部件的温度、油温、异常状态下站内设备的巡检，重视对重要连接部件的温度、油温、异常放电声响等情况的分析。

（4）要认真吸取类似事件教训，加强各级人员培训和学习，有针对性地扎实开展反事故演习和事故预想工作，不断提升应急处置能力和事故调查的规范性。要进一步完善现场运行和检修规程，及时汇总并整理故障缺陷处理应对的经验，将新型设备的检查内容与方法等重要信息及时补充更新至相应规程中。

三、电化学储能电站安全总体要求和安全管理要求

1. 电化学储能电站安全总体要求

（1）建立健全全员安全生产责任制和安全生产规章制度。电化学储能电站应建立健全全员安全生产责任制和安全生产规章制度，包括工作票、操作票、交接班制度、巡视检查制度、设备定期试验和轮换制度，以及岗位责任制、人员管理制度、设备管理制度、特种设备管理制度、动火管理制度、安全设施和安全工器具管理制度、环境管理制度、危险物品安全管理制度、危险源安全管理制度、安全监督检查制度、消防安全管理制度、反违章工作管理制度等。

（2）构建安全风险分级管控和隐患排查治理双重预防机制。电化学储能电站应构建安全风险分级管控和隐患排查治理双重预防机制，定期开展危险源辨识和风险评价并做好反事故

措施。

（3）制定生产安全事故应急救援预案。电化学储能电站应制定生产安全事故应急救援预案，包括电池热失控、火灾、触电、机械伤害、自然灾害等事故的应急预案。

（4）编制现场运行规程、检修规程。电化学储能电站应编制现场运行规程、检修规程，评估电池健康状态和性能衰减趋势，适时调整运行参数，制定运行维护检修策略。

（5）制定安全生产教育和培训计划。电化学储能电站应制定安全生产教育和培训计划，定期开展安全生产规章制度和安全操作规程、岗位安全操作技能、安全工器具和消防器材的使用方法、故障处理和应急处置等方面的专业培训。

（6）作业要求。

1）使用安全工器具要求：电化学储能电站安全工器具应定期检验，检验合格后方可使用。

2）作业区域要求：电化学储能电站作业应在规定区域内进行，作业现场应采取安全保障措施，作业人员应佩戴相应的劳动防护用品。

（7）其他要求。

1）设备及系统功能要求：电化学储能电站储能设备及系统的功能和性能应符合《电力系统电化学储能系统通用技术条件》（GB/T 36558）的规定，并网性能应符合《电化学储能系统接入电网技术规定》（GB/T 36547）的相关规定。

2）消防设备设施要求：电化学储能电站消防设备设施应符合《建筑设计防火规范》（GB 50016）和《电化学储能电站设计规范》（GB 51048）的相关规定。

3）电气设备安全工作要求：电化学储能电站输电、变电和配电相关的电气设备安全工作应符合《电力安全工作规程　发电厂和变电站电气部分》（GB 26860）的相关规定，电力线路安全工作应符合《电力安全工作规程　电力线路部分》（GB 26859）的相关规定。

2. 电化学储能电站安全管理要求

（1）提高思想认识。随着能源转型的不断深入，电化学储能电站已成为电力系统稳定运行的重要组成部分。因此，要深入贯彻落实总体国家安全观和“四个革命、一个合作”能源安全新战略，统筹发展和安全，坚持“人民至上、生命至上”，以高度的责任感和使命感加强电化学储能电站安全管理工作，坚决遏制电化学储能电站安全事故发生。

（2）落实主体责任。业主（项目法人）是电化学储能电站安全运行的责任主体，要将纳入备案管理的接入10kV及以上电压等级公用电网的电化学储能电站安全管理纳入企业安全管理体系，健全安全生产保证体系和监督体系，落实全员安全生产责任制，健全风险分级管控和隐患排查治理双重预防机制，依法承担安全责任。其他电化学储能电站也要按照相关规定加强安全管理。

（3）加强电化学储能电站规划设计安全管理。

1）加强风险评估。在电化学储能电站项目规划过程中，要坚持底线思维，加强安全风险评估与论证，合理确定电化学储能电站选址、布局和安全设施建设。要保障安全生产投入，确保安全设施与主体工程同时设计、同时施工、同时投入运行和使用。

2）加强设计审查。委托具备相应资质的设计单位开展设计工作，并组织开展设计审查。设计文件应符合有关法律法规、国家（行业）标准，安全设施的配置应满足工程施工和运行维护安全需求。要按照档案管理规定保存好全过程的档案资料。

(4) 做好电化学储能电站设备选型。

1) 严格设备把关。坚持质量第一，选用的设备及系统应当符合有关法律法规、国家(行业)标准要求，并通过具备储能专业检测检验资质的机构检验合格。要根据相关技术要求，优选安全、可靠、环保的产品。

2) 加强到货抽检。开展电化学储能电站的电池及其管理系统等到货抽检应当委托具备储能专业检测检验资质的机构。抽检选样要满足批次和产品一致性抽样要求。抽检结果应当满足国家(行业)标准安全性能技术要求。

(5) 严格电化学储能电站施工验收。

1) 加强施工管理。电化学储能电站建设应当依法委托具备相应资质等级的施工单位。要按照有关法律法规、国家(行业)标准保障电站安全建设投入，规范安全生产费用提取和使用。要加强施工现场管理，对重点部位、重点环节加强监控，定期组织开展施工现场消防安全检查。

2) 严格施工验收。电化学储能电站投产前，要组织开展工程竣工验收，应当按照国家相关规定办理工程质量监督手续，通过电站消防验收。

(6) 严格电化学储能电站并网验收。

1) 做好并网准备。开展电化学储能电站并网检测应当委托具备储能专业检测检验资质的机构。并网验收前，要完成电站主要设备及系统的型式试验、整站调试试验和并网检测。

2) 加强并网验收。电网企业要积极配合开展电化学储能电站的并网和验收工作，对不符合国家(行业)并网技术标准要求的电站，杜绝“带病并网”。应当优化调度运行方案，在并网调度协议中明确电站安全调度区间，并严格执行。

(7) 加强电化学储能电站运行维护安全管理。

1) 明确委托责任。在委托运维单位进行电化学储能电站运行维护时，应当明确双方的安全责任，并监督运维单位严格执行运行维护相关的各项法律法规与国家(行业)标准，履行相关安全职责。

2) 强化日常管理。将电化学储能电站的运行维护纳入企业安全生产日常管理，严格落实安全管理规定。要制定电站运行检修和安全操作规程，定期开展主要设备设施及系统的检查，开展电池系统健康状态的评估和检查。

3) 规范信息报送。积极配合参与电化学储能电站安全监测信息平台建设，按照有关规定报送电池安全性能、电站安全运行状态、隐患排查治理、风险管控和事故事件等安全生产信息，提升电站信息化管理水平。

4) 加强人员培训。定期组织电化学储能电站从业人员开展教育培训，不断提升业务技能，确保熟悉电站电池热失控、火灾特性，掌握消防设施及器材操作规程和应急处置流程。电站控制室、电池室等重点部位的工作人员应当通过专业技能培训和考核，具备消防设施及器材操作能力。

5) 加强退役管理。应当按照电化学储能电站设计寿命、安全运行状况以及有关国家(行业)标准，规范电站、电池的退役管理。

(8) 提升电化学储能电站应急消防处置能力。

1) 落实消防责任。明确电化学储能电站消防安全责任人和消防安全管理人，履行消防安全管理职责，定期进行防火检查、防火巡查和消防设备维护保养，确保消防设施处于正常工作状态。

2）开展应急演练。结合电化学储能电站事故特点，组织编制应急专项预案和现场处置方案，配备专业应急处置人员和满足电站事故处置需求的应急救援装备，定期组织开展电解液泄漏处置、电池热失控、火灾等应急演练。

3）建立联动机制。加强沟通协调，主动向本地区人民政府应急管理部门、消防救援机构报备电化学储能电站应急预案，做好应急准备，与本地区人民政府有关部门建立消防救援联动机制。

第三章

输变电工程施工现场关键点作业安全管控措施

第一节　安全管控措施和安全风险管理

一、安全管控措施

为吸取事故教训，针对输变电工程可能发生人身事故的施工现场关键点作业，制定切实可行的安全管控措施，强力遏制人身事故多发势头，重建基建安全稳定局面，国家电网公司基建部组织行业专家集中编制，并经广泛征求各方面意见后，于 2017 年 6 月发布《输电线路（电缆）工程施工现场关键点作业安全管控措施》和《变电站换流站施工现场关键点作业安全管控措施》。

这两项安全管控措施旨在分析输变电工程施工现场各作业环节中可能导致人身事故的关键点，重点针对责任不落实、制度不落实、方案不落实、措施不落实问题，总结提炼出能够有效防止人身事故的关键措施，并参考《电力安全工作规程（电网建设部分）》《国家电网公司输变电工程施工安全风险识别、评估及预控措施管理办法》、施工方案、作业指导书等，结合事故教训提炼出施工重点控制措施。作为强制性措施，划出关键作业施工安全管理的底线、红线，施工过程中必须严格执行，如违反应由监理下发停工令，并告知业主。

《输电线路（电缆）工程施工现场关键点作业安全管控措施》针对架空输电线路和电力电缆线路，由架空线路工程的特殊环境交通与运输、土石方施工、杆塔施工、架线施工 4 个部分和电缆线路工程的明开隧道施工、浅埋暗挖隧道施工、盾构隧道施工、电缆敷设及接头施工、电缆绝缘耐压试验及电缆线路停电切改施工 5 个部分组成。

《变电站换流站施工现场关键点作业安全管控措施》针对变电站工程（换流站），由施工用电、深基坑开挖及人工挖孔桩施工、落地式钢管脚手架搭设与拆除、高支模模板安装与拆除、高支模混凝土浇筑、起重作业、母线安装、电气试验调试、改扩建施工、地下变电站施工以及竣工投运前的验收（含阶段竣工分期投运前的验收）等 10 个部分组成。

《输电线路（电缆）工程施工现场关键点作业安全管控措施》和《变电站换流站施工现场关键点作业安全管控措施》列为省公司、地市公司、监理公司、施工企业、项目部等各级检查必查内容。

二、安全风险管理

1. 安全风险管理规程颁布背景

依据国家电网有限公司《关于下达 2020 年第二批技术标准制修订计划的通知》（国家电

网科〔2020〕614号）的要求，为更加及时、有效地支撑电网转型发展，按照国家电网有限公司技术标准管理办法相关规定，在总部相关部门提出部分急需标准项目建议基础上，经过专业立项审查，《输变电工程建设施工安全风险管理规程》纳入2020年度公司第二批技术标准制修订计划，对输变电工程建设安全基本原则、管理目标、工作内容和要求，输变电工程建设施工安全风险管理的工作模式等做出规范性要求。该标准与相关技术领域的国家现行法律、法规和政策保持一致。在安全要求方面，与同类国家标准GB 26859—2011《电力安全工作规程　电力线路部分》、GB 26860—2011《电力安全工作规程　发电厂和变电站电气部分》一致；在风险控制方面，严于国家标准、行业标准，并在风险分析、风险先降后控、评价方面进行了细化；在安全规定和措施方面，与同类行业标准DL 5009.2—2013《电力建设安全工作规程　第2部分：电力线路》、DL 5009.3—2013《电力建设安全工作规程　第3部分：变电站》一致；在安全控制措施方面，与同类企业标准Q/GDW 1799.1—2013《电力安全工作规程　变电部分》、Q/GDW 1799.2—2013《电力安全工作规程　线路部分》一致；在风险辨识方面，严于企业标准，并在风险控制措施方面进行了细化。

Q/GDW 12152—2021《输变电工程建设施工安全风险管理规程》中有关“风险管理的过程及方法”基本与原《国家电网公司输变电工程施工安全风险识别、评估及预控措施管理办法》[国网（基建/3）176—2019]相同，但在安全风险识别和安全风险等级的制定上有所不同，该规程应用了LEC安全风险评价方法进行输变电工程建设风险识别，并作为风险管控的重要环节，把风险作业的LEC值作为风险管理的重要组成部分，把风险识别、评估、风险预警、风险控制贯穿风险管理全过程。

2. 采用半定量LEC安全风险评价法

对具有潜在性作业环境中的危险源进行半定量的安全评价方法。对输变电工程建设施工安全风险采用半定量LEC安全风险评价法：L表示发生事故或风险事件的可能性；E表示风险事件出现的频率程度，也表示人体暴露于危险环境的频繁程度；C值表示发生风险事件产生的后果；用D表示风险值，风险值$D=L\times E\times C$。风险等级根据风险值的大小确定，风险因素L、E、C取值及风险值D与风险等级关系见表3-1和表3-2。根据评价后风险值的大小及所对应的风险危害程度，将风险从大到小分为五级，如表3-2所示。一到五级分别对应极高风险、高度风险、显著风险、一般风险、稀有风险，通常将三级及以上风险，含三级风险（显著风险）、二级风险（高度风险）、一级风险（极高风险）统称为重大风险。D值越大，说明该系统危险性大，需要增加安全措施，或改变发生事故的可能性，或减少人体暴露于危险环境中的频繁程度，或减轻事故损失，直至调整到允许范围内。

表3-1　　风险因素 L、E、C 取值表

发生事故或风险事件的可能性 L		风险事件出现的频率程度 E		发生风险事件产生的后果 C	
L值	发生的可能性	E值	出现的频率程度	C值	产生的后果
10	可能性很大	10	连续	100	大灾难，无法承受损失（10人以上）
6	可能性比较大	6	每天工作时间	40	灾难，几乎无法承受损失（3～9人）
3	可能但不经常	3	每周一次	15	非常严重，非常重大损失（1～2人）

续表

发生事故或风险事件的可能性 L		风险事件出现的频率程度 E		发生风险事件产生的后果 C	
1	可能性小，完全意外	2	每月一次	7	重大损失（重伤）
0.5	基本不可能，但可以设想	1	每年几次	3	较大损失（致残）
0.2	极不可能	0.5	非常罕见	1	一般损失（救护）
0.1	实际不可能			0.5	轻微损失（轻伤）

表 3-2　Q/GDW 12152—2021《输变电工程建设施工安全风险管理规程》风险等级划分

风险等级	风险值 D	风险程度	说明
一级风险（极高风险）	$D \geqslant 320$	风险极大，应采取措施降低风险等级，否则不能继续作业	指作业过程存在极高的安全风险，即使加以控制仍可能发生群死群伤事故，或五级电网事件的施工作业。一级风险乃计算所得数值，实际作业必须通过改变作业组织或采取特殊手段将风险等级降为二级以下风险，否则不得作业
二级风险（高度风险）	$160 \leqslant D < 320$	高度风险，要制定专项施工安全方案和控制措施，作业前要严格检查，作业过程中要严格监护	指作业过程存在很高的安全风险，不加以控制容易发生人身死亡事故，或者可能发生六级电网事件的施工作业
三级风险（显著风险）	$70 \leqslant D < 160$	显著风险，制定专项控制措施，作业前要严格检查，作业过程中要有专人监护	指作业过程存在较高的安全风险，不加以控制可能发生人身重伤或死亡事故，或者可能发生七级电网事件的施工作业
四级风险（一般风险）	$20 \leqslant D < 70$	一般风险，需要注意	指作业过程存在一定的安全风险，不加以控制可能发生人身轻伤事故的施工作业
五级风险（稍有风险）	$D < 20$	稍有风险，但可能接受	指作业过程存在较低的安全风险，不加以控制可能发生轻伤及以下事件的施工作业

3. LEC 安全风险评价法在输变电工程风险辨识上的应用实例

（1）LEC 安全风险评价法在土建工程风险辨识上的应用实例。

模板工程中“模板安装”风险可能导致的后果为“高处坠落、坍塌”。通过经验判断，按发生事故或风险事件的可能性 L 值选择为 3，因有可能发生坍塌和高处坠落但是不经常，所以风险事件的可能性选择为可能但不经常；按风险事件出现的频率程度 E 值选择为 2，因模板安装时间虽然比较长，但是坍塌和高处坠落出现的风险基本都是在梁、板模板安装的时候才会出现，所以风险时间出现的频率选择为每月一次；按发生风险事件产生的后果 C 值选择为 15，因模板安装如果发生风险产生的后果都伴随人身伤亡和重大经济损失，所以发生风险事件产生的后果为非常严重，所以风险产生的后果选择为非常严重，非常重大损失。“模板安装”风险评定值 $D=3\times2\times15=90$，为三级风险。

（2）LEC 安全风险评价法在电气工程风险辨识上的应用实例。

一次设备中“软母线架设”风险可能导致的后果为“高处坠落、机械伤害、触电”。通过经验判断，按发生事故或风险事件的可能性 L 值选择为 6，因现场可能存在高坠风险、接地不良导致触电等；按风险事件出现的频率程度 E 值选择为 3，因单一工程中平均每周上构架进行一次母线作业；按发生风险事件产生的后果 C 值选择为 7，因母线架设中发生高处坠落导致死亡的案例，在近几年的工程较为少见，判断为重大损失。“软母线架设”风险评定

值 $D=6\times3\times7=126$，为三级风险。

(3) LEC 安全风险评价法在架空线路工程风险辨识上的应用实例。

“内悬浮外拉线抱杆分解组塔”风险可能导致的后果为“物体打击、机械伤害、高处坠落”。通过经验判断，按发生事故或风险事件的可能性 L 值选择为 3，因现场可能存在高处坠落、物体打击、机械伤害等，事件发生的可能性不经常；按风险事件出现的频率程度 E 值选择为 1，事件发生的频率平均每年出现几次；按发生风险事件产生的后果 C 值选择为 40，铁塔组立过程中发生高处坠落、物体打击及抱杆倾覆致死案例，在近几年的工程中均有发生，且抱杆倾覆容易造成 2 人以上死亡，故判断为无法承受的损失。“内悬浮外拉线抱杆分解组塔”风险评定值 $D=3\times1\times40=120$，为三级风险。

(4) LEC 安全风险评价法在电缆线路工程。

“有限空间作业”风险可能导致的后果为“中毒、窒息”。通过经验判断，按发生事故或风险事件的可能性 L 值选择为 3，因现场可能存在中毒、窒息等风险，但是近年来发生的次数很少；按风险事件出现的频率程度 E 值选择为 1，因近几年发生风险的次数很少；按发生风险事件产生的后果 C 值选择为 15，根据有限空间作业发生中毒窒息的案例，造成伤亡人数较多，判断为非常重大损失。“有限空间作业”风险评定值 $D=3\times1\times15=45$，为四级风险。

4. 应用半定量 LEC 安全风险评价法注意事项

(1) LEC 风险评价法是根据工程施工现场情况和管理特点对危险等级的划分，有一定的局限性，应根据实际情况予以判别修正。

(2) 施工现场出现未收集到的风险作业，施工项目部应按照 LEC 风险评价法进行评价，并经监理项目部审核确定风险等级，向业主项目部报备。

(3) 按照住房城乡建设部办公厅《关于实施〈危险性较大的分部分项工程安全管理规定〉有关问题的通知》(建办质〔2018〕31 号)，原则上将“危险性较大的分部分项工程范围”内的作业设定为三级风险，将“超过一定规模的危险性较大的分部分项工程范围”的作业设定为二级风险。

(4) 为了便于现场识别风险，对于输变电工程建设常见的风险作业按一般作业环境和条件可在 Q/GDW 12152—2021《输变电工程建设施工安全风险管理规程》中的输变电工程风险基本等级表选择，供各工程实施中参考。实际使用时，应按表 3-3 安全施工作业风险控制关键因素进行复测，重新评估风险等级，不可直接使用。

(5) Q/GDW 12152—2021《输变电工程建设施工安全风险管理规程》中的输变电工程风险基本等级表中的风险作业，当采用先进有效的机械化或智能化技术施工时，风险等级可降低一级管控；临近带电作业，当采取停电措施时，作业风险等级可降低一级管控。

表 3-3　安全施工作业风险控制关键因素

序号	指标	指标简称	风险控制关键因素
1	作业人员异常	人员异常	作业班组骨干人员（班组负责人、班组安全员、班组技术员、作业面监护人、特殊工种）有同类作业经验，连续作业时间不超过 8h
2	机械设备异常	设备异常	机具设备工况良好，不超年限使用；起重机械起吊荷载不超过额定起重量的 90%

续表

序号	指标	指标简称	风险控制关键因素
3	周围环境	环境变化	周边环境（含运输路况）未发生重大变化
4	气候情况	气候变化	无极端天气状况
5	地质条件	地质异常	地质条件无重大变化
6	临近带电体作业	近电作业	作业范围与带电体的距离满足《电力安全工作规程》的要求
7	交叉作业	交叉作业	交叉作业采取安全控制措施

注 周围环境指的是地形地貌、有限空间、四口五临边、夜间作业环境、运行区域、闹市区域、市政管网密集区域等环境。

三、风险等级划分

本章的风险分级管控的基本原则是将安全风险等级从高到低划分为四级，并按各自等级情况处理，如表3-4所示。

表3-4　输变电工程施工现场关键点作业四级安全管控

风险等级	风险程度	说明
A级（四级）	重大风险红色风险	评估属不可容许的危险。必须建立管控档案，应由企业重点负责管控，必须立即整改，不能继续作业，只有当风险登记降低时，才能开始或继续工作
B级（三级）	较大风险/橙色风险	评估属高度危险。必须建立管控档案，必须制定措施进行控制管理，应由本企业安全主管部门和各职能部门根据职责分工负责管控
C级（二级）	一般风险/黄色风险	评估属高度危险。应由所在车间负责管控，公司（厂）安全管理部门负责监督落实
D级（一级）	低风险/蓝色风险	评估属轻度危险和可容许的危险。应由所在的班组负责管控，车间负责监督落实

由表3-2和表3-4可以看出，表3-2所指的三级及以上风险是指三级、二级和一级；表3-4所指的三级及以上风险是指三级、四级。以下文中提到的风险级别都是表3-4中的规定，务必请读者注意。

四、施工作业票

施工作业票管理应符合国家电网有限公司《电力建设安全工作规程》（变电、线路部分等所有部分）的规定。

四、五级风险作业（本章中的C级、D级）填写输变电工程施工作业A票，由班组安全员、技术员审核后，项目总工签发；三级及以上风险作业（本章中的A级、B级）填写输变电工程施工作业B票，由项目部安全员、技术员审核，项目经理签发后报监理审校后实施，涉及二级风险作业的B票还需报业主项目部审核后实施，填写施工作业票，应明确施工作业人员分工。

同时，要注意：

（1）一个班组同一时间只能执行一张施工作业票，一张施工作业票可包涵最多一项三级及以上风险作业和多项四级、五级风险作业，按其中最高的风险等级确定作业票种类。作业票终结以最高等级的风险作业为准，未完成的其他风险作业延续到后续作业票。

（2）同一张施工作业票中存在多个作业面时，应明确各作业面的安全监护人。

（3）同一张作业票对应多个风险时，应经综合选用相应的预控措施。

（4）对于施工单位委托的专业分包作业，可由专业分包商自行开具作业票。专业分包商需将施工作业票签发人、班组负责人、安全监护人报施工项目部备案，经施工项目部培训考核合格后方可开票。

（5）对于建设单位直接委托的变电站消防工程作业、钢结构彩板安装施工作业、装配式围墙施工、图像监控等，涉及专业承包商独立完成的作业内容，由专业承包商将施工作业票签发人、班组负责人、安全监护人报监理项目部备案，监理项目部负责督促专业承包商开具作业票。

（6）不同施工单位之间存在交叉作业时，应知晓彼此的作业内容及风险，并在相关作业票中的“补充控制措施”栏，明确应采取的措施。

（7）施工作业票使用周期不得超过30天。

第二节　输变电工程施工现场关键点作业各级安全管控通用要求

输变电工程施工现场关键点作业各级安全管控通用要求如表3-5所示。

表3-5　　输变电工程施工现场关键点作业各级安全管控通用要求

序号	各级单位名称	现场关键点作业安全管控措施通用要求
1	施工项目部	（1）组织项目管理人员及专业分包管理人员参加业主项目部组织的风险初勘、交底及会签。 （2）梳理、掌握本工程可能涉及的人身伤亡事故的风险，将其纳入项目管理实施规划、安全风险管理及控制方案等策划文件。 （3）施工项目部根据工程情况编制分部工程安全文明施工设施标准化配置计划，并报审监理项目部进行进场验收把关，对现场检查出安全文明施工设施使用不规范情况给予责任单位及人员相应考核。 （4）施工项目部将分包计划报审监理项目部审查，批准后上报拟分包合同及安全协议，确保分包商的施工能力满足工程需要。分包人员进场前，施工项目部为全体分包人员建立二维码登记档案，同时跟踪、考核分包人员动态管理的情况。 （5）在分包工程开工前，施工项目部向监理项目部、业主项目部报批“同进同出”人员名单以及“同进同出”作业范围，负责收集并检查“同进同出”人员的履职记录及留存的数码照片。 （6）在关键点作业过程中，施工项目部应严格落实“施工现场关键点作业安全管控措施”的相关要求，履行签字手续。三级及以上施工风险作业时，施工作业负责人、施工项目部安全员现场监护，现场跟踪、逐项检查三级及以上施工风险作业情况，符合要求的由施工作业负责人在《每日执行情况检查记录表》中签字。三级及以上施工风险作业时，执行“输变电工程三级及以上施工安全风险管理人员到岗到位要求”，施工项目部建立配套施工作业票台账，结合工作票检查，同步检查关键点作业的每日检查记录台账。 （7）对现场施工违反规定与要求的分包商，责令其改进或停工整顿，并报本单位管理部门，依据分包施工合同进行考核。对“施工现场关键点作业安全管控措施”落实不到位、存在问题拒不整改的分包商、分包商项目经理及主要管理人员，报本单位管理部门，建议清除出场。对不执行“施工现场关键点作业安全管控措施”、拒不听从指挥的分包作业人员，书面通知分包商项目经理，责令其将该类人员清除出工程现场，并通过基建管理系统记录其劣迹，避免混入其他工程建设中。 （8）落实施工项目部验收职责，认真开展施工队自检、项目部复检工作，并报审公司专检、监理初检验收，完成各级验收消缺整改工作。未经验收通过，不得开展后续作业

续表

序号	各级单位名称	现场关键点作业安全管控措施通用要求
2	施工单位	（1）按要求配备施工项目经理、项目总工程师、技术员、安全员、质检员、造价员、资料信息员、材料员、综合管理员等项目管理人员。安全员、质检员必须为专职，不可兼任项目其他岗位。 （2）全面掌握公司所属在建工程三级及以上施工安全作业风险，执行“输变电工程三级及以上施工安全风险管理人员到岗到位要求”，适时开展“施工现场关键点作业安全管控措施”的监督检查。施工企业副总工程师以上的管理人员到现场检查四级风险作业情况，符合要求的在《每日执行情况检查记录表》中签字。 （3）在变电站设备安装前的关键环节，组织开展公司级专检验收工作，对施工项目部一、二级自检进行把关检查，督促整改。 （4）组织开展工程关键点作业日常安全监督检查，对检查中发现的问题及时予以现场整改、通报批评，并对相关责任单位及责任人进行考核。 （5）严格审查专项施工方案是否根据现场实际编制，对经过审批的施工方案现场执行不严格的，追究现场管理人员、施工负责人的责任。 （6）对现场施工违反规定与要求的分包商，责令其改进或停工整顿，依据分包施工合同进行考核。对“施工现场关键点作业安全管控措施”落实不到位、存在问题拒不整改的分包商、分包商项目经理及主要管理人员清除出场，并报告建设管理单位，提出永久禁入建议
3	监理项目部	（1）工程开工前，参与业主项目部组织的安全风险交底及风险的初勘，针对本工程可能涉及的人身伤亡事故的风险作业，提出监理意见。 （2）审查施工单位上报的关键点安全管控措施，制定针对性的监理控制措施，并对监理项目部人员进行全员交底。 （3）风险作业开始前，监理员检查风险作业必备条件，不满足要求不允许作业。对现场检查出的不符合项，出具监理整改通知单，并督促施工单位整改闭环。三级及以上施工风险作业前，监理人员现场检查作业必备条件和班前会工作是否符合要求，符合要求的在安全施工作业票中签字。 （4）严格审查拟进场分包商施工资质、人员配备、施工机具和队伍管理能力，提出监理审查意见，不符合要求的严禁进场；检查施工项目部分包人员二维码的建档情况和“同进同出”人员配置情况；施工过程中，检查分包人员动态管理情况。 （5）在关键点作业过程中，对“施工现场关键点作业安全管控措施”的落实情况进行严格把关。按照制定的监理安全旁站计划，开展安全监理旁站工作。三级及以上施工抢险作业时，监理人员现场检查施工作业风险控制专项措施的落实情况，并在《每日执行情况检查记录表》中签字。监理人员检查施工项目部是否建立配套施工作业票台账，同步检查关键点作业的每日检查记录台账，将检查情况记录到监理日志中。 （6）对关键点作业实施监理过程中发现的安全隐患，要求施工项目部整改，必要时要求施工项目部立即停止施工，下达“停工令”，并及时报告业主项目部或书面汇报本单位管理部门。监理单位应立即开展调查，情况属实且监理项目部仍无法推动的，监理单位要书面告知建设管理单位、施工单位，形成记录，直至符合管控措施要求。监理项目部跟踪整改结果。 （7）加强工程转序管理，落实监理初检职责，对施工三级自检严格审核，对不满足条件的严禁转序

续表

序号	各级单位名称	现场关键点作业安全管控措施通用要求
4	监理单位	（1）为工程项目配备认真履责、合格的总监理工程师和安全监理工程师，按要求开展关键点作业安全管控工作。 （2）审批监理项目部编制的监理规划、安全监理工作方案，对其中关键点作业安全管控措施重点把关。 （3）梳理公司所承揽工程存在的关键点作业，制定抽查计划，确定检查重点，现场抽查“施工现场关键点作业安全管控措施”的落实情况及记录卡的执行情况，同时对留存记录卡进行核查，对存在的问题出具整改通知单并跟踪整改。 （4）履行输变电工程三级及以上施工安全风险监理单位到岗到位要求，监理公司相关管理人员对高支模、土石方爆破、深基坑开挖及地下变电站等四级风险作业进行现场检查，并在《每日执行情况检查记录表》中签字。 （5）在变电站设备安装前的关键环节，对转序验收工作进行同步检查，对检查发现的问题下发监理整改通知单，并跟踪整改闭环情况。 （6）对“现场施工管理混乱，拒不整改或多次整改仍达不到要求”和“施工现场关键点作业安全管控措施”落实不到位的施工单位，下达书面整改通知，并报告建设管理单位或省公司，提出处理建议。 （7）检查、评价、考核监理项目部关键点作业安全管控工作情况。对发现的问题提出整改要求，监督整改闭环
5	业主项目部	（1）对两个及以上施工企业在同一作业区域内进行施工、可能危及对方的生产作业安全活动，组织签订安全协议，并专职安全生产管理人员进行安全检查与工作协调。 （2）针对人身伤害的关键环节，组织设计单位对施工、监理项目部进行风险初勘、交底，在设计交底过程中，重点对可能造成人身伤害的风险进行专项交底，由相关方会签后，经业主项目经理签发后执行。 （3）组织施工、监理项目部梳理、掌握本工程可能造成人身伤亡事故的风险，将其纳入项目总体策划、应急处置方案等策划文件，制定管控计划，履行审批手续。 （4）风险作业的分部工程开始前，将防护人身伤害的安全设施配置情况纳入开工、转序的必备条件，对其中可能造成人身伤害的“关键项”不符合要求的，不批准开工。对现场检查出安全文明施工设施标准化配置不符合项出具处罚意见，在结算时扣罚相应考核金，同时，通报相应责任单位。 （5）分包单位进场前，严格履行分包商进场验证检查手续，核查分包商施工资质、人员配备、施工机具和队伍管理能力，确保分包商的施工能力满足工程需要。检查施工项目部分包人员二维码的建档情况，同时跟踪、考核分包人员动态管理的情况。 （6）通过规范分包管理工作流程，强化分包作业现场人身事故的防控。在分包工程开工前，审批施工项目部报送的“同进同出”人员名单，以及“同进同出”作业范围。监督施工项目部严格执行“同进同出”作业现场的刚性要求，检查“同进同出”人员的履职记录及留存的数码照片。 （7）在关键点作业过程中，应重点检查施工、监理项目部“施工现场关键点作业安全管控措施”的落实情况，履行签字手续。考核执行“施工现场关键点作业安全管控措施”不到位的监理项目部总监及监理人员、施工项目部经理及其他人员，必要的报建设管理单位，书面通知相关单位提出撤换要求。

续表

序号	各级单位名称	现场关键点作业安全管控措施通用要求
5	业主项目部	(8) 四级风险作业前，业主项目经理或安全管理人员现场检查施工作业必备条件，符合要求在安全工作票中签字允许作业。四级风险作业时，业主项目经理或安全管理人员现场检查施工作业风险控制专项措施的执行情况，并在《每日执行情况检查记录表》中签字。施工项目部建立配套施工作业票台账，结合工作票检查，同步检查关键点作业的每日检查记录台账。 (9) 加强转序管理，按“谁检查谁签字、谁签字谁负责”的原则，强化工程验收“痕迹”管理，落实中间验收职责，对施工三级自检、监理初检报告严格审核，对不满足转序条件的严禁转序
6	建设管理单位	(1) 根据下周关键点作业安排，制定现场抽查计划，确定检查重点以及检查责任人，深入作业现场抽查“施工现场关键点作业安全管控措施”的落实情况及记录卡的执行情况，同时对留存记录卡进行核查。出具检查报告，根据检查情况，对存在的问题出具整改通知单，并跟踪整改。 (2) 全面掌握变电站改扩建临近带电作业、地下变电站、深基坑开挖等作业进展情况，执行“输变电工程三级及以上施工安全风险管理人员到岗到位要求”，适时开展“施工现场关键点作业安全管控措施”的监督检查。四级风险作业时，建管单位有关人员现场检查施工作业风险控制专项措施的执行情况，并在《每日执行情况检查记录表》中签字。 (3) 结合工程质量监督检查工作，在变电站设备安装前的关键环节，对各参建单位转序验收工作进行同步监督检查，对验收把关不到位的单位进行点评通报、跟踪整改。 (4) 对“现场施工管理混乱，拒不整改或多次整改仍达不到要求”“安全文明施工费挪作他用”的施工单位，或履责不到位的监理单位，予以停工整顿、通报批评，对有关人员提出撤换、清除现场的建议。当符合违约解除合同条款时，发出解除合同通知，启动索赔程序。 (5) 对施工方案编制与现场实际不符的，追究编制人员及审核、审批人员的责任；对施工方案执行不严格的，追究施工负责人、监督管理人员及监理人员的责任。 (6) 对违反规定与要求的施工承包商，责令其改进或停工整顿，依据施工合同进行考核。对“施工现场关键点作业安全管控措施”落实不到位、存在问题拒不整改的分包商、分包商项目经理及主要管理人员，分包人员消除出场，并报告省公司，提出永久禁入建议
7	省公司级单位基建管理部门	(1) 加强“四不两直”(不发通知、不打招呼、不听汇报、不用陪同接待，直奔基层、直插现场) 安全巡查工作力度，每月制定安全巡查计划。围绕“施工现场关键点作业安全管控措施”，明确巡查的建设管理单位和项目范围、数量和巡查责任人，及时通报存在问题的责任单位和项目，对落实不到位的责任单位，采取通报批评、约谈、同业对标考核、限制投标等责任追究。 (2) 全面掌握变电站改扩建临近带电作业、地下变电站、深基坑开挖等关键环节进展情况，执行“输变电工程三级及以上施工安全风险管理人员到岗到位要求”，适时开展“施工现场关键点作业安全管控措施”的抽查。省公司建设部安全管理人员适时对四级风险施工作业开展情况进行监督检查、检查施工安全工作票和施工风险管控措施的执行情况。检查发现的问题以电网建设整改通知单指令整改，及时跟踪检查问题整改闭环落实情况

第三节　架空线路工程施工现场关键点作业安全管控具体要求

架空线路工程施工现场关键点作业安全管控具体要求如表 3-6 所示。

表 3-6　　架空线路工程施工现场关键点作业安全管控具体要求

<table>
<tr><th>施工项目</th><th colspan="2">施工现场关键点作业安全管控措施</th></tr>
<tr><td colspan="3">一、特殊环境交通及运输</td></tr>
<tr><td colspan="3">(一) 索道架设</td></tr>
<tr><td rowspan="3">1. 风险提示</td><td>风险等级</td><td>固有风险等级属三级</td></tr>
<tr><td>安全控制核心</td><td>设备选用及设置、架设弛度控制</td></tr>
<tr><td>导致事故</td><td>不执行以下安全管控措施，将导致物体打击、机械伤害，造成人身伤害事故</td></tr>
<tr><td>2. 作业必备条件</td><td colspan="2">(1) 施工方案已批准，并完成项目部和班组级交底。
(2) 各类人员、安全工器具、施工机械设备、材料等已经报审并批准，满足现场安全技术要求。施工作业前，仔细检查现场安全工器具、施工机械设备合格后方可使用。
(3) 索道架设按施工方案选用承力索、支架等设备及部件。
(4) 驱动装置严禁设置在承载索下方。
(5) 上述措施完成后，由作业负责人办理《安全施工作业票 B》，施工项目部审核签发。
(6) 监理人员现场检查确认后，在作业票中签字，同意开始作业</td></tr>
<tr><td>3. 作业过程安全管控措施</td><td colspan="2">(1) 作业负责人站班会上通过读票方式进行安全交底，并随机抽取 3～5 名施工人员提问，被提问人员清楚且回答正确后开始作业。
(2) 作业过程中，作业负责人、监理人员按照作业流程，逐项确认风险控制专项措施的落实，同时在《每日执行情况检查记录表》中签字确认。
(3) 提升工作索时防止绳索缠绕且慢速牵引，架设时严格控制弛度。
(4) 索道架设后在各支架及牵引设备处安装临时接地装置</td></tr>
<tr><td colspan="3">(二) 索道运输</td></tr>
<tr><td rowspan="3">1. 风险提示</td><td>风险等级</td><td>固有风险等级属三级</td></tr>
<tr><td>安全控制核心</td><td>人员站位、设备使用和检查</td></tr>
<tr><td>导致事故</td><td>不执行以下安全管控措施，将导致物体打击、机械伤害，造成人身伤害事故</td></tr>
<tr><td>2. 作业必备条件</td><td colspan="2">(1) 施工方案已批准，并完成项目部和班组级交底。
(2) 各类人员、安全工器具、施工机械设备、材料等已经报审并批准，满足现场安全技术要求。施工作业前，仔细检查现场安全工器具、施工机械设备合格后方可使用。
(3) 必须经验收、试运行，合格后方可运行。
(4) 索道运输前必须确保沿线通信畅通。
(5) 上述措施完成后，由作业负责人办理《安全施工作业票 B》，施工项目部审核签发。
(6) 监理人员现场检查确认后，在作业票中签字，同意开始作业</td></tr>
<tr><td>3. 作业过程安全管控措施</td><td colspan="2">(1) 作业负责人站班会上通过读票方式进行安全交底，并随机抽取 3～5 名施工人员提问，被提问人员清楚且回答正确后开始作业。
(2) 作业过程中，作业负责人、监理人员按照作业流程，逐项确认风险控制专项措施落实，同时在《每日执行情况检查记录表》中签字确认。
(3) 小车与跑绳的固定应采用双螺栓，且必须紧固到位，防止滑移脱落。</td></tr>
</table>

续表

施工项目	施工现场关键点作业安全管控措施	
3. 作业过程安全管控措施	(4) 索道运输时装货严禁超载，严禁运送人员，索道下方严禁站人，驱动装置未停机装卸人员严禁进入装卸区域。 (5) 定期检查承载索的锚固、拉线、各种索具、索道支架，并做好相关检查记录	
(三) 水上运输		
1. 风险提示	风险等级	固有风险等级属三级
	安全控制核心	船舶情况及超员、超载情况的禁止
	导致事故	不执行以下安全管控措施，将导致溺水，造成人身伤害事故
2. 作业必备条件	(1) 施工方案已批准，并完成项目部和班组级交底。 (2) 各类人员、安全工器具、材料等已经报审并批准，满足现场安全技术要求。施工作业前，仔细检查现场安全工器具，合格后方可使用。 (3) 乘坐有运输资质的船舶，船舶上配备有救生设备。 (4) 上述措施完成后，由作业负责人办理《安全施工作业票B》，施工项目部审核签发。 (5) 监理人员现场检查确认后，在作业票中签字，同意开始作业	
3. 作业过程安全管控措施	(1) 作业负责人站班会上通过读票方式进行安全交底，并随机抽取3～5名施工人员提问，被提问人员清楚且回答正确后开始作业。 (2) 作业过程中，作业负责人、监理人员按照作业流程，逐项确认风险控制专项措施落实，同时在《每日执行情况检查记录表》中签字确认。 (3) 易滚、易滑和易倒的物件必须绑扎牢固。 (4) 禁止超员、超载。 (5) 遇有洪水或者大风、大雾、大雪等恶劣天气，严禁水上运输	
(四) 山区交通		
1. 风险提示	风险等级	固有风险等级属二级
	安全控制核心	车辆情况、超员及人货混装情况的禁止
	导致事故	不执行以下安全管控措施，将导致高处坠落、机械伤害，造成人身伤害事故
2. 作业必备条件	(1) 施工方案已批准，并完成项目部和班组级交底。 (2) 各类人员、安全工器具、材料等已经报审并批准，满足现场安全技术要求。施工作业前，仔细检查现场安全工器具，合格后方可使用。 (3) 行车前，驾驶员对车辆的转向、制动、照明装置等进行检查	
3. 作业过程安全管控措施	(1) 严禁在路况、气象不佳情况下强行乘坐交通工具。 (2) 控制车速，保持车距，弯道减速慢行，禁止弯道超车。 (3) 严禁人员与设备、材料混装，严禁乘坐非载人车辆	
二、土石方		
(一) 土石方开挖		
1. 风险提示	风险等级	(1) 开挖深度3(含)～5m，固有风险等级属三级。 (2) 开挖深度≥5m，固有风险等级属四级
	安全控制核心	人员上下基坑方式、边坡稳定
	导致事故	不执行以下安全管控措施，将导致高处坠落、物体打击、坍塌、机械伤害，造成人身伤害事故

续表

<table>
<tr><th>施工项目</th><th colspan="2">施工现场关键点作业安全管控措施</th></tr>
<tr><td>2. 作业必备条件</td><td colspan="2">（1）施工方案已批准，并完成项目部和班组级交底。
（2）各类人员、安全工器具、施工机械设备、材料等已经报审并批准，满足现场安全技术要求。施工作业前，仔细检查现场安全工器具、施工机械设备合格后方可使用。
（3）作业区域设置硬质围栏、安全标志牌，并设专人监护。
（4）发电机、配电箱等接线由专业电工担任，接线头必须接触良好，导电部分不得裸露，金属外壳必须接地，做到“一机一闸一保护”，使用软橡胶电缆，电缆不得破损、漏电，工作中断时必须切断电源。
（5）上述措施完成后，由作业负责人办理《安全施工作业票 B》，施工项目部审核签发。
（6）开挖深度 3（含）～5m，监理人员现场检查确认后，在作业票中签字，同意开始作业。
（7）开挖深度≥5m，总监理工程师现场检查签字，业主项目经理确认签字，同意开始作业</td></tr>
<tr><td>3. 作业过程安全管控措施</td><td colspan="2">（1）作业负责人站班会上通过读票方式进行安全交底，并随机抽取 3～5 名施工人员提问，被提问人员清楚且回答正确后开始作业。
（2）作业过程中，作业负责人、监理人员（四级还需要施工项目部、监理项目部、业主项目部、施工企业、监理企业、建设管理单位相关管理人员）按照作业流程，逐项确认风险控制专项措施落实，同时在《每日执行情况检查记录表》中签字确认。
（3）规范设置供作业人员上下基坑的安全通道（梯子）。不得攀登挡土板支撑上下，不得在基坑内休息。
（4）堆土应距坑边 1m 以外，高度不得超过 1.5m。
（5）必须按照设计规定放坡，施工过程发现坑壁出现裂纹、坍塌等迹象，立即停止作业并报告施工负责人，待处置完成合格后，再开始作业</td></tr>
<tr><td colspan="3">（二）掏挖基础开挖</td></tr>
<tr><td rowspan="3">1. 风险提示</td><td>风险等级</td><td>开挖深度大于 5m，固有风险等级属四级</td></tr>
<tr><td>安全控制核心</td><td>人员上下基坑方式、提土设备使用、边坡稳定</td></tr>
<tr><td>导致事故</td><td>不执行以下安全管控措施，将导致高处坠落、物体打击、坍塌、机械伤害、触电，造成人身伤害事故</td></tr>
<tr><td>2. 作业必备条件</td><td colspan="2">（1）施工方案已批准，并完成项目部和班组级交底。
（2）各类人员、安全工器具、施工机械设备、材料等已经报审并批准，满足现场安全技术要求。施工作业前，仔细检查现场安全工器具、施工机械设备合格后方可使用。
（3）作业区域设置孔洞盖板和硬质围栏、安全标志牌，并设专人监护。
（4）发电机、配电箱等接线由专业电工担任，接线头必须接触良好，导电部分不得裸露，金属外壳必须接地，做到“一机一闸一保护”，使用软橡胶电缆，电缆不得破损、漏电，工作中断时必须切断电源。
（5）上述措施完成后，由作业负责人办理《安全施工作业票 B》，施工项目部审核签发。
（6）总监理工程师现场检查签字，业主项目经理确认签字，同意开始作业</td></tr>
</table>

续表

<table>
<tr><th>施工项目</th><th colspan="2">施工现场关键点作业安全管控措施</th></tr>
<tr><td>3. 作业过程安全管控措施</td><td colspan="2">（1）作业负责人站班会上通过读票方式进行安全交底，并随机抽取3～5名施工人员提问，被提问人员清楚且回答正确后开始作业。
（2）作业过程中，施工项目部、监理项目部、业主项目部、施工企业、监理企业、建设管理单位相关管理人员按照作业流程，逐项确认风险控制专项措施落实，同时在《每日执行情况检查记录表》中签字确认。
（3）配备良好通风设备。
（4）规范设置供作业人员上下基坑的安全通道（梯子）。
（5）基坑深度达2m时，必须用取土器械取土；人力提土绞架刹车装置、电动葫芦提土机械自动卡紧保险装置应安全可靠。
（6）提土斗应为软布袋或竹篮等轻型工具，吊运土不得满装，吊运土方时孔内人员靠孔壁站立。
（7）在扩孔范围内的地面上不得堆积土方</td></tr>
<tr><td colspan="3">（三）岩石基坑开挖</td></tr>
<tr><td rowspan="3">1. 风险提示</td><td>风险等级</td><td>固有风险等级属四级</td></tr>
<tr><td>安全控制核心</td><td>人员上下基坑方式、民爆公司能力</td></tr>
<tr><td>导致事故</td><td>不执行以下安全管控措施，将导致高处坠落、物体打击、坍塌、爆炸，造成人身伤害事故</td></tr>
<tr><td>2. 作业必备条件</td><td colspan="2">（1）施工方案已批准，并完成项目部和班组级交底。
（2）各类人员、安全工器具、施工机械设备、材料等已经报审并批准，满足现场安全技术要求。施工作业前，仔细检查现场安全工器具、施工机械设备合格后方可使用。
（3）作业区域设置提示围栏、安全标志牌，专人把守重要路口和人员经常出入的危险区域。
（4）上述措施完成后，由作业负责人办理《安全施工作业票B》，施工项目部审核签发。
（5）总监理工程师现场检查签字，业主项目经理确认签字，同意开始作业</td></tr>
<tr><td>3. 作业过程安全管控措施</td><td colspan="2">（1）作业负责人站班会上通过读票方式进行安全交底，并随机抽取3～5名施工人员提问，被提问人员清楚且回答正确后开始作业。
（2）作业过程中，施工项目部、监理项目部、业主项目部、施工企业、监理企业、建设管理单位相关管理人员按照作业流程，逐项确认风险控制专项措施落实，同时在《每日执行情况检查记录表》中签字确认。
（3）规范设置供作业人员上下基坑的安全通道（梯子）。
（4）选择具有相关资质的民爆公司实施，签订专业分包合同和安全协议，并报监理、业主审批，报公安部门备案。
（5）专项施工方案由民爆公司编制，施工项目部审核，并报监理、业主审批。爆破施工专项方案应经专业人员审核，报地方公安部门备案。
（6）民爆公司作业人员必须持证上岗，爆破器材符合国家标准，满足现场安全技术要求</td></tr>
<tr><td colspan="3">（四）特殊基坑开挖</td></tr>
<tr><td rowspan="3">1. 风险提示</td><td>风险等级</td><td>固有风险等级属三级</td></tr>
<tr><td>安全控制核心</td><td>人员上下基坑方式、边坡稳定</td></tr>
<tr><td>导致事故</td><td>不执行以下安全管控措施，将导致高处坠落、物体打击、坍塌、触电，造成人身伤害事故</td></tr>
</table>

续表

<table>
<tr><th>施工项目</th><th colspan="2">施工现场关键点作业安全管控措施</th></tr>
<tr><td>2. 作业必备条件</td><td colspan="2">（1）施工方案已批准，并完成项目部和班组级交底。
（2）各类人员、安全工器具、施工机械设备、材料等已经报审并批准，满足现场安全技术要求。施工作业前，仔细检查现场安全工器具、施工机械设备合格后方可使用。
（3）作业区域设置硬质围栏、安全标志牌，并设专人监护。
（4）上述措施完成后，由作业负责人办理《安全施工作业票B》，施工项目部审核签发。
（5）监理人员现场检查确认后，在作业票中签字，同意开始作业</td></tr>
<tr><td>3. 作业过程安全管控措施</td><td colspan="2">（1）作业负责人站班会上通过读票方式进行安全交底，并随机抽取3～5名施工人员提问，被提问人员清楚且回答正确后开始作业。
（2）作业过程中，作业负责人、监理人员按照作业流程，逐项确认风险控制专项措施落实，同时在《每日执行情况检查记录表》中签字确认。
（3）规范设置供作业人员上下基坑的安全通道（梯子）。
（4）泥沙坑、流沙坑施工，严格按照施工方案采取挡泥板或护筒措施。
（5）固壁支撑所用木料不得腐坏、断裂，板材厚度不小于50mm，撑木直径不小于100mm。
（6）大坎和高边坡基础施工前观察地质情况是否稳定，施工时必须先清除上山坡浮动土石。内边坡的放坡系数必须符合规范要求。
（7）发现挡泥板、护筒有变形或断裂现象，立即停止坑内作业，处理完毕后方可继续施工。
（8）更换挡泥板支撑应先装后拆。拆除挡泥板应待基础浇制完毕后与回填土同时进行。
（9）边坡开挖时，由上往下开挖，依次进行。严禁上、下坡同时撬挖。土石滚落下方不得有人。在悬岩陡坡上作业时，设置防护栏杆并系安全带</td></tr>
<tr><td colspan="3">（五）人工挖孔基础开挖</td></tr>
<tr><td rowspan="3">1. 风险提示</td><td>风险等级</td><td>（1）孔深＜15m，固有风险等级属三级。
（2）孔深≥15m，固有风险等级属四级</td></tr>
<tr><td>安全控制核心</td><td>人员上下孔方式、提土设备使用、孔内空气检测及送风、坑壁稳定及孔洞防护</td></tr>
<tr><td>导致事故</td><td>不执行以下安全管控措施，将导致高处坠落、物体打击、触电、中毒、窒息、坍塌，造成人身伤害事故</td></tr>
<tr><td>2. 作业必备条件</td><td colspan="2">（1）施工方案已批准，并完成项目部和班组级交底。
（2）各类人员、安全工器具、施工机械设备、材料等已经报审并批准，满足现场安全技术要求。施工作业前，仔细检查现场安全工器具、施工机械设备合格后方可使用。
（3）必须设置孔洞盖板、安全围栏、安全标志牌，并设专人监护。
（4）上述措施完成后，由作业负责人办理《安全施工作业票B》，施工项目部审核签发。
（5）作业孔深＜15m，监理人员现场检查确认后，在作业票中签字，同意开始作业。
（6）作业孔深≥15m，总监理工程师现场检查签字，业主项目经理确认签字，同意开始作业</td></tr>
<tr><td>3. 作业过程安全管控措施</td><td colspan="2">（1）作业负责人站班会上通过读票方式进行安全交底，并随机抽取3～5名施工人员提问，被提问人员清楚且回答正确后开始作业。
（2）作业过程中，作业负责人、监理人员（四级还需要施工项目部、监理项目部、业主项目部、施工企业、监理企业、建设管理单位相关管理人员）按照作业流程，逐项确认风险控制专项措施落实，同时在《每日执行情况检查记录表》中签字确认。</td></tr>
</table>

续表

施工项目	施工现场关键点作业安全管控措施	
3. 作业过程安全管控措施	(3) 吊运土不要满装，使用的电动葫芦、吊笼等应安全可靠，并配有自动卡紧保险装置。电动葫芦用按钮式开关，使用前必须检验其安全起吊能力。 (4) 孔深超过 5m 时，用风机或风扇向孔内送风不少于 5min。坑深超过 10m 时，用专用风机向孔下送风，风量不得少于 25L/s。 (5) 每日开工下孔前应检测孔内空气。当存在有毒、有害气体时应先排除，禁止在孔内使用燃油动力机械设备。 (6) 孔下作业不得超过两人，每次不得超过 2h。 (7) 根据土质情况采取相应护壁措施，防止塌方。 (8) 在孔内上下递送工具物品时，不得抛掷，应采取措施防止物件落入孔内，人员上下必须使用软梯。 (9) 在扩孔范围内的地面上不得堆积土方	
三、杆塔		
(一) 钢管杆施工		
1. 风险提示	风险等级	固有风险等级属三级
	安全控制核心	起重机受力工器具、起吊系统稳定性、起吊重量控制、人员站位
	导致事故	不执行以下安全管控措施，将导致起重机倾覆、脱钩断绳，造成人身伤害事故
2. 作业必备条件	(1) 施工方案已批准，并完成项目部和班组级交底。 (2) 各类人员、安全工器具、施工机械设备、材料等已经报审并批准，满足现场安全技术要求。施工作业前，仔细检查现场安全工器具、施工机械设备合格后方可使用。 (3) 上述措施完成后，由作业负责人办理《安全施工作业票 B》，施工项目部审核签发。 (4) 监理人员现场检查确认后，在作业票中签字，同意开始作业	
3. 作业过程安全管控措施	(1) 作业负责人站班会上通过读票方式进行安全交底，并随机抽取 3～5 名施工人员提问，被提问人员清楚且回答正确后开始作业。 (2) 作业过程中，作业负责人、监理人员按照作业流程，逐项确认风险控制专项措施落实，同时在《每日执行情况检查记录表》中签字确认。 (3) 起重机工作位置的地基必须稳固，附近的障碍物清除。 (4) 吊装构件前，对已组杆段进行全面检查，螺栓紧固，吊点处不缺件。 (5) 起重臂及吊件下方划定作业区，地面设安全监护人，吊件垂直下方不得有人。 (6) 指挥人员看不清作业地点或操作人员看不清指挥信号时，均不得进行起吊作业。 (7) 吊件离开地面约 100mm 时暂停起吊并进行检查，确认正常且吊件上无搁置物及人员后方可继续起吊。起吊速度应均匀，缓提缓放。 (8) 塔脚板就位后，上齐匹配的垫板和螺帽，组立完成后拧紧螺帽及打毛丝扣。 (9) 仔细核对施工图纸的吊段参数，严格按照施工方案控制单吊重量，严禁超重起吊。 (10) 当风速达到 12.0m/s 及以上或大雨、大雪、大雾等恶劣天气时，停止露天的起重吊装作业。重新作业前，先试吊，并确认各种安全装置灵敏可靠后进行作业	
(二) 悬浮抱杆分解组立		
1. 风险提示	风险等级	固有风险等级属三级
	安全控制核心	抱杆本体强度、起吊系统稳定性、起吊重量控制、人员站位
	导致事故	不执行以下安全管控措施，将导致抱杆倾覆、高处坠落，造成人身伤害事故

续表

施工项目	施工现场关键点作业安全管控措施
2. 作业必备条件	(1) 施工方案已批准，并完成项目部和班组级交底。 (2) 各类人员、安全工器具、施工机械设备、材料等已经报审并批准，满足现场安全技术要求。施工作业前，仔细检查现场安全工器具、施工机械设备合格后方可使用。 (3) 上述措施完成后，由作业负责人办理《安全施工作业票 B》，施工项目部审核签发。 (4) 监理人员现场检查确认后，在作业票中签字，同意开始作业
3. 作业过程安全管控措施	(1) 作业负责人站班会上通过读票方式进行安全交底，并随机抽取 3～5 名施工人员提问，被提问人员清楚且回答正确后开始作业。 (2) 作业过程中，作业负责人、监理人员按照作业流程，逐项确认风险控制专项措施落实，同时在《每日执行情况检查记录表》中签字确认。 (3) 检查金属抱杆的整体弯曲不超过杆长的 1/600。严禁抱杆违反方案超长使用。 (4) 根据作业指导书的要求分拉线坑，各拉线间以及拉线及对地角度、地锚埋设符合方案要求。 (5) 抱杆根部采取防滑或防沉措施。 (6) 附着式外拉线抱杆将抱杆根部与塔身主材绑扎牢固，抱杆倾斜角度不宜超过 15°。 (7) 抱杆超过 30m，采用多次对接组立必须采取倒装方式，禁止采用正装方式。 (8) 塔脚板就位后，上齐匹配的垫板和螺帽，组立完成后拧紧螺帽及打毛丝扣。 (9) 吊件螺栓全部紧固，吊点绳、承托绳、控制绳及内拉线等绑扎处受力部位，不得缺少构件。 (10) 吊件垂直下方不得有人，在受力钢丝绳的内角侧不得有人。 (11) 承托绳绑扎在主材节点的上方，与抱杆轴线间夹角不大于 45°。 (12) 吊件在起吊过程中，下控制绳应随吊件的上升随之送出，保持与塔架间距不小于 100mm。 (13) 组装杆塔的材料及工器具禁止浮搁在已立的杆塔和抱杆上。 (14) 仔细核对施工图纸的吊段参数，严格按照施工方案控制单吊重量，严禁超重起吊

（三）整体立塔

1. 风险提示	风险等级	固有风险等级属三级
	安全控制核心	临时地锚布置及埋设、抱杆系统的布置、起立过程控制、人员站位
	导致事故	不执行以下安全管控措施，将导致铁塔倾覆、物体打击、机械伤害，造成人身伤害事故
2. 作业必备条件	(1) 施工方案已批准，并完成项目部和班组级交底。 (2) 各类人员、安全工器具、施工机械设备、材料等已经报审并批准，满足现场安全技术要求。施工作业前，仔细检查现场安全工器具、施工机械设备合格后方可使用。 (3) 上述措施完成后，由作业负责人办理《安全施工作业票 B》，施工项目部审核签发。 (4) 监理人员现场检查确认后，在作业票中签字，同意开始作业	
3. 作业过程安全管控措施	(1) 作业负责人站班会上通过读票方式进行安全交底，并随机抽取 3～5 名施工人员提问，被提问人员清楚且回答正确后开始作业。 (2) 作业过程中，作业负责人、监理人员按照作业流程，逐项确认风险控制专项措施落实，同时在《每日执行情况检查记录表》中签字确认。 (3) 抱杆根部应采取防沉、防滑移措施。人字抱杆根部应保持在同一水平面上，并用钢丝绳连接牢固。	

续表

施工项目	施工现场关键点作业安全管控措施	
3. 作业过程安全管控措施	(4) 现场指挥人员站在能够观察到各个岗位的位置，在抱杆脱帽前应位于四点一线的垂直面上，不得站在总牵引地锚受力的前方。 (5) 吊件垂直下方不得有人，在受力钢丝绳的内角侧不得有人。 (6) 电杆根部监视人员应站在杆根侧面，下坑操作前停止牵引。 (7) 抱杆脱帽时，拉绳操作人必须站在抱杆外侧。 (8) 铁塔就位后，应将所有地脚螺栓的螺帽装齐拧紧后，方可拆除铁塔拉线及工器具	
(四) 起重机吊装组立		
1. 风险提示	风险等级	固有风险等级属三级
	安全控制核心	起重机受力工器具、起吊系统稳定性、起吊重量控制、人员站位
	导致事故	不执行以下安全管控措施，将导致起重机倾覆、脱钩断绳，造成人身伤害事故
2. 作业必备条件	(1) 施工方案已批准，并完成项目部和班组级交底。 (2) 各类人员、安全工器具、施工机械设备、材料等已经报审并批准，满足现场安全技术要求。施工作业前，仔细检查现场安全工器具、施工机械设备合格后方可使用。 (3) 上述措施完成后，由作业负责人办理《安全施工作业票 B》，施工项目部审核签发。 (4) 监理人员现场检查确认后，在作业票中签字，同意开始作业	
3. 作业过程安全管控措施	(1) 作业负责人站班会上通过读票方式进行安全交底，并随机抽取 3～5 名施工人员提问，被提问人员清楚且回答正确后开始作业。 (2) 作业过程中，作业负责人、监理人员按照作业流程，逐项确认风险控制专项措施落实，同时在《每日执行情况检查记录表》中签字确认。 (3) 起重机作业位置的地基稳固，附近的障碍物清除。衬垫支腿枕木不得少于 2 根且长度不得小于 1.2m。 (4) 起重机吊装杆塔必须指定专人指挥。 (5) 指挥人员看不清作业地点或操作人员看不清指挥信号时，均不得进行起吊作业。 (6) 起重臂及吊件下方划定作业区，地面设安全监护人，吊件垂直下方不得有人。 (7) 吊件离开地面约 100mm 时暂停起吊并进行检查，确认正常且吊件上无搁置物及人员后方可继续起吊。 (8) 塔脚板就位后，上齐匹配的垫板和螺帽，组立完成后拧紧螺帽及打毛丝扣。 (9) 对已组塔段进行全面检查，螺栓紧固，吊点处不缺件。 (10) 当风速达到 12.0m/s 及以上或大雨、大雪、大雾等恶劣天气时，停止露天的起重吊装作业。重新作业前，先试吊，并确认各种安全装置灵敏可靠后进行作业。 (11) 仔细核对施工图纸的吊段参数，严格按照施工方案控制单吊重量，严禁超重起吊	
(五) 落地抱杆分解组立		
1. 风险提示	风险等级	固有风险等级属三级
	安全控制核心	抱杆本体强度、起吊系统稳定性、起吊重量控制、人员站位
	导致事故	不执行以下安全管控措施，将导致抱杆倾覆、高处坠落，造成人身伤害事故

续表

<table>
<tr><th>施工项目</th><th colspan="2">施工现场关键点作业安全管控措施</th></tr>
<tr><td>2. 作业必备条件</td><td colspan="2">（1）施工方案已批准，并完成项目部和班组级交底。
（2）各类人员、安全工器具、施工机械设备、材料等已经报审并批准，满足现场安全技术要求。施工作业前，仔细检查现场安全工器具、施工机械设备合格后方可使用。
（3）上述措施完成后，由作业负责人办理《安全施工作业票B》，施工项目部审核签发。
（4）监理人员现场检查确认后，在作业票中签字，同意开始作业</td></tr>
<tr><td>3. 作业过程安全管控措施</td><td colspan="2">（1）作业负责人站班会上通过读票方式进行安全交底，并随机抽取3～5名施工人员提问，被提问人员清楚且回答正确后开始作业。
（2）作业过程中，作业负责人、监理人员按照作业流程，逐项确认风险控制专项措施落实，同时在《每日执行情况检查记录表》中签字确认。
（3）抱杆组装应正直，连接螺栓的规格应符合规定，并应全部拧紧。连接螺栓应根据规定定期保养或更换。
（4）抱杆底座应坐在坚实、稳固、平整的地基或设计规定的基础上，软地基时应采取防止抱杆下沉的措施。
（5）平臂抱杆应用良好的接地装置，接地电阻不得大于4Ω。
（6）铁塔构件应组装在起重臂下方，且符合起重臂允许起重力矩要求。
（7）塔脚板就位后，上齐匹配的垫板和螺帽，组立完成后拧紧螺帽及打毛丝扣。
（8）吊件螺栓全部紧固，吊点绳、控制绳及内拉线等绑扎处受力部位，不得缺少构件。
（9）仔细核对施工图纸的吊段参数，严格按照施工方案控制单吊重量，严禁超重起吊。
（10）吊件垂直下方不得有人，在受力钢丝绳的内角侧不得有人。
（11）组装杆塔的材料及工器具禁止浮搁在已立的杆塔和抱杆上。
（12）平臂抱杆起重小车行走到起重臂顶端，终止点距顶端应大于1m。
（13）提升（顶升）抱杆时，要加装不少于2道腰环，腰环固定钢丝绳应呈水平并收紧，同时应设专人指挥。
（14）抱杆采取单侧摇臂起吊构件时，对侧摇臂及起吊滑车组应收紧作为平衡拉线。
（15）抱杆拆除必须严格按施工方案要求顺序进行拆除，拆除前检查相邻组件之间是否还有电缆连接</td></tr>
<tr><td colspan="3">（六）临近带电体杆塔组立</td></tr>
<tr><td rowspan="3">1. 风险提示</td><td>风险等级</td><td>固有风险等级属四级</td></tr>
<tr><td>安全控制核心</td><td>人员及设备与带电体安全距离的保证、设备的接地设置</td></tr>
<tr><td>导致事故</td><td>不执行以下安全管控措施，将导致触电，造成人身伤害事故</td></tr>
<tr><td>2. 作业必备条件</td><td colspan="2">（1）施工方案经过专家论证、审查并批准，完成项目部和班组级交底。
（2）各类人员、安全工器具、施工机械设备、材料等已经报审并批准，满足现场安全技术要求。施工作业前，仔细检查现场安全工器具、施工机械设备合格后方可使用。
（3）上述措施完成后，由作业负责人办理《安全施工作业票B》，施工项目部审核签发。
（4）总监理工程师现场检查签字，业主项目经理确认签字，同意开始作业</td></tr>
<tr><td>3. 作业过程安全管控措施</td><td colspan="2">（1）作业负责人站班会上通过读票方式进行安全交底，并随机抽取3～5名施工人员提问，被提问人员清楚且回答正确后开始作业。
（2）作业过程中，施工项目部、监理项目部、业主项目部、施工企业、监理企业、建设管理单位相关管理人员按照作业流程，逐项确认风险控制专项措施落实，同时在《每日执行情况检查记录表》中签字确认。
（3）铁塔底段就位组装完成后，必须将铁塔与接地体可靠良好连接。</td></tr>
</table>

续表

施工项目	施工现场关键点作业安全管控措施	
3. 作业过程安全管控措施	(4) 作业人员、施工、牵引绳索和拉线等必须满足与带电体安全距离规定的要求。如不能满足要求的安全距离时，应按照带电作业工作或停电进行。 (5) 作业过程风力应不大于 5 级，并应有专人监护。 (6) 使用起重机组塔时，车身应使用不小于 $16mm^2$ 的铜线可靠接地。起重机臂架、吊具、辅具、钢丝绳及吊物等应符合与带电体安全距离规定的要求	
(七) 架空线路架线前杆塔验收		
1. 风险提示	风险等级	固有风险等级属三级
	安全控制核心	高处作业和近电作业
	导致事故	不执行以下安全管控措施，将导致高处坠落、感应电伤人，造成人身伤害事故
2. 作业必备条件	(1) 验收专项方案已批准，并完成验收班组交底。 (2) 各类人员、安全工器具、计量器具等已经报审并批准，满足现场安全技术要求。施工作业前，仔细检查现场安全工器具、计量器具设备合格后方可使用。 (3) 上述措施完成后，由作业负责人（验收负责人）办理《安全施工作业票 B》，施工项目部审核签发。 (4) 监理人员现场检查确认后，在作业票中签字，同意开始作业	
3. 作业过程安全管控措施	(1) 作业负责人（验收负责人）站班会上通过读票方式进行安全交底，并随机抽取 3～5 名施工人员提问，被提问人员清楚且回答正确后开始作业。 (2) 作业过程中，作业负责人（验收负责人）、监理人员按照作业流程，逐项确认风险控制专项措施落实，同时在《每日执行情况检查记录表》中签字确认。 (3) 高处作业人员登塔验收设专责监护人，由专责监护人确认攀登杆塔号是否正确，杆塔接地装置是否良好可靠连接。 (4) 高处作业人员应衣着灵便，衣袖、裤脚应扎紧，穿软底防滑鞋，并正确使用全方位防冲击安全带。 (5) 高处作业人员携带的力矩扳手应用绳索拴牢，套筒等工具应放在工具袋内。 (6) 高处作业人员上下杆塔必须沿脚钉或爬梯攀登，必须正确使用攀登自锁器，水平移动时应正确使用水平拉锁或临时扶手。 (7) 临近带电体作业，工器具传递绳使用干燥的绝缘绳。 (8) 遇雷、雨、大风等情况威胁到人员、设备安全时，作业负责人或专责监护人应下令停止作业。 (9) 高塔高处作业配备可与地面联系的信号或通信设施。 (10) 在霜冻、雨雪后进行高处作业，配备取防冻、防滑设施。 (11) 尽量避免交叉作业，如遇交叉作业应采取防高处落物、防坠落等防护措施	
四、架线		
(一) 跨越架搭设与拆除		
1. 风险提示	风险等级	超过 24m，固有风险等级属三级
	安全控制核心	人员高处作业、架体结构稳定、架体拆除方式
	导致事故	不执行以下安全管控措施，将导致跨越架倒塌，造成人身伤害事故

续表

<table>
<tr><th>施工项目</th><th colspan="2">施工现场关键点作业安全管控措施</th></tr>
<tr><td>2. 作业必备条件</td><td colspan="2">（1）施工方案已批准，并完成项目部和班组级交底。
（2）各类人员、安全工器具、施工机械设备、材料等已经报审并批准，满足现场安全技术要求。施工作业前，仔细检查现场安全工器具、施工机械设备合格后方可使用。
（3）关键部位塔材不得缺失。
（4）高处作业人员必须穿软底防滑鞋，使用全方位防冲击安全带，垂直移动和水平移动不得失去保护。
（5）架线过程中，各作业点、监护点必须保持与现场指挥人联系畅通。
（6）跨越架搭设前，必须对跨越点进行复测，确保跨越架与被跨越物的最小安全距离符合《电力安全工作规程》的规定。
（7）跨越架材质和规格必须满足《电力安全工作规程》的规定。
（8）上述措施完成后，由作业负责人办理《安全施工作业票 B》，施工项目部审核签发。
（9）监理人员现场检查确认后，在作业票中签字，同意开始作业</td></tr>
<tr><td>3. 作业过程安全管控措施</td><td colspan="2">（1）作业负责人站班会上通过读票方式进行安全交底，并随机抽取 3～5 名施工人员提问，被提问人员清楚且回答正确后开始作业。
（2）作业过程中，作业负责人、监理人员按照作业流程，逐项确认风险控制专项措施落实，同时在《每日执行情况检查记录表》中签字确认。
（3）木质、毛竹、钢管跨越架两端及每隔 6～7 根立杆设剪刀撑杆、支杆和拉线，拉线与地面夹角不得大于 60°。
（4）木质、毛竹、钢管跨越架的立杆、大横杆及小横杆的间距、搭接长度必须符合《电力安全工作规程》的规定。
（5）木质、毛竹跨越架立杆埋深不得少于 0.5m，支杆埋深不得少于 0.3m；钢管跨越架立杆底部必须设置金属底座或垫木，并设置扫地杆，组立后及时做好接地措施。
（6）钢格构式跨越架组立后，及时做好接地措施；跨越架的各个立柱设置独立的拉线系统。
（7）跨越架悬挂醒目的安全警告标志、夜间警示装置和验收标志牌；跨越公路的跨越架，按照交通管理部门的相关规定设置提示标志。
（8）强风、暴雨过后必须对跨越架进行检查，合格后方可使用。
（9）附件安装完毕后方可拆除跨越架，拆除时不得抛扔，不得上下同时拆架，不得将跨越架整体推倒</td></tr>
<tr><td colspan="3">（二）不停电跨越施工</td></tr>
<tr><td rowspan="3">1. 风险提示</td><td>风险等级</td><td>（1）不停电跨越 110kV 以下带电线路风险等级属三级。
（2）不停电跨越 110kV 及以上带电线路，固有风险等级属四级</td></tr>
<tr><td>安全控制核心</td><td>设备的接地、绳索的绝缘以及与带电体安全距离的保证</td></tr>
<tr><td>导致事故</td><td>不执行以下安全管控措施，将导致触电，造成人身伤害事故</td></tr>
<tr><td>2. 作业必备条件</td><td colspan="2">（1）施工方案已批准，并完成项目部和班组级交底。
（2）各类人员、安全工器具、施工机械设备、材料等已经报审并批准，满足现场安全技术要求。施工作业前，仔细检查现场安全工器具、施工机械设备合格后方可使用。
（3）架线施工前必须对铁塔螺栓、地脚螺栓安装紧固情况进行复查。
（4）关键部位塔材不得缺失。
（5）高处作业人员必须穿软底防滑鞋，使用全方位防冲击安全带，垂直移动和水平移动不得失去保护。
（6）架线过程中，各作业点、监护点必须保持与现场指挥人联系畅通。</td></tr>
</table>

续表

施工项目	施工现场关键点作业安全管控措施
2. 作业必备条件	（7）办理电力线路第二种工作票，施工单位向运维单位书面申请该带电线路“退出重合闸”。 （8）可能接触带电体的绳索，使用前必须经绝缘测试并合格。 （9）牵张设备、机动绞磨以及跨越档相邻两侧杆塔上的放线滑车必须接地，人力牵引跨越放线时，跨越档相邻两侧的施工导、地线必须接地。 （10）上述措施完成后，由作业负责人办理《安全施工作业票》，施工项目部审核签发。监理人员现场检查确认后，在作业票中签字，同意开始作业。 （11）不停电跨越 110kV 及以上带电线路，总监理工程师现场检查签字，业主项目经理确认签字，同意开始作业
3. 作业过程安全管控措施	（1）作业负责人站班会上通过读票方式进行安全交底，并随机抽取 3～5 名施工人员提问，被提问人员清楚且回答正确后开始作业。 （2）作业过程中，作业负责人、监理人员（四级还需要施工项目部、监理项目部、业主项目部、施工企业、监理企业、建设管理单位相关管理人员）按照作业流程，逐项确认风险控制专项措施落实，同时在《每日执行情况检查记录表》中签字确认。 （3）施工期间发生故障跳闸时，在未取得现场指挥同意前，不得强行送电。 （4）跨越架、操作人员、工器具与带电体之间的最小安全距离必须符合《电力安全工作规程》的规定，施工人员严禁在跨越架内侧攀登或作业，严禁从封顶架上通过。 （5）导引绳通过跨越架必须使用绝缘绳做引绳，最后通过跨越架的导线、地线、引绳或封网绳等必须使用绝缘绳做控制尾绳。 （6）遇雷电、雨、雪、霜、雾，相对湿度大于 85%或 5 级以上大风天气时，严禁进行不停电跨越作业。 （7）跨越档两端铁塔的附件安装必须进行二道防护，并采取有效接地措施。 （8）在带电线路上方的导线上测量间隔棒距离时，禁止使用带有金属丝的测绳、皮尺

（三）导线展放作业

<table>
<tr><td rowspan="3">1. 风险提示</td><td>风险等级</td><td>固有风险等级属三级</td></tr>
<tr><td>安全控制核心</td><td>受力工器具、设备地锚设置、人员站位</td></tr>
<tr><td>导致事故</td><td>不执行以下安全管控措施，将导致高处坠落、物体打击、触电、机械伤害，造成人身伤害事故</td></tr>
<tr><td>2. 作业必备条件</td><td colspan="2">（1）施工方案已批准，并完成项目部和班组级交底。
（2）各类人员、安全工器具、施工机械设备、材料等已经报审并批准，满足现场安全技术要求。施工作业前，仔细检查现场安全工器具、施工机械设备合格后方可使用。
（3）架线施工前必须对铁塔螺栓、地脚螺栓安装紧固情况进行复查。
（4）关键部位塔材不得缺失。
（5）高处作业人员必须穿软底防滑鞋，使用全方位防冲击安全带，垂直移动和水平移动不得失去保护。
（6）架线过程中，各作业点、监护点必须保持与现场指挥人联系畅通。
（7）网套连接器、钢丝绳损伤，抗弯、旋转连接器销子变形等，严禁使用。
（8）牵张设备的布置、锚固、接地装置符合施工方案要求，并在使用前做运转试验。
（9）动力伞展放导引绳，必须遵守国家关于无人机禁飞区的相关规定，必须选用有专业资质的分包单位，必须进行试飞前操作。
（10）上述措施完成后，由作业负责人办理《安全施工作业票 B》，施工项目部审核签发。监理人员现场检查确认后，在作业票中签字，同意开始作业</td></tr>
</table>

续表

<table>
<tr><th>施工项目</th><th colspan="2">施工现场关键点作业安全管控措施</th></tr>
<tr><td>3. 作业过程安全管控措施</td><td colspan="2">（1）作业负责人站班会上通过读票方式进行安全交底，并随机抽取 3～5 名施工人员提问，被提问人员清楚且回答正确后开始作业。
（2）作业过程中，作业负责人、监理人员按照作业流程，逐项确认风险控制专项措施落实，同时在《每日执行情况检查记录表》中签字确认。
（3）遇有五级及以上风或暴雨、雷电、冰雹、大雪、大雾、沙尘暴等恶劣气候时，立即停止牵引作业。
（4）运行时牵引机、张力机进出口前方不得有人通过。各转向滑车围成的区域内侧禁止有人。
（5）导引绳、牵引绳或导线临锚时，其临锚张力不得小于对地距离为 5m 时的张力，同时满足对被跨越物距离的要求</td></tr>
<tr><td colspan="3">（四）紧线、挂线作业</td></tr>
<tr><td rowspan="3">1. 风险提示</td><td>风险等级</td><td>固有风险等级属三级</td></tr>
<tr><td>安全控制核心</td><td>受力工器具、地锚设置、紧线牵引、人员站位</td></tr>
<tr><td>导致事故</td><td>不执行以下安全管控措施，将导致高处坠落、物体打击、触电、机械伤害，造成人身伤害事故</td></tr>
<tr><td>2. 作业必备条件</td><td colspan="2">（1）施工方案已批准，并完成项目部和班组级交底。
（2）各类人员、安全工器具、施工机械设备、材料等已经报审并批准，满足现场安全技术要求。施工作业前，仔细检查现场安全工器具、施工机械设备合格后方可使用。
（3）牵引地锚距紧线杆塔的水平距离应满足安全施工要求。地锚布置与受力方向一致，并埋设可靠。
（4）架线施工前必须对铁塔螺栓、地脚螺栓安装紧固情况进行复查。
（5）关键部位是否有塔材缺失。
（6）高处作业人员必须穿软底防滑鞋，使用全方位防冲击安全带，垂直移动和水平移动不得失去保护。
（7）架线过程中，各作业点、监护点必须保持与现场指挥人联系畅通。
（8）上述措施完成后，由作业负责人办理《安全施工作业票 B》，施工项目部审核签发。
（9）监理人员现场检查确认后，在作业票中签字，同意开始作业</td></tr>
<tr><td>3. 作业过程安全管控措施</td><td colspan="2">（1）作业负责人站班会上通过读票方式进行安全交底，并随机抽取 3～5 名施工人员提问，被提问人员清楚且回答正确后开始作业。
（2）作业过程中，作业负责人、监理人员按照作业流程，逐项确认风险控制专项措施落实，同时在《每日执行情况检查记录表》中签字确认。
（3）紧线过程人员不得站在悬空导线、地线的垂直下方。不得跨越将离地面的导线或地线；人员不得站在线圈内或线弯的内角侧。
（4）挂线时，过牵引量严格执行设计要求，停止牵引后作业人员方可从安全位置到挂线点操作。
（5）在完成地面临锚后，应及时在操作塔设置过轮临锚。导线地面临锚和过轮临锚的设置应相互独立。
（6）设置过轮临锚时，锚线卡线器安装位置距放线滑车中心不小于 3～5m。
（7）高空压接必须双锚。
（8）紧线段的一端为耐张塔，且非平衡挂线时，应在该塔紧线的反方向安装临时拉线。
（9）临时拉线对地夹角不得大于 45°，必须经计算确定拉线型号、地锚位置及埋深；如条件不允许，经计算后采取可靠措施</td></tr>
</table>

续表

施工项目	施工现场关键点作业安全管控措施	
（五）附件安装作业		
1. 风险提示	风险等级	固有风险等级属三级
1. 风险提示	安全控制核心	受力工器具、地锚设置、紧线牵引、人员站位
1. 风险提示	导致事故	不执行以下安全管控措施，将导致高处坠落、物体打击，造成人身伤害事故
2. 作业必备条件		（1）施工方案已批准，并完成项目部和班组级交底。 （2）各类人员、安全工器具、施工机械设备、材料等已经报审并批准，满足现场安全技术要求。施工作业前，仔细检查现场安全工器具、施工机械设备合格后方可使用。 （3）上下绝缘子串必须使用下线爬梯和速差自控器。 （4）架线施工前必须对铁塔螺栓、地脚螺栓安装紧固情况进行复查。 （5）关键部位塔材不得缺失。 （6）高处作业人员必须穿软底防滑鞋，使用全方位防冲击安全带，垂直移动和水平移动不得失去保护。 （7）架线过程中，各作业点、监护点必须保持与现场指挥人联系畅通。 （8）上述措施完成后，由作业负责人办理《安全施工作业票 B》，施工项目部审核签发。 （9）监理人员现场检查确认后，在作业票中签字，同意开始作业
3. 作业过程安全管控措施		（1）作业负责人站班会上通过读票方式进行安全交底，并随机抽取 3～5 名施工人员提问，被提问人员清楚且回答正确后开始作业。 （2）作业过程中，作业负责人、监理人员按照作业流程，逐项确认风险控制专项措施落实，同时在《每日执行情况检查记录表》中签字确认。 （3）相邻杆塔不得同时在同相（极）位安装附件，作业点垂直下方不得有人。 （4）附件安装时，安全绳或速差自控器必须拴在横担主材上；安装间隔棒时，安全带挂在一根子导线上，后备保护绳挂在整相导线上。 （5）高处作业所用的工具和材料必须放在工具袋内或用绳索绑牢；上下传递物件用绳索吊送，严禁抛掷。 （6）使用飞车安装间隔棒时，前后刹车卡死（刹牢）方可进行工作
（六）竣工投运前验收		
1. 风险提示	风险等级	固有风险等级属三级
1. 风险提示	安全控制核心	安全工器具、感应触电、高处坠落、人员正确站位
1. 风险提示	导致事故	不执行以下安全管控措施，将导致高处坠落、物体打击、触电，造成人身伤害事故
2. 作业必备条件		（1）验收专项方案已批准，并完成验收班组交底。 （2）各类人员、安全工器具、计量器具等满足现场安全技术要求。作业前仔细检查安全工器具，合格后方可使用。 （3）高处作业人员必须穿软底防滑鞋，使用全方位防冲击安全带，垂直移动和水平移动不得失去保护。 （4）高处作业人员登塔验收设专责监护人，由专责监护人确认攀登杆塔号是否正确，杆塔接地装置是否良好可靠连接。上下绝缘子串必须使用下线爬梯和速差自控器。 （5）上述措施完成后，由作业负责人办理《安全施工作业票 B》，施工会同验收单位负责人审核签发

续表

<table>
<tr><th>施工项目</th><th colspan="2">施工现场关键点作业安全管控措施</th></tr>
<tr><td>3. 作业过程安全管控措施</td><td colspan="2">（1）作业负责人站班会上通过读票方式进行安全交底，并随机抽取 3～5 名验收人员提问，被提问人员清楚且回答正确后开始作业。
（2）作业过程中，作业负责人、验收总负责人按照作业流程，逐项确认风险控制专项措施落实，同时在《每日执行情况检查记录表》中签字确认。
（3）高处作业人员上下杆塔必须沿脚钉或爬梯攀登，必须正确使用攀登自锁器，水平移动时应正确使用水平拉锁或临时扶手。
（4）高处作业所用的工具和材料必须放在工具袋内或用绳索绑牢；上下传递物件用绳索吊送，严禁抛掷。
（5）要求施工单位保留部分临时接地线，并做好记录，验收结束后方可拆除。如验收工作段内有跨越电力线路或临近带电线路时，应在验收工作段内加装工作接地线。
（6）地面检查人员应不得在高空检查人员的垂直下方逗留。
（7）下导线检查附件时，安全绳或速差自控器必须拴在横担主材上；走线检查间隔棒时，安全带挂在一根子导线上，后备保护绳挂在整相导线上</td></tr>
<tr><td colspan="3">（七）拆旧架空线路</td></tr>
<tr><td rowspan="3">1. 风险提示</td><td>风险等级</td><td>（1）固有风险等级属三级及以上。
（2）根据具体作业内容及环境判定固有风险等级</td></tr>
<tr><td>安全控制核心</td><td>临近带电体作业、分解拆除铁塔、导地线拆除、临锚及拉线设置</td></tr>
<tr><td>导致事故</td><td>不执行以下安全管控措施，将导致设备停运、铁塔倾覆、人员触电、高处坠落、物体打击、机械伤害，造成人身伤害事故</td></tr>
<tr><td>2. 作业必备条件</td><td colspan="2">（1）施工方案已批准，并完成项目部和班组级交底。
（2）各类人员、安全工器具、施工机械设备、材料等已经报审并批准，满足现场安全技术要求。施工作业前，仔细检查现场安全工器具、施工机械设备合格后方可使用。
（3）上述措施完成后，由作业负责人办理《安全施工作业票 B》，施工项目部审核签发。
（4）三级风险由经监理人员现场检查确认后，在作业票中签字，同意开始作业。
（5）四级风险由总监理工程师现场检查签字，业主项目经理确认签字，同意开始作业</td></tr>
<tr><td>3. 作业过程安全管控措施</td><td colspan="2">（1）作业负责人站班会上通过读票方式进行安全交底，并随机抽取 3～5 名施工人员提问，被提问人员清楚且回答正确后开始作业。
（2）作业过程中，作业负责人、监理人员按照作业流程，逐项确认风险控制专项措施落实，同时在《每日执行情况检查记录表》中签字确认。
（3）拆除线路在登塔（杆）前必须先核对线路名称，再进行验电、挂接地；与带电线路临近、平行、交叉时，使用个人保安线。
（4）拆除转角、直线耐张杆塔导地线时按专项方案要求在拆除导线的反向侧打好拉线。必要时，对横担和塔身采取补强措施。
（5）拆除旧导、地线时禁止带张力断线。
（6）分解吊拆杆塔时，待拆构件受力后，方准拆除连接螺栓。
（7）指挥人员看不清作业地点或操作人员看不清指挥信号时，均不得进行吊拆作业。
（8）吊件垂直下方不得有人。
（9）使用起重机拆塔时，车身应可靠接地。起重机臂架、吊具、辅具、钢丝绳及吊物等应符合与带电体安全距离规定的要求。
（10）切割杆塔主材时必须严格按专项方案制定的顺序切割</td></tr>
</table>

第四节　电缆线路工程施工现场关键点作业安全管控具体要求

电缆线路工程施工现场关键点作业安全管控具体要求如表 3-7 所示。

表 3-7　　电缆线路工程施工现场关键点作业安全管控具体要求

<table>
<tr><th>施工项目</th><th colspan="2">施工现场关键点作业安全管控措施</th></tr>
<tr><td colspan="3">一、明开隧道</td></tr>
<tr><td colspan="3">（一）深度超过 5m（含）深基槽（坑）开挖作业</td></tr>
<tr><td rowspan="3">1. 风险提示</td><td>风险等级</td><td>固有风险等级属四级</td></tr>
<tr><td>安全控制核心</td><td>人员上下基坑方式、边坡稳定</td></tr>
<tr><td>导致事故</td><td>不执行以下安全管控措施，将导致塌方、高处坠落和机械伤害，造成人身伤害事故</td></tr>
<tr><td>2. 作业必备条件</td><td colspan="2">（1）基槽（坑）的边坡支护设计应由具有相应资质的专业设计单位设计。
（2）施工方案已批准，并完成项目部和班组级交底。
（3）各类人员、安全工器具、施工机械设备、材料等已经报审并批准，满足现场安全技术要求。施工作业前，仔细检查现场安全工器具、施工机械设备合格后方可使用。
（4）根据设计图纸做好现场调查，对可能影响的管线和地上、地下建（构）筑物制定有效的保护方案或迁改。
（5）上述措施完成后，由作业负责人办理《安全施工作业票 B》，施工项目部审核签发。
（6）总监理工程师现场检查签字，业主项目经理确认签字，同意开始作业</td></tr>
<tr><td>3. 作业过程安全管控措施</td><td colspan="2">（1）作业负责人站班会上通过读票方式进行安全交底，并随机抽取 3～5 名施工人员提问，被提问人员清楚且回答正确后开始作业。
（2）作业过程中，施工项目部、监理项目部、业主项目部、施工企业、监理企业、建设管理单位相关管理人员按照作业流程，逐项确认风险控制专项措施落实，同时在《每日执行情况检查记录表》中签字确认。
（3）严格按照批准且经专家论证通过后的施工方案实施。应分层开挖，边开挖、边支护，严禁超挖。
（4）制定详细的监测方案和边坡变形抢险预案，发现异常立即停止槽（坑）内作业。
（5）规范设置供作业人员上下基坑的安全通道（梯子），基槽（坑）边缘按规范要求设置安全护栏。
（6）制定雨天、防洪应急预案，认真做好地面排水、边坡渗导水以及槽（坑）底排水措施</td></tr>
<tr><td colspan="3">（二）人工挖孔浇筑施工作业</td></tr>
<tr><td rowspan="3">1. 风险提示</td><td>风险等级</td><td>（1）作业孔深<15m，固有风险等级属三级。
（2）作业孔深≥15m，固有风险等级属四级</td></tr>
<tr><td>安全控制核心</td><td>上下基坑方式、提土设备使用、孔内空气检测及送风</td></tr>
<tr><td>导致事故</td><td>不执行以下安全管控措施，将导致高处坠落、物体打击、触电、中毒、窒息、坍塌，造成人身伤害事故</td></tr>
</table>

续表

施工项目	施工现场关键点作业安全管控措施
2. 作业必备条件	（1）施工方案已批准，并完成项目部和班组级交底。 （2）各类人员、安全工器具、施工机械设备、材料等已经报审并批准，满足现场安全技术要求。施工作业前，仔细检查现场安全工器具、施工机械设备合格后方可使用。 （3）必须设置孔洞盖板、安全围栏、安全标志牌，并设专人监护。 （4）上述措施完成后，由作业负责人办理《安全施工作业票》，施工项目部审核签发。 （5）作业孔深＜15m，监理人员现场检查确认后，在作业票中签字，同意开始作业。 （6）作业孔深≥15m，总监理工程师现场检查签字，业主项目经理确认签字，同意开始作业
3. 作业过程安全管控措施	（1）作业负责人站班会上通过读票方式进行安全交底，并随机抽取 3～5 名施工人员提问，被提问人员清楚且回答正确后开始作业。 （2）作业过程中，作业负责人、监理人员（四级还需要施工项目部、监理项目部、业主项目部、施工企业、监理企业、建设管理单位相关管理人员）按照作业流程，逐项确认风险控制专项措施落实，同时在《每日执行情况检查记录表》中签字确认。 （3）吊运土不要满装，使用的电动葫芦、吊笼等应安全可靠，并配有自动卡紧保险装置。电动葫芦用按钮式开关，使用前必须检验其安全起吊能力。 （4）孔深超过 5m 时，用风机或风扇向孔内送风不少于 5mim。坑深超过 10m 时，用专用风机向孔下送风，风量不得少于 25L/s。 （5）每日开工下孔前，应检测孔内空气。当存在有毒、有害气体时应先排除，禁止在孔内使用燃油动力机械设备。 （6）孔下作业不得超过两人，每次不得超过 2h。 （7）根据土质情况采取相应护壁措施防止塌方。 （8）在孔内上下递送工具物品时，不得抛掷，应采取措施防止物件落入孔内，人员上下必须使用软梯。 （9）在扩孔范围内的地面上不得堆积土方

二、浅埋暗挖隧道

（一）龙门架安装和拆除作业

1. 风险提示	风险等级	固有风险等级属三级
	安全控制核心	高压线下吊装安全距离
	导致事故	不执行以下安全管控措施，将导致机械伤害、高处坠落、物体打击和触电，造成人身伤害事故
2. 作业必备条件	（1）施工方案已批准，并完成项目部和班组级交底。 （2）各类人员、安全工器具、施工机械设备、材料等已经报审并批准，满足现场安全技术要求。施工作业前，仔细检查现场安全工器具、施工机械设备合格后方可使用。 （3）上述措施完成后，由作业负责人办理《安全施工作业票 B》，施工项目部审核签发。 （4）监理人员现场检查确认后，在作业票中签字，同意开始作业	
3. 作业过程安全管控措施	（1）作业负责人站班会上通过读票方式进行安全交底，并随机抽取 3～5 名施工人员提问，被提问人员清楚且回答正确后开始作业。 （2）作业过程中，作业负责人、监理人员按照作业流程，逐项确认风险控制专项措施落实，同时在《每日执行情况检查记录表》签字确认。 （3）在高压线下吊装作业要保证安全距离，吊装施工范围进行警戒。 （4）龙门架安装完毕后，经技术监督部门检验检测合格	

续表

<table>
<tr><th>施工项目</th><th colspan="2">施工现场关键点作业安全管控措施</th></tr>
<tr><td colspan="3">（二）马头门开挖及支护</td></tr>
<tr><td rowspan="3">1. 风险提示</td><td>风险等级</td><td>固有风险等级属三级</td></tr>
<tr><td>安全控制核心</td><td>拱顶下沉监测、马头门开启顺序</td></tr>
<tr><td>导致事故</td><td>不执行以下安全管控措施，将导致塌方和机械伤害，造成人身伤害事故</td></tr>
<tr><td>2. 作业必备条件</td><td colspan="2">（1）施工方案已批准，并完成项目部和班组级交底。
（2）各类人员、安全工器具、施工机械设备、材料等已经报审并批准，满足现场安全技术要求。施工作业前，仔细检查现场安全工器具、施工机械设备合格后方可使用。
（3）上述措施完成后，由作业负责人办理《安全施工作业票B》，施工项目部审核签发。
（4）监理人员现场检查确认后，在作业票中签字，同意开始作业</td></tr>
<tr><td>3. 作业过程安全管控措施</td><td colspan="2">（1）作业负责人站班会上通过读票方式进行安全交底，并随机抽取3～5名施工人员提问，被提问人员清楚且回答正确后开始作业。
（2）作业过程中，作业负责人、监理人员按照作业流程，逐项确认风险控制专项措施落实，同时在《每日执行情况检查记录表》签字确认。
（3）马头门开挖后应及时封闭成环。
（4）施工过程中应加强对地表下沉、马头门结构拱顶下沉的监控量测，发现异常时应及时采取措施。
（5）马头门开启应按顺序进行，同一竖井、联络通道内的马头门不得同时施工。一侧隧道掘进15m后，方可开启另一侧马头门</td></tr>
<tr><td colspan="3">（三）隧道开挖及支护</td></tr>
<tr><td rowspan="3">1. 风险提示</td><td>风险等级</td><td>固有风险等级属三级</td></tr>
<tr><td>安全控制核心</td><td>掌子面开挖及支护</td></tr>
<tr><td>导致事故</td><td>不执行以下安全管控措施，将导致塌方、中毒或窒息和机械伤害，造成人身伤害事故</td></tr>
<tr><td>2. 作业必备条件</td><td colspan="2">（1）施工方案已批准，并完成项目部和班组级交底。
（2）各类人员、安全工器具、施工机械设备、材料等已经报审并批准，满足现场安全技术要求。施工作业前，仔细检查现场安全工器具、施工机械设备合格后方可使用。
（3）根据设计图纸做好现场调查，对可能影响的管线和地上、地下建（构）筑物制定有效的保护方案或迁改。
（4）上述措施完成后，由作业负责人办理《安全施工作业票B》，施工项目部审核签发。
（5）监理人员现场检查确认后，在作业票中签字，同意开始作业</td></tr>
<tr><td>3. 作业过程安全管控措施</td><td colspan="2">（1）作业负责人站班会上通过读票方式进行安全交底，并随机抽取3～5名施工人员提问，被提问人员清楚且回答正确后开始作业。
（2）作业过程中，作业负责人、监理人员按照作业流程，逐项确认风险控制专项措施落实，同时在《每日执行情况检查记录表》签字确认。
（3）上台阶长度控制在1～1.5倍隧道开挖跨度，中间核心土维系开挖面的稳定。上台阶的底部位置应根据地质和隧道开挖高度（设计图纸要求）确定。
（4）严禁超挖、欠挖，严格控制开挖步距，每循环开挖长度应按设计图纸要求进行。
（5）根据每个施工竖井的工作面数量，设置相应数量的通风机经风管送至工作面。
（6）隧道内严禁使用燃油、燃气机械设备，按规定检测隧道内有毒、有害、可燃气体及氧气含量。
（7）电葫芦操作人员配备通信设备与井下人员通信，吊斗设置防脱钩装置</td></tr>
</table>

续表

<table>
<tr><th>施工项目</th><th colspan="2">施工现场关键点作业安全管控措施</th></tr>
<tr><td colspan="3">三、盾构隧道施工</td></tr>
<tr><td colspan="3">（一）始发井、接收井开挖及支护作业</td></tr>
<tr><td rowspan="3">1. 风险提示</td><td>风险等级</td><td>固有风险等级属三级</td></tr>
<tr><td>安全控制核心</td><td>竖井开挖及支护</td></tr>
<tr><td>导致事故</td><td>不执行以下安全管控措施，将导致坍塌、高处坠落和物体打击，造成人身伤害事故</td></tr>
<tr><td>2. 作业必备条件</td><td colspan="2">（1）施工方案已批准，并完成项目部和班组级交底。
（2）各类人员、安全工器具、施工机械设备、材料等已经报审并批准，满足现场安全技术要求。施工作业前，仔细检查现场安全工器具、施工机械设备合格后方可使用。
（3）根据设计图纸做好现场调查，对可能影响的管线和地上、地下建（构）筑物制定有效的保护方案或迁改。
（4）上述措施完成后，由作业负责人办理《安全施工作业票 B》，施工项目部审核签发。
（5）监理人员现场检查确认后，在作业票中签字，同意开始作业</td></tr>
<tr><td>3. 作业过程安全管控措施</td><td colspan="2">（1）作业负责人站班会上通过读票方式进行安全交底，并随机抽取 3～5 名施工人员提问，被提问人员清楚且回答正确后开始作业。
（2）作业过程中，作业负责人、监理人员按照作业流程，逐项确认风险控制专项措施落实，同时在《每日执行情况检查记录表》签字确认。
（3）电葫芦操作人员配备通信设备与井下人员通信，吊斗设置防脱钩装置。
（4）土方开挖过程中必须观测基坑周边土质是否存在裂缝及渗水等异常情况，适时进行监测。
（5）规范设置供作业人员上下基坑的安全通道（梯子），基坑边缘按规范要求设置安全护栏。
（6）制定雨天、防洪应急预案，认真做好地面排水以及竖井底部排水措施</td></tr>
<tr><td colspan="3">（二）盾构机安装和拆除</td></tr>
<tr><td rowspan="3">1. 风险提示</td><td>风险等级</td><td>固有风险等级属三级</td></tr>
<tr><td>安全控制核心</td><td>起重机受力工器具</td></tr>
<tr><td>导致事故</td><td>不执行以下安全管控措施，将导致高处坠落、物体打击和坍塌，造成人身伤害事故</td></tr>
<tr><td>2. 作业必备条件</td><td colspan="2">（1）起吊前计算地基承载力、吊车最大起重荷载等重要参数，根据计算结果编制专项施工方案，并经专家论证通过。
（2）施工方案已批准，并完成项目部和班组级交底。
（3）各类人员、安全工器具、施工机械设备、材料等已经报审并批准，满足现场安全技术要求。施工作业前，仔细检查现场安全工器具、施工机械设备合格后方可使用。
（4）上述措施完成后，由作业负责人办理《安全施工作业票 B》，施工项目部审核签发。
（5）监理人员现场检查确认后，在作业票中签字，同意开始作业</td></tr>
<tr><td>3. 作业过程安全管控措施</td><td colspan="2">（1）作业负责人站班会上通过读票方式进行安全交底，并随机抽取 3～5 名施工人员提问，被提问人员清楚且回答正确后开始作业。
（2）作业过程中，作业负责人、监理人员按照作业流程，逐项确认风险控制专项措施落实，同时在《每日执行情况检查记录表》签字确认。
（3）吊装时设专人指挥、信号统一</td></tr>
</table>

续表

施工项目	施工现场关键点作业安全管控措施	
（三）盾构机区间掘进施工		
1. 风险提示	风险等级	固有风险等级属三级
	安全控制核心	隧道内气体监测及送风、通信畅通保证
	导致事故	不执行以下安全管控措施，将导致坍塌、中毒或窒息、机械伤害，造成人身伤害事故
2. 作业必备条件	（1）施工方案已批准，并完成项目部和班组级交底。 （2）各类人员、安全工器具、施工机械设备、材料等已经报审并批准，满足现场安全技术要求。施工作业前，仔细检查现场安全工器具、施工机械设备合格后方可使用。 （3）根据设计图纸做好现场调查，对可能影响的管线和地上、地下建（构）筑物制定有效的保护方案或迁改。 （4）上述措施完成后，由作业负责人办理《安全施工作业票 B》，施工项目部审核签发。 （5）监理人员现场检查确认后，在作业票中签字，同意开始作业	
3. 作业过程安全管控措施	（1）作业负责人站班会上通过读票方式进行安全交底，并随机抽取 3～5 名施工人员提问，被提问人员清楚且回答正确后开始作业。 （2）作业过程中，作业负责人、监理人员按照作业流程，逐项确认风险控制专项措施落实，同时在《每日执行情况检查记录表》签字确认。 （3）隧道内通风采用大功率、高性能风机，用风管送风至开挖面，按规定检测隧道内气有毒、有害、可燃及氧气含量。 （4）电葫芦操作人员配备通信设备与井下人员通信，吊斗配置防脱钩装置	
四、电缆敷设及接头施工		
（一）有限空间作业		
1. 风险提示	风险等级	固有风险等级为二级
	安全控制核心	气体检测及通风
	导致事故	不执行以下安全管控措施，在作业环境较差的有限空间作业场所，将导致中毒和窒息，造成人身伤害事故
2. 作业必备条件	（1）施工方案已批准，并完成项目部和班组级交底。 （2）各类人员、安全工器具、施工机械设备、材料等已经报审并批准，满足现场安全技术要求。施工作业前，仔细检查现场安全工器具、施工机械设备合格后方可使用。 （3）有限空间设专人监护，监护人在有限空间外持续监护，有限空间内外保持联络畅通。 （4）有限空间施工应打开两处井口。 （5）严禁在井内、隧道内使用燃油燃气发电机等设备。在井口附近使用燃油发电机时，将发电机放置在下风口。 （6）上述措施完成后，由作业负责人办理《安全施工作业票 A》，施工项目部审核签发	
3. 作业过程安全管控措施	（1）作业负责人站班会上通过读票方式进行安全交底，并随机抽取 3～5 名施工人员提问，被提问人员清楚且回答正确后开始作业。 （2）作业过程中，作业负责人按照作业流程，逐项确认风险控制专项措施落实，同时在《每日执行情况检查记录表》签字确认。 （3）进入有限空间前先检测后作业。 （4）工作过程中气体检测实时进行。 （5）作业过程中气体检测仪报警，作业人员必须马上撤出。 （6）有限空间工作完毕撤出时，按照作业票清点工作人员	

续表

施工项目	施工现场关键点作业安全管控措施	
（二）临近带电作业		
1. 风险提示	风险等级	固有风险等级为二级
	安全控制核心	保持与带电体的安全距离及在指定区域工作
	导致事故	不执行以下安全管控措施，将导致触电，造成人身伤害事故
2. 作业必备条件	（1）施工方案已批准，并完成项目部和班组级交底。 （2）各类人员、安全工器具、施工机械设备、材料等已经报审并批准，满足现场安全技术要求。施工作业前，仔细检查现场安全工器具、施工机械设备合格后方可使用。 （3）进入运行变电站工作办理工作票。 （4）工作前认真核对路名开关号。 （5）在运行设备区域内工作设专人监护。 （6）上述措施完成后，由作业负责人办理《安全施工作业票 A》，施工项目部审核签发	
3. 作业过程安全管控措施	（1）作业负责人站班会上通过读票方式进行安全交底，并随机抽取 3～5 名施工人员提问，被提问人员清楚且回答正确后开始作业。 （2）作业过程中，作业负责人按照作业流程，逐项确认风险控制专项措施落实，同时在《每日执行情况检查记录表》签字确认。 （3）严禁超范围工作及走动，严禁乱动无关设备及安全用具。 （4）变电站内移运铁管时严禁高举，严格保持与带电部位的安全距离。 （5）在运行设备区域内工作的易飘扬、飘洒物品，必须严格回收或固定，防止导电漂浮物接触高压带电体，产生感应电伤人事故。 （6）在运行设备区域内，监护人严禁离开监护岗位	
五、绝缘耐压试验及停电切改施工		
（一）电缆线路绝缘耐压试验		
1. 风险提示	风险等级	固有风险等级属三级
	安全控制核心	试验过程看护及保持与带电体的安全距离
	导致事故	不执行以下安全管控措施，将导致触电，造成人身伤害事故
2. 作业必备条件	（1）施工方案已批准，并完成项目部和班组级交底。 （2）各类人员、安全工器具、施工机械设备、材料等已经报审并批准，满足现场安全技术要求。施工作业前，仔细检查现场安全工器具、施工机械设备合格后方可使用。 （3）电缆绝缘耐压试验前先对电缆充分放电。 （4）电缆绝缘耐压试验前，线路两端做好安全措施，并派专人看护。 （5）加压前确认无关人员退出试验现场。 （6）电缆绝缘耐压试验操作保持通信畅通，口令传达正确。 （7）上述措施完成后，由作业负责人办理《安全施工作业票 B》，施工项目部审核签发。 （8）监理人员现场检查确认后，在作业票中签字，同意开始作业	
3. 作业过程安全管控措施	（1）作业负责人站班会上通过读票方式进行安全交底，并随机抽取 3～5 名施工人员提问，被提问人员清楚且回答正确后开始作业。 （2）作业过程中，作业负责人、监理人员按照作业流程，逐项确认风险控制专项措施落实，同时在《每日执行情况检查记录表》签字确认。 （3）电缆绝缘耐压试验过程中发生异常情况时，立即断开电源，经放电、接地后方可检查。 （4）电缆绝缘耐压试验过程中更换试验引线时，先对设备充分放电，作业人员戴好绝缘手套。 （5）在试验电缆时，施工人员严禁在电缆线路上做任何工作，防止感应电伤人	

续表

施工项目	施工现场关键点作业安全管控措施	
（二）停电切改施工		
1. 风险提示	风险等级	固有风险等级属三级
	安全控制核心	停电电缆判定及使用安全刺锥或切刀刺穿电缆
	导致事故	不执行以下安全管控措施，将导致触电，造成人身伤害事故
2. 作业必备条件	（1）施工方案已批准，并完成项目部和班组级交底。 （2）各类人员、安全工器具、施工机械设备、材料等已经报审并批准，满足现场安全技术要求。施工作业前，仔细检查现场安全工器具、施工机械设备合格后方可使用。 （3）工作前核对路名开关号。 （4）判定停电电缆指定2人及以上。 （5）配备专用仪器对停电电缆线路进行判定，切断电缆前必须使用安全刺锥或切刀刺穿电缆。 （6）上述措施完成后，由作业负责人办理《安全施工作业票B》，施工项目部审核签发。 （7）监理人员现场检查确认后，在作业票中签字，同意开始作业	
3. 作业过程安全管控措施	（1）作业负责人站班会上通过读票方式进行安全交底，并随机抽取3～5名施工人员提问，被提问人员清楚且回答正确后开始作业。 （2）作业过程中，作业负责人、监理人员按照作业流程，逐项确认风险控制专项措施落实，同时在《每日执行情况检查记录表》签字确认。 （3）接到工作许可后，按规定停电，验电，挂接地线。高压验电戴绝缘手套、穿绝缘鞋，正确使用验电器。挂接地线时先接接地端，再接设备端，拆接地线时顺序相反，不得擅自移动或拆除接地线。 （4）使用专用仪器在停电电缆上放信号进行核实，确认后方可进行下一步操作。 （5）使用安全刺锥或切刀刺穿电缆时，周边其他作业人员应临时撤离，操作人员与刀头保持足够的安全距离	

第五节　变电站（换流站）工程施工现场关键点作业安全管控具体要求

变电站（换流站）工程施工现场关键点作业安全管控具体要求如表3-8所示。

表3-8　变电站（换流站）工程施工现场关键点作业安全管控具体要求

施工项目	施工现场关键点作业安全管控措施	
一、施工用电		
（一）供用电系统接火		
1. 风险提示	风险等级	固有风险等级属三级
	安全控制核心	配电元器件和用电系统接火人员的操作
	导致事故	不执行以下安全管控措施，将导致触电，造成人身伤害事故
2. 作业必备条件	（1）施工方案已批准，并完成项目部和班组级交底。 （2）各类人员、安全工器具、施工机械设备、材料等已经报审并批准，满足现场安全技术要求。施工作业前，仔细检查现场安全工器具、施工机械设备合格后方可使用。 （3）接火前，专业电工必须掌握安全用电基本知识和所用设备的性能，必须按规定配备和穿戴相应的劳动防护用品，并应检查电气装置和保护设施，确保设备完好。 （4）上述措施完成后，由作业负责人办理《安全施工作业票B》，施工项目部审核签发。监理人员现场检查确认后，在作业票中签字，同意开始作业	

续表

<table>
<tr><th>施工项目</th><th colspan="2">施工现场关键点作业安全管控措施</th></tr>
<tr><td>3. 作业过程安全管控措施</td><td colspan="2">（1）作业负责人站班会上通过读票方式进行安全交底，并随机抽取 3～5 名施工人员提问，被提问人员清楚且回答正确后开始作业。
（2）作业过程中，作业负责人、监理人员按照作业流程，逐项确认风险控制专项措施落实，同时在《每日执行情况检查记录》中签字确认。
（3）专业电工发现问题及时报告，解决后方可进行接火作业。
（4）接入、移动或检修电气设备时，必须切断电源并做好安全措施后进行。
（5）施工用电设施在台风、暴雨、冰雹等恶劣天气后，应进行专项安全检查和技术维护，合格后方可使用</td></tr>
<tr><td colspan="3">（二）配电箱配置</td></tr>
<tr><td rowspan="3">1. 风险提示</td><td>风险等级</td><td>固有风险等级属二级，提升到三级风险管控</td></tr>
<tr><td>安全控制核心</td><td>配电元器件与用电系统接火人员的操作</td></tr>
<tr><td>导致事故</td><td>不执行以下安全管控措施，将导致触电，造成人身伤害事故</td></tr>
<tr><td>2. 作业必备条件</td><td colspan="2">（1）施工方案已批准，并完成项目部和班组级交底。
（2）各类人员、安全工器具、施工机械设备、材料等已经报审并批准，满足现场安全技术要求。施工作业前，仔细检查现场安全工器具、施工机械设备合格后方可使用。
（3）配电系统必须按照总平面布置图规划，设置配电柜或总配电箱、分配电箱、开关箱，实行三级配电/两级保护（首级、末级）。
（4）开关箱中剩余电流动作保护器的额定漏电动作电流和额定漏电动作时间，应符合《施工现场临时用电安全技术规范》（JGJ 46）的要求。
（5）上述措施完成后，由作业负责人办理《安全施工作业票 B》，施工项目部审核签发。监理人员现场检查确认后，在作业票中签字，同意开始作业</td></tr>
<tr><td>3. 作业过程安全管控措施</td><td colspan="2">（1）作业负责人站班会上通过读票方式进行安全交底，并随机抽取 3～5 名施工人员提问，被提问人员清楚且回答正确后开始作业。
（2）作业过程中，作业负责人、监理人员按照作业流程，逐项确认风险控制专项措施落实，同时在《每日执行情况检查记录表》中签字确认。
（3）现场布置配电箱必须由专业电工组织进行。
（4）各级配电箱必须加锁，配电箱附近应配备消防器材。
（5）配电箱、开关箱的电源进线端，严禁采用插头和插座进行活动连接。移动式配电箱、开关箱进、出线的绝缘不得破损</td></tr>
<tr><td colspan="3">（三）电缆线路配置</td></tr>
<tr><td rowspan="3">1. 风险提示</td><td>风险等级</td><td>固有风险等级属二级，提升到三级风险管控</td></tr>
<tr><td>安全控制核心</td><td>配电线路架设与人员操作</td></tr>
<tr><td>导致事故</td><td>不执行以下安全管控措施，将导致触电，造成人身伤害事故</td></tr>
<tr><td>2. 作业必备条件</td><td colspan="2">（1）施工方案已批准，并完成项目部和班组级交底。
（2）各类人员、安全工器具、施工机改设备、材料等已经报审并批准，满足现场安全技术要求。施工作业前，仔细检查现场安全工器具、施工机械设备合格后方可使用。
（3）电缆中必须包含全部工作芯线和用作保护零线或保护线的芯线，并与现场使用负荷匹配。
（4）上述措施完成后，由作业负责人办理《安全施工作业票 B》，施工项目部审核签发。监理人员现场检查确认后，在作业票中签字，同意开始作业</td></tr>
</table>

续表

施工项目	施工现场关键点作业安全管控措施	
3. 作业过程安全管控措施	(1) 作业负责人站班会上通过读票方式进行安全交底，并随机抽取3～5名施工人员提问，被提问人员清楚且回答正确后开始作业。 (2) 作业过程中，作业负责人、监理人员按照作业流程，逐项确认风险控制专项措施落实，同时在《每日执行情况检查记录表》中签字确认。 (3) 低压架空线必须使用绝缘线，架设在专用电杆上，严禁架设在树木、脚手架及其他设施上。 (4) 低压架空线路（电缆）架设高度不得低于2.5m；交通要道及车辆通行处，架设高度不得低于5m。 (5) 直埋电缆敷设深度不应小于0.7m，严禁沿地面明设敷设，应设置通道走向标志，避免机械损伤或介质腐蚀，通过道路时应采取保护措施。 (6) 埋地电缆的接头应设在防水接线盒内	
（四）电动工机具用电		
1. 风险提示	风险等级	固有风险等级属二级
	安全控制核心	电动工机具安全装置与使用人员的操作
	导致事故	不执行以下安全管控措施，将导致触电和机械伤害，造成人身伤害事故
2. 作业必备条件	(1) 施工方案已批准，并完成项目部和班组级交底。 (2) 各类人员、安全工器具、施工机械设备、材料等已经报审并批准，满足现场安全技术要求。施工作业前，仔细检查现场安全工器具、施工机械设备合格后方可使用。 (3) 上述措施完成后，由作业负责人办理《安全施工作业票A》，施工项目部审核签发后实施	
3. 作业过程安全管控措施	(1) 作业负责人站班会上通过读票方式进行安全交底，并随机抽取3～5名施工人员提问，被提问人员清楚且回答正确后开始作业。 (2) 电动机械或电动工具必须做到“一机一闸一保护”，移动式电动机械必须使用绝缘护套软电缆。 (3) 所有电动工机具的转动部分必须装设保护罩。 (4) 使用电动工机具时，严禁接触运行中机具的转动部分。 (5) 使用手持式电动工具时，必须按规定使用绝缘防护用品。 (6) 所有电动工机具必须做好外壳保护接地。暂停工作时，应切断电源。 (7) 所有带振动功能的电动工机具的电源线插头应插在装设有防溅式剩余电流动作保护器电源箱内的插座上，其操作人员应戴绝缘手套和穿绝缘靴，并有人监护。 (8) 所有带切割功能的电动工机具的钢片选用应符合要求，安装正确。启动后，应空载试运转，检查并确认锯片运转方向正确，升降机构灵活，运转中无异常和异响，一切正常后，方可作业。 (9) 更换新的砂轮片时，应切断电源，同时，安装前应检查砂轮片是否有裂纹	
（五）办公、生活区域用电		
1. 风险提示	风险等级	固有风险等级属二级
	安全控制核心	用电设备的安全装置和用电人员的操作
	导致事故	不执行以下安全管控措施，将导致触电和火灾，造成人身伤害事故

续表

<table>
<tr><th>施工项目</th><th colspan="2">施工现场关键点作业安全管控措施</th></tr>
<tr><td>2. 作业必备条件</td><td colspan="2">（1）施工方案已批准，并完成项目部和班组级交底。
（2）各类人员、安全工器具、施工机械设备、材料等已经报审并批准，满足现场安全技术要求。施工作业前，仔细检查现场安全工器具、施工机械设备合格后方可使用。
（3）上述措施完成后，由作业负责人办理《安全施工作业票 A》，施工项目部审核签发后实施</td></tr>
<tr><td>3. 作业过程安全管控措施</td><td colspan="2">（1）作业负责人站班会上通过读票方式进行安全交底，并随机抽取 3～5 名施工人员提问，被提问人员清楚且回答正确后开始作业。
（2）现场办公和生活区用电布置必须由专业电工进行，严禁私拉乱接。
（3）集中使用的空调、取暖、蒸饭车等大功率电器应与办公和生活区用电分置，并设置专用开关和线路。
（4）开关和熔断器的容量应满足用电设备的要求，闸刀开关应有保护罩。禁止用其他金属丝代替熔丝。
（5）熔丝熔断后，专业电工必须查明原因，排除故障后方可更换。
（6）更换熔丝后必须装好保护罩方可送电</td></tr>
<tr><td colspan="3">（六）发电机的使用和管理</td></tr>
<tr><td rowspan="3">1. 风险提示</td><td>风险等级</td><td>固有风险等级属二级</td></tr>
<tr><td>安全控制核心</td><td>发电机的安全装置和发、用电人员的操作</td></tr>
<tr><td>导致事故</td><td>不执行以下安全管控措施，将导致触电和火灾，造成人身伤害事故</td></tr>
<tr><td>2. 作业必备条件</td><td colspan="2">（1）施工方案已批准，并完成项目部和班组级交底。
（2）各类人员、安全工器具、施工机械设备、材料等已经报审并批准，满足现场安全技术要求。施工作业前，仔细检查现场安全工器具、施工机械设备合格后方可使用。
（3）上述措施完成后，由作业负责人办理《安全施工作业票 A》，施工项目部审核签发后实施</td></tr>
<tr><td>3. 作业过程安全管控措施</td><td colspan="2">（1）作业负责人站班会上通过读票方式进行安全交底，并随机抽取 3～5 名施工人员提问，被提问人员清楚且回答正确后开始作业。
（2）发电机禁止设置在基坑里。
（3）发电机必须配置可用于扑灭电气火灾的灭火器，禁止存放易燃易爆物品。
（4）发电机供电系统应设置可视断路器或电源隔离开关及短路、过载保护。
（5）发电机在使用前必须确认用电设备与系统电源已断开，并有明显可见的断开点</td></tr>
<tr><td colspan="3">二、深基坑开挖及人工挖孔基础施工</td></tr>
<tr><td colspan="3">（一）深基坑开挖</td></tr>
<tr><td rowspan="3">1. 风险提示</td><td>风险等级</td><td>固有风险等级属三级</td></tr>
<tr><td>安全控制核心</td><td>挖掘机操作与检查、基坑边坡稳定</td></tr>
<tr><td>导致事故</td><td>不执行以下安全管控措施，将导致机械伤害、坍塌，造成人身伤害事故</td></tr>
<tr><td>2. 作业必备条件</td><td colspan="2">（1）施工方案已批准，并完成项目部和班组级交底。
（2）各类人员、安全工器具、施工机械设备、材料等已经报审并批准，满足现场安全技术要求。施工作业前，仔细检查现场安全工器具、施工机械设备合格后方可使用。
（3）开挖作业前，必须规范设置警戒区域，悬挂警告牌，设专人监护，禁止非作业人员进入。
（4）对挖掘机的制动器和液压系统进行安全检查，并空载试运转。
（5）上述措施完成后，由作业负责人办理《安全施工作业票 B》，施工项目部审核签发。监理人员现场检查确认后，在作业票中签字，同意开始作业</td></tr>
</table>

续表

<table>
<tr><th>施工项目</th><th colspan="2">施工现场关键点作业安全管控措施</th></tr>
<tr><td>3. 作业过程安全管控措施</td><td colspan="2">（1）作业负责人站班会上通过读票方式进行安全交底，并随机抽取 3～5 名施工人员提问，被提问人员清楚且回答正确后开始作业。
（2）作业过程中，作业负责人、监理人员按照作业流程，逐项确认风险控制专项措施落实，同时在《每日执行情况检查记录表》中签字确认。
（3）人机配合开挖和清理基坑底余土时，设专人指挥和监护。规范设置供作业人员上下基坑的安全通道（梯子）。
（4）一般土质条件下弃土堆底至基坑顶边距离≥1m。弃土堆高≤1.5m，垂直坑壁边坡条件下弃土堆底至基坑顶边距离≥3m。在粉砂、淤泥和软土场地的基坑边上，禁止堆土。
（5）基坑顶部按规范要求设置截水沟，基坑底部应做好井点降水或集中排水措施。
（6）土方开挖中，观测到基坑边缘有裂缝和渗水等异常时，立即停止作业并报告施工负责人，待处置完成合格后，再开始作业。
（7）各种机械、车辆严禁在开挖的基础边缘 2m 内行驶、停放。
（8）开挖过程中，如遇有大雨及以上雨情时，做好防止深坑坠落和塌方措施后，迅速撤离作业现场。
（9）开挖施工区域夜间应挂警示灯</td></tr>
<tr><td colspan="3">（二）人工挖孔基础开挖</td></tr>
<tr><td rowspan="3">1. 风险提示</td><td>风险等级</td><td>固有风险等级属三级</td></tr>
<tr><td>安全控制核心</td><td>上下桩孔方式、提土设备使用、孔内空气检测及送风、桩孔壁稳定及孔洞防护</td></tr>
<tr><td>导致事故</td><td>不执行以下安全管控措施，将导致坍塌、深坑坠落，造成人身伤害事故</td></tr>
<tr><td>2. 作业必备条件</td><td colspan="2">（1）施工方案已批准，并完成项目部和班组级交底。
（2）各类人员、安全工器具、施工机械设备、材料等已经报审并批准，满足现场安全技术要求。施工作业前，仔细检查现场安全工器具、施工机械设备合格后方可使用。
（3）开挖作业前，必须规范设置警戒区域，悬挂警告牌，设专人监护，禁止非作业人员进入。
（4）必须按照规定正确佩戴个人安全防护用品。
（5）上述措施完成后，由作业负责人办理《安全施工作业票 B》，施工项目部审核签发。监理人员现场检查确认后，在作业票中签字，同意开始作业</td></tr>
<tr><td>3. 作业过程安全管控措施</td><td colspan="2">（1）作业负责人站班会上通过读票方式进行安全交底，并随机抽取 3～5 名施工人员提问，被提问人员清楚且回答正确后开始作业。
（2）作业过程中，作业负责人、监理人员按照作业流程，逐项确认风险控制专项措施落实，同时在《每日执行情况检查记录表》中签字确认。
（3）每日作业前，检测桩孔内有无有毒、有害气体，禁止在桩孔内使用燃油动力机械设备。
（4）规范设置软爬梯供作业人员上下。在桩孔内上下递送工具物品时，严禁抛掷，严防其他物件落入桩孔内。
（5）吊运弃土所使用的电动葫芦、吊笼等应安全可靠，并配有自动卡紧保险装置，距离桩孔口 3m 内不得有机动车辆行驶或停放。
（6）桩孔深度大于 5m 时，使用风机或风扇向孔内送风。桩孔深度超过 10m 时，设专门向桩孔内送风的设备，风量不得小于 25L/s，且桩孔内设置 12V 以下带罩防水功能的安全灯具。</td></tr>
</table>

续表

施工项目	施工现场关键点作业安全管控措施	
3. 作业过程安全管控措施	（7）开挖过程中如出现地下水异常（水量大、水压高）时，立即停止作业并报告施工负责人，待处置完成合格后，再开始作业。 （8）开挖过程中，如遇有大雨及以上雨情时，做好防止深坑坠落和塌方措施后，迅速撤离作业现场	
（三）土石方爆破作业		
1. 风险提示	风险等级	固有风险等级属四级
	安全控制核心	人员上下基坑方式、民爆公司能力
	导致事故	不执行以下安全管控措施，将导致高处坠落、物体打击、坍塌、爆炸，造成人身伤害事故
2. 作业必备条件	（1）施工方案已批准，并完成项目部和班组级交底。 （2）各类人员、安全工器具、施工机械设备、材料等已经报审并批准，满足现场安全技术要求。施工作业前，仔细检查现场安全工器具、施工机械设备合格后方可使用。 （3）爆破作业前，必须规范设置警戒区域，悬挂警告牌，设专人监护，禁止非作业人员进入。 （4）上述措施完成后，由作业负责人办理《安全施工作业票 B》，施工项目部审核签发。总监理工程师现场检查签字，业主项目经理确认签字，同意开始作业	
3. 作业过程安全管控措施	（1）作业负责人站班会上通过读票方式进行安全交底，并随机抽取 3～5 名施工人员提问，被提问人员清楚且回答正确后开始作业。 （2）作业过程中，施工项目部、监理项目部、业主项目部、施工企业、监理企业、建设管理单位相关管理人员按照作业流程，逐项确认风险控制专项措施落实，同时在《每日执行情况检查记录表》中签字确认。 （3）规范设置供作业人员上下基坑的安全通道（梯子）。 （4）选择具有相关资质的民爆公司实施，签订专业分包合同和安全协议，并报监理、业主审批，公安部门备案。 （5）专项施工方案由民爆公司编制，施工项目部审核，并报监理、业主审批。 （6）民爆公司作业人员必须持证上岗，爆破器材符合国家标准，满足现场安全技术要求	
（四）地基强夯施工作业		
1. 风险提示	风险等级	固有风险等级属三级
	安全控制核心	强夯设备使用与检查、起重受力工器具与人员站位、用电人员的操作
	导致事故	不执行以下安全管控措施，将导致机械伤害、起重伤害和触电，造成人身伤害事故
2. 作业必备条件	（1）施工方案已批准，并完成项目部和班组级交底。 （2）各类人员、安全工器具、施工机械设备、材料等已经报审并批准，满足现场安全技术要求。施工作业前，仔细检查现场安全工器具、施工机械设备合格后方可使用。 （3）地基强夯作业前，必须规范设置警戒区域，悬挂警告牌，设专人监护，禁止非作业人员进入。 （4）应清除场地上空和地下障碍物，严禁在高压输电线路下作业。 （5）严格检查设备的安全技术性能和运转情况，严禁设备“带病”作业。 （6）上述措施完成后，由作业负责人办理《安全施工作业票 B》，施工项目部审核签发。监理人员现场检查确认后，在作业票中签字，同意开始作业	

续表

施工项目	施工现场关键点作业安全管控措施	
3. 作业过程安全管控措施	（1）作业负责人站班会上通过读票方式进行安全交底，并随机抽取3～5名施工人员提问，被提问人员清楚且回答正确后开始作业。 （2）作业过程中，作业负责人、监理人员按照作业流程、逐项确认风险控制专项措施落实，同时在《每日执行情况检查记录表》中签字确认。 （3）作业中必须设专人指挥，信号准确，吊车司机按信号操作。 （4）夜间或照明不足禁止施工，雨季施工有防雷措施	
三、落地式钢管脚手架搭设与拆除		
（一）满堂扣件式钢管支撑架搭设与拆除		
1. 风险提示	风险等级	固有风险等级属三级
	安全控制核心	人员高处作业和架体结构稳定
	导致事故	不执行以下安全管控措施，将导致物体打击、高处坠落、坍塌，造成人身伤害事故
2. 作业必备条件	（1）施工方案已批准，并完成项目部和班组级交底。 （2）各类人员、安全工器具、施工机械设备、材料等已经报审并批准，满足现场安全技术要求。施工作业前，仔细检查现场安全工器具、施工机械设备，合格后方可使用。 （3）支撑架搭设与拆除作业前，必须规范设置警戒区域，悬挂警告牌，设专人监护，严禁非作业人员进入。 （4）恶劣天气时禁止支撑架搭设、拆除作业。 （5）因设备就位需拆除部分支撑架体时，必须先对支撑架进行加固和补强措施。 （6）混凝土强度未达到设计和规范要求时严禁拆除模板支撑架。 （7）上述措施完成后，由作业负责人办理《安全施工作业票B》，施工项目部审核签发。监理人员现场检查确认后，在作业票中签字，同意开始作业	
3. 作业过程安全管控措施	（1）作业负责人站班会上通过读票式进行安全交底，并随机抽取3～5名施工人员提问，被提问人员清楚且回答正确后开始作业。 （2）作业过程中，作业负责人、监理人员按照作业流程，逐项确认风险控制专项措施落实，同时在《每日执行情况检查记录表》中签字确认。 （3）满堂支撑架搭设区域地基回填土必须分层回填夯实，地面采用10cm厚C15混凝土硬化。 （4）支撑架搭设的间距、步距、扫地杆设置必须执行施工方案。 （5）高处作业脚穿防滑鞋、佩戴安全带并保持高挂低用。 （6）每个支撑架架体，必须按规定设置两点防雷接地设施。 （7）专人监测满堂支撑架搭设过程中，架体位移和变形情况。 （8）使用力矩扳手检查扣件螺栓拧紧力矩值，扣件螺栓拧紧力矩值严格控制在40～65N·m之间。 （9）恶劣天气后，必须对支撑架全面检查维护后方可恢复使用。 （10）支撑架拆除顺序必须按照“后支先拆，先支后拆”进行	
（二）建（构）筑物落地双排扣件式钢管脚手架搭设与拆除作业		
1. 风险提示	风险等级	固有风险等级属三级
	安全控制核心	人员高处作业和架体结构稳定
	导致事故	不执行以下安全管控措施，将导致物体打击、高处坠落、坍塌，造成人身伤害事故

续表

施工项目	施工现场关键点作业安全管控措施	
2. 作业必备条件	(1) 施工方案已批准，并完成项目部和班组级交底。 (2) 各类人员、安全工器具、施工机械设备、材料等已经报审并批准，满足现场安全技术要求。施工作业前，仔细检查现场安全工器具、施工机械设备，合格后方可使用。 (3) 脚手架搭设与拆除作业前，必须规范设置警戒区域，悬挂警告牌，设专人监护，严禁非作业人员进入。 (4) 恶劣天气时禁止脚手架搭设、拆除作业。 (5) 因设备就位需拆除部分脚手架体时，必须先对脚手架进行加固补强措施。 (6) 上述措施完成后，由作业负责人办理《安全施工作业票B》，施工项目部审核签发。监理人员现场检查确认后，在作业票中签字，同意开始作业	
3. 作业过程安全管控措施	(1) 作业负责人站班会上通过读票方式进行安全交底，并随机抽取3～5名施工人员提问，被提问人员清楚且回答正确后开始作业。 (2) 作业过程中，作业负责人、监理人员按照作业流程，逐项确认风险控制专项措施落实，同时在《每日执行情况检查记录表》中签字确认。 (3) 建（构）筑物落地式双排脚手架搭设区域地基回填土必须分层回填夯实并采用混凝土硬化，钢管立杆应设置金属底座或木质垫板。 (4) 脚手架搭设的间距、步距、扫地杆设置必须执行施工方案。 (5) 高处作业脚穿防滑鞋、佩戴安全带并保持高挂低用。 (6) 每个脚手架架体，必须按规定设置两点防雷接地设施。 (7) 连墙件偏离主节点的距离不应大于300mm。必须采用刚性连墙件。三步三跨或$40m^2$范围内必须设置一个连墙件。 (8) 高度在24m及以上的双排脚手架应在外侧全立面连续设置竖向剪刀撑。 (9) 使用力矩扳手检查扣件螺栓拧紧力矩值，扣件螺栓拧紧力矩值严格控制在40～65N·m之间。 (10) 脚手架拆除的顺序必须由上而下逐层进行，严禁上下同时进行，连墙件必须逐层拆除。 (11) 恶劣天气以后，应对脚手架全面检查维护后方可恢复使用	
四、混凝土建筑工程模板安装、混凝土浇筑、模板拆除		
1. 风险提示	风险等级	固有风险等级属四级
	安全控制核心	人员高处作业和架体结构稳定
	导致事故	不执行以下安全管控措施，将导致物体打击、高处坠落、坍塌，造成人身伤害事故
2. 作业必备条件	(1) 施工方案已批准，并完成项目部和班组级交底。 (2) 各类人员、安全工器具、施工机械设备、材料等已经报审并批准，满足现场安全技术要求。施工作业前，仔细检查现场安全工器具、施工机械设备合格后方可使用。 (3) 模板安装和拆除作业前，必须规范设置警戒区域，悬挂警告牌，设专人监护，严禁非作业人员进入。 (4) 安装完成的模板经验收合格，具备混凝土浇筑条件。 (5) 上述措施完成后，由作业负责人办理《安全施工作业票B》，施工项目部审核签发。总监理工程师和安全监理工程师现场检查确认，业主项目部项目经理和相关管理人员检查确认后，在作业票中签字，方可开始作业	

续表

<table>
<tr><th>施工项目</th><th colspan="2">施工现场关键点作业安全管控措施</th></tr>
<tr><td>3. 作业过程安全管控措施</td><td colspan="2">（1）作业负责人站班会上通过读票方式进行安全交底，并随机抽取3～5名施工人员提问，被提问人员清楚且回答正确后开始作业。
（2）作业过程中，施工项目部、监理项目部、业主项目部、施工企业、监理企业、建设管理单位等单位的相关人员按照施工风险作业控制管理办法要求，逐项确认风险控制专项措施落实，同时在《每日执行情况检查记录表》中签字确认。
（3）模板支撑脚手架搭设经验收合格。各类安全警告、提示标牌齐全。
（4）模板安装时禁止作业人员在独木或悬吊式模板上行走，支设梁模板时不得站在柱模板上操作，并严禁在梁的底模板上行走。
（5）模板安装验收合格。在混凝土浇筑时，禁止集中布料，导致局部荷载过大，造成支撑结构变形垮塌。
（6）拆除模板时，严格执行施工方案规定的顺序。高处作业人员脚穿防滑鞋，并选择稳固的立足点，必须系牢安全带。
（7）拆除的模板和支撑杆件，不得集中堆放在脚手架或临时工作台上，随时落地清运。
（8）作业期间，如遇有六级及以上大风或雷暴、冰雹、大雪等恶劣天气时，停止露天高处作业</td></tr>
<tr><td colspan="3">五、起重作业</td></tr>
<tr><td colspan="3">（一）塔式起重机安装、使用、拆除作业</td></tr>
<tr><td rowspan="3">1. 风险提示</td><td>风险等级</td><td>固有风险等级属二级。增加到固有风险等级三级管控</td></tr>
<tr><td>安全控制核心</td><td>起重受力工器具和人员站位，人员高处作业和结构稳定</td></tr>
<tr><td>导致事故</td><td>不执行以下安全管控措施，将导致起重伤害、高处坠落，造成人身伤害事故</td></tr>
<tr><td>2. 作业必备条件</td><td colspan="2">（1）施工方案已批准，并完成项目部和班组级交底。
（2）各类人员、安全工器具、施工机械设备、材料等已经报审并批准，满足现场安全技术要求。施工作业前，仔细检查现场安全工器具、施工机械设备合格后方可使用。
（3）地基基础承载力、地脚螺栓应符合塔式起重机使用说明书的要求。
（4）安装与拆除作业前，必须规范设置警戒区域，悬挂警告牌、设专人监护，严禁非作业人员进入。
（5）安装与拆除作业时，施工项目负责人、安全员和机械管理员、安全监理必须在现场监督。
（6）风速大于12m/s和大雨、大雪、浓雾等恶劣天气时，禁止进行塔吊安装、拆除和使用作业。
（7）使用专用力矩扳手检查塔吊地脚螺栓和标准节连接螺栓的拧紧力矩值，必须达到塔吊使用说明书的要求。
（8）塔吊起吊作业必须配备起重司机、起重信号工、司索工等特种作业人员。
（9）钢丝绳、卡环、吊钩等均应符合《起重机械吊具与索具安全规程》（LD 48）的要求。
（10）塔吊使用前必须对安全装置进行检查，安全装置失灵时不得起吊。
（11）上述措施完成后，由作业负责人办理《安全施工作业票B》，施工项目部审核签发。监理人员现场检查确认后，在作业票中签字，同意开始作业</td></tr>
</table>

续表

<table>
<tr><th>施工项目</th><th colspan="2">施工现场关键点作业安全管控措施</th></tr>
<tr><td>3. 作业过程安全管控措施</td><td colspan="2">（1）作业负责人站班会上通过读票方式进行安全交底，并随机抽取 3～5 名施工人员提问，被提问人员清楚且回答正确后开始作业。
（2）作业过程中，作业负责人、监理人员按照作业流程，逐项确认风险控制专项措施落实，同时在《每日执行情况检查记录表》中签字确认。
（3）塔吊金属结构、电气设备的外壳等均应明显可靠接地。
（4）塔吊安装高度超过最大独立高度时，应按照使用说明书要求安装附着装置。
（5）塔吊起重量定额必须大于所起吊的物件荷载的 1.25 倍。
（6）恶劣天气发生后，必须对塔吊全面安全技术检查维护一次。
（7）塔吊每班作业必须做好保养，并应做好保养记录。
（8）主要部件和安全装置等应进行经常性检查，每 15 天不得少于一次。
（9）拆卸时应连续进行，必须保证塔式起重机处于安全状态。
（10）拆卸时应先降节、后拆除附着装置</td></tr>
<tr><td colspan="3">（二）A 型架构（杆）吊装</td></tr>
<tr><td rowspan="3">1. 风险提示</td><td>风险等级</td><td>固有风险等级属三级</td></tr>
<tr><td>安全控制核心</td><td>起重受力工器具和人员站位，人员高处作业和结构稳定</td></tr>
<tr><td>导致事故</td><td>不执行以下安全管控措施，将导致起重伤害、高处坠落，造成人身伤害事故</td></tr>
<tr><td>2. 作业必备条件</td><td colspan="2">（1）施工方案已批准，并完成项目部和班组级交底。
（2）各类人员、安全工器具、施工机械设备、材料等已经报审并批准，满足现场安全技术要求。施工作业前，仔细检查现场安全工器具、施工机械设备合格后方可使用。
（3）吊装作业前，对起重机限位器、限速器、制动器、支脚与吊臂液压系统进行安全检查，并空载试运转。
（4）必须规范设置警戒区域，悬挂警告牌，设专人监护，禁非作业人员进人。
（5）上述措施完成后，由作业负责人办理《安全施工作业票 B》，施工项目部审核签发。监理人员现场检查确认后，在作业票中签字，同意开始作业</td></tr>
<tr><td>3. 作业过程安全管控措施</td><td colspan="2">（1）作业负责人站班会上通过读票方式进行安全交底，并隔机抽取 3～5 名施工人员提问，被提问人员清楚且回答正确后开始作业。
（2）作业过程中，作业负责人、监理人员按照作业流程，逐项确认风险控制专项措施落实，同时在《每日执行情况检查记录求》中签字确认。
（3）吊装过程中设专人指挥，吊臂及吊物下严禁站人或有人经过。
（4）架构吊点位置必须经过计算现场指定。临时拉线绑扎应靠近 A 型杆头，吊点绳和临时拉线必须由专业起重工绑扎并用卡扣紧固。
（5）构架标高、轴线调整完成，杆根部及临时拉线固定之后，再开始登杆作业，拆除吊钩。
（6）横梁吊点处要有对吊绳的防护措施，防止吊绳卡断。待横梁距就位点上方 200～300mm 稳定后，作业人员方可进人作业点。
（7）高处作业人员攀爬 A 型杆时，必须使用提前设置的垂直攀登自锁器；在模梁上行走时，必须使用提前设置的水平安全绳。在转移作业位置时，不得失去保护。
（8）高处作业所用的工具和材料放在工具袋内或用绳索拴在牢固的构件上，较大的工具系有保险绳。上下传递物件使用绳索，不得抛掷。
（9）当天吊装完成的构架必须完成混凝土二次浇筑，禁止延迟过夜浇筑，二次灌浆混凝土未达到规定的强度时，不得拆除临时拉线。
（10）起重作业中，如遇有六级及以上大风或雷暴、冰雹、大雪等恶劣天气时，停止起重和露天高处作业</td></tr>
</table>

续表

施工项目		施工现场关键点作业安全管控措施
（三）两台及以上起重机抬吊		
1. 风险提示	风险等级	固有风险等级属三级
	安全控制核心	起吊重量分配、起重受力工器具和人员站位、人员高处作业和结构稳定
	导致事故	不执行以下安全管控措施，将导致起重伤害、高处坠落，造成人身伤害事故
2. 作业必备条件	（1）施工方案已批准，并完成项目部和班组级交底。 （2）各类人员、安全工器具、施工机械设备、材料等已经报审并批准，满足现场安全技术要求。施工作业前，仔细检查现场安全工器具、施工机械设备合格后方可使用。 （3）吊装作业前，对起重机限位器、限速器、制动器、支脚与吊臂液压系统进行安全检查，并空载试运转。 （4）必须规范设置警戒区域，悬挂警告牌，设专人监护，严禁非作业人员进入。 （5）上述措施完成后，由作业负责人办理《安全施工作业票B》，施工项目部审核签发。监理人员现场检查确认后，在作业票中签字，同意开始作业	
3. 作业过程安全管控措施	（1）作业负责人站班会上通过读票方式进行安全交底，并随机抽取3～5名施工人员提问，被提问人员清楚且回答正确后开始作业。 （2）作业过程中，作业负责人、监理人员按照作业流程，逐项确认风险控制专项措施落实，同时在《每日执行情况检查记录表》中签字确认。 （3）吊点位置的确定，必须按各台起重机允许起重量，经计算后按比例分配负荷。 （4）吊装作业设专人指挥，吊臂及吊物下严禁站人或有人经过。 （5）吊物离地面100mm左右，停机检查起吊受力情况，确认无误再继续匀速起吊。 （6）抬吊中，各台起重机吊钩与吊绳保持垂直，升降或行走必须同步。各台起重机承受的载荷不得超过各自允许额定起重量的80%。 （7）吊物在空中短时间停留时，操作和指挥人员禁止离开岗位。禁止起吊的重物在空中长时间停留。 （8）高处作业所用的工具和材料放在工具袋内或用绳索拴在牢固的构件上，较大的工具系有保险绳，上下传递物件使用绳索，不得抛掷。 （9）如起重机发生故障无法放下重物时，必须采取适当的保险措施，除专业排险人员外，严禁任何人进入危险区。 （10）起重作业中，如遇有六级及以上大风或雷暴、冰雹、大雪等恶劣天气时，停止起重和露天高处作业	
（四）起重机械临近带电体作业		
1. 风险提示	风险等级	固有风险等级属三级
	安全控制核心	起重受力工器具和人员站位，近电吊装作业和人员高处作业
	导致事故	不执行以下安全管控措施，将导致起重伤害、高处坠落，造成人身伤害事故

续表

<table>
<tr><th>施工项目</th><th colspan="2">施工现场关键点作业安全管控措施</th></tr>
<tr><td>2. 作业必备条件</td><td colspan="2">（1）施工方案已批准，并完成项目部和班组级交底。
（2）各类人员、安全工器具、施工机械设备、材料等已经报审并批准，满足现场安全技术要求。施工作业前，仔细检查现场安全工器具、施工机械设备合格后方可使用。
（3）吊装作业前，对起重机限位器、限速器、制动器、支脚与吊臂液压系统进行安全检查，并空载试运转。
（4）起重机臂架、吊具、辅具、钢丝绳及吊物等带电体的最小安全距离要满足《电力安全工作规程》的规定。
（5）必须规范设置警戒区域，悬挂警告牌，设专人监护，严禁非作业人员进入。
（6）上述措施完成后，由作业负责人办理《安全施工作业票B》，施工项目部审核签发。监理人员现场检查确认后，在作业票中签字，同意开始作业</td></tr>
<tr><td>3. 作业过程安全管控措施</td><td colspan="2">（1）作业负责人站班会上通过读票方式进行安全交底，并随机抽取3～5名施工人员提问，被提问人员清楚且回答正确后开始作业。
（2）作业过程中，作业负责人、监理人员按照作业流程，逐项确认风险控制专项措施落实，同时在《每日执行情况检查记录表》中签字确认。
（3）临近带电体作业，如不满足《电力安全工作规程》规定的安全距离时，申请停电作业。
（4）长期或频繁地临近带电体作业时、应采取隔离防护措施</td></tr>
<tr><td colspan="3">（五）变压器、电抗器吊芯或吊罩作业</td></tr>
<tr><td rowspan="3">1. 风险提示</td><td>风险等级</td><td>固有风险等级属三级</td></tr>
<tr><td>安全控制核心</td><td>起重机本体的安全、人机配合吊装作业与高处作业</td></tr>
<tr><td>导致事故</td><td>不执行以下安全管控措施，将导致起重伤害、高处坠落，造成人身伤害事故</td></tr>
<tr><td>2. 作业必备条件</td><td colspan="2">（1）施工方案已批准，并完成项目部和班组级交底。
（2）各类人员、安全工器具、施工机械设备、材料等已经报审并批准，满足现场安全技术要求，施工作业留行强检查现场安全工器具、施工机械设备合格后方可使用。
（3）吊装作业前，必须规范设置警戒区域、悬挂警告牌、设专人监护，严禁非作业人员进入。
（4）上述措施完成后，由作业负责人办理《安全施工作业票B》，施工项目部审核签发。监理人员现场检查确认后，在作业票上签字、同意开始作业</td></tr>
<tr><td>3. 作业过程安全管控措施</td><td colspan="2">（1）作业负责人站班会上通过读票方式进行安全交底，并随机选取3～5名施工人员提问，被提问人员清楚且回答正确后开始作业。
（2）吊罩时，应将外罩放置在变压器（电抗器）外围干净支垫上，避免外罩直接落在铁芯上。必要时，采取支撑固定等安全措施。
（3）吊芯时，应将吊点设置在设备指定的位置，并校核吊点强度，铁芯及吊臂活动范围下方严禁站人。
（4）解体运输式变压器的部件吊装，必须使用厂家确认的吊具、在部件指定的吊点上进行吊装。吊绳与铅垂线间的夹角不大于30°，否则应使用平衡梁起吊。吊绳长度应匹配，受力应均等，防止起吊件翻倒。起吊前，必须将所有的箱沿螺栓拧紧。铁芯翻转必须使用专用工具，按操作流程进行</td></tr>
</table>

续表

施工项目	施工现场关键点作业安全管控措施	
（六）套管吊装作业		
1. 风险提示	风险等级	固有风险等级属三级
	安全控制核心	起重受力工器具和人员站位、人员高处作业
	导致事故	不执行以下安全管控措施，将导致起重伤害、高处坠落，造成人身伤害事故
2. 作业必备条件	（1）施工方案已批准，并完成项目部和班组级交底。 （2）各类人员、安全工器具、施工机械设备、材料等已经报审并批准，满足现场安全技术要求。施工作业前，仔细检查现场安全工器具、施工机械设备合格后方可使用。 （3）吊装作业前，必须规范设置警戒区域，悬挂警告牌，设专人监护，严禁非作业人员进入。 （4）上述措施完成后，由作业负责人办理《安全施工作业票 B》，施工项目部审核签发。监理人员现场检查确认后，在作业票中签字，同意开始作业	
3. 作业过程安全管控措施	（1）作业负责人站班会上通过读票方式进行安全交底，并随机抽取 3～5 名施工人员提问，被提问人员清楚且回答正确后开始作业。 （2）在油箱顶部作业时，四周临边处应设置水平安全绳或固定式安全围栏（油箱顶部有固定接口时）。 （3）高处作业人员应穿防滑鞋，必须通过自带爬梯上下变压器。应避免残油滴落到油箱顶部。 （4）吊装必须设专人指挥，应能全面观察到整个作业范围，包括套管起落点及吊装路径、吊车司机和司索人员的位置。 （5）吊具应使用厂家提供的套管专用吊具或使用合格的尼龙吊带，绑扎位置及绑扎方法应经厂家人员确认。 （6）套管及吊臂活动范围下方严禁站人。在套管到达就位点且稳定后，作业人员方可进入作业区域。 （7）大型套管采用两台起重机械抬吊时，应分别校核主吊和辅吊的吊装参数，特别防止辅吊在套管竖立过程中超幅度或超载荷。 （8）在套管法兰螺栓未完全紧固前，起重机械必须保持受力状态。 （9）高处摘除套管吊具或吊绳时，必须使用高空作业车。严禁攀爬套管或使用起重机械吊钩吊人。 （10）换流站穿墙套管吊装时，必须保证阀厅内外联系通畅。 （11）当套管试验采用专用支架竖立时，必须确保专用支架的结构强度，并与地面可靠固定	
（七）串联补偿装置绝缘平台吊装作业		
1. 风险提示	风险等级	固有风险等级属二级
	安全控制核心	起吊重量分配、起重受力工器具和人员站位、人员高处作业和结构稳定
	导致事故	不执行以下安全管控措施，将导致起重伤害、高处坠落，造成人身伤害事故
2. 作业必备条件	（1）施工方案已批准，并完成项目部和班组级交底。 （2）各类人员、安全工器具、施工机械设备、材料等已经报审并批准，满足现场安全技术要求。施工作业前，仔细检查现场安全工器具、施工机械设备合格后方可使用。	

续表

<table>
<tr><th>施工项目</th><th colspan="2">施工现场关键点作业安全管控措施</th></tr>
<tr><td>2. 作业必备条件</td><td colspan="2">(3) 吊装前，必须复测支撑绝缘子的轴线和顶面标高，确保各支撑绝缘子能够均匀受力，防止单个绝缘子超载而导致绝缘平台坍塌。
(4) 吊装作业前，必须规范设置警戒区域，悬挂警告牌，设专人监护，严禁非作业人员进入。
(5) 上述措施完成后，由作业负责人办理《安全施工作业票B》，施工项目部审核签发。监理人员现场检查确认后，在作业票中签字，同意开始作业</td></tr>
<tr><td>3. 作业过程安全管控措施</td><td colspan="2">(1) 作业负责人站班会上通过读票方式进行安全交底，并随机抽取3～5名施工人员提问，被提问人员清楚且回答正确后开始作业。
(2) 抬吊应使用相同性能参数的起重机。单台起重机械的最大受力不得超过其额定的80%。
(3) 吊装必须保持平衡、平稳、按指令缓慢下落，防止起重机械受冲击而倾覆。
(4) 平台调整固定前，必须采取临时拉线固定。所有支撑绝缘子和斜拉绝缘子调整紧固完成后，方可解除临时拉线。
(5) 斜拉绝缘子调整固定过程中，必须保持起重机械在受力状态。人员应避免在平台正下方作业</td></tr>
<tr><td colspan="3">(八) 其他电气设备吊装</td></tr>
<tr><td rowspan="3">1. 风险提示</td><td>风险等级</td><td>固有风险等级属三级</td></tr>
<tr><td>安全控制核心</td><td>起重受力工器具和人员站位、人员高处作业</td></tr>
<tr><td>导致事故</td><td>不执行以下安全管控措施，将导致起重伤害、高处坠落，造成人身伤害事故</td></tr>
<tr><td>2. 作业必备条件</td><td colspan="2">(1) 施工方案已批准，并完成项目部和班组级交底。
(2) 各类人员、安全工器具、施工机械设备、材料等已经报审并批准，满足现场安全技术要求。施工作业前，仔细检查现场安全工器具、施工机械设备合格后方可使用。
(3) 吊装作业前，规范设置警戒区域，悬挂警告牌，设专人监护，严禁非作业人员进入。
(4) 上述措施完成后，由作业负责人办理《安全施工作业票B》，施工项目部审核签发。监理人员现场检查确认后，在作业票中签字，同意开始作业</td></tr>
<tr><td>3. 作业过程安全管控措施</td><td colspan="2">(1) 作业负责人站班会上通过读票方式进行安全交底，并随机抽取3～5名施工人员提问，被提问人员清楚且回答正确后开始作业。
(2) 户内式GIS吊装时，作业人员在接应GIS时应注意周围环境，防止临边高处坠落或挤压。
(3) 使用桁车吊装GIS时，桁车必须经质监检验合格并进行试吊。操作人员应在所吊GIS的后方或侧面操作。
(4) 隔离开关刀头吊装时，严禁解除捆绑物，并保持平衡。
(5) 电压互感器、耦合电容器、避雷器、开关柜、L形高压出线装置、升高座等竖直状且重心较高的设备（部件），在装卸、搬运的吊装过程中，必须确保包装箱完好且坚固、必须在起重机械受力后方可拆除运输安全措施、必须采取防倾覆的措施（如设置拦腰绳）。
(6) 干式电抗器、平波电抗器吊装时，必须使用设备专用吊点。各个支撑绝缘子应均匀受力，防止单个绝缘子超过其允许受力。调整紧固并采取必要的安全保护措施后，作业人员方可进入电抗器下方作业。
(7) 悬吊式阀塔设备吊装必须从上而下进行。
(8) 交流（直流）滤波器吊装前，对支撑式电容器组必须确保支撑绝缘子完成调节并锁定，对悬挂式电容器组必须复查结构紧固螺栓。起吊过程中必须保持滤波器层架平衡，防止失稳。
(9) 电缆盘卸车时，必须在挂钩前将运输车上其他电缆盘垫设木楔。在电缆盘吊移的过程中，严禁在电缆盘和吊车臂下方站人</td></tr>
</table>

续表

<table>
<tr><th>施工项目</th><th colspan="2">施工现场关键点作业安全管控措施</th></tr>
<tr><td colspan="3">六、母线安装</td></tr>
<tr><td colspan="3">（一）管母线安装作业</td></tr>
<tr><td rowspan="3">1. 风险提示</td><td>风险等级</td><td>固有风险等级属三级</td></tr>
<tr><td>安全控制核心</td><td>起重受力工器具和人员站位、人员高处作业</td></tr>
<tr><td>导致事故</td><td>不执行以下安全管控措施，将导致起重伤害、高处坠落，造成人身伤害事故</td></tr>
<tr><td>2. 作业必备条件</td><td colspan="2">（1）施工方案已批准，并完成项目部和班组级交底。
（2）各类人员、安全工器具、施工机械设备、材料等已经报审并批准，满足现场安全技术要求。施工作业前，仔细检查现场安全工器具、施工机械设备合格后方可使用。
（3）安装作业前，规范设置警戒区域，悬挂警告牌，设专人监护，严禁非作业人员进入。
（4）构支架必须经转序验收合格。场地平整、坚实，起重机械行走路线及停车位已压实并经过检查满足使用。
（5）上述措施完成后，由作业负责人办理《安全施工作业票 B》，施工项目部审核签发。监理人员现场检查确认后，在作业票中签字，同意开始作业</td></tr>
<tr><td>3. 作业过程安全管控措施</td><td colspan="2">（1）作业负责人站班会上通过读票方式进行安全交底，并随机抽取 3～5 名施工人员提问，被提问人员清楚且回答正确后开始作业。
（2）管母线应采用固定框架包装运输，框架强度应满足吊装要求，防止卸车过程中管母滚落而伤及人身。
（3）管母线现场保管应保证包装完好，堆放层数不应超过 3 层，层间应设枕木隔离，保管区域应设隔离围挡，严禁人员踩踏管母线。
（4）应采取措施防止吊点绑扎滑动，避免吊装时管母线倾覆伤人。
（5）当采用绞磨或卷扬机时，必须设专人指挥，两端同时起吊、同时就位悬挂。无刹车装置的绞磨或卷扬机的升降必须使用离合器控制，禁止使用电源开关控制。各转向滑轮须设专人监护，严禁任何人在钢丝绳内侧停留或通过。
（6）管母线上安装隔离开关静触头或调整管母线，必须使用高空作业车。
（7）对支持式管母线，严禁高处作业人员攀爬支柱绝缘子，应使用专用爬梯。
（8）严禁将绝缘子及管母线作为后续施的吊装承重受力点</td></tr>
<tr><td colspan="3">（二）架空软母线安装</td></tr>
<tr><td rowspan="3">1. 风险提示</td><td>风险等级</td><td>固有风险等级属二级，提升到三级风险管控</td></tr>
<tr><td>安全控制核心</td><td>起重受力工器具和人员站位、人员高处作业</td></tr>
<tr><td>导致事故</td><td>不执行以下安全管控措施，将导致起重伤害、高处坠落，造成人身伤害事故</td></tr>
<tr><td>2. 作业必备条件</td><td colspan="2">（1）施工方案已批准，并完成项目部和班组级交底。
（2）各类人员、安全工器具、施工机械设备、材料等已经报审并批准，满足现场安全技术要求。施工作业前，仔细检查现场安全工器具、施工机械设备合格后方可使用。
（3）安装作业前，规范设置警戒区域，悬挂警告牌，设专人监护，严禁非作业人员进入。
（4）液压泵站、卷扬机、绞磨、起重机械、钢丝绳、转向滑车等机具经报审检验合格。卷扬机必须状态完好、检验合格、固定牢固，并进行试车。卷扬机防护设施、电气绝缘、离合器、制动装置、保险棘轮、导向滑轮、索具等必须完整、有效。
（5）构支架必须经转序验收合格。场地平整、坚实，起重机械行走路线及停车位已压实并经过检查满足使用。
（6）上述措施完成后，由作业负责人办理《安全施工作业票 B》，施工项目部审核签发。监理人员现场检查确认后，在作业票中签字，同意开始作业</td></tr>
</table>

续表

施工项目	施工现场关键点作业安全管控措施	
3. 作业过程安全管控措施	(1) 作业负责人站班会上通过读票方式进行安全交底，并随机抽取3～5名施工人员提问、被提问人员清楚且回答正确后开始作业。 (2) 导线盘卸车必须使用满足起重要求的起重机，起吊点应正确。严禁斜吊和多盘同时起吊，应采取防止线盘滚动的措施。 (3) 导线盘应放置平稳，导线应由线盘的下方引出。人员严禁站在线盘的前面。当放到线盘的最后几圈时，应采取措施防止导线突然蹦出而伤人。 (4) 导线下料采用型材切割机时，应确保操作手柄绝缘良好，严禁戴手套操作，应与切割断口保持安全距离。 (5) 正式架线前，必须检查确认金具及绝缘子组串正确，金具连接螺栓、防松帽、开口销使用正确，弹簧卡齐全、无损坏。 (6) 正式架线前，必须检查确认滑轮悬挂在横梁主材及固定在构架根部的可靠性。滑轮的直径不应小于钢丝绳直径的16倍，应无裂纹、破损等情况。 (7) 单侧挂线时，应紧密关注构架柱脚及横梁的变形情况。必要情况下应加反向拉线、安装拉力计进行监测。 (8) 使用电动卷扬机牵引时，必须控制好速度和张力，严禁过牵引。严禁使用卷扬机直接挂线连接。 (9) 钢丝绳应从卷筒下方卷入；卷筒上的钢丝绳应排列整齐，工作时最少应保留5圈；最外层的钢丝绳应低于卷筒突缘，其距离不得小于1根钢丝绳的直径；钢丝绳与构架接触部分应有防护措施。 (10) 使用绞磨时，磨绳在磨芯上缠绕圈数不得少于5圈，拉磨尾绳人员不得少于2人，并且距绞磨距离不得小于2.5m。2台绞磨同时作业时应统一指挥，纹磨操作人员应精神集中。 (11) 使用吊车挂线时，应严格执行《起重机安全规程》(GB 6067)，严禁作业人员与架空软母线混装，严禁斜拉吊车臂，严禁超幅度吊装。 (12) 使用人工挂线时应统一指挥相互配合，应有防止脱落的措施。 (13) 紧线应缓慢，严禁出现挂阻情况。 (14) 整个安装过程中，导线下方及钢丝绳内侧严禁站人或通过。人员禁止跨越正在收紧的导线	
七、电气试验及系统调试		
(一) 局放及耐压试验		
1. 风险提示	风险等级	固有风险等级属三级
	安全控制核心	试验设备检查和安全隔离、用电人员的操作与高处作业
	导致事故	不执行以下安全管控措施，将导致触电和高处坠落，造成人身伤害事故
2. 作业必备条件	(1) 施工方案已批准，并完成项目部和班组级交底。 (2) 各类人员、安全工器具、施工机报设备、材料等已经报审并批准，满足现场安全技术要求。施工作业前，仔细检查现场安全工器具、施工机械设备合格后方可使用。 (3) 试验作业前，必须规范设置硬质安全隔离区域，向外悬挂“止步，高压危险!”的警示牌。设专人监护，严禁非作业人员进入。 (4) 上述措施完成后，由作业负责人办理《安全施工作业票B》，施工项目部审核签发。监理人员现场检查确认后，在作业票中签字，同意开始作业	

续表

<table>
<tr><th>施工项目</th><th colspan="2">施工现场关键点作业安全管控措施</th></tr>
<tr><td>3. 作业过程安全管控措施</td><td colspan="2">（1）作业负责人站班会上通过读票方式进行安全交底，并随机抽取 3～5 名施工人员提问，被提问人员清楚且回答正确后开始作业。
（2）作业过程中，作业负责人、监理人员按照作业流程，逐项确认风险控制专项措施落实，同时在《每日执行情况检查记录表》中签字</td></tr>
<tr><td colspan="3">（二）交流或直流加压试验</td></tr>
<tr><td rowspan="3">1. 风险提示</td><td>风险等级</td><td>固有风险等级属二级，提升到三级风险管控</td></tr>
<tr><td>安全控制核心</td><td>试验设备检查和安全隔离、用电人员的操作与高处作业</td></tr>
<tr><td>导致事故</td><td>不执行以下安全管控措施，将导致触电和高处坠落，造成人身伤害事故</td></tr>
<tr><td>2. 作业必备条件</td><td colspan="2">（1）施工方案已批准，并完成项目部和班组级交底。
（2）各类人员、安全工器具、施工机械设备、材料等已经报审并批准，满足现场安全技术要求。施工作业前，仔细检查现场安全工器具、施工机械设备合格后方可使用。
（3）试验作业前，必须规范设置警戒区域，悬挂警告牌，设专人监护，严禁非作业人员进入。
（4）试验工作不得少于 2 人，试验人员脚穿绝缘防滑鞋，上下使用绝缘攀爬设施。
（5）上述措施完成后，由作业负责人办理《安全施工作业票 B》，施工项目部审核签发。监理人员现场检查确认后，在作业票中签字，同意开始作业</td></tr>
<tr><td>3. 作业过程安全管控措施</td><td colspan="2">（1）作业负责人站班会上通过读票方式进行安全交底，并随机抽取 3～5 名施工人员提问，被提问人员清楚且回答正确后开始作业。
（2）作业过程中，作业负责人、监理人员按照作业流程，逐项确认风险控制专项措施落实，同时在《每日执行情况检查记录表》中签字确认。
（3）试验设备和被试设备必须可靠接地，设备通电过程中，试验人员不得中途离开。
（4）试验结束后及时将试验电源断开，并对容性被试设备进行充分的放电后，方可拆除试验接线</td></tr>
<tr><td colspan="3">（三）阀厅内试验</td></tr>
<tr><td rowspan="3">1. 风险提示</td><td>风险等级</td><td>固有风险等级属三级</td></tr>
<tr><td>安全控制核心</td><td>试验设当检查和安全隔离、用电人员的操作与高处作业</td></tr>
<tr><td>导致事故</td><td>不执行以下安全管控措施，将导致触电和高处坠落，造成人身伤害事故</td></tr>
<tr><td>2. 作业必备条件</td><td colspan="2">（1）施工方案已批准，并完成项目部和班组级交底。
（2）各类人员、安全工器具、施工机械设备、材料等已经报审并批准，满足现场安全技术要求。施工作业前，仔细检查现场安全工器具、施工机械设备合格后方可使用。
（3）试验作业前，必须规范设置警戒区域，悬挂警告牌，设专人监护，严禁非作业人员进入。
（4）上述措施完成后，由作业负责人办理《安全施工作业票 B》，施工项目部审核签发。监理人员现场检查确认后，在作业票中签字，同意开始作业</td></tr>
</table>

续表

<table>
<tr><th>施工项目</th><th colspan="2">施工现场关键点作业安全管控措施</th></tr>
<tr><td>3. 作业过程安全管控措施</td><td colspan="2">（1）作业负责人站班会上通过读票方式进行安全交底，并随机抽取 3～5 名施工人员提问，被提问人员清楚且回答正确后开始作业。
（2）作业过程中，作业负责人、监理人员按照作业流程，逐项确认风险控制专项措施落实，同时在《每日执行情况检查记录表》中签字确认。
（3）严格遵守《电力安全工作规程》，保持与带电高压设备足够的安全距离。
（4）在进行阀厅相关的套管加压试验前，应通知隔墙对侧无关人员撤离，并由专人监护。
（5）进行晶闸管高压试验前，应停止该阀塔内其他工作，撤离无关人员。
（6）晶闸管高压试验时，试验人员必须与试验带电体保持足够的安全距离，不应接触阀塔屏蔽罩。
（7）地面加压人员与阀体层作业人员应保持联系，防止误加压。
（8）阀体工作层应设专责监护人（在与阀体工作层平行的升降车上监护、指挥），加压过程中应有人监护并呼唱</td></tr>
<tr><td colspan="3">（四）系统调试</td></tr>
<tr><td rowspan="3">1. 风险提示</td><td>风险等级</td><td>固有风险等级属三级</td></tr>
<tr><td>安全控制核心</td><td>试验设备检查和安全隔离、用电人员的操作</td></tr>
<tr><td>导致事故</td><td>不执行以下安全管控措施，将导致触电和爆炸，造成人身伤害事故、设备和电网事故</td></tr>
<tr><td>2. 作业必备条件</td><td colspan="2">（1）施工方案已批准，并完成项目部和班组级交底。
（2）各类人员、安全工器具、施工机械设备、材料等已经报审并批准，满足现场安全技术要求。施工作业前，仔细检查现场安全工器具、施工机械设备合格后方可使用。
（3）试验作业前，必须规范设置警戒区域，悬挂警告牌，设专人监护，严禁非作业人员进入。
（4）上述措施完成后，由作业负责人办理《安全施工作业票 B》，施工项目部审核签发。监理人员现场检查确认后，在作业票中签字，同意开始作业</td></tr>
<tr><td>3. 作业过程安全管控措施</td><td colspan="2">（1）作业负责人站班会上通过读票方式进行安全交底，并随机抽取 3～5 名施工人员提问，被提问人员清楚且回答正确后开始作业。
（2）作业过程中，作业负责人、监理人员按照作业流程，逐项确认风险控制专项措施落实，同时在《每日执行情况检查记录表》中签字确认。
（3）由一次设备处引入的测试回路注意采取防止高电压引入的危险，注意检查一次设备接地点和试验设备安全接地，高压试验设备必须铺设绝缘垫。
（4）在电流互感器、电压互感器、交流电源、直流电源等带电回路进行测试或接线时必须使用合格工具，落实好严防电流互感器二次开路的措施。
（5）一次设备第一次冲击送电时，注意安全距离，二次人员待运行稳定后，方可到现场进行相量测试和检查工作。
（6）必须确认待试验的稳定控制系统（试验系统）与运行系统已完全隔离后方可开始工作，严防走错间隔及误碰无关带电端子</td></tr>
<tr><td colspan="3">八、改扩建施工</td></tr>
<tr><td colspan="3">（一）户外临近带电作业</td></tr>
<tr><td rowspan="3">1. 风险提示</td><td>风险等级</td><td>固有风险等级属三级</td></tr>
<tr><td>安全控制核心</td><td>施工机械设备检查和安全隔离、人员近电作业</td></tr>
<tr><td>导致事故</td><td>不执行以下安全管控措施，将导致触电，造成人身伤害事故</td></tr>
</table>

续表

<table>
<tr><th>施工项目</th><th colspan="2">施工现场关键点作业安全管控措施</th></tr>
<tr><td>2. 作业必备条件</td><td colspan="2">(1) 施工方案已批准，并完成项目部和班组级交底。
(2) 各类人员、安全工器具、施工机械设备、材料等已经报审并批准，满足现场安全技术要求。施工作业前，仔细检查现场安全工器具、施工机械设备合格后方可使用。
(3) 完成施工区域与运行部分的物理和电气安全隔离。
(4) 不得在雨、雪、大风等天气进行作业。
(5) 对停电的设备验明确无电压，将设备接地并三相短路。
(6) 上述措施完成后，由作业负责人办理《安全施工作业票 B》，施工项目部审核签发。监理人员现场检查确认后，在作业票中签字，同意开始作业</td></tr>
<tr><td>3. 作业过程安全管控措施</td><td colspan="2">(1) 作业负责人站班会上通过读票方式进行安全交底，并随机抽取 3～5 名施工人员提问，被提问人员清楚且回答正确后开始作业。
(2) 作业过程中，作业负责人、监理人员按照作业流程，逐项确认风险控制专项措施落实，同时在《每日执行情况检查记录表》中签字确认。
(3) 作业人员、机械、设备、工器具要与带电物体保持足够的安全距离，严禁触碰带电设备。
(4) 作业人员、施工机械禁止越过安全隔离护栏进行作业。
(5) 变电站及高压配电室的梯子、线材等长物，放倒后搬运。
(6) 在运行变电站手持的非绝缘物件不超过本人的头顶。
(7) 作业区域内的机械、设备外壳可靠接地。
(8) 接地线挂设使用专用的线夹，禁止用缠绕的方法进行接地或短路，不得擅自移动或拆除接地线。
(9) 人体不得碰触接地线或未接地的导线；带接地线拆设备接头时，采取防止接地线脱落的措施。
(10) 接地线一经拆除，设备即应视为有电，禁止再去接触或进行作业。
(11) 在母线和横梁上作业或新增设母线与带电母线靠近、平行时，母线应接地。
(12) 拆挂母线时，有防止钢丝绳和母线弹到临近带电设备或母线上的措施</td></tr>
<tr><td colspan="3">（二）户内设备安装作业</td></tr>
<tr><td rowspan="3">1. 风险提示</td><td>风险等级</td><td>固有风险等级属三级</td></tr>
<tr><td>安全控制核心</td><td>施工机械设备检查和安全隔离、人员近电作业</td></tr>
<tr><td>导致事故</td><td>不执行以下安全管控措施，将导致触电，造成人身伤害事故</td></tr>
<tr><td>2. 作业必备条件</td><td colspan="2">(1) 施工方案已批准，并完成项目部和班组级交底。
(2) 各类人员、安全工器具、施工机械设备、材料等已经报审并批准，满足现场安全技术要求。施工作业前，仔细检查现场安全工器具、施工机械设备合格后方可使用。
(3) 完成施工区域与运行部分的物理和电气安全隔离。
(4) 对停电的设备验明确无电压，将设备接地并三相短路。
(5) 上述措施完成后，由作业负责人办理《安全施工施业票 B》，施工项目部审核签发。监理人员现场检查确认后，在作业票中签字，同意开始作业</td></tr>
</table>

续表

<table>
<tr><th>施工项目</th><th colspan="2">施工现场关键点作业安全管控措施</th></tr>
<tr><td>3. 作业过程安全管控措施</td><td colspan="2">（1）作业负责人站班会上通过读票方式进行安全交底，并随机抽取 3～5 名施工人员提问，被提问人员清楚且回答正确后开始作业。
（2）作业过程中，作业负责人、监理人员按照作业流程，逐项确认风险控制专项措施落实，同时在《每日执行情况检查记录表》中签字确认。
（3）安装时，作业人员、设备、工器具要与带电物体保持规定的安全距离，严禁触碰带电设备。
（4）作业人员禁止越过安全隔离进行作业。
（5）接地线挂设使用专用的线夹，禁止用缠绕的方法进行接地或短路，不得擅自移动或拆除接地线。
（6）接地线一经拆除，设备即应视为有电，禁止再去接触或进行作业。
（7）拆解盘、柜内二次电缆时，必须确定所拆电缆确实已退出运行</td></tr>
<tr><td colspan="3">九、地下变电站工程</td></tr>
<tr><td colspan="3">（一）地下围护桩结构施工</td></tr>
<tr><td rowspan="3">1. 风险提示</td><td>风险等级</td><td>固有风险等级属三级</td></tr>
<tr><td>安全控制核心</td><td>起重受力工器具和人员站位、人员高处作业和坑孔墙壁稳定</td></tr>
<tr><td>导致事故</td><td>不执行以下安全管控措施，将导致中毒、窒息、坍塌、起重伤害、高处坠落，造成人身伤害事故</td></tr>
<tr><td>2. 作业必备条件</td><td colspan="2">（1）施工方案已批准，并完成项目部和班组级交底。
（2）各类人员、安全工器具、施工机械设备、材料等已经报审并批准，满足现场安全技术要求。施工作业前，仔细检查现场安全工器具、施工机械设备合格后方可使用。
（3）每日作业前检测桩孔内有无有毒、有害气体，禁止在孔内使用燃油动力机械设备。
（4）作业前，必须规范设置警戒区域，悬挂警告牌，设专人监护，严禁非作业人员进入。
（5）规范设置软爬梯，供作业人员上下使用。
（6）上述措施完成后，由作业负责人办理《安全施工作业票 B》，施工项目部审核签发。监理人员现场检查确认后，在作业票中签字，同意开始作业</td></tr>
<tr><td>3. 作业过程安全管控措施</td><td colspan="2">（1）作业负责人站班会上通过读票方式进行安全交底，并随机抽取 3～5 名施工人员提问，被提问人员清楚且回答正确后开始作业。
（2）作业过程中，作业负责人、监理人员按照作业流程，逐项确认风险控制专项措施落实，同时在《每日执行情况检查记录表》中签字确认。
（3）人工成孔孔内照明必须采用安全电压，并配备抽、送风设备。
（4）人工成孔孔口设挡水台，上下递送工具物品时，严禁抛掷。
（5）挖出的土方不得堆放在孔口四周 1m 范围内。
（6）机械成孔前应进行地下管线、构筑物勘测。
（7）施工现场作业区域及泥浆池、污水池等应设置施工围栏和安全标志，夜间施工必须配置充足照明。
（8）起吊安放钢筋笼时，由专人指挥，平稳起吊，安排专人拉好方向控制绳，严禁斜吊。
（9）基坑土方开挖应分层进行，开挖完成后应及时进行桩间墙封闭</td></tr>
<tr><td colspan="3">（一）逆作法施工</td></tr>
<tr><td rowspan="3">1. 风险提示</td><td>风险等级</td><td>固有风险等级属三级</td></tr>
<tr><td>安全控制核心</td><td>起重受力工器具和人员站位、人员高处作业和坑孔墙壁稳定</td></tr>
<tr><td>导致事故</td><td>不执行以下安全管控措施，将导致中毒、窒息、坍塌、起重伤害、高处坠落，造成人身伤害事故</td></tr>
</table>

续表

<table>
<tr><th>施工项目</th><th colspan="2">施工现场关键点作业安全管控措施</th></tr>
<tr><td>2. 作业必备条件</td><td colspan="2">（1）施工方案已批准，并完成项目部和班组级交底。
（2）各类人员、安全工器具、施工机械设备、材料等已经报审并批准，满足现场安全技术要求。施工作业前，仔细检查现场安全工器具、施工机械设备合格后方可使用。
（3）地下作业应有良好通风与照明。
（4）吊装作业前，必须规范设置警戒区域，悬挂警告牌，设专人监护，严禁非作业人员进入。
（5）上述措施完成后，由作业负责人办理《安全施工作业票 B》，施工项目部审核签发。监理人员现场检查确认后，在作业票中签字，同意开始作业</td></tr>
<tr><td>3. 作业过程安全管控措施</td><td colspan="2">（1）作业负责人站班会上通过读票方式进行安全交底，并随机抽取 3～5 名施工人员提问，被提问人员清楚且回答正确后开始作业。
（2）作业过程中，作业负责人、监理人员按照作业流程，逐项确认风险控制专项措施落实，同时在《每日执行情况检查记录表》中签字确认。
（3）在地下挖土时，应按规定路线挖掘，按照由高至低、由外至里，放坡挖掘避免塌方。
（4）挖土至模板松动时，应先拆除模板和其他坠落物，避免模板等物体掉落伤人；拆除的材料应随时外运。
（5）四口五临边应及时封闭，平面预留洞口四周应设置硬质围栏，下方设安全网。
（6）合理设置人员安全通道和物料提升井</td></tr>
<tr><td colspan="3">（三）钢支撑安装与拆除</td></tr>
<tr><td rowspan="3">1. 风险提示</td><td>风险等级</td><td>固有风险等级属三级</td></tr>
<tr><td>安全控制核心</td><td>起重受力工器具和人员站位、人员高处作业和坑孔墙壁稳定</td></tr>
<tr><td>导致事故</td><td>不执行以下安全管控措施，将导致中毒、窒息、坍塌、起重伤害、高处坠落，造成人身伤害事故</td></tr>
<tr><td>2. 作业必备条件</td><td colspan="2">（1）施工方案已批准，并完成项目部和班组级交底。
（2）各类人员、安全工器具、施工机械设备、材料等已经报审并批准，满足现场安全技术要求。施工作业前，仔细检查现场安全工器具、施工机械设备合格后方可使用。
（3）地下作业应有良好通风与照明。
（4）吊装作业前，必须规范设置警戒区域，悬挂警告牌，设专人监护，严禁非作业人员进入。
（5）上述措施完成后，由作业负责人办理《安全施工作业票 B》，施工项目部审核签发。监理人员现场检查确认后，在作业票中签字，同意开始作业</td></tr>
<tr><td>3. 作业过程安全管控措施</td><td colspan="2">（1）作业负责人站班会上通过读票方式进行安全交底，并随机抽取 3～5 名施工人员提问，被提问人员清楚且回答正确后开始作业。
（2）作业过程中，作业负责人、监理人员按照作业流程，逐项确认风险控制专项措施落实，同时在《每日执行情况检查记录表》中签字确认。
（3）吊装过程应有专人指挥，起吊或移动必须缓慢进行。
（4）钢支撑提升离开基座 10cm 时应停下检查。
（5）配合人员应听从指挥，高处作业应有安全保护措施。
（6）拆除的钢支撑应集中存放，并有防倾倒、倾覆措施</td></tr>
</table>

续表

<table>
<tr><th>施工项目</th><th colspan="2">施工现场关键点作业安全管控措施</th></tr>
<tr><td colspan="3">（四）设备吊装和就位</td></tr>
<tr><td rowspan="3">1. 风险提示</td><td>风险等级</td><td>固有风险等级属四级</td></tr>
<tr><td>安全控制核心</td><td>起重工器具和人员站位、人员高处作业</td></tr>
<tr><td>导致事故</td><td>不执行以下安全管控措施，将导致起重伤害、高处坠落，造成人身伤害事故</td></tr>
<tr><td>2. 作业必备条件</td><td colspan="2">（1）施工方案已批准，并完成项目部和班组级交底。
（2）各类人员、安全工器具、施工机械设备、材料等已经报审并批准，满足现场安全技术要求。施工作业前，仔细检查现场安全工器具、施工机械设备合格后方可使用。
（3）地下作业应有良好通风与照明。
（4）吊装作业前，必须规范设置警戒区域，悬挂警告牌，设专人监护，严禁非作业人员进入。
（5）作业过程中地面、设备层均应有专人指挥。
（6）上述措施完成后，由作业负责人办理《安全施工作业票 B》，施工项目部审核签发。总监理工程师现场检查确认，业主项目经理确认后，在作业票中签字，方可开始作业</td></tr>
<tr><td>3. 作业过程安全管控措施</td><td colspan="2">（1）作业负责人站班会上通过读票方式进行安全交底，并随机抽取 3～5 名施工人员提问，被提问人员清楚且回答正确后开始作业。
（2）作业过程中，作业负责人、监理人员按照作业流程，逐项确认风险控制专项措施落实，同时在《每日执行情况检查记录表》中签字确认。
（3）起重臂和吊装物下严禁有人停留或通过。
（4）设备层接收平台应搭设应通过计算，平台临边应设置防护栏杆。
（5）设备就位过程中应选用专用运输设备，并有防倾倒措施，大型设备就位应有专人指挥和监护。
（6）作业过程中应保持良好照明和通风。
（7）楼层平面孔洞应及时覆盖，并设警示标志</td></tr>
<tr><td colspan="3">（五）SF_6 气体充装作业</td></tr>
<tr><td rowspan="3">1. 风险提示</td><td>风险等级</td><td>固有风险等级属二级，提升到三级风险管控</td></tr>
<tr><td>安全控制核心</td><td>SF_6 气瓶本体检查和人员充装操作中漏气</td></tr>
<tr><td>导致事故</td><td>不执行以下安全管控措施，将导致中毒，造成人身伤害事故</td></tr>
<tr><td>2. 作业必备条件</td><td colspan="2">（1）施工方案已批准，并完成项目部和班组级交底。
（2）各类人员、安全工器具、施工机械设备、材料等已经报审并批准，满足现场安全技术要求。施工作业前，仔细检查现场安全工器具、施工机械设备合格后方可使用。
（3）上述措施完成后，由作业负责人办理《安全施工作业票 A》，施工项目部审核签发后实施</td></tr>
<tr><td>3. 作业过程安全管控措施</td><td colspan="2">（1）作业负责人站班会上通过读票方式进行安全交底，并随机抽取 3～5 名施工人员提问，被提问人员清楚且回答正确后开始作业。
（2）作业过程中、作业负责人、监理人员按照作业流程，逐项确认风险控制专项措施落实，同时在《每日执行情况检查记录表》中签字确认。
（3）使用托架车搬运气瓶时，SF_6 气瓶的安全帽、防振圈应齐全，安全帽应拧紧，应轻装轻卸。
（4）施工现场气瓶应直立放置，并有防倒和防暴晒措施，气瓶应远离热源和油污的地方，不得与其他气瓶混放。冬季施工时，气瓶严禁火烤。</td></tr>
</table>

续表

施工项目	施工现场关键点作业安全管控措施	
3. 作业过程安全管控措施	(5) 断路器进行充气时，必须使用减压阀。 (6) 开启和关闭瓶阀时必须使用专用工具，应速度缓慢，打开控制阀门时作业人员应站在充气口的侧面或上风口，应佩戴好劳动保护用品。 (7) 在充 SF_6 气体过程中，作业人员应进行不间断巡视，随时查看气体检测仪是否正常，并检查通风装置运转是否良好、空气是否流通。如有异常，立即停止作业，组织施工人员撤离现场。 (8) 施工现场应准备气体回收装置，发现有漏气或气体检验不合格时，应立即进行回收，防止 SF_6 气体污染环境	
十、竣工投运前的验收（含阶段竣工分期投运前的验收）		
1. 风险提示	风险等级	固有风险等级属三级
	安全控制核心	物理隔离、安全距离与高处作业
	导致事故	不执行以下安全管控措施，将导致触电和高处坠落，造成人身伤害事故
2. 作业必备条件	(1) 验收方案已批准并完成项目部和班组级交底。 (2) 各类人员、安全工器具、施工机械设备、材料等已经报审并批准，满足现场安全技术要求。施工作业前，仔细检查现场安全工器具、施工机械设备合格后方可使用。 (3) 上述措施完成后，由作业负责人办理《安全施工作业票 B》，施工项目部审核签发。监理人员现场检查确认后，在作业票中签字，同意开始作业	
3. 作业过程安全管控措施	(1) 作业负责人站班会上通过读票方式进行安全交底，并随机抽取 3～5 名施工人员提问，被提问人员清楚且回答正确后开始作业。 (2) 作业过程中，作业负责人、监理人员按照作业流程，逐项确认风险控制专项措施落实，同时在《每日执行情况检查记录表》中签字确认。 (3) 在进行一次设备试验验收前，必须规范设置硬质安全隔离区域，向外悬挂“止步，高压危险!”的警示牌。设专人监护，严禁非作业人员进入。 (4) 试验设备和被试设备必须可靠接地，设备通电过程中，试验人员不得中途离开。 (5) 试验结束后及时将试验电源断开，并对容性被试设备进行充分的放电后，方可拆除试验接线。 (6) 在验收过程中需要触碰一次设备连线等部位时，必须确认被验设备与高压出线有明显的断开点，或已可靠接地。 (7) 在高压出线处验收时，要严格落实防静电措施，作业人员穿屏蔽服作业。 (8) 作业负责人和安全监护人检查作业人员正确使用安全工器具和个人安全防护用品，检查高处作业人员全方位防冲击安全带规范穿戴及使用情况，高处作业使用垂直攀登自锁器，水平移动使用速差保护器。 (9) 在验收过程中需要进行高处作业时，应使用竹梯、升降车等符合安全规定的作业设备，作业人员必须用绳索上、下传递工器具。 (10) 地面配合人员和验收人员，应站在可能坠物的坠落半径以外	

电力生产现场作业人员触电事故防范措施

第一节 电气设备运行安全措施

一、一般要求

1. 高压设备符合下列条件时，可实行单人值班或操作

(1) 室内高压设备的隔离室设有安装牢固、高度大于1.7m的遮栏，遮档通道门加锁。

(2) 室内高压断路器的操作机构用墙或金属板与该断路器隔离或装有远方操作机构。

2. 人员在现场应保持的安全距离和采取的绝缘防护措施

(1) 设备不停电时，人员在现场应符合表4-1的安全距离要求。

表4-1 设备不停电时的安全距离

电压等级 (kV)	10及以下	20、35	66、110	220	330	500	750	1000	±50	±500	±660	±800
安全距离 (m)	0.70	1.00	1.50	3.00	4.00	5.00	7.20	8.70	1.50	6.00	8.40	9.30

注 1. 表中未列电压等级按高一挡电压等级安全距离。
2. 13.8kV执行10kV的安全距离。
3. 750kV数据是按海拔2000m校正，其他等级数据是按海拔1000m校正。

(2) 高压设备发生接地故障时，室内人员进入接地点4m以内，均应穿绝缘靴。接触设备的外壳和构架时，还应戴绝缘手套。

二、电气设备巡视

(1) 巡视高压设备时，不宜进行其他工作。

(2) 雷雨天气巡视室外高压设备时，应穿绝缘靴，不应使用伞具，不应靠近避雷器和避雷针。

三、电气操作

1. 操作发令

(1) 发令人发布指令应准确、清晰，使用规范的操作术语和设备名称。

(2) 受令人接令后，应复诵无误后执行。

2. 操作方式

(1) 电气操作有就地操作、遥控操作和程序操作三种方式。

(2) 正式操作前可进行模拟预演，确保操作步骤正确。

3. 操作分类

(1) 监护操作，是指有人监护的操作。

(2) 单人操作，是指一人进行的操作。

(3) 程序操作，是指应用可编程计算机进行的自动化操作。

4. 操作票填写

(1) 操作票作用和内容。操作票是操作前，填写操作内容和顺序的规范化票式。操作票可包含：①编号；②操作任务；③操作顺序；④操作时间；⑤操作人签名；⑥监护人签名等。

(2) 操作票填写内容。下列项目应填入操作票：

1) 拉合断路器和隔离开关，检查断路器和隔离开关的位置，验电、装拆接地线，检查接地线是否拆除，安装或拆除控制回路或电压互感器回路的熔断器，切换保护回路和检验是否确无电压等。

2) 在高压直流输电系统中，启停系统、调节功率、转换状态、改变控制方式、转换主控站、投退控制保护系统、切换换流变压器冷却器及手动调节分接头、控制系统对断路器的锁定操作等。

(3) 操作票填用规定。

1) 操作票由操作人员填用，每张操作票填写一个操作任务。

2) 操作前应根据模拟图或接线图核对所填写的操作项目，并经审核签名。

3) 事故紧急处理、程序操作、拉合断路器（隔离开关）的单一操作，以及拉开全变电站仅有的一组接地开关或拆除仅有的一组接地线时，可不填用操作票。

5. 操作的基本条件

(1) 具有与实际运行方式相符的一次系统模拟图或接线图。

(2) 电气设备应具有明显的标志，包括命名、编号、设备相色等。

(3) 高压电气设备应具有防止误操作的闭锁功能，必要时加挂机械锁。

6. 操作的基本要求

(1) 操作程序。

1) 停电操作应按照“断路器—负荷侧隔离开关—电源侧隔离开关”的顺序依次进行，送电合闸操作按相反的顺序进行。不应带负荷拉合隔离开关。

2) 非程序操作应按操作任务的顺序逐项操作。

(2) 操作注意事项。

1) 雷电天气时，不宜进行电气操作，不应就地电气操作。

2) 雨天操作室外高压设备时，应使用有防雨罩的绝缘棒，并穿绝缘靴、戴绝缘手套。

3) 用绝缘棒拉合隔离开关、高压熔断器，或经传动机构拉合断路器和隔离开关，均应戴绝缘手套。

4) 装卸高压熔断器，应戴护目眼镜和绝缘手套，必要时使用绝缘夹钳，并站在绝缘物或绝缘台上。

(3) 操作后的检查和确认。

1) 在高压开关柜手车开关拉至“检修”位置后，应确认隔离挡板已封闭。

2) 操作后应检查各相的实际位置，无法观察实际位置时，可通过间接方式确认该设备已操作到位。

7. 紧急情况处置要求

发生人身触电时，应立即断开有关设备电源。

【事故案例 1】

2006 年 2 月 24 日 12 时 34 分 47 秒，××220kV 变电站 10kV 江头Ⅱ回 906（接于 10kV Ⅱ段母线）线路故障，906 线路保护过流Ⅱ段、过流Ⅲ段动作，断路器拒动。12 时 34 分 49 秒变电站 2 号主变压器 10kV 侧电抗器过流保护动作跳 2 号主变压器三侧断路器，5s 后 10kV 母分备自投动作合 900 断路器成功（现场检查 906 线路上跌落物烧熔，故障消失）。1、2 号站用变压器发生缺相故障。值班长洪××指挥全站人员处理事故，站长陈××作为操作监护人与副值班工刘××处理 906 断路器拒动故障。洪××、陈××先检查后台监控机显示器：906 断路器在合位，显示线路无电流。12 时 44 分，在监控台上遥控操作断 906 断路器不成功，陈××和刘××到开关室现场操作“电动紧急分闸按钮”后，现场断路器位置指示仍处于合闸位置；12 时 50 分，回到主控室汇报，陈××再次检查监控机显示该断路器仍在合位，显示线路无电流；值班长洪××派操作人员去隔离故障间隔，陈××、刘××带上“手动紧急分闸按钮”专用操作工具准备出发时，变电部主任吴××赶到现场，三人一同进入开关室。13 时 10 分，操作人员用专用工具操作“手动紧急分闸按钮”，断路器跳闸，906 断路器位置指示处于分闸位置，13 时 18 分由刘××操作断 9062 隔离开关时，发生弧光短路，电弧将操作人刘××、监护人陈××及变电部主任吴××灼伤。经厦门市第一医院诊断，吴××烧伤面积 72%（其中Ⅲ°44%）；刘××烧伤面积 65%（其中Ⅲ°33%）；陈××烧伤面积Ⅱ°10%。

暴露问题：①906 断路器分闸线圈烧坏，在线路故障时拒动是造成 2 号主变压器三侧越级跳闸的直接原因。②906 断路器操动机构的 A、B 两相拐臂与绝缘拉杆联接松脱造成 A、B 两相虚分，在断开 9062 隔离开关时产生弧光短路；由于 906 柜压力释放通道设计不合理，下柜前门强度不足，弧光短路时被电弧气浪冲开，造成现场人员被电弧灼伤，开关柜的上述问题是人员被电弧灼伤的直接原因。③综合自动化系统的逆变电源由于受故障冲击，综合自动化设备瞬时失去交流电源，监控后台机通信中断，监控后台机上不能自动实时刷新 900 断路器备自投动作后的数据，给运行人员判断造成假象，是事故的间接原因。④现场操作人员安全防范意识、自我保护意识不强，危险点分析不够，运行技术不过硬，在处理事故过程中对已呈缺陷状态的设备的处理未能采取更谨慎的处理方式。⑤该开关设备最近一次在 2002 年 4 月 7 日小修各项目合格，虽然没有超周期检修，但未能确保检修周期内设备处于完好状态。

【事故案例 2】

2006 年 3 月 3 日，××220kV 变电站发生一起工程外包单位油漆工误入带电间隔造成 110kV 母线停电和人员灼伤事故。在当天的工作中，潘花乐 1230 正母线隔离开关油漆、新中 1377 正母线隔离开关油漆工作由外包单位奉化实兴电气安装公司（民营企业）承担。工作许可后，工作负责人对两名油漆工（系外包单位雇佣的油漆工）进行有关安全措施交底并在履行相关手续后，开始油漆工作。

13时30分左右，完成了潘花乐1230正母线隔离开关油漆工作后，工作监护人朱××发现潘花乐1230正母线隔离开关垂直拉杆拐臂处油漆未到位，要求油漆工负责人汪××在新中1377正母线隔离开关油漆工作完成后对潘花乐1230正母线隔离开关垂直拉杆拐臂处进行补漆。14时，工作监护人朱××因要商量第二天的工作，通知油漆工负责人汪××暂停工作，然后离开作业现场。而油漆工负责人汪××、油漆工毛××为赶进度，未执行暂停工作命令，擅自进行工作，在进行补漆时跑错间隔，攀爬到与潘花乐1230相邻的潘荷新1229间隔的正母线隔离开关上，当攀爬到距地面2m左右时，潘荷新1229正母线隔离开关A相对油漆工毛××放电，油漆工被电弧灼伤，顺梯子滑落。

14时05分110kV母差保护动作，跳开110kV副母线上所有断路器，造成由新乐变电站供电的3个110kV变电站失电，损失负荷12.2万kW（占宁波地区负荷的3.4%）。14时50分恢复全部停电负荷。伤者立即被送往当地医院治疗，无生命危险。

第二节　发电机和高压电动机检修、维护安全措施

一、一般要求

发电机（发电/电动机，以下同）和高压电动机的检修、维护应满足停电、验电、接地、悬挂标示牌等有关安全技术要求。

二、检修发电机时应做好下列安全措施

（1）断开发电机的断路器和隔离开关，若发电机出口无断路器，应断开连接在出口母线上的各类变压器、电压互感器的各侧断路器、隔离开关或熔断器。

（2）断开发电机励磁电源、盘车装置电源的断路器、隔离开关或熔断器。

（3）断开断路器、隔离开关、励磁装置、同期装置的操作电源及能源。

（4）在断开的断路器、隔离开关或熔断器操作处悬挂“禁止合闸，有人工作!”的标示牌。

（5）在发电机出口母线处验明无电压后装设接地线。

（6）检修的发电机中性点与其他发电机的中性点连在一起的，工作前应将检修发电机的中性点分开。

（7）在氢冷机组壳内工作时，应关闭氢冷机组补氢阀门，排氢置换空气合格，补氢管路阀门至发电机间应有明显的断开点；检修机组装有灭火装置的，应采取防止灭火装置误动的措施；在以上关闭的阀门和断开点处悬挂“禁止操作，有人工作!”的标示牌。

（8）检修机组装有可堵塞机内空气流通的自动闸板风门的，应采取措施防止风门关闭。

三、检修高压电动机及其附属装置（如启动装置、变频装置）时，应做好下列安全措施

（1）断开电源断路器、隔离开关，经验明确无电压后接地或在隔离开关间装绝缘隔板。

（2）在断路器、隔离开关操作处悬挂“禁止合闸、有人工作!”的标示牌。

（3）将拆开后的电缆头三相短路接地。

（4）采取措施防止被其拖动的机械（如水泵、空气压缩机、引风机等）引起电动机转动。

四、对被检修电动机的送电试验要求

工作尚未全部终结，但需送电试验电动机及其启动装置、变频装置时，应在全部工作暂停后，方可送电。

五、发电机和高压电动机的维护

测量轴电压和在转动着的发电机上用电压表测量转子绝缘的工作，应使用专用电刷，电刷上应装有 300mm 以上的绝缘柄。

第三节　在低压配电装置和低压导线上工作安全措施

一、一般要求

在低压配电装置和低压导线上的工作应符合停电工作及不停电工作时的安全要求。

二、低压回路停电工作的安全措施

（1）停电、验电、接地、悬挂标示牌或采用绝缘遮蔽措施。

（2）临近的有电回路、设备加装绝缘隔板或绝缘材料包扎等措施。

（3）停电更换熔断器后恢复操作时，应戴手套和护目眼镜。

三、低压不停电作业

（1）低压不停电工作，应站在干燥的绝缘物上，使用有绝缘柄的工具，穿绝缘鞋和全棉长袖工作服，戴手套和护目眼镜。

（2）工作时，应采取措施防止相间短路或接地短路。

第四节　二次系统上工作安全措施

一、一般要求

二次系统上的工作可包含继电保护、仪表和自动化监控等系统及其二次回路，以及在通信复用通道设备上运行、检修及试验等。

二、互感器工作的安全措施

（1）工作中应确保电流互感器和电压互感器的二次绕组应有且仅有一点保护接地。

（2）在带电的电磁式电流互感器二次回路上工作时，应防止二次侧开路。

（3）在带电的电磁式或电容式电压互感器二次回路上工作时，应防止二次侧短路或接地。

三、二次回路工作的安全措施

（1）二次回路变动时应防止误拆或产生寄生回路。

（2）不应在二次系统的保护回路上接取试验电源。

（3）二次回路通电或耐压试验前，应通知有关人员，检查回路上确无人员工作后，方可加压。

四、试验工作的安全措施

（1）继电保护、安全自动装置及自动化监控系统做一次设备通电试验或传动试验时，应通知设备运行方和其他相关人员。

（2）试验工作结束后，应恢复同运行设备有关的接线，拆除临时接线，检查装置内无异物，屏面信号及各种装置状态正常，各相关压板及切换开关位置恢复至工作许可时的状态。

第五节　线路运行维护安全措施

一、一般要求

(1) 线路运行与维护包含线路巡视、线路停复役操作、杆塔及配电设备维护和测量、砍剪树木等。

(2) 作业时应注意自我防护，保持安全距离。

二、线路巡视

(1) 单人巡线时，不应攀登杆塔。

(2) 恶劣气象条件下巡线和事故巡线时，应依据实际情况配备必要的防护用具、自救器具和药品。

(3) 夜间巡线应沿线路外侧进行。

(4) 大风时，巡线宜沿线路上风侧进行。

(5) 事故巡线应始终认为线路带电。

三、电气操作

1. 操作发令

(1) 发令人发布指令应准确、清晰，使用规范的操作术语和设备名称。

(2) 受令人接令后，应复诵无误后执行。

2. 操作方式

(1) 电气操作有就地操作和遥控操作两种方式。

(2) 正式操作前可进行模拟预演，确保操作步骤正确。

3. 操作分类

(1) 监护操作，是指有人监护的操作。

(2) 单人操作，是指一人单独进行的操作。

4. 操作票填写

(1) 操作票内容及格式。操作票是线路和配电设备操作前，填写操作内容和顺序的规范化票式。操作票内容包括：①编号；②操作任务；③操作顺序；④操作时间；⑤操作人签名；⑥监护人签名等。操作票格式各单位可参照 GB 26860—2011《电力安全工作规程　发电厂和变电站电气部分或电力线路部分》的附录 G 中表 G.1 自行制作。

(2) 事故紧急处理、拉合断路器的单一操作时，可不填用操作票。

(3) 操作票填用要求。

1) 操作票由操作人员填用，每张操作票填写一个操作任务。

2) 操作前应根据模拟图或接线图核对所填写的操作项目，并经审核签名。

5. 操作的基本条件

(1) 具有与实际运行方式相符的一次系统模拟图或接线图。

(2) 操作设备应具有明显的标志，包括命名、编号、设备相色等。

(3) 高压配电设备应具有防止误操作的闭锁功能，必要时加挂机械锁。

6. 操作的基本要求

(1) 操作顺序。

1) 停电操作应按照“断路器—负荷侧隔离开关—电源侧隔离开关”的顺序依次进行，送电合闸操作按相反的顺序进行。不应带负荷拉合隔离开关。

2) 应按操作任务的顺序逐项操作。

(2) 操作注意事项。

1) 雷电天气时，不宜进行电气操作，不应进行就地电气操作。

2) 雨天操作室外高压设备时，应使用有防雨罩的绝缘棒，并穿绝缘靴、戴绝缘手套。

3) 操作机械传动的断路器或隔离开关时，应戴绝缘手套。没有机械传动的断路器、隔离开关和跌落式熔断器，应使用绝缘棒进行操作。

4) 更换配电变压器跌落式熔断器熔丝，应先将低压刀开关和高压隔离开关或跌落式熔断器拉开。装卸跌落式熔断器熔管时，应使用绝缘棒。

5) 装卸高压熔断器，应戴护目眼镜和绝缘手套，必要时使用绝缘夹钳，并站在绝缘物或绝缘台上。

(3) 操作到位的确认。

1) 高压开关柜手车开关拉至“检修位置”后，应确认隔离挡板已封闭。

2) 操作后应检查各相的实际位置，无法观察实际位置时，可通过间接方式确认该设备已操作到位。

7. 紧急情况处置要求

发生人身触电时，应立即断开有关设备电源。

四、测量

1. 接地电阻测量

(1) 测量杆塔、配电变压器和避雷器的接地电阻，可在线路和设备带电的情况下进行。

(2) 解开或恢复配电变压器和避雷器的接地引线时，应戴绝缘手套。

(3) 不应直接接触与地电位断开的接地引线。

2. 钳形电流表

用钳形电流表测量线路或配电变压器低压侧的电流时，不应触及其他带电部分。

3. 设备绝缘电阻测量

(1) 测量绝缘电阻，应将被测量设备各侧断开，验明无电压，确认设备上无人，方可进行。

(2) 在测量中不应让他人接近被测量设备。

(3) 测量前后，应将被测设备对地放电。

4. 线路绝缘电阻测量

测量线路绝缘电阻，若有感应电压应将相关线路同时停电，取得许可，通知对侧后方可进行。

5. 线路导线垂直距离测量

测量带电线路导线的垂直距离（导线弛度、交叉跨越距离）可用测量仪或绝缘测量工具。不应使用皮尺、普通绳索、线尺等非绝缘工具。

五、维护

1. 注意保持安全距离

砍剪靠近带电线路的树木时，人体、绳索与线路保持表 4-2 的安全距离。

表 4-2　　临近或交叉其他电力线工作的安全距离

电压等级（kV）	10 及以下	20、35	66、110	220	330	500	750	1000	±50	±500	±660	±800
安全距离（m）	1.0	2.5	3.0	4.0	5.0	6.0	9.0	10.5	3.0	7.8	10.0	11.1

注　1. 表中未列电压等级按高一档电压等级安全距离。
2. 750kV 数据是按海拔 2000m 校正的，其他等级数据是按海拔 1000m 校正的。

2. 对已接触高压带电导线的树枝砍剪要求

树枝接触或接近高压带电导线时，应将高压线路停电或用绝缘工具使树枝远离带电导线，之前人体不应接触树木。

3. 锚固杆塔维修拉线

需锚固杆塔维修拉线时，应保持锚固拉线与带电导线的安全距离符合表 3-2 的规定。

第六节　临近带电导线工作安全措施

一、一般要求

（1）临近带电导线的工作主要包括带电线路杆塔上的工作、临近或交叉其他线路的工作，以及同杆塔多回线路中部分线路停电的工作。

（2）登杆作业时，应核对线路名称和杆号。

二、在带电线路杆塔上的工作

（1）带电杆塔上进行测量、防腐、巡视检查、校紧螺栓、清除异物等工作，工作人员活动范围及其所携带的工具、材料等，与带电导线最小距离应符合表 4-3 的规定。

表 4-3　　在带电线路杆塔上工作与带电导线最小安全距离

电压等级（kV）	10 及以下	20、35	66、110	220	330	500	750	1000	±50	±500	±660	±800
安全距离（m）	0.7	1.0	1.5	3.0	4.0	5.0	8.0	9.5	1.5	6.8	9.0	10.1

注　1. 表中未列电压等级按高一档电压等级安全距离。
2. 750kV 数据是按海拔 2000m 校正的，其他等级数据是按海拔 1000m 校正的。

（2）当风力大于 5 级时应停止工作。

三、临近或交叉其他线路的工作

（1）工作人员和工器具与临近或交叉的运行线路应符合表 3-2 的安全距离。

（2）在变电站、发电厂出入口处或线路中间某一段有两条以上相互靠近的平行或交叉线路时，应满足以下要求：

1）每基杆塔上都应有线路名称和杆号。

2）经核对检修线路的名称无误、验明线路确已停电并装设接地线，方可开始工作。

四、同杆塔多回线路中部分线路停电的工作

1. 安全距离要求

（1）同杆塔多回线路中部分线路或直流线路中单极线路停电检修，应满足表 3-3 规定的

安全距离。

（2）同杆塔架设的10kV及以下线路带电时，当满足表3-2规定的安全距离且采取安全措施的情况下，只能进行下层线路的登杆塔检修工作。

2. 不应工作的气象条件

当风力大于5级时，不应在同杆塔多回线路中进行部分线路检修工作及直流单极线路工作。

3. 防止误登同杆塔多回带电线路或直流线路有电极，应采取的措施

（1）每基杆塔应标设线路名称和识别标记（色标等）。

（2）工作前应发给工作人员相对应线路的识别标记。

（3）经核对停电检修线路的识别标记和线路名称无误，验明线路确已停电并装设接地线后，方可开始工作。

（4）登杆塔和在杆塔上工作时，每基杆塔都应设专人监护。

（5）登杆塔至横担处时，应再次核对识别标记与双重称号，确实无误后方可进入检修线路侧横担。

4. 注意事项

在杆塔上工作时，不应进入带电侧的横担，或在该侧横担上放东西。

五、感应电压防护

1. 发生静电感应的电压等级

在330kV、±500kV及以上电压等级的线路杆塔及变电站构架上作业，应采取防静电感应措施。

2. 绝缘架空地线

（1）绝缘架空地线应视为带电体。

（2）在绝缘架空地线附近作业时，工作人员与绝缘架空地线之间的距离应不小于0.4m（1000kV为0.6m）。

（3）若需在绝缘架空地线上作业，应用接地线或个人保安线将其可靠接地或采用等电位方式进行。

3. 用绝缘绳传递大件金属物品注意事项

用绝缘绳索传递大件金属物品（包括工具、材料等时），杆塔或地面上工作人员应将金属物品接地后再接触。

第七节　配电设备上工作安全措施

一、一般要求

（1）在高压配电室、箱式变电站、配电变压器台架上的停电工作应先拉开低压侧刀开关，后拉开高压侧隔离开关或跌落式熔断器，再在停电的高、低压引线上验电、接地。

（2）采用高压双电源供电和有自备电源的用电单位，高压接入点应设有明显断开点。采用低压双电源供电和有自备电源的用电单位，在电源切换点上应采取机械或电气联锁等措施。

（3）环网柜、电缆分支箱等箱式配电设备宜设置验电和接地装置。

(4) 两台及以上配电变压器低压侧共用接地引下线时，其中一台停电检修时，其他配电变压器也应停电。

(5) 高压配电设备验电时，应戴绝缘手套。

(6) 配电设备中使用的电缆接头，不应带负荷插拔。普通型电缆接头不应带电插拔。

二、架空绝缘导线作业

(1) 架空绝缘导线不应视为绝缘设备，不应直接接触或接近。

(2) 应在架空绝缘导线的适当位置设立验电接地环或其他验电接地装置。

(3) 不应穿越未停电接地的绝缘导线进行工作。

(4) 在停电作业中，开断或接入绝缘导线前，应采取防感应电的措施。

三、装表接电

(1) 装表接电作业宜在停电下进行。带电装表接电时，要戴手套，防止机械伤害和电弧灼伤。

(2) 带电安装有互感器的计量装置时，应防止电磁式电流互感器二次开路和电磁式或电容式电压互感器二次短路。

(3) 配电箱、电表箱应可靠接地。工作人员在接触配电箱、电表箱前，应检查接地装置良好，并用验电笔确认箱体无电后，方可接触。

【事故案例】

2006 年 6 月 30 日 12 时，××分局装表计量班、线路检修班在梁平县兴隆村进行 10kV 梁丝线兴隆中街公变低压 4 号杆 T 接的兴隆一组支线改造工作中，发生一起农电重大人身触电伤亡事故（简称“6·30”事故），造成 5 人死亡，10 人受伤。

6 月 20 日，根据梁平县兴隆村一组、四组用户反映的供电质量问题，××分局有关人员到现场查勘，制定了更换旧导线同时将原单相两线改为三相四线供电处理方案。由装表计量班为主、线路检修班协助实施。

6 月 22 日，装表计量班班长余×组织有关人员再次进行了现场查勘。6 月 23 日，余×编制了《兴隆中街配变低压线路至兴隆一组电压过低改造工程施工计划、措施》，由黄××（生产部专责）、胡×（客户部用电检查专责）进行审核，副局长李×批准。6 月 26 日，装表计量班用绝缘导线完成了兴隆中街低压干线 4 号杆 T 接点至兴隆一组支线 1 号杆的更换改造工作，并采用 A 相、零线恢复兴隆一组支线 1～9 号杆架空线（裸导线）的用户供电。同时，对兴隆一组支线 1 号杆处未连接的 B、C 相线头用绝缘胶布包好并圈固在支线 1 号杆上。

6 月 30 日，装表计量班、线路检修班在梁平县兴隆村按照计划进行兴隆一组支线 1～9 号杆、兴隆四组分支线 5 号—1～5 号—4 杆架空低压线路（裸导线）改造工作。6 时 10 分～6 时 20 分左右，装表计量班在工作负责人李×的监护下，工作组成员汪×登上兴隆一组支线 1 号杆，在兴隆中街公共变压器低压 4 号杆 T 接过来的铜芯绝缘导线与支线 1～9 号杆裸导线的连接处带电开断了临时连接的 A 相和零线，和 B、C 相一样用黑色绝缘胶布将线头包好并圈固在支线 1 号杆上。

6 时 30 分左右，线路检修班人员到达现场后，装表计量班工作负责人李×与线路检修班工作负责人黄×作了工作交接，随后由线路检修班负责兴隆一组支线 1～9 号杆旧导线的拆除和新导线的架设工作。线路检修班人员分成三组：第一组工作负责人为徐×（线路检修班班长），成员为钟××和4个民工，负责1号杆处做活尽头、放线等工作；第二组工作负责人为熊××（班组兼职安全员），负责2～8号杆渡线、扎线等工作；第三组工作负责人为张××，负责9号杆收线、做死尽头等工作。

工作开始后，钟××登上支线1号杆，再次将兴隆中街公变低压4号杆T接过来的4根铜芯绝缘导线线头用白色绝缘胶带进行了包扎，随后开始了换线的相关工作。首先用原单相旧导线中的一根导线牵渡新导线的A、C两相（两根边线）。9时40分，刚好将A、C两相新导线拉紧，下起了雷阵雨，工作负责人黄×通知全体工作人员避雨休息。雷阵雨持续至10时30分左右，雨停后工作负责人黄×通知全线复工。线路检修班继续施工，将A、C相安装好。10时50分，线路检修班又用另一根旧导线牵渡B相和零线新导线（中间两根）。在牵渡过程中又下起了大雨，但这次施工没有因雨间断。11时40分左右，当B相和零线两根导线拖放至支线7～8号杆之间时，由于在恢复施工后不久钟××擅自下了支线1号杆，该组工作负责人徐×又已经离开支线1号杆参加拖线工作，以致未能发现钟××擅自下杆的行为，致使在支线1号杆处，正在施放的B相新导线与支线1号杆上开断并包扎好的A相带电绝缘铜芯线发生摩擦的情况未能及时被发现并得到处理，致使A相带电绝缘导线绝缘层被磨破，并导致正在施放的B相导线与A相绝缘导线带电线芯接触带电，另一根新施放的零线又通过横担等导体与B相导通，故而同时带电，导致正在支线7～8号杆之间拉线的施工人员和支线1号杆附近线盘处送线的施工人员触电。

事故发生后，施工人员立即采取了紧急施救措施。使触电者及时脱离了电源，并随即对触电昏迷者采用人工呼吸等方法进行了抢救，同时拨打了120呼救；至30日12时30分，此次事故造成5名施工人员死亡，10名施工人员受伤。

事故原因分析：直接原因是新施放的B相钢芯铝绞线与1号杆上A相带电绝缘铜芯线接触发生摩擦，致使A相带电绝缘线的绝缘层被磨破，绝缘铜导线带电线芯与B相钢芯铝绞线接触，导致B相钢芯铝绞线带电。间接原因：

(1) 对安全生产的重要性和复杂性认识不足，特别是对农电安全生产管理重视不够。农电安全管理工作不严、不细、不实，安全生产基础薄弱。

(2) 施工人员安全意识淡薄，规章制度不落实，习惯性违章严重。不严格执行工作票制度、工作许可制度、工作监护制度和工作间断制度，未根据现场实际情况制定有效的停电措施；线路改造工作未使用工作票；未认真组织危险点分析；派工单上安全措施未充分考虑实际情况，安全措施不明确，现场安全措施未得到落实，未在分支线、下户线处验电、装设接地线。工作监护人等关键岗位人员自身工作要求不高、管理不严，施工过程中，第一小组负责人（监护人）擅自离开工作现场，没有起到把关作用。

(3) 不认真落实安全生产技术管理制度，施工计划、措施存在缺陷。项目管理部门未认真组织施工班组进行现场查勘，未组织编制标准化作业卡，未根据现场实际情况编制有针对性的、切实可行的施工方案措施，施工计划、措施审核、批准流于形式，审核人、批准人未提出有效的改进意见，制定的安全措施与现场实际严重脱节。施工计划措施未对1号杆开断后带电绝缘线采取可靠保护措施或隔离措施。

(4) 施工现场管理混乱，施工准备不充分。未编制切实可行的施工工期计划和材料计划，施工前未对全体施工人员进行全面安全技术交底，布置施工任务后，未对项目实施进行全过程监管。施工人员对现场不完善的安全措施视而不见，不能发现并指出施工中存在的潜在危险。现场组织指挥者违章指挥，施工人员违章作业，两个施工班组之间安全职责不清，施工人员混用，施工过程中盲目抢工期。对参与作业的临时工管理不到位、使用不按规定履行手续。

(5) 安全培训缺乏针对性。职工安全素质及专业技能难以满足工作要求，职工培训针对性和实效性不强，没有真正使职工将安全制度、要求和措施入情、入脑、入心，“三不伤害”意识不强。

(6) 安全监管不到位。安全监督力量不足，发生事故的梁平供电分局有职工600余人，仅有一名专职安全人员，安全监督不能发挥作用。施工班组不按规定上报施工计划，监督管理部门不跟踪施工项目，施工项目信息管理失控，安全值日监察师不能有效对重点施工项目进行监督检查。

四、低压不停电作业

1. 安全防护措施

(1) 低压不停电作业时，工作人员应穿绝缘鞋、全棉长袖工作服，戴手套、安全帽和护目眼镜。

(2) 低压不停电工作，应使用有绝缘柄的工具，站在干燥的绝缘物上进行。

2. 高低压线路同杆塔架设

(1) 高低压线路同杆塔架设，在低压带电线路上工作时，应先检查与高压带电线路的距离，采取防止误碰带电高压设备的措施。

(2) 在低压带电导线未采取绝缘措施时，工作人员不应穿越。

3. 在带电的低压配电装置上工作措施

在带电的低压配电装置上工作时，应采用防止相间短路和单相接地的绝缘隔离措施。

4. 杆上断、接带电低压导线的注意事项

(1) 上杆前，应先分清相线、零线，选好工作位置。

(2) 断开导线时，应先断开相线，后断开零线。

(3) 搭接导线时，顺序应相反。

(4) 人体不应同时接触两根线头。

第八节　线路作业时发电厂和变电站安全措施

一、一般要求

线路作业时发电厂和变电站的安全措施应满足一般工作程序和安全要求。

二、线路停送电

(1) 线路的停、送电均应按照调度机构或线路运行维护单位的指令执行。

(2) 不应约时停、送电。

三、应记录内容

调度机构或线路运行维护单位应记录线路停电检修的工作班组数目、工作负责人姓名、工作地点和工作任务。

四、向线路送电的必备条件

工作结束时，应得到工作负责人的工作结束报告，确认所有工作班组均已完工，接地线已拆除，工作人员已全部撤离线路，并与记录核对无误后，方可下令拆除发电厂或变电站内的安全措施，向线路送电。

第九节　停电、验电、装设接地线和悬挂标示牌

一、发电厂和变电站电气部分

（一）停电

1. 符合下列情况之一的设备应停电

（1）检修设备。

（2）与工作人员在工作中的距离小于表4-4规定的设备。

表4-4　　人员工作中与设备带电部分的安全距离

电压等级（kV）	10及以下	20～35	66～110	220	330	500	750	1000	±50	±500	±660	±800
安全距离（m）	0.35	0.60	1.50	3.00	4.00	5.00	8.00	9.50	1.50	6.80	9.00	10.10

注　1. 表中未列电压等级按高一档电压等级安全距离。
2. 13.8kV执行10kV的安全距离。
3. 750kV数据是按海拔2000m校正，其他等级数据是按海拔1000m校正。

（3）工作人员与35kV及以下设备的距离大于表4-4规定的安全距离，但小于表4-1规定的安全距离，同时又无绝缘隔板、安全遮栏等措施的设备。

（4）带电部分临近工作人员，且无可靠安全措施的设备。

（5）其他需要停电的设备。

2. 停电设备的标志

（1）停电设备的各端应有明显的断开点，或应有能反应设备运行状态的电气和机械等指示。

（2）不应在只经断路器断开电源的设备上工作。

3. 停电设备的控制电源合闸能源及操作机构也应断开

应断开停电设备各侧断路器、隔离开关的控制电源和合闸能源，闭锁隔离开关的操作机构。

4. 手车开关

高压开关柜的手车开关应拉至“试验”或“检修”位置。

（二）验电

1. 直接验电法

（1）直接验电时应使用相应等级的验电器在设备的接地处逐相验电。

（2）验电前，验电器应先在有电设备上确证验电器良好。

2. 间接验电法

（1）在恶劣气象条件时，对户外设备及其他无法直接验电的设备，可间接验电。

（2）330kV及以上的电气设备可采用间接验电方法进行验电。

3. 高压验电注意事项

（1）高压验电时应戴绝缘手套。

（2）人体与被验电设备的距离应符合表3-1的安全距离要求。

4. 安全距离汇总表

为便于记忆和学习使用，将GB 26860—2011《电力安全工作规程　发电厂和变电站电气部分》上的两张表合并于一张表上，见表4-5。

表4-5　　安全距离汇总表

电压等级（kV）	设备不停电时的安全距离（m）	人员工作中与设备带电部分的安全距离（m）
10及以下	0.70	0.35
20、35	1.00	0.60
66、110	1.50	1.50
220	3.00	3.00
330	4.00	4.00
500	5.00	5.00
750	7.20	8.00
1000	8.70	9.50
±50及以下	1.50	1.50
±500	6.00	6.80
±660	8.40	9.00
±800	9.30	10.10

注　1. 表中未列电压等级按高一挡电压等级安全距离。
2. 13.8kV执行10kV的安全距离。
3. 750kV数据是按海拔2000m校正，其他电压等级数据是按海拔1000m校正。

（三）接地

1. 对接地线的要求

（1）成套接地线应由有透明护套的多股软铜线和专用线夹组成。

（2）接地线截面不应小于25mm²，并应满足装设地点短路电流的要求。

（3）接地线采用三相短路式接地线，若使用分相式接地线时，应设置三相合一的接地端。

2. 装拆接地线的正确方法

（1）装、拆接地线导体端应使用绝缘棒，人体不应碰触接地线。

（2）装设接地线时应先装接地端，后装接导体端；拆除接地线的顺序与此相反。

（3）接地线应接触良好，连接可靠。

3. 装设接地线的部位

（1）可能送电至停电设备的各侧都应接地。

（2）在配电装置上，接地线应装在该装置导电部分的适当部位。

（3）在门型构架的线路侧停电检修，如工作地点与所装接地线或接地开关的距离小于10m，工作地点虽在接地线外侧，也可不另装接地线。

4. 装设接地线注意事项

（1）装设接地线不宜单人进行。

（2）人体不应碰触未接地的导线。

（3）当验明设备确无电压后，应立即将检修设备接地（装设接地线或合接地开关）并三相短路。

（4）电缆及电容器接地前应逐相充分放电，星形接线电容器的中性点应接地。

（5）不应用缠绕的方法进行接地或短路。

（6）已装设接地线发生摆动，其与带电部分的距离不符合安全距离要求时，应采取相应措施。

（7）在高压回路上工作，需要拆除部分接地线应征得运行人员或值班调度员的许可。工作完毕后立即恢复。

5. 个人保安线

因平行或临近带电设备导致检修设备可能产生感应电压时，应加装接地线或使用个人保安线。

（1）个人保安线应使用透明护套的多股软铜线，截面积不应小于 16m^2，并有绝缘或绝缘部件。

（2）不应用个人保安线代替接地线。

（3）个人保安线应在接触或接近导体前装设，作业结束，人体脱离导体后拆除。

（四）悬挂标示牌和装设遮栏

1. 禁止合闸有人工作

（1）在一经合闸即可送电到工作地点的隔离开关操作把手上，应悬挂“禁止合闸，有人工作！”或“禁止合闸，线路有人工作！”标示牌。

（2）在计算机显示屏上操作的隔离开关操作处，应设置“禁止合闸，有人工作！”“禁止合闸，线路有人工作！”的标示牌。

2. 止步，高压危险

（1）部分停电的工作，工作人员与未停电设备安全距离不符合表 3-1 规定时应装设临时遮栏。其与带电部分的距离应符合表 3-4 的规定。临时遮栏应装设牢固，并悬挂“止步，高压危险！”的标示牌。

（2）在室内高压设备上工作，应在工作地点两旁及对侧运行设备间隔的遮栏上和禁止通行的过道遮栏上悬挂“止步，高压危险！”的标示牌。

（3）高压开关柜内手车开关拉至“检修”位置时，隔离带电部位的挡板封闭后不应开启，并设置“止步，高压危险！”的标示牌。

（4）在室外高压设备上工作，应在工作地点四周装设遮栏，遮栏上悬挂适当数量朝向里面的“止步，高压危险！”标示牌，遮栏出入口要围至临近道路旁边，并设有“从此进出！”的标示牌。

（5）若室外只有个别地点设备带电，可在其四周装设全封闭遮栏，遮栏上悬挂适当数量朝向外面的“止步，高压危险！”标示牌。

（6）室外构架上工作，应在工作地点临近带电部分的横梁上悬挂“止步，高压危险！”的标示牌。

3. 其他标示牌

(1) 在工作人员上下的铁架或梯子上，应悬挂“从此上下!”的标示牌。

(2) 在临近其他可能误登的带电构架上，应悬挂“禁止攀登，高压危险!”的标示牌。

(3) 工作地点应设置“在此工作!”的标示牌。

4. 装设遮栏

(1) 部分停电的工作，工作人员与未停电设备安全距离不符合表 4-1 规定时应装设临时遮栏。临时遮栏与带电部分的距离应符合表 4-4 的规定。35kV 及以下设备可用与带电部分直接接触的绝缘隔板代替临时遮栏。

(2) 在室外高压设备上工作，应在工作地点四周装设遮栏，遮栏出入口要围至临近道路旁边。

(3) 若室外只有个别地点设备带电，可在其四周装设全封闭遮栏。

5. 标示牌和遮栏使用规定

工作人员不应擅自移动或拆除遮栏、标示牌。

6. 标示牌式样

标示牌式样请参见 GB 26860—2011《电力安全工作规程　发电厂和变电站电气部分》的附录 F。

【事故案例 1】

××年 5 月 15 日，××电业局电厂留守处，按计划对 110kV 桃源变电站，进行 10kV Ⅱ段部分设备年检，办理了第一种工作票，主要工作任务为 10kV314、312、308、306、302 断路器柜小修、例行试验和保护全检等工作，3×24TV（电压互感器）本体小修和例行试验等工作。8 时 30 分，运行人员操作完毕，布置好安全措施，许可开工。8 时 40 分左右，工作负责人向现场 9 名工作人员进行工作交底，随后开始 10kVⅡ段母线设备年检作业。按照作业指导书分工，开关班 4 人进行开关检修工作，其余人员进行高压试验和保护检验工作。工作开始后，工作负责人安排开关班成员刚某（死者）进行 314 小车清扫，其余 1 人进行 312 间隔检修，1 人到屏后用开关柜专用内六角扳手打开 302、306、308、312、314 等 5 个间隔的后下柜门，1 人在屏后进行柜内清扫。随后工作负责人回到屏前向高压试验人员交代相关工作。负责打开后柜门的人员将下柜门打开后，把专用扳手随手放在 312 间隔的后柜门边的地上，到屏前协助检修 312 间隔。刚某清扫完 314 小车后，自行走到屏后，移开拦住 3×24TV后柜门的安全遮栏，用放在地上的专用扳手卸下 3×24TV 后柜门 2 颗螺丝，打开后柜门准备进行清扫，9 时 06 分，开关柜内带电母排 B 相对其放电，9 时 38 分，经抢救无效于死亡。事故原因一是刚某在未经工作负责人安排或许可的情况下，自行走到屏后，擅自移开 3×24TV 开关屏后所设安全遮栏，无视 3×24TV 屏后门上悬挂的“止步，高压危险”警示，打开 3×24TV 后柜门，造成触电；二是工作负责人班前交底有遗漏，对工作票上的“3×24TV 后门内设备带 10kV 电压”漏交代：并对现场工作人员监护不到位；三是工作票签发人没有针对屏前和屏后均有工作的情况，增设相应的监护人；四是 3×24TV 开关柜“五防”闭锁功能不完善，没有采取相应的控制措施，不能起到防止误入带电间隔的作用。

【事故案例 2】

××年 4 月 27 日，××输变电工程有限公司承包 110kV 武康变电站 10kV 配电装置、电气二次等县城网改造项目。改造工作在变电站内3个地方同时进行。潘××（死者，年龄32岁，1991年参加工作，输变电工程有限公司中级工）为其中一个班组的工作班成员，被工作负责人指派担任110kV户外构架油漆的专职监护人。午餐以后，（约11时30分）工作人员都在午间休息，潘××擅自到另一工作班组的工作现场——4号电容器室，先是测了4号电容器组柜（检修状态）柜内下部相间距离，随即攀登上4号电容器组柜顶部，意欲测量10kV母排（运行状态）之间的安全距离，当接触母排时发生触电，后即送德清人民医院，经抢救无效死亡。事故原因一是在高压设备上工作，未填用工作票，未按规定履行工作许可手续；二是事故当事人自我保护意识淡薄，在未得到任何人员指派的情况下擅自从事电气工作；三是输变电公司现场施工管理制度不完善，安全管理制度执行不严格、不规范。

二、电力线路部分

（一）停电

1. 线路停电工作前应采取的措施

（1）断开发电厂、变（配）电站的线路断路器和隔离开关。

（2）断开工作线路上各端（含分支）断路器、隔离开关和熔断器。

（3）断开危及线路停电作业，且不能采取措施的交叉跨越、平行和同杆塔线路的断路器、隔离开关和熔断器。

（4）断开可能反送电的低压电源断路器、隔离开关和熔断器。

2. 停电设备的标志

停电设备的各端应有明显的断开点，或应有能反应设备运行状态的电气和机械等指示，不应在只经断路器断开电源的设备上工作。

3. 对停电设备的操作机构或部件应采取的措施

（1）可直接在地面操作的断路器、隔离开关的操作机构应加锁。

（2）不能直接在地面操作的熔断器、隔离开关应在操作部位悬挂标示牌。

（3）跌落式熔断器熔管应摘下或在操作部位悬挂标示牌。

（二）验电

1. 验电的必要性

在线路上装设接地线前，应在接地部位验明线路确无电压。

2. 直接验电法

（1）直接验电时应使用相应等级的验电器在设备的接地处逐相（直流线路逐极）验电。

（2）验电前应在有电设备上确认验电器良好。

（3）高压直流线路和330kV及以上的交流线路，可使用带金属部分的绝缘棒或专用的绝缘绳逐渐接触导线，根据有无放电声和火花的验电方法，判断线路是否有电。

（4）验电时应戴绝缘手套。

3. 间接验电法

在恶劣气象条件时，对户外配电设备及其他无法直接验电的设备，可采用间接验电。

4. 对同杆塔多层多回线路验电顺序

对同杆塔架设的多层、同一横担多回线路验电时，应先验低压、后验高压，先验下层、后验上层，先验近侧、后验远侧。

5. 线路联络开关验电方法

线路中联络用的断路器、隔离开关或其组合进行检修时，应在其两侧分别验电。

6. 验电注意事项

验电时人体与被验电设备的距离应符合表 3-1 的安全距离要求。

（三）装设接地线、个人保安线

1. 对接地线、临时接地体的要求

（1）成套接地线应由有透明护套的多股软铜线和专用线夹组成。

（2）接地线截面不应小于 $25mm^2$，并应满足装设地点短路电流的要求。

（3）接地线采用三相短路式接地线，若使用分相式接地线时，应设置三相合一的接地端。

（4）无接地引下线的杆塔装设接地线时，可采用临时接地体。临时接地体的截面积不应小于 $190mm^2$。临时接地体埋深不应小于 0.6m。土壤电阻率较高的地方应采取措施改善接地电阻。

2. 装拆接地线的正确方法

（1）装、拆接地线导体端应使用绝缘棒或专用的绝缘绳，人体不应碰触接地线。

（2）装设接地线、个人保安线时应先装接地端，后装导线端。拆除接地线的顺序与此相反。

（3）接地线或个人保安线、应接触良好，连接可靠。

3. 装设接地线的部位

（1）可能送电至停电设备的各侧都应接地。

（2）在配电装置上，接地线应装在该装置导电部分的适当部位。

（3）在门型构架的线路侧停电检修，如工作地点与所装接地线或接地开关的距离小于 10m，工作地点虽在接地线外侧，也可不另装接地线。

（4）在杆塔或横担接地良好的条件下装设接地线时，接地线可单独或合并后接到杆塔上。

4. 装设接地线注意事项

（1）装设接地线不宜单人进行。

（2）人体不应碰触未接地的导线。

（3）线路验明确无电压后，应立即将检修设备接地（装设接地线或合接地开关）并三相短路。

（4）电缆及电容器接地前应逐相充分放电，星形接线电容器的中性点应接地。

（5）不应用缠绕的方法进行接地或短路。

（6）已装设接地线发生摆动，其与带电部分的距离不符合安全距离要求时，应采取相应措施。

（7）在同杆塔多回路部分线路停电作业装设接地线时，应采取防止接地线摆动的措施，并满足安全距离的要求。

（8）工作中，需要断开耐张杆塔引线（连接线）或拉开断路器、隔离开关时，应先在其两侧装设接地线。

5. 线路停电作业装设接地线应遵守的规定

（1）工作地段各端以及可能送电到检修线路工作地段的分支线都应装设接地线。

（2）直流接地极线路，作业点两端应装设接地线。

（3）配合停电的线路可只在工作地点附近装设一处接地线。

6. 同杆塔多回多层装拆接地线顺序

同杆塔架设的多回线路上装设接地线时，应先装低压、后装高压，先装下层、后装上层，先装近侧、后装远侧。拆除时次序相反。

7. 个人保安线

工作地段有临近、平行、交叉跨越及同杆塔线路，需要接触或接近停电线路的导线工作时应装设接地线或使用个人保安线。

（1）个人保安线应使用透明护套的多股软铜线，截面积不应小于 $16mm^2$，并有绝缘或绝缘部件。

（2）不应用个人保安线代替接地线。

（3）个人保安线应在接触或接近导线前装设，作业结束，人体脱离导线后拆除。

（四）悬挂标示牌和装设遮栏

1. 禁止合闸有人工作

（1）在一经合闸即可送电到工作地点的断路器、隔离开关及跌落式熔断器的操作处，均应悬挂“禁止合闸，线路有人工作！”或“禁止合闸，有人工作！”标示牌。

（2）在计算机显示屏上操作的隔离开关操作处，应设置“禁止合闸，有人工作！”“禁止合闸，线路有人工作！”的标示牌。

2. 止步，高压危险

（1）配电设备部分停电的工作，工作人员与未停电设备安全距离不符合表 4-6 规定时应装设临时遮栏。

表 4-6　配电设备不停电时的安全距离

电压等级（kV）	10 及以下	20、35
安全距离（m）	0.70	1.00

临时遮栏与带电部分的距离应符合表 4-7 的规定。临时遮栏应装设牢固，并悬挂“止步，高压危险！”的标示牌。

表 4-7　人员工作中与配电设备带电部分的安全距离

电压等级（kV）	10 及以下	20、35
安全距离（m）	0.35	0.60

（2）在室外高压设备上工作，应在工作地点四周装设遮栏，遮栏上悬挂适当数量朝向里面的“止步，高压危险！”标示牌，遮栏出入口要围至临近道路旁边，并设有“从此进出！”的标示牌。

（3）若室外只有个别地点设备带电，可在其四周装设全封闭遮栏，遮栏上悬挂适当数量朝向外面的“止步，高压危险！”标示牌。

（4）室外构架上工作，应在工作地点临近带电部分的横梁上悬挂“止步，高压危险！”的标示牌。

3. 其他标示牌

（1）在工作人员上下的铁架或梯子上，应悬挂“从此上下！”的标示牌。

（2）在临近其他可能误登的带电构架上，应悬挂“禁止攀登，高压危险！”的标示牌。

（3）工作地点应设置“在此工作！”的标示牌。

4. 装设遮栏

（1）配电设备部分停电的工作，工作人员与未停电设备安全距离不符合表 4-6 规定时应装设临时遮栏。临时遮栏与带电部分的距离应符合表 4-7 的规定。临时遮栏应装设牢固，并悬挂“止步，高压危险！”的标示牌。

35kV 及以下设备可用与带电部分直接接触的绝缘隔板代替临时遮栏。

（2）在城区、人口密集区、通行道路上或交通道口施工时，工作场所周围应装设遮栏，并在相应部位装设交通警示牌。

5. 标示牌和遮栏使用规定

工作人员不应擅自移动或拆除遮栏、标示牌。

6. 标示牌式样

标示牌式样请参见 GB 26859—2011《电力安全工作规程　电力线路部分》的附录 F。

为方便读者学习记忆和执行，我们将 GB 26859—2011《电力安全工作规程　电力线路部分》的 5 张表合并于一张表上，见表 4-8。

表 4-8　　安全距离汇总比较表

电压等级（kV）	在带电线路杆塔上工作与带电导线最小安全距离（m）	配电设备不停电时的安全距离（m）	人员工作中与配电设备带电部分的安全距离（m）	临近或交叉其他电力线工作的安全距离（m）	与架空输电线及其他带电体的最小安全距离（m）
<1	0.7	0.7	0.35	1.0	1.5
1～10	0.7	0.7	0.35	1.0	3.0
20	1.0	1.0	0.60	2.5	4.0
35	1.0	1.0	0.60	2.5	4.0
66	1.5			3.0	4.0
110	1.5			3.0	5.0
220	3.0			4.0	6.0
330	4.0			5.0	7.0
500	5.0			6.0	8.5
750	8.0			9.0	
1000	9.5			10.5	
±50	1.5			3.0	
±500	6.8			7.8	
±660	9.0			10.0	
±800	10.1			11.1	

注　1. 表中未列电压等级按高一挡电压等级安全距离，如 44kV 采用 66kV，154kV 采用 220kV 电压等级的安全距离。

2. 750kV 数据是按海拔 2000m 校正，其他电压等级数据是按海拔 1000m 校正。

【事故案例 3】

2007 年 1 月 26 日，××电业局高压检修管理所带电班职工王×（男，33 岁）在 110kV 鄠牵Ⅰ线衡北支线停电检修作业中，误登平行带电的 110kV 三鄠线路 35 号杆，触电身亡。××电业局为配合武厂高速铁路的施工计划 1 月 24～27 日，对 110kV 鄠牵Ⅰ线全线停电，由××电业局高压检修管理所（设备检修主人）进行 110kV 鄠牵Ⅰ线 16 号—1、16 号—2、90 号杆塔搬迁更换工作，同时对鄠牵Ⅰ线 1～18 号杆及 110kV 鄠牵Ⅰ线衡北支线 1～44 号杆登检及绝缘子清扫工作。鄠牵Ⅰ线 1～118 号杆及 110kV 鄠牵Ⅰ线衡北支线 1～44 号杆工作分成三个大组进行，分别由高检所线路一、二和带电班负责，经分工，带电班工作组负责衡北支线 1～44 号杆停电登杆检查工作。1 月 24 日各工作班在挂好接地线，做好有关安全措施后开始工作。1 月 26 日带电班的工作，又分成 4 个工作小组，其中工作负责人莫××和作业班成员王×一组负责鄠牵Ⅰ线衡北支线 31～33 号杆登检及绝缘子清扫工作，大约在 11 时 30 分，莫××和王×误走到平行的带电 110kV 三鄠线 35 号杆下（原杆号为：鄠牵Ⅱ衡北支线 32 号杆），在都未认真核对线路名称、杆牌的情况下，王×误登该带电的线路杆塔，在进行工作时，造成触电，并起弧着火，安全带烧断从约 23m 高处坠落地面当即死亡。

事故直接原因：

（1）工作监护人严重失职。莫××是该小组的工作负责人（工作监护人），上杆前没有向王×交代安全事项，没有和王共同核对线路杆号名称，完全没有履行监护人的职责。

（2）死者王×安全意识淡薄，自我防护意识差，上杆前未认真核对杆号与线路名称，盲目上杆工作。

（3）运行杆号标识混乱。110kV 三鄠线为 3 年前由 110kV 鄠牵Ⅱ线衡北支线改运行编号形成，事故杆塔三鄠线 35 号杆上原“鄠牵Ⅱ线衡北支线 32 号”杆号标识未彻底清除，事故发生时，仍十分醒目，与“三鄠线 35 号”编号标识同时存在，且杆根附近生长较多低矮灌木杂草，影响杆号辨识。

事故间接原因：

（1）检修人员不熟悉检修现场。××电业局高压检修管理所带电班第四组工作人员不熟悉检修线路杆塔具体位置和进场路径，且工作前未进行现场勘查，工区也未安排运行人员带路，是导致工作人员走错杆位的间接原因。

（2）施工组织措施不完善。本次鄠牵Ⅰ线杆塔改造和线路登杆检修工作为××电业局春节前两大检修任务之一，公司管理层对工作的组织协调不力，管理不到位。工区主要管理人员忽视线路常规检修的工作组织和施工方案安排。

（3）现场安全管理措施的有效性和针对性不强。作业工作任务单不能有效覆盖每个工作组的多日连续工作，班组每日复工前安全交底不认真。班组作业指导书针对性不强，危险点分析过于笼统，缺少危险点特别是近距离平行带电线路的具体预防控制措施。工作组检修工艺卡与班组作业指导书脱节，只明确检修工艺质量控制要求，缺少对登杆前检查核对杆号的要求和步骤，对登杆检修全过程的作业行为未能有效控制。

（4）线路巡线小道及通道维护不到位，导致小道为杂草灌木掩盖，难以找到，且通行困难，给线路巡视及检修人员到达杆位带来很大不便。

事故暴露问题：

（1）干部和员工有明显的松懈麻痹情绪。××电业局在保持了20年无人身伤亡事故记录、2006年安全生产情况良好的情况下，干部和职工存在明显的松懈和麻痹情绪。省公司在“7·4”事故后出台的一系列安全工作规定和要求以及省公司2007年1月6日安全工作会议精神未能及时认真贯彻落实，对省公司“安全生产年”活动部署还没有传达到班组，还没有提出具体实施措施，安全生产管理松懈、粗放，大型作业组织措施不落实。

（2）生产管理存在明显漏洞。线路杆号标识混乱，线路巡视通道和线路走廊清障不及时、不彻底，存在明显的管理违章和装置违章现象。

（3）现场标准化作业管理不认真。作业指导书实用性、可操作性不强，危险点分析和预防措施不足，不能有效控制多工作组作业时人员的工作行为；作业指导书培训不够，班组人员不能全面掌握作业程序和要求；作业指导书现场应用存在表面化、形式化现象，未能有效发挥保证作业安全、控制作业质量的作用。

（4）班组基础管理薄弱。班组规章制度未能进行及时有效的梳理，班组安全活动流于形式；公司领导和工区领导不能经常参加基层班组安全活动，不了解班组和现场安全生产状况。

（5）反违章工作未能有效落实。安全教育培训力度不够，效果不明显，一些员工安全意识仍然十分淡薄；在省公司反违章的高压态势下，行为性违章得到一定程度的遏制，但管理性、装置性违章仍然较多，违章问题仍比较突出，反违章活动组织和开展效果不明显。

（6）现场勘察制度执行存在薄弱环节。本次工作现场较为复杂，有3条平行的110kV线路，分别为“110kV 鄗牵1线”“110kV 三鄗线”“110kV 茶鄗线”，且距离都不远，容易发生误登杆塔，但开工前工作负责人和工作票签发人并未对现场进行认真勘察，以致没有提出针对性很强的防止误登杆塔的措施。

（7）对《电力安全工作规程》规定的工作票制度理解有偏差。本次作业中多个班组共用一张工作票，而每个班组又再细分多个工作小组，导致部分工作小组实际处于无分工作任务单工作状态。

第十节　高压试验室安全技术措施

一、设置遮栏

1. 在高压试验室内的高压试验试区周围

（1）高压试验试区周围应设置遮栏，遮栏上悬挂适当数量的“止步，高压危险!”标示牌。标示牌的标示应朝向遮栏的外侧。

（2）必要时，通往试区的安全遮栏门与试验电源应有连锁装置，当通往试区的安全遮栏门打开时，试验电源应无法接通，并发出报警信号。

（3）在同一试验室内同时进行不同的高压试验时，各试区间应按各自的安全距离用遮栏隔开，同时设置明显的标示牌，留有安全通道。

2. 在户外高压试验场

（1）在户外试验场进行试验时，除设置必要的遮栏、安全警示牌和安全信号灯外，应派专人监视，以防人员闯入试区。

(2) 屏蔽遮栏宜由金属制成，可靠接地，其高度不低于 2m。

(3) 户外试验场可根据试验需要，设置符合安全要求的固定观测点。

二、安全距离

(1) 根据 GB/T 16927.1 的规定，交流或正极性操作冲击试验时最高试验电压与试品高压电极对接地体或其他导体间最小间隙距离的关系曲线如图 4-1所示。为确保高压试验的安全性，安全距离应不小于 1.5 倍的最小间隙距离。

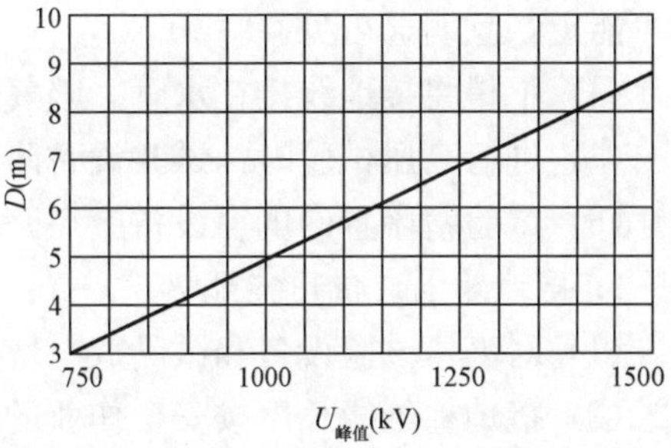

图 4-1　交流或正极性操作冲击试验时最高试验电压与试品高压端对接地体或其他导体间最小间隙距离的关系

(2) 试验中的高压引线及高压带电部件至遮栏（含屏蔽遮栏）的距离应大于表 4-9 和表 4-10 中的数值。

表 4-9　交流和直流试验安全距离

试验电压（kV）	200	500	750	1000	1500
安全距离（m）	1.5	3	4.5	7.2	13.2

注　1. 试验电压 200kV 以下的安全距离要求不小于 1.5m。
2. 试验电压交流为有效值，直流为最大值。
3. 适用于海拔不高于 1000m 地区。对用于海拔高于 1000m 地区，按 GB 311.1 中海拔校正规定进行修正。

表 4-10　冲击试验（峰值）安全距离

试验电压（kV）	500	1000	1500	2000	3000	4000
操作冲击安全距离（m）	3	7.2	13.2	16	30	—
雷电冲击安全距离（m）	3	7.2	12.5	14	18	22

注　1. 试验电压 500kV 以下的安全距离要求不小于 3m。
2. 适用于海拔不高于 1000m 地区。对用于海拔高于 1000m 地区，按 GB 311.1 中海拔校正规定进行修正。

三、人员防护

(1) 当试验电压较高时，特别是冲击试验电压（峰值）高于 2000kV 时，由于放电路径的不规律性，有可能出现异常放电，所有人员应留在能防止异常放电危及人身安全的地带，如控制室、观察室或屏蔽遮栏外。

(2) 切断试验电源前，任何人员不应进入试验区内。

(3) 进行高低温、低气压试验时，应有可行的防止伤害人身的防护措施。

(4) 进行大电流试验时，应有防止因试品损害产生爆裂伤害人身的防护措施。

四、接地与接地放电

1. 接地

(1) 高压试验设备的接地端和试品接地端或外壳应良好接地。

(2) 接地线应采用多股编织裸铜线或外覆透明绝缘层铜质软绞线或铜带，接地线截面应能满足试验要求，但不得小于 $4mm^2$。动力配电装置上所用的接地线，其截面不得小于 $25mm^2$。

(3) 接地线与接地系统的连接应采用螺栓连接在固定的接地桩（带）上，接地线长度应尽可能短，且明显可见。

(4) 不得将接地线接在水管、暖气片和低压电气回路的中性点上。

(5) 进行高压试验时，试验设备附近的其他仪器设备应短接并可靠接地。

(6) 试验室闲置的电容设备应短路接地。

2. 接地放电应使用接地棒

(1) 对高压试验设备和试品放电应使用接地棒。

(2) 接地棒绝缘长度按安全作业的要求选择，但最小总长度不得小于1000mm，其中绝缘部分700mm。

3. 接地放电操作要求

(1) 使用接地棒时，手不得超过握柄部分的护环。接地线与人体的距离应大于接地棒的有效绝缘长度。

(2) 对高压试验设备及试品在高压试验前、试验后的放电，应先将接地棒的接地线可靠地连接在接地桩（带）上，再用接地棒接触高压试验设备及试品的高压端，进行接地放电。

(3) 对大电容的直流试验设备和试品以及直流试验电压超过100kV的设备和试品接地放电时，应先用带接地电阻的接地棒放电，然后再直接短路接地放电。

(4) 变更冲击电压发生器波头和波尾电阻或直流发生器更换极性前，应对电容器及充电电路逐级短路接地放电或启动短路接地装置。

(5) 放电后将接地棒挂在高压端，保持接地状态，再次试验前取下。

4. 接地放电的放电时间要求

高压试验后，对高压试验设备和试品进行接地放电，从接地棒接触高压试验设备和试品的高压端至试验人员能接触的时间，一般不短于3min。对大容量试品的放电时间，应在5min以上。

五、高压试验工作的开始、间断与结束

1. 试验开始前的准备

试验开始前，试验负责人向全体试验人员详细布置试验任务和安全措施，并应进行如下检查：

(1) 安全措施是否已完备。

(2) 试验设备、试品及试验接线是否正确。

(3) 表计倍率、调压器零位及测量系统的开始状态。

(4) 试验设备高压端和试品加压端接地线是否已拆除。

(5) 所有人员是否已全部退离试区，转移到安全地带。

(6) 试区遮栏门是否已关上。

一切检查无误后方可开始试验升压。

2. 试验升压

(1) 由试验负责人下令加压，操作人员应复诵“准备升压”并鸣铃示警，然后操作电源开关合上电源，按试验要求规定的升压速率升高电压到规定的试验电压值。升压过程中应有人监护并呼唱，并有人监视试验设备及试品。

(2) 在升压过程中，若发现异常情况，应立即停止试验，迅速将电压降至零，断开电源。

(3) 试验遇到恶劣气象条件，应评估对人身和设备的影响，必要时应中止试验。

3. 试验间断和结束

(1) 试验人员将电压降至零，断开电源，在电源开关把手挂上“禁止合闸，有人工作”警示牌后，试验人员进入试区，按“接地放电”的要求对高压试验设备和试品进行放电。此时，才能视为一次高压试验结束或试验间断。

(2) 试验人员应在试验间断或结束状态更换试品、更改接线或检查试验异常原因。

(3) 再一次或恢复试验时，应重新检查试验接线和安全措施。

(4) 试验人员离开试验室前，应切断相关电源。

(5) 对于继续使用的电源，应在电源开关处悬挂“有人工作，不得拉闸!”警示牌。

第十一节 电缆试验

一、10kV 跌落式熔断器与电缆头之间的过渡连接装置

在 10kV 跌落式熔断器与电缆头之间宜加装过渡连接装置，工作时应与跌落式熔断器上桩头带电部分保持安全距离。在 10kV 跌落式熔断器上桩头带电时，未采取绝缘隔离措施前，不应在跌落式熔断器下桩头新装、调换电缆尾线或吊装、搭接电缆终端头。

二、电缆试验安全措施

(1) 电缆试验前后以及更换试验引线时，应对被试电缆（或试验设备）充分放电。

(2) 电缆试验时，应防止人员误入试验场所。电缆两端不在同一地点时，另一端应采取防范措施。

(3) 电缆耐压试验分相进行时，电缆另两相应短路接地。

(4) 电缆试验结束，应在被试电缆上加装临时接电线，待电缆尾线接通后方可拆除。

第十二节 带电作业

一、一般要求

(1) 带电作业安全距离、安全防护措施等应按国家和行业的相关标准、导则执行。

(2) 带电作业应在良好天气下进行。

1) 如遇雷电（听见雷声，看见闪电）、雪、雹、雨、雾等，不应进行带电作业。

2) 风力大于 5 级，或湿度大于 80%时，不宜进行带电作业。

(3) 带电作业应设专职监护人。复杂作业时，应增设监护人。

(4) 线路运行维护单位或工作负责人认为有必要时，应组织到现场勘查。根据勘查结果判断能否进行带电作业，并确定作业方案、所需工具，以及应采取的措施。

(5) 带电作业有下列情况时，应停用重合闸或直流再启动装置，并不应强送电。

1) 中性点有效接地系统中可能引起单相接地的作业。

2) 中性点非有效接地系统中可能引起相间短路的作业。

3) 直流线路中可能引起单极接地或极间短路的作业。

4) 不应约时停用或恢复重合闸及直流再启动装置。

（6）在带电作业过程中如设备突然停电，应视设备仍然带电，工作负责人应及时与线路运行维护单位或调度联系。线路运行维护单位或值班调度员未与工作负责人取得联系前不应强送电。

二、一般安全技术措施

（1）等电位作业一般在66kV、±125kV及以上电压等级的线路和电气设备上进行。

（2）下列距离应满足相关安全规定。

1）地电位作业人体与带电体的距离。

2）等电位作业人体与带电体的距离。

3）工作人员进出强电场时与接地体和带电体两部分所组成的组合间隙。

4）工作人员与相邻导线的距离。

带电作业中的上述距离应满足的最低安全要求见表4-11。

表4-11　　带电作业中的下列距离应满足的最低安全要求

电压等级（kV）	地电位带电作业时人身与带电体间的安全距离（m）	等电位作业人体与接地体的距离不得小于（m）	工作人员进出强电场时与接地体和带电体两部分所组成的组合间隙不得小于（m）	等电位作业人员对相邻导线的最小距离（m）	等电位作业转移电位时人体裸露部分与带电体的最小距离（m）
10	0.4	0.4	—	—	—
35	0.6	0.6	—	—	0.2
63（66）	0.7	0.7	0.8	0.9	0.2
110	1.0	1.0	1.2	1.4	0.3
220	1.8（1.6）①	1.8（1.6）①	2.1	2.5	0.3
330	2.2	2.2	3.1	3.5	0.4
500	3.4（3.2）②	3.4（3.2）②	4.0	5.0	0.4
750	5.2（5.6）③	5.2（5.6）③	4.9	6.9（7.2）⑤	戴面罩
1000	6.8（6.0）④	6.8（6.0）④	6.9	—	戴面罩
±500	3.4	3.4	3.8	—	0.4
±660	—	—	—	—	—
±800	6.8	6.8	6.8	—	—

① 220kV带电作业安全距离因受设备限制达不到1.8m时，经本单位分管生产领导（总工程师）批准，并采取必要的措施后，可采用括号内的数值1.6m。

② 海拔500m以下，500kV取3.2m值，但不适用于紧凑型线路。海拔在500～1000m时，500kV取3.4m。

③ 5.2m为海拔1000m以下值，5.6m为海拔2000m以下值。

④ 单回输电线路数据，括号中数据6.0m为边相，6.8m为中相。

⑤ 6.9m为边相值，7.2m为中相值。

（3）等电位作业工作人员应穿着阻燃内衣，外面穿着全套屏蔽服，各部分连接良好。750kV及以上等电位作业还应戴面罩。

等电位作业人员不应通过屏蔽服断、接空负荷线路或耦合电容器的电容电流及接地电流。

（4）等电位工作人员在电位转移前，应得到工作负责人的许可。750kV和1000kV等电位作业，应使用电位转移棒进行电位转移。

（5）交流线路地电位登塔作业时应采取防静电感应措施、直流线路地电位登塔作业时宜采取防离子流措施。

（6）等电位工作人员与地电位工作人员应使用绝缘工具或绝缘绳索进行工具和材料的传递。

（7）沿导（地）线上悬挂的软、硬梯或导线飞车进入强电场的作业，应遵守下列规定：

1）在连续档距的导（地）线上挂梯（或导线飞车）时，钢芯铝绞线和铝合金绞线导（地）线的截面应不小于 $120mm^2$；钢绞线导（地）线的截面应不小于 $50mm^2$。

2）在孤立档的导（地）线上作业，在有断股的导（地）线和锈蚀的地线上的作业，在上述 1）规定以外的其他型号导（地）线上的作业，两人以上在同档同一根导（地）线上的作业时，应经验算合格并经批准后方能进行。

3）在导（地）线上悬挂梯子、飞车进行等电位作业前，应检查本档两端杆塔处导地线的紧固情况。

4）挂梯载荷后，应保持地线及人体对下方带电导线的安全距离比规定的安全距离数值大 0.5m；带电导线及人体对被跨越的线路、通信线路和其他建筑物的安全距离应比规定的安全距离数值大 1m。

5）在绝缘子横担线路上不应挂梯作业，在转动横担的线路上挂梯前应将横担固定。

（8）带电断、接空负荷线路，工作人员应戴护目眼镜，并采取消弧措施，不应带负荷断、接引线，不应同时接触未接通的或已断开的导线两个断头。短接设备时，应核对相位，闭锁跳闸机构，短接线应满足短接设备最大负荷电流的要求，防止人体短接设备。

（9）绝缘子表面采取带电水冲洗或进行机械方式清扫时，应遵守相应技术导则的规定。

（10）绝缘子串上带电作业前，应检测绝缘子串的良好绝缘子片数，满足相关规定的要求。

（11）采用绝缘手套作业法或绝缘操作杆作业法时，应根据作业方法选用人体绝缘防护用具，使用绝缘安全带、绝缘安全帽。必要时还应戴护目眼镜。工作人员转移相位工作前，应得到工作监护人的同意。

三、感应电压防护

（1）在 330kV、±500kV 及以上电压等级的线路杆塔及变电站构架上作业，应采取防静电感应措施。

（2）绝缘架空地线应视为带电体。在绝缘架空地线附近作业时，工作人员与绝缘架空地线之间的距离应不小于 0.4m（1000kV 为 0.6m）。若需在绝缘架空地线上作业，应用接地线或个人保安线将其可靠接地或采用等电位方式进行。

（3）用绝缘绳索传递大件金属物品（包括工具、材料等时），杆塔或地面上工作人员应将金属物品接地后再接触。

【事故案例】

2008 年 5 月 26 日，××输变电公司发生感应电触电事故，死亡 1 人。湖北超高压输变电公司宜昌输电公司按计划对 500kV 万龙二回 419～735 号杆塔进行绝缘子清扫和消缺工作。11 时 20 分左右，运检一队 1 名工作人员（金××，死者，男，27 岁）根据电话许可，在462号塔挂设个人保安线并进行清扫。18时20分左右，根据周边群众电话反映异常情况，运检一队有关人员赶到现场，登杆检查发现金××在系好安全带的情况下，仰躺在左相横担头上，地线接地端位于胸口处，死亡。

经现场勘察和分析，事故原因是金××在杆塔上A相装设好保安线后，准备取工具包转移作业点时，身体意外失去平衡，右手抓住保安线（保安线有透明绝缘套管），导致保安线的接地夹具从塔材上脱出，接地端击中左胸靠近心脏部位，因感应电击休克死亡。事故暴露出的问题：保安线接地线夹设计不合理，夹在塔材上在有平行外力作用时易脱落；作业人员在杆塔上作业时安全警惕性不够，在重心失稳时误拽保安线，导致保安线接地端脱落。

四、带电作业工具的使用、保管和试验

（1）存放带电作业工具应符合DL/T 974《带电作业用工具库房》的要求。

（2）不应使用损坏、受潮、变形、失灵的带电作业工具。

（3）带电作业工具在运输过程中，应装在专用工具袋、工具箱或专用工具车内。

（4）作业现场使用的带电作业工具应放置在防潮的帆布或绝缘物上。

（5）带电作业工器具应按规定定期进行试验。

第十三节　一般电气安全注意事项和电气工器具使用

一、一般电气安全注意事项

（1）所有电气设备的金属外壳应有良好的接地装置。使用中不应将接地装置拆除或对其进行任何工作。

（2）任何电气设备上的标示牌，除原来放置人员或负责的运行值班人员外，其他任何人员不准移动。

（3）不准靠近或接触任何有电设备的带电部分，特殊许可的工作，应执行GB 26860—2011《电力安全工作规程　发电厂和变电站电气部分》中的有关规定。

（4）严禁用湿手去触摸电源开关以及其他电气设备。

（5）电源开关外壳和电线绝缘有破损不完整或带电部分外露时，应立即找电气人员修好，否则不准使用。不准使用破损的电源插头插座。

（6）敷设临时低压电源线路，应使用绝缘导线。架空高度室内应大于2.5m，室外应大于4m，跨越道路应大于6m。严禁将导线缠绕在护栏、管道及脚手架上。

（7）厂房内应合理布置检修电源箱。电源箱箱体接地良好，接地、接零标志清晰，分级配置漏电保安器，宜采用插座式接线方式，方便使用。

（8）发现有人触电，应立即切断电源，使触电人脱离电源，并进行急救。如在高空工作，抢救时必须采取防止高处坠落的措施。

（9）遇有电气设备着火时，应立即将有关设备的电源切断，然后进行救火。对可能带电的电气设备以及发电机、电动机等，应使用干式灭火器、二氧化碳灭火器或六氟丙烷灭火器灭火；对油开关、变压器（已隔绝电源）可使用干式灭火器、六氟丙烷灭火器等灭火，不能扑灭时再用泡沫式灭火器灭火，不得已时可用干砂灭火；地面上的绝缘油着火，应用干砂灭火。扑救可能产生有毒气体的火灾（如电缆着火等）时，扑救人员应使用正压式空气呼吸器。

二、电气工器具使用

(1) 电气工器具应由专人保管，每6个月测量一次绝缘，绝缘不合格或电线破损的不应使用。手持式电动工具的负荷线必须采用橡皮护套铜芯软电缆，并不应有接头。

(2) 不熟悉电气工器具使用方法的工作人员不准擅自使用。使用中发生故障，应立即找专业人员修理。

(3) 严格使用Ⅰ类电气工具。使用外壳为金属材料的电动工具时，应戴绝缘手套。使用电动工具时，必须同时使用漏电保安器。漏电保安器应进行定期试验检查。

(4) 电气工器具的电线不应接触热体，不应放在潮湿的地上，经过通道时必须采取架空或套管等其他保护措施，严禁重载车辆或重物压在电线上。

(5) 使用塑料外壳的电气工器具应防止碰、磕以免损坏外壳，且严禁与汽油及其他有机溶剂接触。

(6) 使用电气工具时，不应提着电气工具的导线或转动部分。在梯子上使用电气工具，应做好防止感电坠落的安全措施。工作中离开工作场所、暂停作业或遇到临时停电应立即切断电气工具的电源。

(7) 使用电钻等电气工具时必须戴绝缘手套。装卸钻头应在断电情况下进行，装卸钻头不应用锤子或其他金属敲击，严禁手持工件进行钻孔。

(8) 使用电剪时，应先根据工件厚度调节刀头间隙。操作时应渐进用力，当刀轴往复次数急剧下降时，应立即减少推力。

(9) 在金属容器内和狭窄场所工作时，必须使用24V以下的电气工具，或选用Ⅱ类手持式电动工具。必须设专人不间断地监护，监护人可以随时切断电动工具的电源。电源联接器和控制箱等应放在容器外面、宽敞、干燥场所。

三、电焊

1. 焊接作业安全基本规定

(1) 焊工应戴防尘（电焊尘）口罩穿帆布工作服、工作鞋，戴工作帽、手套，上衣不应扎在裤子里。口袋应有遮盖，脚面应有鞋罩，以免焊接时被烧伤。

(2) 禁止使用有缺陷的焊接工具和设备。

(3) 不准在带有压力（液体压力或气体压力）的设备上或带电的设备上进行焊接。在特殊情况下需要在带压或带电的设备上进行焊接时，必须采取安全措施，并经主管生产的领导批准。对承重构架进行焊接，必须经过有关技术部门的许可。

(4) 禁止在装有易燃物品的容器上或在油漆未干的结构或其他物体上进行焊接。

(5) 禁止在储有易燃易爆物品的房间内进行焊接。在易燃易爆材料附近进行焊接时，其最小水平距离不应小于5m，并根据现场情况，采取安全可靠措施（用围屏或石棉布遮盖）。

(6) 对于存有残余油脂或可燃液体的容器，必须打开盖子，清理干净；对存有残余易燃易爆物品的容器，应先用水蒸气吹洗，或用热碱水冲洗干净，并将其盖口打开。对上述容器所有连接的管道必须可靠隔绝并加装堵板后，方准许焊接。

(7) 在风力超过5级时禁止露天进行焊接或气割。但风力在5级以下3级以上进行露天焊接或气割时，必须搭设挡风屏以防火星飞溅引起火灾。

(8) 下雨雪时，不宜露天进行焊接或切割工作。如必须进行焊接时，应采取防雨雪的措施。

(9) 在可能引起火灾的场所附近进行焊接工作时，必须备有必要的消防器材。

(10) 进行焊接工作时，必须设有防止金属熔渣飞溅、掉落引起火灾的措施以及防止烫伤、触电、爆炸等措施。焊接人员离开现场的，必须进行检查，现场应无火种留下。

(11) 在高空进行焊接工作，必须遵照有关规定。

(12) 在梯子上只能进行短时不繁重的焊接工作，并遵守有关规定。禁止登在梯子的最高梯阶上进行焊接工作。

(13) 在锅炉汽包、凝汽器、油箱、油槽以及其他金属容器内进行焊接工作，应有下列防止触电的措施：

1）电焊时焊工应避免与铁件接触，应站立在橡胶绝缘垫上或穿橡胶绝缘鞋，应穿干燥的工作服。

2）容器外面应设有可看见和听见焊工工作的监护人，并应设有开关，以便根据焊工的信号切断电源。

3）容器内使用的行灯，电压不准超过 24V。行灯变压器的外壳应可靠地接地，不准使用自耦变压器。

4）行灯用的变压器及电焊变压器不应带入锅炉及金属容器内。

(14) 在密闭容器内，不准同时进行电焊及气焊工作。

(15) 在坑井或深沟内进行焊接，应遵守有关规定。

(16) 气焊与电焊不应上下交叉作业。

(17) 无关人员不准靠近正在进行射线检验的工作场所。

(18) 电焊机的接拆线、停送电工作应由具备资质人员进行操作。

2. 对电焊机的安全要求

(1) 电焊机必须装有独立的专用电源开关，其容量应符合要求。焊机超负荷时，应能自动切断电源，禁止多台焊机共用一个电源开关。

(2) 电焊机的裸露导电部分和转动部分以及冷却用的风扇，均应装有保护罩。

(3) 固定或移动的电焊机（电动发电机或电焊变压器）的外壳以及工作台，必须有良好的接地。焊机应采用空载自动断电装置等防止触电的安全措施。

(4) 电焊工作所用的导线，必须使用绝缘良好的皮线。如有接头时，则应连接牢固，并包有可靠的绝缘。连接到电焊钳上的一端，至少有 5m 为绝缘软导线。

(5) 禁止连接建筑物金属构架和设备等作为焊接电源回路。

(6) 禁止使用氧气管道和乙炔管道等易燃易爆气体管道作为接地装置的自然接地极，防止由于产生电阻热或引弧时冲击电流的作用，产生火花而引爆。

(7) 电焊设备的装设、检查和修理工作，必须在切断电源后进行。

(8) 电焊钳必须符合下列基本要求：

1）应牢固地夹住焊条。

2）焊条和电焊钳的接触良好。

3）更换焊条必须便利。

4）握柄必须用绝缘耐热材料制成。

3. 电焊作业防护要求

(1) 在室内或露天进行电焊工作时应在周围设挡光屏，防止弧光伤害周围人员的眼睛。

（2）电焊工应备有下列防护用具：

1）镶有滤光镜的手把面罩或套头面罩，护目镜片。

2）电焊手套，工作服。

3）橡胶绝缘鞋。

4）清除焊渣用的白光眼镜（防护镜）。

4. 电焊作业时的安全要求

（1）在潮湿地方进行电焊工作，焊工必须站在干燥的木板上，或穿橡胶绝缘鞋。

（2）焊接作业的椅子，应用木材或其他绝缘材料制成。

（3）电焊工在合上电焊机开关前，应先检查电焊设备，如电动机外壳的接地线是否良好，电焊机的引出线是否有绝缘损伤、短路或接触不良等现象。

（4）合上或拉开电源刀开关时，应戴干燥的手套，不应接触电焊机的外壳。

（5）电焊工更换焊条时，必须戴电焊手套，以防触电。

（6）清理焊渣时必须戴上白光眼镜，并避免对着人的方向敲打焊渣。

（7）在起吊部件过程中，严禁边吊边焊的工作方法。只有在摘除钢丝绳后，方可进行焊接。

（8）不准将带电的绝缘电线搭在身上或踏在脚下。电焊导线经过通道时，应采取防护措施，防止外力损坏。

（9）当电焊设备正在通电时，严禁触摸导电部分。

（10）电焊工离开工作场所时，必须切断电源。

（11）电焊工应服从工作负责人的指挥，禁止在带压设备和重要设备上引弧。

【事故案例】

2002年5月17日，××电厂发电车间检修班电工刁×带领班组成员张×检修380V直流电焊机。电焊机修好后进行通电试验，情况良好，并将电焊机电源断开。刁×安排张×拆除电焊机二次线，自己拆除电焊机一次线。17时15分左右，刁×蹲着拆除电焊机电源线接头，拆除一相后，在拆除第二相的过程中意外触电，经抢救无效死亡。

原因分析：

（1）刁×参加工作10余年，一直从事电气作业并获得高级维修电工资格证书，在本次作业中刁×安全意识淡薄，工作前未进行安全风险分析，在拆除电焊机电源线中间接头时，未检查确认电焊机电源是否断开，在电源线带电又无绝缘防护的情况下作业，导致触电。刁×违章作业是此次事故的直接原因。

（2）张×作为检修成员，在工作中未有效进行安全监督、提醒，未及时制止刁×的违章行为，也是造成此次事故发生的原因之一。

（3）刁×在工作中不执行规章制度，疏忽大意，凭经验违章作业酿成恶果。

（4）车间班组管理存在漏洞，轻安全重生产经营。

防范措施：

（1）采取有力措施，加强对现场工作人员执行规章制度的教育与监督，杜绝违章行为的发生。作业组成员相互监督，严格执行安全生产操作规程和企业监督制度。

（2）所有作业必须事先进行安全风险分析，并填写安全分析卡。

（3）完善设备停送电制度，制定设备停送电检查卡。

（4）加强职工的专业技术和安全知识培训，提高职工的业务素质和安全意识，让职工切实从思想上认识违章作业的危害性。

（5）完善车间、班组安全管理制度，建立个人安全生产档案，对不具备本职岗位所需安全素质的人员进行培训或转岗。安排工作时，要及时了解职工的思想动态，以便对每个人的工作进行周密、妥善的安排，并严格执行工作票制度，确保工作人员的安全可控与在控。

四、行灯操作要求

（1）行灯电压不应超过 36V；在周围均是金属导体的场所和容器内工作时，不应超过 24V，在潮湿的金属容器内、有爆炸危险的场所（如煤粉仓、沟道内）、脱硫烟道系统等处工作时，不应超过 12V。行灯变压器的外壳应可靠地接地，不准使用自耦变压器。

（2）行灯电源应由携带式或固定式的降压变压器供给，变压器不应放在金属容器或特别潮湿场所的内部。

（3）携带式行灯变压器的高压侧应带插头，低压侧带插座，并采用两种不能互相插入的插头。

（4）行灯变压器的外壳必须有良好的接地线，高压侧应使用三极插头。

五、防止人身触电事故具体措施汇总

（1）发电厂、变电站电气设备进行部分停电检修或新设备安装时，工作许可人应根据工作票的要求在工作地点或带电设备四周设置遮栏（围栏），将停电设备与带电设备隔开。围栏上每侧应至少悬挂一个面向工作人员的“止步，高压危险！”等标示牌。防止检修、试验、施工人员走错工作地点，误入带电间隔，误登带电设备，发生人身触电。

（2）无论高压设备是否带电，工作人员不得单独移开或越过遮栏（围栏）进行工作；若有必要移开遮栏（围栏）时，应有监护人在场，并满足设备不停电时的安全距离。

（3）运行中的高压设备其中性点接地系统的中性点应视作带电体，不得触摸。雷雨天气，需要巡视室外高压设备时，应穿绝缘靴，并不得靠近避雷器和避雷针心。

（4）雷电时，禁止进行就地倒闸操作。

（5）验电作业时，高压验电应戴绝缘手套。验电器的伸缩式绝缘棒长度应拉足，验电时手应握在手柄处不得超过护环，人体应与验电设备保持安全距离。雨雪天气不得进行室外直接验电。

（6）在室内高压设备上工作，应在工作地点两旁和对面运行设备间隔的遮栏（围栏）上和禁止通行的过道遮栏（围栏）上悬挂“止步，高压危险”的标示牌。

（7）高压开关柜内手车开关拉出后，隔离带电部位的挡板必须可靠封住，禁止开启，并设置“止步，高压危险！”的标示牌。

（8）在办理工作许可手续之前，任何车辆及工作班成员都不得进入遮栏内或触及设备。

（9）在办理工作票许可手续后，工作负责人（监护人）宜在设备区外向工作班成员宣讲工作票内容，使每个工作班成员都知道工作任务、工作地点、工作时间、停电范围、临近带电部位、现场安全措施等注意事项（必要时可以绘图讲解），并进行危险点告知，履行确认手续后方可开始工作。迟到人员开始工作前，工作负责人应向其详细交待以上各项内容。

（10）工作中，工作负责人必须始终在现场认真履行监护职责。当工作地点分散或工作环境比较危险时，工作负责人应增设专责监护人和确定被监护人员，及时制止违章作业行为。

（11）在电气设备上进行检修，工作班成员在攀登设备构架前，首先应认真核对设备名称、编号、位置，检查现场安全措施无误后方可开始。因故离开工作现场返回工作地点时，必须重新核对设备名称、编号、位置，确认无误后方准继续工作，防止误入带电间隔。

（12）当工作现场布置的安全措施妨碍检修（试验）工作时，工作班成员必须向工作负责人说明情况，由工作负责人征得工作许可人同意后，方可变动安全设施，变动情况应及时记录在值班日志内。

（13）工作班成员在完成工作票所列的工作任务撤离工作现场后，如又发现问题需要处理时，必须向工作负责人汇报，禁止擅自处理。若尚未办理工作终结手续，则由工作负责人向工作许可人说明情况后，在工作负责人带领下进行处理。如已办理工作终结手续，则必须重新办理工作许可手续后方可进行。

（14）因平行或临近带电设备导致检修设备可能产生感应电压时，应加装接地线或工作人员使用个人保安接地线。

（15）装、拆接地线顺序要正确，并均应使用绝缘棒。人体不得碰触接地线或未接地的导线，以防止感应电触电。检修人员带地线拆设备接头时，必须采取防止地线脱落的可靠措施，防止地线脱落感应电伤人。

（16）在变电站、配电站（开关站）的带电区域内或临近带电线路处，禁止使用金属梯子。搬动梯子、管子等长物时，应放倒，由两人搬运，并与带电部分保持足够的安全距离。

（17）在电气设备上进行高压试验，应在试验现场装设遮栏，向外悬挂“止步，高压危险!”标示牌，并派人看守。非试验人员不得靠近。加压过程中应集中精力，不得触及试验的高压引线。试验时不得进行其他检修、维护等工作。当被试设备两端不在同一地点时，两端都要派人看守。试验结束后，要及时断开试验电源、将试验设备及被试设备正确放电。

（18）由于高压试验而拆开的一次设备引线，必须用结实的绳子绑牢，防止引线摇晃触及临近带电设备或被试设备而造成触电。

（19）试验人员在变电站（开关站）放、收试验线（电源线）时，应特别小心，防止试验线弹到或接近带电设备，发生人身触电。

（20）室内母线分段部分、母线交叉部分及部分停电检修易误碰有电设备的，应设有明显标志的永久性隔离挡板（护网）。

（21）进行变电站高压配电室（厂用电变压器室）内停电清扫母线工作时，应先将备用电源、联络线电源、多回路电源等对侧带电的或所有可能来电的间隔停电。如特殊情况不能停电，则必须将对侧带电的间隔上锁并悬挂“止步，高压危险!”标示牌。

（22）在带电设备附近测量绝缘电阻时，测量人员和绝缘电阻表安放位置，应选择适当，保持安全距离，以免绝缘电阻表引线或引线支持物触碰带电部分。移动引线时，应注意监护。

（23）严禁在带电设备周围使用钢卷尺、皮卷尺和线尺（夹有金属丝者）进行测量工作，防止工作人员触电。

（24）单人操作时不得进行登高或登杆操作。

（25）严禁变电运行人员不认真执行操作监护制误入带电间隔；严禁变电检修（试验）人员不执行工作票制度擅自扩大工作范围，防止误入带电间隔（误登带电构架）。

（26）变电运行人员在电气设备停电后（包括事故停电），在未拉开有关隔离开关和做好安全措施前，不得触及设备或进入遮栏，以防突然来电。

（27）变电运行人员在电气设备停电后进行清扫等维护工作时，必须填用工作票，并确认设备已停电，明确工作范围，做好各项安全措施，至少有两人一起工作，与带电设备保持足够的安全距离。

（28）线路检修人员应严格执行 GB 26859—2011《电力安全工作规程　电力线路部分》中关于同杆塔架设多回线路以及相互平行或交叉线路中防止误登有电线路的相关措施，并严禁在有同杆架设的 10kV 及以下线路带电情况下，进行另一回线路的登杆停电检修工作。

（29）线路运行人员事故巡线时，应始终认为线路带电。即使明知该线路已停电，亦应认为线路随时有恢复送电的可能，严禁登杆塔作业。

（30）使用绝缘绳索传递大件金属物品（包括工具、材料等）时，杆塔或地面上作业人员应将金属物品接地后再接触，以防电击。

（31）在带电杆塔上刷油漆、除鸟窝、除风筝、紧杆塔螺丝、检查架空地线、金具、绝缘子等工作，作业人员活动范围及其所携带的工具、材料等与带电导线最小距离应保证不小于设备不停电时的安全距离。不得通过限制作业人员肢体活动的方式来满足安全距离。

（32）带电作业断、接引线时严禁同时接触未接通的或已断开的导线两个断头，以防人体串入电路。

（33）带电作业断开耦合电容器后，应立即对地放电。

（34）带电作业短接阻波器，被短接前严防等电位作业人员人体短接阻波器。

（35）在 330kV 及以上电压等级的带电线路杆塔上及变电站构架上作业，应采取穿静电感应防护服、导电鞋等防静电感应措施（220kV 线路杆塔上作业时宜穿导电鞋）。防止静电感应造成人体感电。

（36）采用高架绝缘斗臂车进行带电作业，先检查绝缘臂为合格状态。严禁一个斗内两名作业人员同时接触电源作业，防止作业人员感电。

（37）在处理多条同路敷设的电缆故障时，在锯电缆以前，应与电缆走向图纸核对相符，并使用专用仪器（如感应法）确切证实电缆无电后，用接地的带绝缘柄的铁钎钉入电缆芯后，方可工作。扶绝缘柄的人应戴绝缘手套并站在绝缘垫上，并采取防灼伤措施。

（38）配电设备接地电阻不合格时，应戴绝缘手套方可接触箱体。

（39）在配电变压器台架上进行检修工作，必须先拉开低压侧隔离开关，后拉开高压侧隔离开关或跌落式熔断器，然后在停电的高压引线、低压引线上验电、接地。操作跌落式熔断器及隔离开关时，必须使用经试验合格的绝缘杆并戴绝缘手套，严禁用手直接摘、挂跌落式熔断器的熔管。

（40）配网低压网改造工程竣工后，必须认真检查旧线路是否已经拆离，防止新旧线路混接造成人身触电伤亡事故。

（41）具有双电源的用户必须装设双投开关、双投隔离开关或采用可靠的技术手段，落实防止双电源用户反送电的措施。防止用户乱接线或使用没有双投隔离开关闭锁上网的小型自备发电机从低压侧反送电，所有低压用户均应视为可能反送电的电源。

（42）生产现场各种用电设备和电动工具、机械，特别是检修现场临时使用的砂轮机、电钻、电风扇等，其电机或金属外壳、金属底座必须可靠接地或接零。

（43）在金属容器内进行焊接工作时，使用的行灯电压不准超过 12V。行灯变压器的外壳应可靠接地，不准使用自耦变压器。

（44）电焊机应可靠接地，高、低压侧接线柱必须设护罩，以防工作中误触碰。不停电更换焊条，必须戴焊工手套进行。

（45）在潮湿等恶劣环境下进行电焊工作，必须站在干燥的木板上或穿橡胶绝缘鞋。

（46）在高压线附近进行勘测、施工作业时，使用的测量、钻探和施工工具、设备应与高压线保持足够的安全距离。在高压线下测量时，不应使用金属标尺。必须做好监护，防止测量、钻探工具与高压线安全距离不足，发生电击伤人事故。

（47）油漆工、土建工等非电气人员或外单位人员进入生产现场必须经过安全教育培训和安全技术交底，并按规定办理进站施工手续和工作票。工作前，工作负责人应向工作班全体人员清楚交代现场安全措施、带电部位和其他安全注意事项。工作中，设备管理部门应指派专人进行监护。专责监护人因故暂时离开作业现场时，应通知工作负责人暂停工作，工作人员必须撤离现场，不能以赶进度为理由擅自继续工作。

第五章

现场触电急救基本要求和操作

第一节　触电急救救护原则和对触电者死亡的诊断

一、触电急救救护原则

触电急救救护原则：迅速、就地、准确、坚持。

触电急救必须分秒必争，一经明确心跳、呼吸停止的，进行心肺复苏术抢救，并坚持不断地进行；同时及早与医疗急救中心（医疗部门）联系，争取医务人员接替救治。

二、对触电者死亡的诊断

在医务人员未接替救治前，不应放弃现场抢救。更不能只根据没有呼吸或脉搏的表现，擅自判定伤员死亡，放弃抢救。只有医生有权作出伤员死亡的诊断。与医务人员接替时，应提醒医务人员在触电者转移到医院的过程中不得间断抢救。

第二节　脱离电源原则和方法

一、伤员脱离电源的原则

（1）迅速脱离电源。触电急救，首先要使触电者迅速脱离电源，越快越好。因为电流作用的时间越长，伤害越重。脱离电源就是要把触电者接触的那一部分带电设备的断路器、隔离开关或其他断路设备断开；或设法将触电者与带电设备脱离。

（2）施救人也要保护自己。在脱离电源过程中，救护人员既要救人，也要注意保护自身的安全。

（3）不准用手触及伤员。触电者未脱离电源前，救护人员不准直接用手触及伤员，因为有触电的危险。

（4）预防高处坠落。如触电者处于高处，解脱电源后会自高处坠落，因此要采取预防措施。

二、低压触电使触电者脱离电源的方法

（1）触电者触及低压带电设备，救护人员应设法迅速切断电源。可根据实际情况，采取以下任何一种方法。

1）如果触电地点附近有电源开关或电源插座，可立即拉开开关或拔出插头，断开电源。但应注意到拉线开关或墙壁开关等只控制一根线的开关，有可能因安装问题只能切断中性线而没有断开电源的相线。

2）如果触电地点附近没有电源开关或电源插座（头），可用有绝缘柄的电工钳或有干燥木柄的斧头切断电线，断开电源。但应注意切断电线的位置，防止断开后的带电端再次危及现场人员。

3）当电线搭落在触电者身上或压在身下时，可用干燥的衣服、手套、绳索、皮带、木板、木棒等绝缘物作为工具，拉开触电者或挑开电线，使触电者脱离电源。

4）如果触电者的衣服是干燥的，又没有紧缠在身上，可以用一只手抓住他的衣服，拉离电源。但因触电者的身体是带电的，其鞋的绝缘也可能遭到破坏，救护人不得接触触电者的皮肤，也不能抓他的鞋。

5）若触电发生在低压带电的架空线路上或配电台架、进户线上，对可立即切断电源的，则应迅速断开电源，救护者迅速登杆或登至可靠地方，并做好自身防触电、防坠落安全措施，用带有绝缘胶柄的钢丝钳、绝缘物体或干燥不导电物体等工具将触电者脱离电源。

救护人不可直接用手、其他金属及潮湿的物体作为救护工具，而应使用适当的绝缘工具。救护人最好用一只手操作，以防自己触电。

（2）触电者紧握电线的脱离电源方法。如果电流通过触电者入地，并且触电者紧握电线，可设法用干木板塞到其身下，与地隔离，也可用干木把斧子或有绝缘柄的钳子等将电线剪断。剪断电线要分相，一根一根地剪断，并尽可能站在绝缘物体或干木板上。

三、高压触电使触电者脱离电源的方法

高压触电可采用下列方法之一使触电者脱离电源：

（1）立即通知有关供电单位或用户停电。

（2）戴上绝缘手套，穿上绝缘靴，用相应电压等级的绝缘工具按顺序拉开电源断路器或熔断器及隔离开关。

（3）极端情况下，可抛掷裸金属线使线路短路接地，迫使保护装置动作，断开电源。注意抛掷金属短路线之前，应先将金属线的一端固定可靠接地，然后另一端系上重物抛掷，注意抛掷的一端不可触及触电者和其他人。抛掷者抛出金属线后，要迅速离开接地的金属线8m以外或双腿并拢站立，防止跨步电压伤人。在抛掷短路线时，应注意防止电弧伤人或断线危及人员安全。

（4）高压触电者因电击伤倒在带电区域内，虽未直接接触带电设备，救护人员亦应考虑安全距离不满足要求而有触电效应。

四、架空线路杆塔上脱离电源的方法

如果触电发生在架空线杆塔上，则对于低压带电线路，能立即切断线路电源的，应迅速切断电源，或者由救护人员迅速登杆，束好自己的安全皮带后，用带绝缘胶柄的钢丝钳、干燥的不导电物体或绝缘物体将触电者拉离电源；如系高压带电线路，又不可能迅速切断电源断路器的，可采用抛挂足够截面的适当长度的金属短路线方法，使电源断路器跳闸。抛挂前，将短路线一端固定在铁塔或接地引下线上，另一端系重物，但抛掷短路线时，应注意防止电弧伤人或断线危及人员安全。不论是在何级电压线路上触电，救护人员在使触电者脱离电源时要注意防止发生高处坠落的可能和再次触及其他有电线路的可能。

五、使触及断落在地上的带电高压导线的触电者脱离电源的方法

触电者触及断落在地上的带电高压导线，如尚未确证线路无电，救护人员在未做好安全措施（如穿绝缘靴或临时双脚并紧跳跃地接近触电者）前，不能接近断线点至8～10m范围内，防止跨步电压伤人。触电者脱离带电导线后，应迅速带至8～10m以外的地方立即开始触电急救。只有在确证线路已经无电，才可在触电者离开触电导线后，立即就地进行急救。

六、触电发生在电缆沟道、隧道内脱离电源方法

(1) 触电发生在电缆沟道、隧道内，且不能立即断开电源开关时，宜采取抖动电缆的方式使触电者脱离电源。发生因电缆绝缘损坏触电，不得采取直接剪断电缆的方式断开电源，防止相间短路起火，扩大伤害或影响救护，除非是单根单相电缆。

(2) 电缆沟道内触电者应尽快转移到通风地带或移到地面救护，防止缺氧环境救护不力或窒息伤害。

(3) 救护人员不可直接用裸手、其他金属及潮湿的物体作为救护工具，而应使用适当的绝缘工具。救护人员在未穿戴绝缘防护用品的情况下不应进入以触电者为半径的8m以内(室内4m)，即使已穿戴好绝缘防护用品，也最好用一只手操作，以防自己触电，同时尽可能不用另一只手借力于其他人员或金属导电物体，防止构成回路伤及自身或他人。

(4) 防止触电者脱离电源后可能的摔伤，特别是当触电者在高处情况下，防止触电者脱离电源后自高处坠落形成复合伤。即使触电者在平地，也要注意触电者倒下的方向，注意防摔。救护人员也应注意救护中自身防坠落、摔伤措施。

(5) 救护人员在救护过程中特别在杆上或高处抢救触电者时，要注意自身和被救人员与附近带电体之间的安全距离，防止再次触及带电设备。电气设备、线路即使电源已断开，对未做安全措施挂上接地线的设备也应视作有电设备。同一杆塔或台架上的线路或设备宜同时停电。

(6) 电缆沟道等狭窄、潮湿或多金属结构支架区域救护时，要注意环境绝缘不良给救护人员带来的威胁。

七、救护人员应注意的事项

(1) 救护触电伤员切除电源时，有时会同时使照明失电，因此应考虑事故照明、应急灯等临时照明。新的照明要符合使用场所防火、防爆的要求。但不能因此延误切除电源和进行急救。

(2) 如事故发生在夜间，应设置临时照明灯，以便于抢救，避免意外事故，但不能因此延误切除电源和进行急救的时间。

第三节　脱离电源后的急救方法处理

一、判断意识

1. 触电伤员是否神志清醒采用不同急救方法

(1) 对神志清醒的触电伤员的处理方法。对神志清醒的触电伤员，应将其就地躺平，严密观察呼吸、脉搏等生命特征和指标，暂时不要让其站立或走动。

(2) 对神志不清醒的触电伤员的处理方法。对神志不清的触电伤员，应用5s时间呼叫伤员或轻拍其肩部，掐压伤员的人员，以判定伤员是否丧失意识。禁止摇动伤员头部呼叫，如无反应，则高声呼救，寻求他人帮助，并立即进行心肺复苏抢救，同时拨打当地紧急救援电话来通知紧急救援中心。

2. 判断伤员有无意识的方法

(1) 轻轻拍打伤员肩部，高声喊叫，“喂！你怎么啦?”，如图5-1所示。

（2）如认识，可直呼喊其姓名。有意识，立即送医院。

（3）无反应时，立即用手指甲掐压人中穴、合谷穴约 5s。

注意，以上 3 步动作应在 10s 以内完成，不可太长，伤员如出现眼球活动、四肢活动及疼痛感后，应即停止掐压穴位，拍打肩部不可用力太重，以防加重可能存在的骨折等损伤。

3. 呼救

一旦初步确定伤员神志昏迷，应立即招呼周围的人前来协助抢救，哪怕周围无人，也应该大叫“来人啊！救命啊！”，如图 5-2 所示。

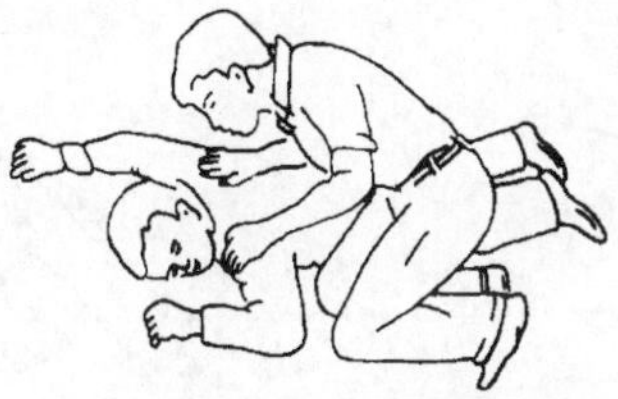

图 5-1　判断伤员有无意识

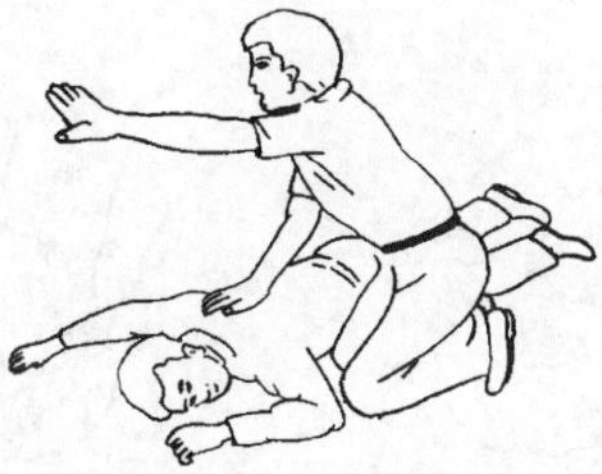

图 5-2　呼救

注意，一定要呼叫其他人来帮忙，因为一个人作心肺复苏术不可能坚持较长时间，而且劳累后动作易走样。叫来的人除协助作心肺复苏外，还应立即打电话给救护站或呼叫受过救护训练的人前来帮忙。

4. 将伤员摆至正确抢救体位

正确的抢救体位：仰卧位。患者头、颈、躯干平卧无扭曲，双手放于两侧躯干旁。

如伤员摔倒时面部向下，应在呼救同时小心将其转动，使伤员全身各部成一个整体。尤其要注意保护颈部，可以一手托住颈部，另一手扶着肩部，使伤员头、颈、胸平稳地直线转至仰卧，在坚实的平面上，四肢平放，如图 5-3 所示。

注意，抢救者跪于伤员肩颈侧旁，将其手臂举过头，拉直双腿，注意保护颈部。解开伤员上衣，暴露胸部（或仅留内衣），冷天要注意使其保暖。

对需要进行心肺复苏的伤员，将其就地躺平，颈部与躯干始终保持在同一个轴面上，解开伤员领扣和皮带，去除或剪开限制呼吸的胸腹部紧身衣物，立即就地速进行有效心肺复苏抢救。

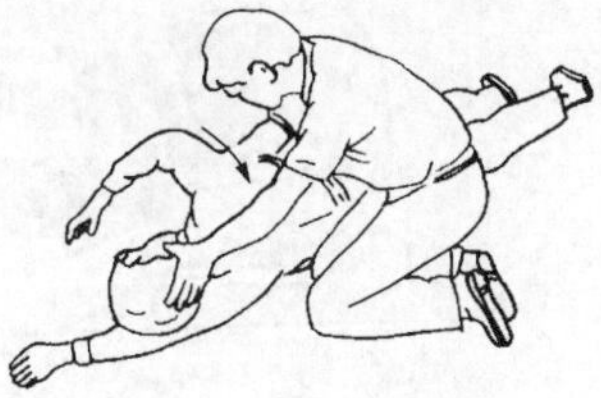

图 5-3　放置伤员

5. 自动体外除颤仪

自动体外除颤仪（automated external defibrillator，AED）已成为院前急救的重要组成，可以提高院前急救的成功率，当可以立即取得 AED 时，对于有目击的成人心脏骤停，应尽快使用 AED 除颤。若成人在未受监控的情况下发生心脏骤停，或不能立即取得 AED，应在他人前往获取及准备 AED 时开始心肺复苏。AED 使用简单，开机后按 AED 语音提示要求及步骤操作，可实现自动语音提示下的电击除颤，建议在人员集中的工作场所配备。

二、开放气道

当发现触电者呼吸微弱或停止时，应立即通畅触电者的气道以促进触电者呼吸或便于抢救。通畅气道主要采用仰头举颏（颌）法。即一手置于前额使头部后仰，另一手的食指与中指置于下颌骨近下颏或下颌角处，抬起下颏（颌），如图 5-4 和图 5-5 所示。注意，严禁用枕头等物垫在伤员头下；手指不要压迫伤员颈前部、颏下软组织，以防压迫气道，颈部上抬时不要过度伸展，有假牙托者应取出。儿童颈部易弯曲，过度抬颈反而使气道闭塞，因此不要抬颈牵拉过甚。成人头部后仰程度应为 90°，儿童头部后仰程度应为 60°，婴儿头部后仰程度应为 30°。怀疑有颈椎外伤者则双手托下颌保持气道通畅，用双手将下颌骨向上方托起并用双拇指向下打开口腔，如图 5-6 所示。

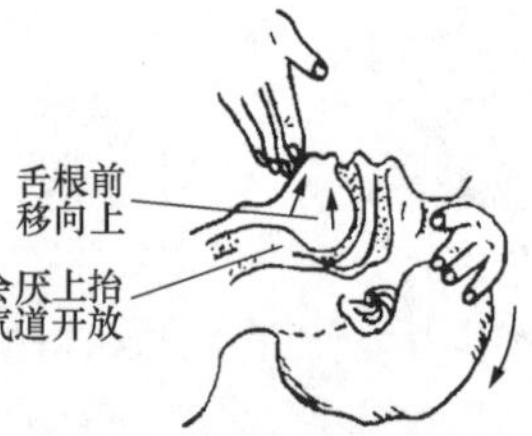

图 5-4　仰头举颏（颌）法

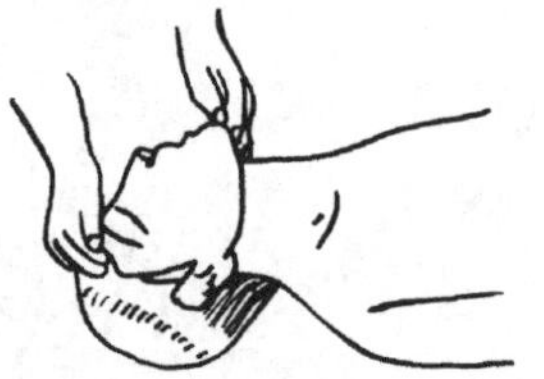
图 5-5　抬起下颏（颌）法

图 5-6　双手托下颏（颌）方法

如发现伤员口内有异物，要清除伤者口中的异物和呕吐物，可用指套或指缠纱布清除口腔中的液体分泌物。清除固体异物时，一手按压开下颌，迅速用另一手食指将固体异物钩出或用两手指交叉从口角处插入，取出异物，操作中要注意防止将异物推到咽喉深部。

气道开放畅通，如图 5-7 所示。

三、呼吸判断方法和确定无呼吸后的急救方法

在通畅呼吸道之后，由于气道通畅可以明确判断呼吸是否存在。维持开放气道位置，用耳贴近伤员口鼻，头部侧向伤员胸部，眼睛观察其胸有无起伏；面部感觉伤员呼吸道有无气体排出；或耳听呼吸道有无气流通过的声音，如图 5-8 所示。

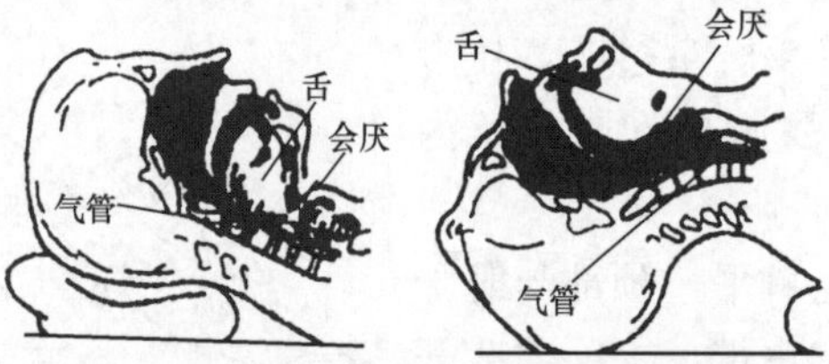

图 5-7　气道开放示意图

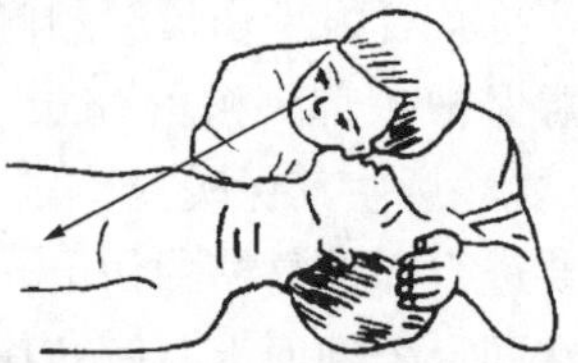
图 5-8　看、听、试伤员呼吸

（1）看：看伤员的胸部，上腹部有无呼吸起伏动作。

（2）听：用耳贴近伤员的口鼻处，听有无呼气声音。

（3）试：用颜面部的感觉测试口鼻有无呼气气流，也可用毛发等物放在口鼻处测试。

若无上述体征可确定无呼吸。

确定无呼吸后，立即进行两次人工呼吸。

注意：①保持气道开放位置；②观察 5s 左右时间；③有呼吸者，注意保持气道通畅；④无呼吸者，立即进行口对口人工呼吸；⑤通畅呼吸道：部分伤员因口腔、鼻腔内异物（分泌物、血液、污泥等）导致气道阻塞时，应将触电者身体侧向一侧，迅速将异物用手指抠出；⑥不通畅而产生窒息，以致心跳减慢。可因呼吸道畅通后，随着气流冲出，呼吸恢复，而致心跳亦恢复。

四、脉搏判断方法和确定无脉搏后的急救方法

判断伤员有无脉搏：在检查伤员的意识、呼吸、气道之后，应对伤员的脉搏进行检查，以判断伤员的心脏跳动情况。具体方法如下：

(1) 非专业救护人员可不进行脉搏检查，对无呼吸或仅是濒死叹气样呼吸、无意识的伤员，立即开始心肺复苏。专业救护人员检查患者无呼吸或仅是濒死叹气样呼吸，同时用食指及中指指尖先触及颈部气管正中部位，然后向旁滑移 2～3cm，在胸锁乳突肌内侧触摸颈动脉是否有搏动，如图 5-9 所示。检查时间不要超过 10s，如 10s 内不能明确感觉到脉搏，立即进行心肺复苏。

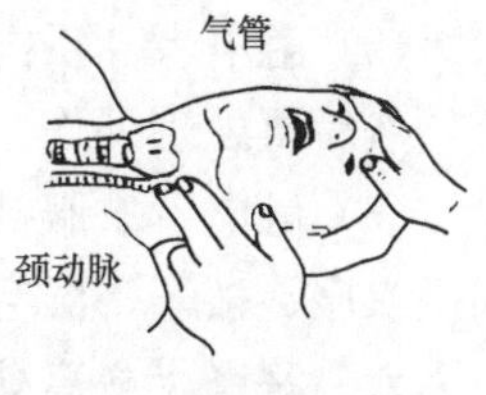

图 5-9　触摸颈动脉搏

(2) 对需要进行心肺复苏的伤员，将其置于平地或硬板上，解开伤员领扣和皮带，去除或剪开限制呼吸的胸腹部紧身衣物，立即就地迅速进行有效心肺复苏抢救。

(3) 注意：①触摸颈动脉不能用力过大，以免推移颈动脉，妨碍触及；②不要同时触摸两侧颈动脉，造成头部供血中断；③不要压迫气管，造成呼吸道阻塞；④检查时间不要超过 10s；⑤未触及搏动：心跳已停止，或触摸位置有错误；触及搏动：有脉搏、心跳，或触摸感觉错误（可能将自己手指的搏动感觉为伤员脉搏）；⑥判断应综合审定：如无意识，无呼吸，瞳孔散大，面色紫绀或苍白，再加上触不到脉搏，可以判定心跳已经停止；⑦婴、幼儿因颈部肥胖，颈动脉不易触及，可检查肱动脉，肱动脉位于上臂内侧腋窝和肘关节之间的中点，用食指和中指轻压在内侧，即可感觉到脉搏。

五、现场就地急救

现场就地急救：触电者脱离电源以后，现场救护人员应迅速对触电者的伤情进行判断，对症抢救。同时设法联系医疗急救中心（医疗部门）的医生到现场接替救治。要根据触电伤员的不同情况，采用不同的急救方法。

不同状态下电击伤患者的急救措施，见表 5-1。

表 5-1　　不同状态下电击伤患者的急救措施

神志	心跳	呼吸	对症救治措施
清醒	存在	存在	静卧、保暖、严密观察
昏迷	停止	存在	胸外心脏按压术
昏迷	存在	停止	口对口（鼻）人工呼吸
昏迷	停止	停止	同时作胸外心脏按压和口对口（鼻）人工呼吸

(1) 触电者神志清醒、有意识，心脏跳动，但呼吸急促、面色苍白，或曾一度昏迷、但未失去知觉。此时不能用心肺复苏术抢救，应将触电者抬到空气新鲜，通风良好地方躺下，安静休息 1～2h，让他慢慢恢复正常。天凉时要注意保温，并随时观察呼吸、脉搏变化。

(2) 触电者神志不清，判断意识无，有心跳，但呼吸停止或极微弱时，应立即用仰头抬颏法，使气道开放，并进行口对口人工呼吸。此时切记不能对触电者施行心脏按压。如此时不及时用人工呼吸法抢救，触电者将会因缺氧过久而引起心跳停止。

(3) 触电者神志丧失，判定意识无，心跳停止，但有极微弱的呼吸时，应立即施行心肺复苏术抢救。不能认为尚有微弱呼吸，只需做胸外按压，因为这种微弱呼吸已起不到人体需要的氧交换作用，如不及时人工呼吸即会发生死亡，若能立即施行口对口人工呼吸法和胸外按压，就能抢救成功。

(4) 触电者心跳、呼吸停止时，应立即进行心肺复苏术抢救，不得延误或中断。

(5) 触电者和雷击伤者心跳、呼吸停止，并伴有其他外伤时，应先迅速进行心肺复苏急救，然后再处理外伤。

(6) 触电者衣服被电弧光引燃时，应迅速扑灭其身上的火源，着火者切忌跑动，方法可利用衣服、被子、湿毛巾等扑火，必要时可就地躺下翻滚，使火扑灭。

六、杆塔上或高处触电急救

(1) 发现杆塔上或高处有人触电，要争取时间及早在杆塔上或高处开始抢救。触电者脱离电源后，应迅速将伤员扶卧在救护人的安全带上（或在适当地方躺平），然后根据伤者的意识、呼吸及颈动脉搏动情况来进行本节前述一～五项不同方式的急救。应提醒的是高处抢救触电者，迅速判断其意识和呼吸是否存在是十分重要的。若呼吸已停止，开放气道后立即口对口（鼻）吹气 2 次，再测试颈动脉，如有搏动，则每 5s 继续吹气 1 次；若颈动脉无搏动，可用空心拳头叩击心前区 2 次，促使心脏复跳。为使抢救更为有效，若需将伤员送至地面抢救，应再口对口（鼻）吹气 4 次，然后立即用绳索参照图 5-10 所示的放下方法，迅速放至地面，并继续按心肺复苏术坚持抢救。

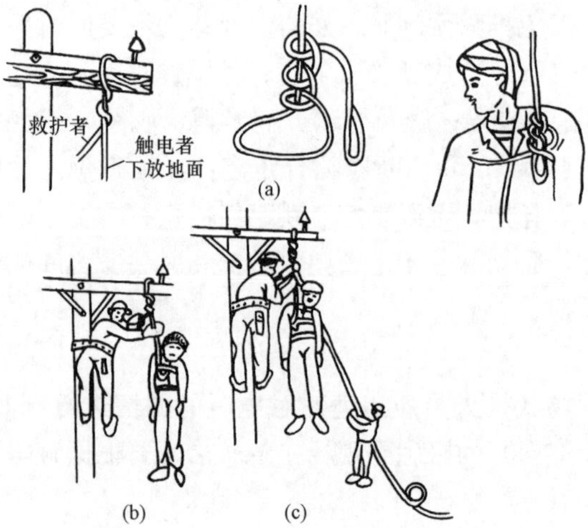

图 5-10 杆塔上或高处触电者营救方法
(a) 绳索捆绑方法；(b) 单人营救法；(c) 双人营救法

(2) 单人营救法。首先在杆上安装绳索，将 5 分粗绳子的一端固定在杆上，固定时绳子要绕 2～3 圈，绳子的另一端放在伤员的腋下，绑的方法是先用柔软的物品垫在腋下，然后用绳子环绕一圈，打三个靠结，绳头塞进伤员腋旁的圈内并压紧，绳子的长度应为杆的 1.2～1.5 倍，如图 5-10 (a) 所示。最后将伤员的脚扣和安全带松开，再解开固定在电杆上的绳子，缓缓将伤员放下，具体操作方法如图 5-10 (b) 所示。

(3) 双人营救法。该方法基本与单人营救方法相同，只是绳子的另一端由杆下人员握住缓缓下放，此时绳子要长一些，应为杆高的 2.2～2.5 倍，营救人员要协调一致，防止杆上人员突然松手，杆下人员没有准备而发生意义，具体操作方法如图 5-10 (c) 所示。

(4) 多人营救法。营救铁塔上的伤员应采取多人营救法，如图 5-11 所示。首先在铁塔下铺设充气床垫，然后 3 名营救人员登至铁塔伤员处，在伤员上方约 1.5m 铁塔钢架上固定 2 个滑轮，将安全绳穿过滑轮后由高空抛下，地上营救人员将吊索端 4 条安全带与空中救援担架固定，同时在空中救援担架外侧固定 2 条安全绳作为牵引绳，4 人协作，2 人负责牵拉空中安全绳，2 人负责牵拉担架安全绳，将担架缓慢升空至伤员处，在将伤员安全搬运至担架后，1 名救援人员将自身安全扣与担架连接，随担架护送伤员转运至地面，在担架下降过程中，营救人员要协调一致，负责牵拉担架升空的救援人员匀速放松安全绳，使空中救援担架安全缓慢下降，负责空中担架位置牵拉的救援人员配合确保担架与铁塔保持安全距离，顺利完成铁塔营救任务。

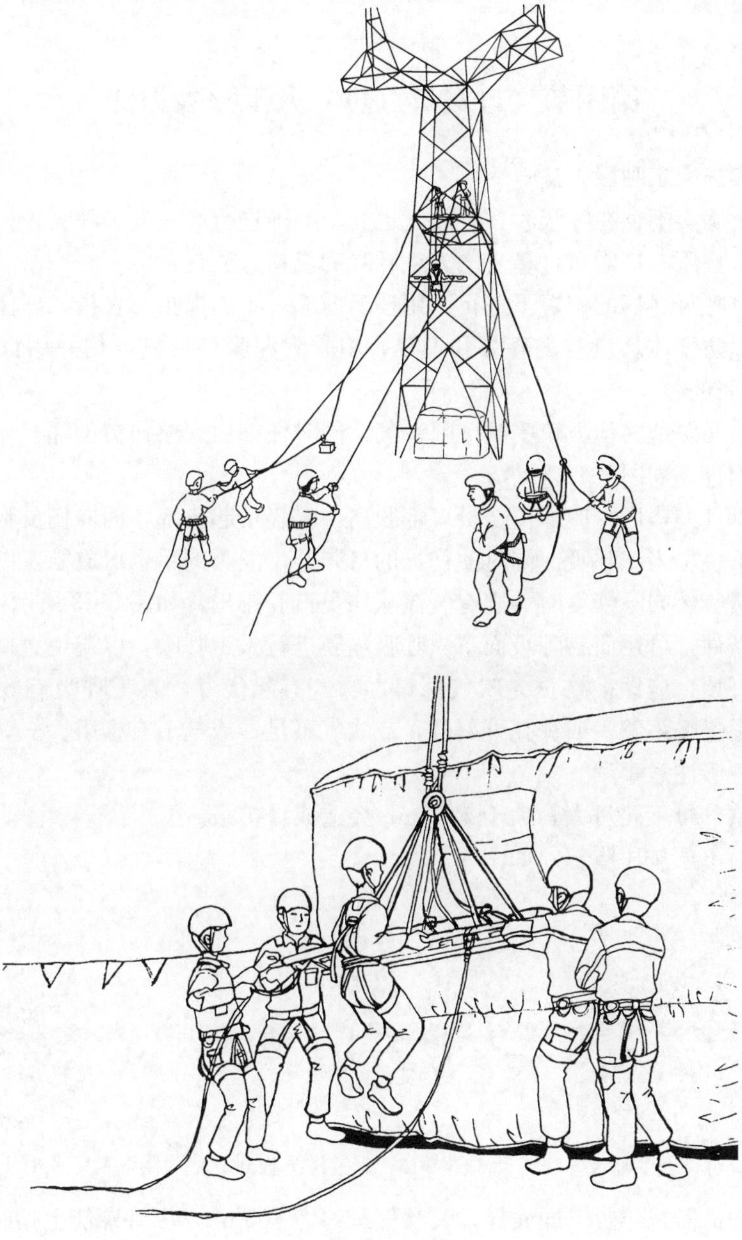

图 5-11 铁塔触电伤员营救方法

(5) 伤员送至地面后，应立即按照“伤员脱离电源后的处理”进行紧急抢救，直至专业医护人员接替救护为止。

(6) 防止触电者脱离电源后可能的摔伤，特别是当触电者在高处的情况下，应考虑防止坠落的措施。即使触电者在平地，也要注意触电者倒下的方向，注意防摔。救护者也应注意救护中自身的防坠落、摔伤措施。

(7) 救护者在救护过程中特别是在杆上或高处抢救伤者时，要注意自身和被救者与附近带电体之间的安全距离，防止再次触及带电设备。电气设备、线路即使电源已断开，对未做安全措施挂上接地线的设备也应视作有电设备。救护人员登高时应随身携带必要的绝缘工具和牢固的绳索等。

第四节　口对口（鼻）人工呼吸方法

一、正确实施人工呼吸方法

当判断伤员确实不存在呼吸时，开放气道后，立即进行 2 次人工呼吸，人工呼吸时应暂停实施胸外心脏按压。口对口（鼻）的人工呼吸的具体方法是：

（1）在保持呼吸通畅的位置下进行。用按于前额一手的拇指与食指，捏住伤员鼻孔（或鼻翼）下端，以防气体从口腔内经鼻孔逸出，施救者深吸一口气屏住并用自己的嘴唇包住（套住）伤员微张的嘴。

（2）用力快而深地向伤员口中吹（呵）气，同时仔细地观察伤员胸部有无起伏，如无起伏，说明气未吹进，如图 5-12 所示。

（3）一次吹气完毕后，应即与伤员口部脱离，轻轻抬起头部，面向伤员胸部，吸入新鲜空气，以便作下一次人工呼吸。同时使伤员的口张开，捏鼻的手也可放松，以便伤员从鼻孔通气，观察伤员胸部向下恢复时，则有气流从伤员口腔排出，如图 5-13 所示。

（4）如有条件，可用简易呼吸面罩、呼吸隔膜进行人工呼吸，以避免直接接触引起交叉感染。抢救一开始，应即向伤员先吹气两口，吹气有起伏者，人工呼吸有效；吹气无起伏者，则表示气道通畅不够，或鼻孔处漏气，或吹气不足，或气道有梗阻。

二、人工呼吸注意事项

（1）每次吹气量不要过大，大于 1200mL 会造成胃扩张。

（2）吹气时不要按压胸部，如图 5-14 所示。

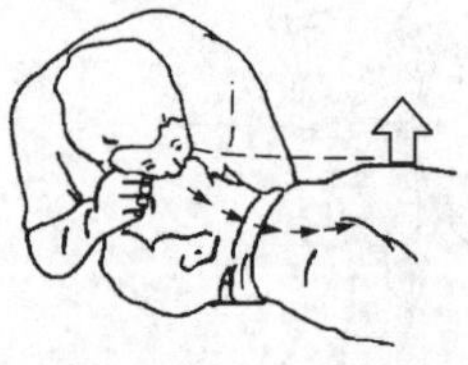

图 5-12　口对口人工呼吸方法

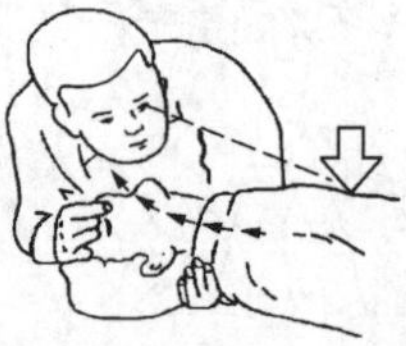

图 5-13　观察伤员胸部

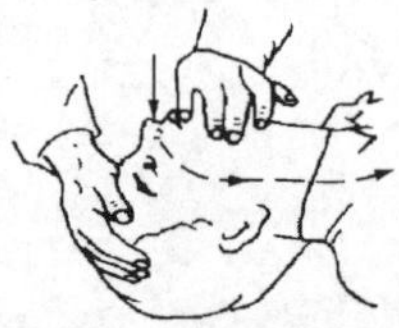

图 5-14　吹时不要压胸部

（3）儿童伤员需视年龄不同而异，其吹气量约为 800mL，以胸廓能上抬时为宜。

（4）抢救一开始的首次吹气两次，每次时间约 1～1.5s。

（5）有脉搏无呼吸的伤员，则每 5s 吹一口气，每分钟吹气 12 次。

（6）口对鼻的人工呼吸，适用于有严重的下颌及嘴唇外伤，牙关紧闭，下颌骨骨折等情况的伤员，难以采用口对口吹气法。

（7）婴、幼儿急救操作时要注意，因婴、幼儿韧带、肌肉松弛，故头不可过度后仰，以免气管受压，影响气道通畅，可用一手托颈，以保持气道平直；另一方面婴、幼儿口鼻开口均较小，位置又很靠近，抢救者可用口贴住婴幼儿口与鼻的开口处，施行口对口鼻呼吸。

(8) 在保持伤员气道通畅的同时，救护人员用放在伤员额上的手捏住伤员鼻翼，救护人员平静吸气后，与伤员口对口紧合，在不漏气的情况下，先连续以正常呼吸气量吹气 2 次。

(9) 每次吹气时间 1s 以上，方法正确，能够看见胸廓起伏，吹气时如有较大阻力，可能是头部后仰不够，应及时纠正，在吹气时应避免过快、过强。

(10) 触电伤员牙关紧闭，可口对鼻人工呼吸，口对鼻人工呼吸吹气时，要将伤员嘴唇紧闭，防止漏气。

第五节　人工循环（胸外心脏按压）

人工建立的循环方法有两种：第一种是体外心脏按压（胸外按压），第二种是开胸直接压迫心脏（胸内按压）。在现场急救中，采用的是第一种方法，应牢记掌握。

一、伤员体位

伤员应仰卧于硬板床或地上。如为弹簧床，则应在伤员背部垫一硬板。硬板长度及宽度应足够大，以保证按压胸骨时，伤员身体不会移动。但不可因找寻垫板而延误开始按压的时间。

未进行按压前，先手握空心拳，快速垂直击打伤员胸前区胸骨中下段 1～2 次，每次 1～2s，力量中等，捶击 1～2 次后，若无效，则立即进行胸外心脏按压，不能耽搁时间。

二、按压部位和快速测定按压部位的方法

按压部位为胸骨中 1/3 与下 1/3 交界处，如图 5-15 所示。

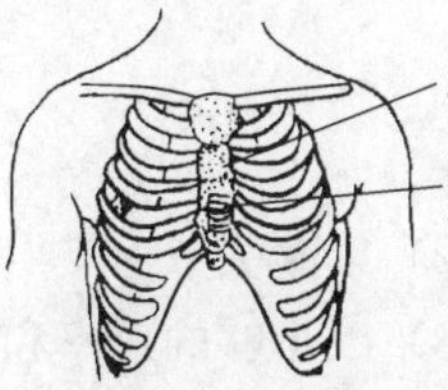

图 5-15　胸外按压位置

正确按压位置是保证胸外按压效果的重要前提，可用以下两种方法之一来确定。

方法一：胸部正中，双乳头之间，胸骨的下半部即为正确的按压位置。

方法二：沿触电伤员肋弓下缘向上，找到肋骨和胸骨接合处的中点，两手指并齐，中指放在切迹中点（剑突底部），食指平放在胸骨干部，另一只手的掌根紧靠食指上缘，置于胸骨上，即为正确按压位置。

快速测定按压部位可分以下 5 个步骤，如图 5-16 所示。

(1) 首先触及伤员上腹部，以食指及中指沿伤员肋弓处向中间移滑，如图 5-16（a）所示。

(2) 在两侧肋弓交点处寻找胸骨下切迹。以切迹作为定位标志。不要以剑突下定位如图 5-16（b)所示。

(3) 然后将食指及中指两横指放在胸骨下切迹上方，食指上方的胸骨正中部即为按压区，如图 5-16（c）所示。

(4) 以另一手的掌根部紧贴食指上方，放在按压区，如图 5-16（d）所示。

(5) 再将定位之手取下，重叠将掌根放于另一手背上，两手手指交叉抬起，使手指脱离胸壁，如图 5-16（e）所示。

三、按压姿势

(1) 正确的按压姿势是达到胸外按压效果的基本保证，如图 5-17 所示。使触电伤员仰卧在平硬的地方，救护人员站立或跪在伤员一侧胸旁，救护人员的两肩位于伤员胸骨正上方，两臂伸直，肘关节固定伸直，两手掌根相重叠，手指翘起，将下面手的掌根部置于伤员心脏按压位置上。

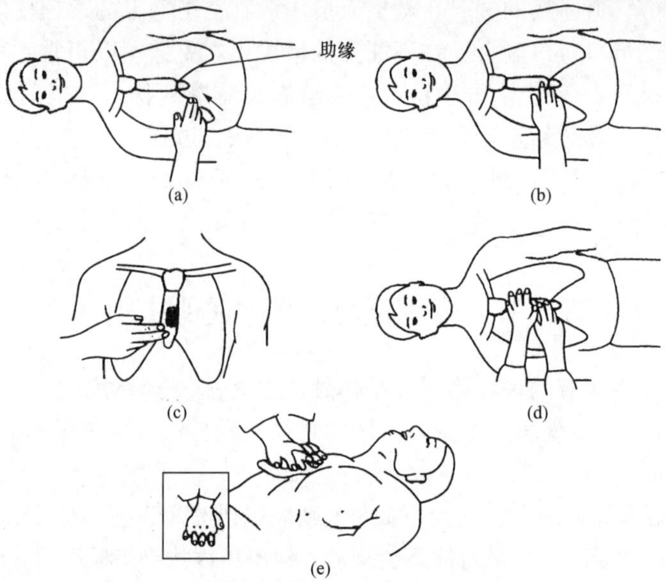

图 5-16 快速测定按压部位分解图

（a）二指沿肋弓向中移滑；（b）切迹定位标志；

（c）按压区；（d）掌根部放在按压区；（e）重叠掌根

（2）以髋关节为支点，利用上身的重力，垂直将正常成人胸骨压陷 5～6cm。

（3）以足够的速率和幅度进行按压，保证每次按压后胸廓充分回弹，按压间歇避免双手倚靠在伤员胸壁，尽可能减少按压中断并避免过度通气。

四、按压用力方式

（1）按压应平稳，有节律地进行，不能间断。

（2）不能冲击式的猛压。

（3）下压及向上放松的时间应相等，如图 5-18 所示。压按至最低点处，应有一明显的停顿。

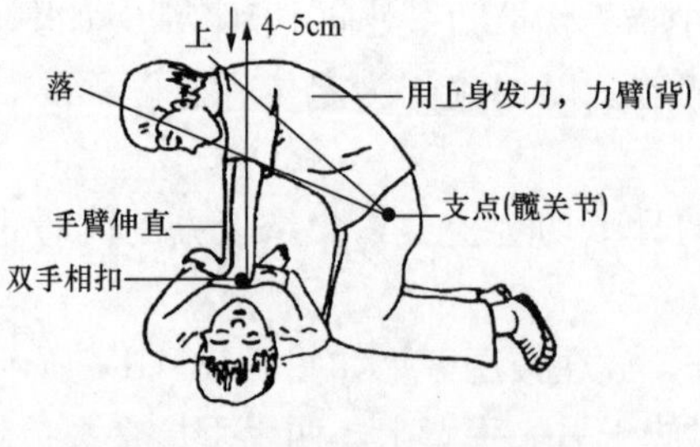

图 5-17 胸外心脏按压示意图

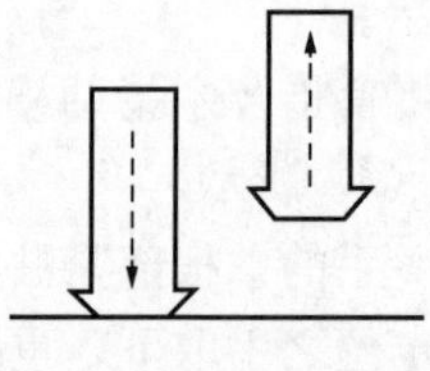

图 5-18 按压用力方法

（4）垂直用力向下，不要左右摆动。

（5）放松时定位的手掌根部不要离开胸骨定位点，但应尽量放松，务使胸骨不受任何压力。

（6）在按压时，避免发生肋骨、胸骨骨折，甚至引起气胸、血胸、肝脾损伤等并发症。

五、按压操作频率要求

胸外按压要以均匀速度进行，每分钟 100～120 次，每次按压和放松的时间相等。

六、按压与人工呼吸比例

胸外按压与口对口（鼻）人工呼吸比例为：单人抢救时，每按压 30 次吹气 2 次（30∶2），反复进行，双人抢救时，每按压 30 次后由另一人吹气 2 次（30∶2），反复进行。

七、按压深度

通常，成人伤员为 4～5cm，5～13 岁伤员为 3cm，婴幼儿伤员为 2cm。

八、胸外心脏按压常见错误

（1）按压除掌根部贴在胸骨外，手指也压在胸壁上，这容易引起骨折（肋骨或肋软骨）。

（2）按压定位不正确，向下易使剑突受压折断而致肝破裂。向两侧易致肋骨或肋软骨骨折，导致气胸、血胸。

（3）按压用力不垂直，导致按压无效或肋软骨骨折，特别是摇摆式按压更易出现严重并发症，如图 5-19（a）所示。

（4）抢救者按压时肘部弯曲，因而用力不够，按压深度达不到 4～5cm，如图 5-19（b）所示。

（5）按压冲击式，猛压，其效果差，且易导致骨折。

（6）放松时抬手离开胸骨定位点，造成下次按压部位错误，引起骨折。

（7）放松时未能使胸部充分松弛，胸部仍承受压力，使血液难以回到心脏。

（8）按压速度不自主地加快或减慢，影响按压效果。

（9）双手掌不是重叠放置，而是交叉放置，如图 5-19（c）所示胸外心脏按压常见错误。

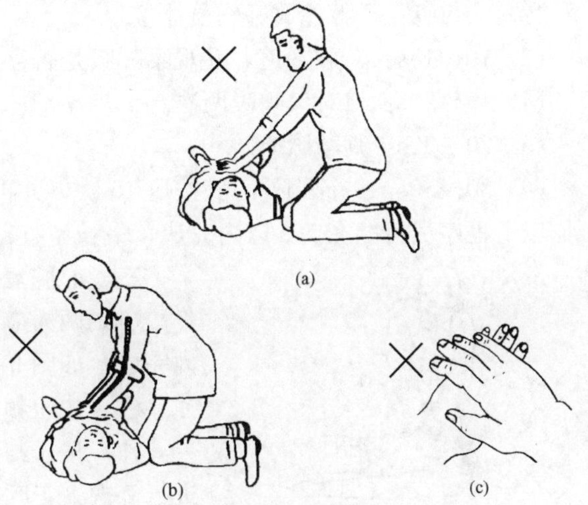

图 5-19　常见的心肺复苏错误的手法
（a）按压用力不重复；
（b）按压时肘部弯曲；
（c）双手掌交叉放置

第六节　心肺复苏术

一、操作过程步骤

（1）首先判断昏倒的人有无意识。

（2）如无反应，立即呼救，叫“来人啊！救命啊！”等。

（3）迅速将伤员放置于仰卧位，并放在地上或硬板上。

（4）开放气道（仰头举颏或颌）。

（5）判断伤员有无呼吸（通过看、听和感觉来进行）。

（6）如无呼吸，立即口对口吹气两口。

（7）保持头后仰，另一手检查颈动脉有无搏动。

（8）如有脉搏，表明心脏尚未停跳，可仅做人工呼吸，每分钟 12～16 次。

（9）如无脉搏，立即在正确定位下在胸外按压位置进行心前区叩击 1～2 次。

（10）叩击后再次判断有无脉搏，如有脉搏即表明心跳已经恢复，可仅做人工呼吸即可。

（11）如无脉搏，立即在正确的位置进行胸外按压。

（12）每做 15 次按压，需作两次人工呼吸，然后在胸部重新定位，再做胸外按压，如此反复进行，直到协助抢救者或专业医务人员赶来。按压频率为 100 次/min。

（13）开始 1min 后检查一次脉搏、呼吸、瞳孔，以后每 4～5min 检查一次，检查不超过 5s，最好由协助抢救者检查。

（14）如有担架搬运伤员，应该持续作心肺复苏，中断时间不超过 5s。

二、心肺复苏术操作的时间要求

（1）0～5s：判断意识。

（2）5～10s：呼救并放好伤员体位。

（3）10～15s：开放气道，并观察呼吸是否存在。

（4）15～20s：口对口呼吸两次。

（5）20～30s：判断脉搏。

（6）30～50s：进行胸外心脏按压 15 次，并再人工呼吸 2 次，以后连续反复进行。

以上程序尽可能在 50s 以内完成，最长不宜超过 1min。

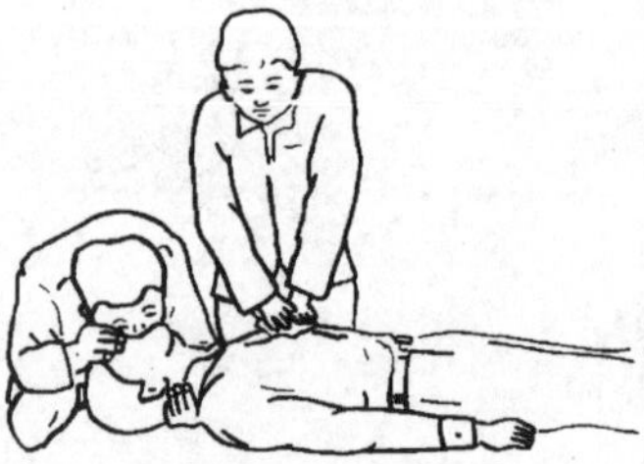

图 5-20　双人复苏法

三、心肺复苏术双人操作要求

（1）两人应协调配合，吹气应在胸外按压的松弛时间内完成，如图 5-20 所示。

（2）按压频率为 100 次/min。

（3）按压与呼吸比例为 15∶2，即 15 次心脏按压后，进行 2 次人工呼吸。

（4）为达到配合默契，可由按压者数口诀 1，2，3，4，…，14，吹，当吹气者听到“14”时，做好准备，听到“吹”后，即向伤员嘴里吹气；按压者继而重数口诀 1，2，3，4，…，14，吹，如此周而复始循环进行。

（5）人工呼吸者除需通畅伤员呼吸道、吹气外，还应经常触摸其颈动脉和观察瞳孔等。

四、心肺复苏术注意事项

（1）吹气不能在向下按压心脏的同时进行。数口诀的速度应均衡，避免快慢不一。

（2）操作者应站在触电者侧面便于操作的位置，单人急救时应站立在触电者的肩部位置；双人急救时，吹气人应站在触电者的头部，按压心脏者应站在触电者胸部、与吹气者相对的一侧。

（3）双人或多人复苏应每 2min（按压吹气 5 组循环）交换角色，以避免胸外按压者疲劳而致胸外按压质量和频率削弱。在交换角色时，其抢救操作中断时间不应超过 10s。

（4）第二抢救者到现场后，应首先检查颈动脉搏动，然后再开始做人工呼吸。如心脏按压有效，则应触及搏动，如不能触及，应观察心脏按压者的技术操作是否正确，必要时应增加按压深度及重新定位。

（5）可以由第三抢救者及更多的抢救人员轮换操作，以保持精力充沛、姿势正确。

五、心肺复苏术的有效指标

心肺复苏术操作是否正确，主要靠平时严格训练，掌握正确的方法。而在急救中判断复苏是否有效，可以根据以下五方面综合考虑：

（1）瞳孔。复苏有效时，可见伤员瞳孔由大变小。如瞳孔由小变大、固定、角膜混浊，则说明复苏无效。

（2）面色（口唇）。复苏有效，可见伤员面色由紫绀转为红润，如若变为灰白，则说明复苏无效。

（3）颈动脉搏动。按压有效时，每一次按压可以摸到一次搏动，如若停止按压，搏动亦消失，应继续进行心脏按压；如若停止按压后，脉搏仍然跳动，则说明伤员心跳已恢复。

（4）神志。复苏有效，可见伤员有眼球活动，睫毛反射与对光反射出现，甚至手脚开始抽动，肌张力增加。

（5）出现自主呼吸。伤员自主呼吸出现，并不意味可以停止人工呼吸。如果自主呼吸微弱，仍应坚持口对口呼吸。

六、心肺复苏的终止

在现场抢救时，应力争抢救时间，切勿为了方便或让伤员舒服去移动伤员，从而延误现场抢救的时间。

现场心肺复苏应坚持不断地进行，抢救者不应频繁更换，即使送往医院途中也应继续进行。鼻导管给氧绝不能代替心肺复苏术。如需将伤员由现场移往室内，中断操作时间不得超过 7s；通道狭窄、上下楼层、送上救护车等的操作中断不得超过 30s。

将心跳、呼吸恢复的伤员用救护车送医院时，应在伤员背部放一块宽阔适当的硬板，以备随时进行心肺复苏。将伤员送到医院而专业人员尚未接手前，仍应继续进行心肺复苏。

何时终止心肺复苏是一个涉及医疗、社会、道德等方面的问题。不论在什么情况下，终止心肺复苏，决定于医生，或医生组成的抢救组的首席医生，否则不得放弃抢救。高压或超高压电击的伤员心跳、呼吸停止，更不应随意放弃抢救。

七、电击伤伤员的心脏监护

被电击伤并经过心肺复苏抢救成功的电击伤员，都应让其充分休息，并在医务人员指导下进行不少于 48h 的心脏监护。因为伤员在被电击过程中，由于电压、电流、频率的直接影响和组织损伤而产生的高钾血症，以及由于缺氧等因素，引起的心肌损害和心律失常，经过心肺复苏抢救，在心跳恢复后，有的伤员还可能会出现“继发性心脏跳停止”，故应进行心脏监护，以对心律失常和高钾血症的伤员及时予以治疗。

八、婴幼儿的心肺复苏术

由于婴幼儿的语言表达能力较差，在判断有无意识时可以掐人中或合谷穴（即虎口），如有啼哭或痛楚表情则说明有意识；如无反应则说明已丧失意识。

做人工呼吸时，由于小儿口鼻较小且部位临近，可采用口对口鼻吹气法。开放呼吸道时不要使小儿头部过度后仰，以免压迫气管，阻碍呼吸。

胸外心脏按压的部位也与成人略有不同，按压点在两乳头连线与胸骨正中线交会点下方一横指处。按压的力量和使胸壁下陷的程度均较成人小得多，仅用食指和中指并拢按压即可，按压深度为1～2cm，按压频率可大于每分钟100次。按压时抢救者可将小儿托于手掌上或用手掌垫在小儿背后，用另一手按压，切忌用力过猛。

九、现场心肺复苏术的抢救程序

现场心肺复苏术应进行的抢救步骤可归纳如图5-21所示。

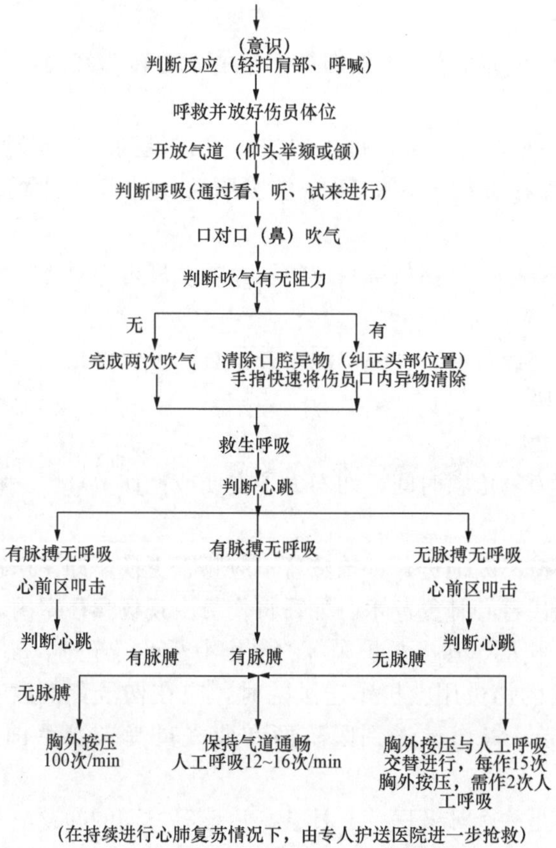

图5-21　现场心肺复苏术的抢救程序

第七节　抢救过程注意事项

一、救护人员注意保持自身与周围带电体的安全距离

救护人员在抢救过程中应注意保持自身与周围带电部分必要的安全距离。不论是在何级电压线路上触电，救护人员在使触电者脱离电源时，要注意防止发生从高处坠落的可能和再次触及其他有电线路的可能。

二、头部降温

经现场抢救，伤员呼吸心跳恢复后，应立即对头部进行降温，如用冰帽、冰袋等，紧急情况下亦可用冰棍放在伤员的头部或用冷毛巾置于额部。

三、抢救过程中的再判断

(1) 按压吹气2min后（相当于5组30：2按压吹气循环以上），观察伤员的意识、呼吸、肤色，在5～10s时间内完成对伤员呼吸心跳是否恢复的再判断。

（2）若判定呼吸心跳未恢复，则继续坚持用心肺复苏技术抢救。

（3）在医务人员未接替抢救前，现场抢救人员不要轻易放弃抢救。

（4）抢救过程中，要每隔数分钟再判定一次，每次判定时间均不得超过 5～7s。在医务人员未接替抢救前，现场抢救人员不得放弃现场抢救。

四、按压力度和交换角色

（1）在按压时不能用力过大，因用力过大易发生肋骨、胸骨骨折，甚至引起气胸、血胸等并发症，这是复苏失败的原因之一。

（2）双人或多人复苏应每 2min（按压吹气 5 组循环）交换角色，以避免因胸外按压者疲劳而引起的胸外按压质量和频率削弱。在交换角色时，其抢救操作中断时间不应超过 5s。

五、使用自动体外除颤器

在抢救过程中，应迅速、准确地使用简易自动体外心脏除颤器，以提高抢救的成功率。

六、伤员的移动和转院

（1）心肺复苏应在现场就地坚持进行，不要为方便而随意移动伤员，如确实需要移动时，抢救中断时间不应超过 10s。

（2）移动伤员或将伤员送医院时，除应使伤员平躺在担架上，并在其背部垫以平硬木板外，还应继续抢救，心跳呼吸停止者应继续用心肺复苏技术抢救，并做好保暖工作。

（3）在转送伤员去医院前，应充分利用通信手段，与有关医院取得联系，请求做好接收伤员的准备，同时应对触电伤员的其他合并伤，如骨折、体表出血等作相应处理。

七、伤员好转后的处理

如伤员的心跳和呼吸经抢救后均已恢复，则可暂停心肺复苏操作，但心跳呼吸恢复后的早期有可能再次骤停，应严密监护，不能麻痹，要随时准备再次抢救。

八、现场触电抢救采用肾上腺素药物问题

现场触电抢救，对采用肾上腺素等药物应持慎重态度。如没有必要的诊断设备条件和足够的把握，不得乱用。在医院内抢救触电者时，由医务人员经医疗仪器设备诊断，根据诊断结果决定是否采用。

电力生产现场作业安全防范措施

第六章

电力生产现场作业人员高处坠落事故防范措施

第一节　高处坠落事故防范措施

(1) 经医生诊断，患有高血压、心脏病、贫血病、癫痫病、糖尿病以及患有其他不宜从事高处作业和登高架设作业病症的人员，不允许参加高处作业。

(2) 发现现场工作人员有饮酒、精神不振精力不集中等症状时，禁止登高作业。

(3) 高处作业应使用安全带（绳），安全带（绳）使用前应进行检查，并定期进行试验。高处作业人员应衣着灵便，宜穿软底鞋。

(4) 能在地面进行的工作，不在高处作业；高处作业能在地面上预先做好的工作，必须在地面上进行，尽量减少高处作业和缩短高处作业时间。

(5) 安全带（绳）应挂在牢固的构件上或专为挂安全带用的钢丝绳上，安全带不得低挂高用，禁止系挂在移动或不牢固的物件上。

(6) 凡坠落高度在 2.0m 以上的工作平台、人行通道（部位），在坠落面侧应设置固定式防护栏杆。

(7) 在没有脚手架或者在没有栏杆的脚手架上工作，或坠落相对高度超过 1.5m 时，必须使用安全带，或采取其他可靠的安全防护措施。

(8) 在未做好安全措施的情况下，不准登在不坚固的结构上（如彩钢板屋顶）进行工作。

(9) 楼梯、钢梯、平台均应采取防滑措施，直钢梯高度超过 3m 时，应装设护笼，以防上、下梯子时坠落。

(10) 砍剪树木时，不应攀抓脆弱和枯死的树枝，并使用安全带。安全带不得系在待砍剪树枝的断口附近或以上。不得攀登已经锯过或砍过的未断树木。

(11) 使用绝缘斗臂车作业，必须先检查绝缘臂为合格状态，在绝缘斗中的作业人员应正确使用安全带和绝缘工具。不得用汽车吊（斗臂车）悬挂吊篮上人作业。不得用斗臂起吊重物。在斗臂上工作应使用安全带。

(12) 上杆塔作业前，应先检查根部、基础和拉线是否牢固。新立电杆在杆基未完全牢固或做好临时拉线前，严禁攀登。遇有冲刷、起土、上拔或导地线、拉线松动的电杆，应先培土加固，打好临时拉线或支好杆架后，再行登杆。

(13) 登杆塔前，应先检查登高工具、设施，如脚扣、升降板，安全带、梯子和脚钉、爬梯、防坠装置等是否完整牢靠。禁止携带器材登杆或在杆塔上移位。严禁利用绳索、拉线上下杆塔或顺杆下滑。

(14) 在上横担进行工作前，应检查横担联结是否牢固和腐蚀情况，检查时安全带（绳）应系在主杆或牢固的构件上。

(15) 在杆塔高空作业时，应使用有后备绳的双保险安全带，安全带和保护绳应分挂在杆塔不同部位的牢固构件上，应防止安全带从杆顶脱出或被锋利物损坏。人员在转位时，手扶的构件应牢固，且不得失去后备保护绳的保护。220kV 及以上线路杆塔宜设置高空作业人员上下杆塔的防坠安全保护装置。

(16) 钢管杆横担处应设有检修人员转位时手扶用的牢固的手扶构件。

(17) 生产厂房装设的电梯，使用前应经国家有关部门检验合格，取得准用证，并定期检验。电梯应有专责人负责维护管理。严格执行安全使用规定和定期检验、维护、保养制度。电梯的安全闭锁装置、自动装置、机械部分、信号照明等有缺陷时必须停止使用，并采取必要的安全措施，防止高空摔跌等伤亡事故。

(18) 专用高空作业车辆应定期维护保养，专人驾驶。起升、制动装置可靠，液压机构无渗漏现象，严禁超载使用。

(19) 移动平台工作面四周应有 1.2m 高的护栏，升降机构牢固完好，升降灵活，液压机构无渗漏现象，有明显的荷重标志，严禁超载使用，禁止在不平整的地面上使用。使用时应采取制动措施，防止平台移动。

(20) 使用铝合金快装脚手架前，应认真检查组件有无损坏、变形，扣件有无损坏变形。严禁超载使用。

(21) 上下层同时进行工作时，中间必须搭设严密牢固的防护隔板、罩棚或其他隔离设施。工作人员必须戴安全帽。

(22) 冬季在低于−10℃进行露天高处工作时，必要时应在施工地区附近设有取暖的休息所，取暖设备应有专人管理，注意防火。高空冬季施工浇注水泥时，禁止在木制脚手板上下生火炉养护。

(23) 在 6 级及以上的大风以及暴雨、打雷、大雾等恶劣天气，应停止露天高处作业。电力线路作业应按 GB 26859—2011《电力安全工作规程　电力线路部分》的规定执行。

(24) 禁止登在不坚固的结构上（如石棉瓦、彩钢板屋顶）进行工作。为了防止误登，应在这种结构的必要地点挂上警告牌。

(25) 厂房外墙、烟囱、冷水塔等处应设置固定爬梯，高出地面 2.4m 以上部分应设有护圈。高百米以上的爬梯，中间应设有休息的平台，并应定期进行检查和维护。上爬梯必须逐档检查爬梯是否牢固，上下爬梯必须抓牢，并不准两手同时抓一个梯阶。

(26) 进水口的旋转滤网两侧应装防护罩。如需进入防护罩里进行人工清理时，必须使滤网停止运行，切断电源，挂上“禁止合闸，看人工作”警告牌，至少应有 2 人进行工作。如有坠落危险时，应使用安全带。

(27) 空冷塔内通道、栏杆、盖板应保持完好，区域内照明应正常。

(28) 在空冷塔内工作时，应做好防止人员烫伤、高空坠落的安全措施，进行风机、减速箱等转动设备和电气设备检修时，必须切断电源，挂上“禁止合闸，有人工作”警告牌，严禁踩踏在叶片和散热片上工作。

(29) 空冷塔内消防设施应齐全，在空冷塔内明火作业必须办理动火工作票。

(30) 安全带在使用前应进行检查，并应定期（每隔6个月）按批次进行静荷重试验；试验荷重为225kg，试验时间为5min，试验后检查是否有变形，破裂等情况，并做好记录。不合格的安全带应及时处理。悬挂安全带冲击试验时，用80kg质量的物体做自由落体试验，若不破断，该批安全带可继续使用。对抽试过的样带，必须更换安全绳后才能继续使用。使用频繁的绳索，应经常做外观检查，发现异常时应立即更换新绳，带子使用期为3～5年，发现异常应提前报废。

【事故案例1】

2000年6月1日，××水电厂一检修人员由于高空作业未系安全带，发生高空坠落重伤事故。6月1日9时55分，维护工区主任陈×安排工区工作人员谷某和孟×更换右岸发电机层厂房顶灯，由谷×担任工作负责人。谷×开具了一张电气第二种工作票，在注意事项（安全措施）一栏内只写上了“注意人从高处掉落”的空洞交代，而未写明“必须使用安全带”的具体安全措施。工作票签发人陈某匆匆看了一眼，没有说什么就签了字。

谷×和孟×将发电机层3盏壁灯换好后，就直接爬到了发电机顶层开始处理顶灯。在处理第一盏灯时，谷×坐在用角钢焊成的吊顶架上，将脚放在吊顶的石膏板上。由于石膏板强度太弱，受力后断裂脱落，谷某一下失去重心，从6m多高的吊顶上掉落到发电机层，造成双手腕骨以上和左腿髌骨多处闭合性骨折。

【事故案例2】

1994年9月3日11时40分，锅炉检修队队长用电话通知锅炉风机一班班长：“1号锅炉乙水膜筒顶部有一孔洞漏风，下午消除这一缺陷”。同时要求班长：“上去一定要铺好脚手板（因水膜筒顶部钢板已腐蚀严重，仅由810mm×830mm的14号槽钢网格框架支撑着，保温与框架高度在同一平面），一定要注意不要踩保温，必须踩着脚手板。”下午，锅炉风机一班班长就带着技术员及焊工梁×到了现场，他们三人先割了一块钢板抬到1号锅炉除尘器平台（标高15m）上（1号锅炉正在预装电除尘器），梁×先上到水膜筒顶部，班长在下面问：“上面铺着板子没有”。梁×回答：“上面有板子踩着”，说完后用绳子将钢板提了上去。技术员向班长打了招呼也上到了水膜筒顶部，技术员与梁×将钢板盖在孔洞上，发现钢板尺寸小了，孔洞东西两边各有一条100mm的缝，仍然漏风。这时二人看到甲水膜筒顶上有块1.3m左右的短脚手板，就到甲水膜筒顶上去取（甲、乙、丙、丁水膜筒上有电除尘器安装时铺的连通步道）。技术员在前走，梁×在后面走，梁×却没有走脚手板步道，而是两脚分别踩着槽钢架和保温上走过去，回来时仍两脚分别踩着槽钢框架和保温走过来。15时31分，当梁×走到孔洞南侧一边时，他左脚踩在槽钢上，右脚踩在保温上，弯腰下蹲准备堵缝时，因右脚踩在保温上承力较大，将保温踩坏，瞬间人和木板在水膜筒内负压（350mmH_2O）的作用下，掉进水膜筒内部（水膜筒顶标高22.1m，水膜筒下锥部标高1.5m，落差20.6m）。立即停炉救人。梁×16时58分经抢救无效死亡。

第二节　搭拆脚手架坠落事故防范措施

(1) 搭拆脚手架必须在专人的统一指挥下，由具有合格资质的专业架子工进行。上岗人员应定期进行体检，凡不适于高处作业者，不得上脚手架操作。

(2) 搭拆脚手架时工作人员必须戴安全帽，系安全带，穿防滑鞋。

(3) 脚手架的荷载必须能足够承受站在上面的人员和物件等的重量，并留有一定裕量，严禁超荷载使用。禁止在脚手架和脚手板上进行起重工作、聚集人员或放置超过计算荷重的材料。

(4) 脚手架应同建筑物连接牢固，立杆或支杆的底端应埋入地下，深度应视土壤性质决定：在埋入杆子的时候，应先将土夯实；如果是竹竿，必须在基坑内垫以砖石，以防下沉；遇松土或者无法挖坑的时候；必须绑设地杆。金属管脚手架的立杆，必须垂直地稳放在垫板上，在安置垫板前应将地面夯实、整平。立杆应套上柱座，柱座系由支柱底板及焊接在底板上的管子制成。

(5) 脚手板和斜道板应满铺于架子的横杆上。在斜道两边、斜道拐弯处和脚手架工作面的外侧，应设 1.2m 高的栏杆，并在其下部加设 18cm 高的护板。

(6) 脚手架应装有牢固的梯子，以便工作人员上下和运送材料。用起重装置起吊重物时，不准把起重装置和脚手架的结构相连。上下脚手架应走斜道或梯子，不应沿绳、脚手立杆、栏杆或借构筑物攀爬。

(7) 禁止将脚手架直接搭靠在楼板的木楞上及未经计算过补加荷重的结构部分上，或将脚手架和脚手板固定在建筑不十分牢固的结构上（如栏杆、管子等）。严禁在各种管道、阀门、电缆架、仪表箱、开关箱及栏杆上搭设脚手架。

(8) 作业层脚手板应铺满、铺稳，脚手板和脚手架相互间应连接牢固。脚手板的两头应放在横杆上，固定牢固。脚手板不准在跨度间有接头。

(9) 搭设好的脚手架，未经验收不应擅自使用。每天上脚手架前，使用脚手架工作负责人必须进行脚手架整体检查。在冬季应清除脚手板上的冰雪，并采取适当的防滑措施。

(10) 特殊型的大型脚手架、炉膛脚手架，必须由使用部门负责人、使用工作负责人、脚手架搭建负责人共同进行验收。验收合格后，方可交付使用。严禁用木桶、木箱、砖及其他建筑材料搭临时铺板来代替正规脚手架。

(11) 脚手架上临时放置的零星物件，必须做好防窜、防坠落、防滑的措施。

(12) 脚手架上使用电、气焊时，应做好防火措施，防止火星和切割物溅落引起火警。

(13) 在运行设备场所或带电设备附近搭设脚手架时，应在电气专业监护人的监护下方可进行搭设工作。

(14) 脚手架接近带电体时，应按电力安全工作规程的要求，保持安全距离，并做好防止触电的措施。

(15) 脚手架上禁止乱拉电线。必须安装临时照明线路时，木竹脚手架应加绝缘子，金属管脚手架应另设木横担。

(16) 在工作过程中，不准随意改变脚手架的结构；有必要时，必须经过搭设脚手架的技术负责人同意。

(17) 特殊形式的脚手架，例如悬吊式脚手架，装在水电站的进水口、调压井等处的脚手架等，应有专门设计，并经本单位主管生产的领导批准。

(18) 进入炉膛搭设脚手架时，必须停止吸、送风机、磨煤机的运行，并做好防止误启动的措施。

(19) 必须保证炉膛的足够的照明，电源设备配有触电保护器或隔离变压器，电源线在进入人孔门部分要加橡皮绝缘垫，做好防触电安全措施。

(20) 进入炉膛施工前，工负责人必须进行安全措施交底，炉膛内不得少于 2 人，炉外必须设专人监护。

(21) 在拆除大型的脚手架时，应遵守下列规定：

1) 拆除脚手架时，必须设专人监护。

2) 脚手架拆除前，工作负责人必须到现场检查，如脚手架拆除后有遗留下的空洞、栏杆不完整，必须做好临时防范措施，同时立即安排做好补缺工作。

3) 在准备拆除脚手架的周围应设围栏，并在通向拆除地区的路口悬挂警告牌。

4) 敷设在需要拆除的脚手架上的电线和水管应首先切断，电线必须由电气人员拆除。

(22) 拆除脚手架的各部分应按顺序进行，当拆某一部分时，应不使另一部分或其他的结构部分发生倾斜倒塌现象。当脚手架采取分段、分立面拆除时，对不拆除的脚手架两端，应先进行抛撑加固或横向斜撑加固。

1) 拆除脚手架，必须由上而下地分层进行，不准上下层同时作业，拆下的构件应用绳索捆牢，并用起重设备、滑车或卷扬机吊下，不准向下抛掷。

拆除脚手架时严禁采取将整个脚手架推倒，或先拆下层主柱的方法。

2) 不应先行拆掉脚手架的栏杆与楼梯，而应与脚手架的拆除工作同时配合进行。

3) 在脚手架拆除区域内，禁止与该项工作无关的人员逗留。

4) 在电力线路附近拆除时，应停电进行。不能停电时，应采取防止触电和损坏线路的措施。

第三节　斜道与跳板上坠落事故防范措施

(1) 斜道坡度如大于 1∶3，板面应架成台阶，每阶的高度应以 15cm 为宜。通行手推车的斜道坡度不应大于 1∶7。斜道的宽度，单方向通行时，不应小于 1m，双向通行时，不应小于 1.5m。

(2) 斜道板与跳板的厚度不应小于 5cm，如果其跨度超过一般脚手板的规定时，则其厚度应该根据计算决定。

(3) 跳板的坡度应保持在 1∶3 以下，在跳板的全宽上应钉有防滑木条，各木条的距离应为 30～40cm。

(4) 在斜道或跳板上通行时，斜道板或跳板应不致被压弯或发生滑动，斜道板的两侧应装上 1.2m 高的栏杆，必要时应装护板。

(5) 跳板搭在圆顶形或拱形的建筑物上时，其底面应当备有合于下面建筑物圆弧形的底垫，以保证其稳固性。

第四节　移动式脚手架上坠落事故防范措施

(1) 移动式脚手架必须经过设计和验收。

(2) 严禁在脚手架上有人或工具、材料的情况下移动脚手架。

（3）移动较大的移动式脚手架，可用绞盘、卷扬机等均衡缓慢地移动，但在移动时应有切实防止脚手架倾倒的措施。移动脚手架时，其道路应铺平。移动脚手架时应防止撞物和触电。

（4）移动式脚手架已位于工作地点后，应立即将活动部分可靠地绑牢固定，然后将脚手架本身与建筑物连接牢固。

第五节　悬吊式脚手架、炉内升降平台与吊篮中坠落事故防范措施

（1）非特殊场所的作业，不宜使用吊篮。

（2）有架空输电线的场所，吊篮的任何部位与输电线的安全距离不应小于10m。如果条件限制，应与有关部门协商，并采取安全防护措施后方可架设。

（3）使用悬吊式脚手架或吊篮应经过设计和验收。吊篮平台、悬挂机构、提升机构、主制动器、辅助制动器、安全保护装置等必须符合GB/T 19155《高处作业吊篮》的要求。

（4）吊篮平台上应装有固定式的安全护栏，靠工作面一侧的高度应不小于800mm。后侧及两边高度应不小于1100mm，护栏应能承受1000N水平移动的集中载荷。吊篮平台如装有门，其门不得向外开，门上应装有电气联锁装置。

（5）炉内升降平台、吊篮等的操作人员必须经过技术培训和考核合格并取得有效证书。

（6）悬吊式脚手架或吊篮每天使用前，应经过安全检查员核实配重和检查悬挂机构，并进行空载运行，以确认设备处于正常状态。

（7）钢丝绳的安全系数应不小于9。工作钢丝绳最小直径应不小于6mm。安全钢丝绳必须独立于工作钢丝绳另行悬挂，其型号、规格宜与工作钢丝绳相同。

（8）炉内升降平台、吊篮等的钢丝绳，在使用以后每月应至少检查2次，并应符合GB 5972《起重机钢丝绳保养、维护、安装、检验和报废》的规定。

（9）用来吊拉炉内升降平台、吊篮等所用的钢丝绳和大绳，应保护其不与穿墙孔、吊篮的边缘、房檐等棱角相摩擦，其直径应根据计算决定。吊物的安全系数不小于6，吊人的安全系数不小于14。

（10）悬吊式脚手架和吊篮禁止使用麻绳，其所用的钢丝绳和其他绳索应作1.5倍静荷重试验；此外吊篮还应进行动荷重试验，试验应使吊篮装载超过工作荷重10%的重量以等速升降法进行，并应作出试验记录。

（11）吊篮上的操作人员应配置独立于悬吊平台的安全绳及安全带或其他安全装置，应严格遵守操作规程。

（12）炉内升降平台、吊篮等严禁超载或带故障使用。

（13）悬吊式脚手架与临近的悬吊式脚手架，严禁在中间用跳板跨接使用。

（14）吊篮上使用的便携式电动工具的额定电压值不得超过220V，并应有可靠的接地。

（15）吊篮在正常使用时，严禁使用安全锁制动。

（16）用来升降炉内升降平台、吊篮等的卷扬机应备有安全制动装置，应防止起吊时，工作人员在转动的卷扬机把柄上偶然松手，炉内升降平台或吊篮落下。升降平台或吊篮应有专人指挥。用来升降的卷扬机应固定在牢固的地锚或建筑物上，固定处所的耐拉力必须大于

设计荷重的5倍。

（17）禁止一人独自在炉内升降平台上作业。

第六节 梯子上坠落事故防范措施

（1）梯子的使用、管理必须符合GB/T 17889.1《梯子　第1部分：术语、型式和功能尺寸》中的要求。各使用单位使用的梯子应指定专人管理。使用前应进行检查，且应及时修理，以保持完整。

（2）梯子的支柱应能承受工作人员携带工具攀登时的总重量。梯子的横木应嵌在支柱上，不准使用钉子钉成的梯子。梯阶的距离不应大于40cm。

（3）在梯子上工作时，梯子与地面的斜角度为60°左右。工作人员必须登在距梯顶不少于1m的梯蹬上工作。

（4）如梯子长度不够而需要将两个梯子连接使用时，应用金属卡子接紧，或用铁丝绑接牢固。

（5）工作前应把梯子安置稳固，不可使其动摇或倾斜过度。在水泥或光滑坚硬的地面上使用梯子时，其下端应安置橡胶套或橡胶布，同时应用绳索将梯子下端与固定物缚住。

（6）在木板或泥地上使用梯子时，其下端须装有带尖头的金属物，同时用绳索将梯子下端与固定物缚住。

（7）靠在管子上使用的梯子，其上端应有挂钩或用绳索缚住。

（8）若已采用上述方法仍不能使梯子稳固时，可派人扶着，但必须做好防止落物打伤下面人员的安全措施。

（9）人字梯应具有坚固的铰链和限制开度的拉链。

（10）严禁将梯子架设在不稳固的支持物上使用。

（11）在通道上使用梯子时，应设监护人或设置临时围栏；放在门前使用时，必须采取防止门突然开启的措施。

（12）人在梯子上时，禁止移动梯子。

（13）在转动部分附近使用梯子时，为了避免机械转动部分突然卷住工作人员的衣服，应在梯子与机械转动部分之间临时设置薄板或金属网防护。

（14）在梯子上工作时应使用工具袋；物件应用绳子传递，不准从梯上或梯下互相抛递。

（15）禁止在悬吊式的脚手架上搭放梯子进行工作。

（16）软梯的安全系数不得小于10。软梯应挂在可靠的支持物上。

（17）软梯必须每半年进行一次荷重试验，试验时以500kg的重量挂在绳索上，经5min若无变形或损伤即认为合格，然后才准继续使用。试验结果应作记录，由试验负责人签章。过期未作试验的软梯，不准继续使用。

（18）使用软梯前，必须由工作负责人进行检查，并清除软梯上方山崖上的风化危石。

（19）软梯的架设应指定专人负责或由使用者亲自架设。未经批准的人员不准攀登软梯，也不准进行软梯的架设工作。

（20）在软梯上只准一个人工作。在软梯上工作的人员，衣着必须灵便，并应使用安全带，戴安全帽，带工具袋。

第七节　悬崖陡壁上坠落事故防范措施

（1）在悬崖陡壁进行工作的人员必须经过身体检查和安全训练，并应戴安全帽，穿防滑的鞋，使用安全带或安全绳。

（2）安全带或安全绳应挂在坚固可靠的基础上。用来专作固定安全带的绳索，应在每次使用前进行检查，每6个月作一次定期试验，试验是以静荷重225kg，悬吊5min，如有损坏或变形应禁止使用。

（3）悬崖陡壁上作业，应按自上而下的方式进行。使用梯子、脚手架应按照本章有关规定进行。在凸凹不平的悬崖陡壁上作业，禁止使用吊篮。

（4）在悬崖上通行的小路，必须符合以下规定：

1）在悬崖陡壁上工作或行走时，应在悬空的一面用钢钎作柱，架设1.2m高的木挡屏。

2）小路上松动的土石应全部清除。

3）在小路临山一面应设一道扶绳，以便行走扶用。

4）在崖壁上工作时，如在悬空工作的下面有人工作或通行，应设挡板或安全网。

第八节　线路作业人员伤害事故防范措施

一、一般要求

（1）线路作业应在良好的天气下进行，遇有恶劣气象条件时应停止工作。

（2）垂直交叉作业时，应采取防止落物伤人的措施。

（3）带电设备和线路附近使用的作业机具应接地。

（4）任何人从事高处作业，进入有磕碰、高处落物等危险的生产场所，均应戴安全帽。

（5）直升机作业，应遵守国家航空安全要求，并制定完备的安全作业方案。

二、高处作业

（1）高处作业应使用安全带、安全带应采用高挂低用的方式，不应系挂在移动或不牢固的物件上。转移作业位置时不应失去安全带保护。

（2）高处作业应使用工具袋，较大的工具应予固定。上下传递物件应用绳索拴牢传递，不应上下抛掷。

（3）在线路作业中使用梯子时，应采用防滑措施并设专人扶持。

【事故案例】

某年5月8～15日，××超高压局送电工区按计划进行500kV冯大Ⅰ号线更换绝缘子作业。5月12日，第三作业组负责人带领8名作业人员，进行103号塔瓷质绝缘子更换为合成绝缘子工作。塔上2名作业人员邢××、乌×在更换完B相合成绝缘子后，准备安装重锤片。邢××首先沿软梯下到导线端，14时16分，乌×在沿软梯下降过程中，从距地面33m高处坠落，送医院抢救无效死亡。

事故原因一是作业人员沿软梯下降前，安全带保护绳扣环没有扣好、没有检查，发生脱扣；二是在沿软梯下降过程中，没有采用“沿软梯下线时，应在软梯的侧面上下，应抓稳踩牢，稳步上下”的规定操作方法，而是手扶合成绝缘子脚踩软梯下降，不慎坠落；三是工作负责人没有实施有效监护，没有及时纠正违规的下梯方式。

三、坑洞开挖

(1) 挖坑前，应确认地下设施的确切位置，采取防护措施。

(2) 基坑内作业时，应防止物体回落坑内，并采取临边防护措施。

(3) 在土质松软处挖坑，应采取加挡板、撑木等防止塌方的措施。不应由下部掏挖土层。

(4) 在可能存在有毒有害气体的场所挖坑时，应采取防毒措施。

(5) 居民区及交通道路附近开挖的基坑，应设坑盖或可靠遮栏，加挂警示牌，夜间可设置警示光源。

四、杆塔上作业

(1) 攀登前应检查杆根、基础和拉线牢固，检查脚扣、安全带、脚钉、爬梯等登高工具、设施完整牢固。上横担工作前应检查横担连接牢固，检查时安全带应系在主杆或牢固的构件上。

(2) 新立杆塔在杆基未完全牢固或做好拉线前不应攀登。

(3) 不应利用绳索、拉线上下杆塔或顺杆下滑。

(4) 攀登有覆冰、积雪的杆塔时应采取防滑措施。

(5) 在杆塔上移位及杆塔上作业时不应失去保护。

(6) 在导线、地线上作业时应采取防止坠落的后备保护措施。在相分裂导线上工作，安全带可挂在一根子导线上，后备保护绳应挂在整组相导线上。

五、杆塔施工

(1) 立、撤杆塔过程中基坑内不应有人工作。

(2) 立杆及修整杆坑时，应采取防止杆身倾斜、滚动的措施。

(3) 顶杆及叉杆只能用于竖立 8m 以下的拔梢杆。

(4) 使用抱杆立、撤杆时，抱杆下部应固定牢固，顶部应设临时拉线控制，临时拉线应均匀调节。

(5) 使用超重机械立、撤杆时，起吊点和起重机械位置应选择适当。撤杆时，应检查无卡盘或障碍物后再试拔。

(6) 整体立、撤杆塔前应检查各受力和连接部位全部合格方可起吊。

(7) 立、撤杆塔过程中，吊件垂直下方、受力钢丝绳的内角侧不应有人。

(8) 在带电设备附近进行立、撤杆时，杆塔、拉线、临时拉线与带电设备的安全距离应符合表 4-7 的规定；且有防止立撤杆过程中拉线跳动和杆塔倾斜接近带电导线的措施。

(9) 临时拉线应在永久拉线全部安装完毕并承力后方可拆除。

(10) 拆除检修杆塔受力构件时，应事先采取补强措施。

(11) 杆塔上有人工作时，不应调整或拆除拉线。

六、放线、紧线与撤线

(1) 交叉跨越各种线路、铁路、公路、河流等放、撤线时，应采取搭设跨越架、封航、封路等安全措施。

(2) 放线、紧线前，应检查导线有无障碍物挂住，导线与牵引绳应可靠连接，线盘架应安放稳固、转动灵活、制动可靠。

(3) 紧线、撤线前，应检查拉线、桩锚及杆塔位置正确、牢固。

(4) 放线、紧线时，应检查接线管和接线头以及过滑轮、横担，树枝，房屋等处无卡压现象。

(5) 放线、紧线与撤线作业时工作人员不应站在或跨在以下位置：

1) 已受力的牵引绳上。

2) 导线的内角侧。

3) 展放的导（地）线。

4) 钢丝绳圈内。

5) 牵引绳或架空线的垂直下方。

(6) 不应采用突然剪断导（地）线的方法松线。

(7) 放线、撤线或紧线时，应采取措施防止导（地）线由于摆（跳）动或其他原因而与带电导线间的距离不符合表 4-7 的规定。

(8) 同杆塔架设的多回线路或交叉档内，下层线路带电时，上层线路不应进行放，撤导（地）线的工作。上层线路带电时，下层线路放、撤导（地）线应保持表 4-7 规定的安全距离，采取防止导（地）线产生跳动或过牵引而与带电导线接近至危险范围的措施。

七、起重与运输

(1) 在起吊、牵引过程中，受力钢丝绳的周围、上下方、内角侧，以及起吊物和吊臂下面，不应有人逗留和通过。

(2) 采用单吊线装置更换绝缘子和移动导线时，应采取防止导线脱落的后备保护措施。

(3) 在电力设备附近进行起重作业时，起重机械臂架、吊具、辅具、钢丝绳及吊物等与架空输电线及其他带电体的最小安全距离应符合表 6-1 的规定。

表 6-1　与架空输电线及其他带电体的最小安全距离

电压 (kV)	<1	1～10	35～66	110	220	330	500
最小安全距离 (m)	1.5	3.0	4.0	5.0	6.0	7.0	8.5

注　表中未列电压等级按高一挡电压等级安全距离。

(4) 装运电杆、变压器和线盘应用绳索绑扎牢固，混凝土杆、线盘应塞牢，防止滚动或移动。

(5) 装运超长，超高或重大物件时，物件重心应与车厢承重重心基本一致，超长物件尾部应设标志。

【事故案例】

2004 年×月×日拆除县政府附近一房屋。施工承包人马×等人从某租赁公司租赁一台汽车起重机协助施工。下午 3 时许，租赁公司经理郑×来到施工现场，催促吊车司机加快速度。郑×嫌司机动作太慢，便亲自操作起重机。不料将吊臂伸得太长，碰到屋顶上空的高压线，在吊臂下面悬挂钢丝绳的两雇工当即被电流击中，从屋顶摔下来，造成一人颅内出血，一人小脑组织挫裂伤。

租赁公司经理郑×无操作吊车所需证件，属于无证操作。在不熟悉吊车性能且没有操作经验的情况下，违章操作汽车起重机，将吊臂伸得过长，碰触高压线，以致汽车起重机带电、将绑挂钢丝绳的两雇工从屋顶击落，是引发此次伤害事故的主要和直接原因。由此案例看出起重机的操作人员应经专业技术培训，并经实验操作及有关安全规程考试合格、取得合格证后方可独立操作。移动式起重机作业时，臂架、吊具、辅具、钢丝绳及吊物等架空输电线及其他带电体的最小安全距离不得小于有关规定，具必须设专人监护。长期或频繁地靠近架空线路或其他带电物体作业时，应采取隔离防护措施。

【事故案例】

1990年6月14日13时40分，××三公司，在西安市丰镐路围安大酒店主楼B段进行拆除58m高的ST-2A型人货两用施工升降机作业中，发生电梯笼失控，从52m的高空坠落的重大事故，造成4人死亡。

6月9日，三公司研究电梯拆除工作，成立了有机械技术员宋×等11人的拆除小组，由经理黄×负责领导和地面指挥，建筑安装工程处安监科主任邹×负责制定安全措施和安全交底，宋×具体负责电梯拆除工作。

6月14日，正式开始电梯拆除工作，上午10时左右，第一节立柱和4个滑轮顺利拆除。准备把梯笼下滑到预定位置拆除第二节立柱时，限速器发生动作，梯笼被锁卡在导轨中不能升降。当时梯笼内有宋×和王×二人，宋×喊在脚手架上的雷×下来两个人帮忙。雷×到梯笼内后，宋×打开限速器盖，发现调节螺栓松不动，无法调整，就用管钳扳手拆限速器南面的螺栓，雷×拆限速器北面的螺栓，限速器整体拆除，宋×把梯笼滑到预定位置，由王×固定好保险钢丝绳后，拆除第二节立柱。11时30分左右，第二节立柱顺利拆除，然后，将梯笼停在第三节立柱的位置上，距地面高度为52.8m，作业人员从楼梯下楼吃饭。

13时20分，作业人员仍从楼梯上到屋面，宋×等5人通过外脚手架到梯笼上，其中2人留在梯笼顶部工作平台上负责扶小扒杆。松动立柱螺栓，3人在梯笼内。另有3人留在屋面，黄经理在地面指挥。当宋×操作电气开关，梯笼下降500mm后，又被卡阻在导轨中，既不能下降又不能上升。宋×叫雷×用手压开电磁抱闸，扳动一下传动轮，但传轮扳不动。宋×又用电气开关启动，梯笼仍然不动。宋×就拿管钳和扳手调整刹车，螺栓松了约1.5扣之后，继续用电气开关启动，梯笼还是不动，就命雷×出梯笼检查。雷×没有发现什么异常情况，宋×想再试一下，就在这时只听“哗啦”一声，梯笼失去控制，从52.8m的高空坠落下去，造成梯笼内2人和梯笼顶部2人死亡。

事故原因：

（1）该设备在拆卸立柱作业中，平衡配重业已拆除，电梯在不平衡状态下运行，依靠自重和涡流制动下降，依靠电磁制动器刹车、限速器保证安全、而宋×在发现限速器发生动作后，不是设法修复，却擅自将限速器整体拆除，使梯笼失掉了安全保证。

（2）限速器被拆除后，电梯已处于安全没有保障的情况下，电磁制动器的制动力矩只能增加，绝不允许有丝毫减少，以确保人刹车。但是宋×违章松开电磁制动器刹车和调松电磁制动器，减少了制动力矩，加速了坠落速度。

（3）保险钢丝绳挂设不当又未进行验算。致使直径 12.5mm 的钢丝绳在梯笼失控自由坠落时，抵不住巨大冲击力，被导轨架上角钢切断，没有起到保险作用。

（4）厂方提供的人货两用施工电梯说明书的型号和设备电气原理因与实物不符，使现场技术人员对设备的技术性能了解不够，也是造成事故的原因之一。

第七章

电力生产现场作业人员机械伤害事故防范措施

第一节　机械设备伤人事故防范措施

（1）机械设备安全防护距离，防护罩，防护屏和设备本体安全对人身安全极其重要，应符合 GB 5083—1999《生产设备安全卫生设计总则》、GB 23821—2009《机械安全防止上下肢触及危险区的安全距离》、GB/T 8116—2003《机械安全防护装置固定式和活动式防护装置设计与制造一般要求》有关标准的规定。

（2）转动机械和传动装置的外露部分应装设可靠的防护罩、盖或栏杆方可使用。严禁戴手套或手上缠抹布，在裸露的球轮、齿轮、链条、钢绳、皮带、轴头等转动部分进行清扫或其他的工作。工作人员应特别小心，不使衣服及擦拭材料被机器挂住，扣紧袖口，发辫应放在帽内。

（3）在操作转动机械设备时，严禁用手扶持加工件或戴手套操作。

（4）机械设备工作时，禁止进行润滑，清洁（清扫）、拆卸、修理等工作。转动和传动机械等设备检修时必须切断电源，并采取防止转动、移动的可靠措施。检修后进行开停试运行前，应将防护设施装设好，方可进行试运行。

（5）搬拆大型机具时要拆开搬运。装车、卸车及转移时，不准人货混装。

（6）机械上的各种安全防护装置及监测、指示、报警、保险、信号装置应完好齐全，有缺损时应及时修复，安全防护装置不完整或已失效的机械不得使用。

（7）敷设电缆时应有专人统一指挥，电缆移动时，严禁用手搬动滑轮，以防压伤。

（8）严禁随意跨越输煤机、卷扬机等设备的钢绳、皮带或在皮带上站立。

（9）严禁在运行中将转动的设备防护罩或遮栏打开，或将手伸进遮栏内。电动机的引出线和电缆头以及外露的转动部分均应装设牢固的遮栏或护罩。

（10）严格执行设备运行规程，防止机械设备超载运行发生事故伤人。

第二节　工具伤人事故防范措施

一、使用锤、凿、锉、锯、钻等手工工具安全措施

（1）使用工具前应进行检查，严禁使用不完整的工具。

（2）大锤和手锤的锤头应完整，其表面应光滑微凸，不应有歪斜、缺口、凹入及裂纹等缺陷。大锤及手锤的柄应用整根的硬木制成，且头部用楔栓固定。楔栓宜采用金属楔，楔子

长度不应大于安装孔的 2/3。锤把上不应有油污。严禁戴手套或用单手抡大锤，使用大锤时，周围不准有人靠近。

(3) 用凿子凿坚硬或脆性物体时（如生铁、生铜、水泥等），必须戴防护眼镜，必要时装设安全遮栏，以防碎片打伤他人。凿子被锤击部分有伤痕不平整、沾有油污等，不准使用。

(4) 锉刀、手锯、木钻、螺丝刀等的手柄应安装牢固，没有手柄的不准使用。

(5) 使用撬杠作业时，支垫物应可靠，并采取措施防止被撬物倾倒或滚落。在使用加力杆时，必须保证其强度和嵌套深度满足要求，以防折断或滑脱。

二、使用磨削机具安全措施

(1) 使用前必须检查砂轮片，应无裂纹等缺陷。首次使用的砂轮片应检查其额定转速与砂轮机转速相匹配，且在有效期内使用。树脂和橡胶结合剂砂轮片存储一年后必须经回转试验，合格者方可使用。砂轮片磨损到原半径的 1/3 时必须更换。砂轮片在运输和使用过程中不应碰撞坚硬的物体。砂轮片应远离油脂、水或其他溶剂。

(2) 砂轮机必须装有用钢板制成、有足够强度的防护罩。防护罩的开口角度不超过 90°，其中轮轴水平中心线以上不应大于 65°，砂轮应使用法兰盘固定，法兰盘的直径应大于砂轮直径的 1/3。

(3) 固定式砂轮机防护罩在轮轴水平中心线以上开口角度大于 30°时，应装设挡屑板。挡屑板安装于防护罩开口正端，宽度大于砂轮防护罩宽度，与砂轮圆周的间隙应小于 6mm。

(4) 固定式砂轮机应安装托架。托架高度不超过砂轮轴水平中心线，与砂轮圆周的最大间隙应不大于 3mm。

(5) 固定式砂轮机磨削产生的火花应向下；移动式砂轮机磨削时产生的火花应向远离使用者方向。

(6) 使用砂轮机时，禁止撞击，禁止用砂轮的侧面磨削，严禁站在砂轮机的正面操作，严禁两人同时使用一个砂轮机。操作人员应戴合格的防护眼镜。

(7) 除特殊工作需要的手提式小型砂轮，禁止使用没有防护罩的砂轮机。

(8) 角向磨光机的砂轮应选用增强纤维树脂型，其线速度不得小于 80m/s。磨削时，应使砂轮与工件保持 15°～30°的倾斜位置；切削时，砂轮不得倾斜，不得横向摆动。

(9) 使用手提电动砂轮、坡口机，应选用结构特性符合削磨材料的砂轮，选用可调式砂轮防护罩，其圆周和侧面的最大外露角不应大于 180°。

(10) 使用磨削机具时，应采取防火措施，防止火花引发火灾。

三、使用切割工具安全措施

(1) 磨削机具安全措施同样适合于切割工具。

(2) 使用无齿锯时，操作人员应站在锯片的侧面，锯片应缓慢地靠近被锯物件，不准用力过猛。火花飞溅方向不准有人停留或通过，并应预防火花点燃周围物品。

(3) 使用手持切割机时，操作人员必须戴好头盔或防护面罩，现场应设置围栏或设置警告标志，禁止无关人员逗留。

四、使用机加工设备安全措施

(1) 机加工设备应定期维护和保养。设备上或附近应有明显的安全操作规定，操作人员应经过培训和安全考试合格。

（2）机加工设备的本体照明应使用安全电压，电机外壳接地良好，不加防护罩的旋转连接部位楔子、销子不凸出。

（3）冲、剪、压机械的离合器应动作灵活、可靠、五连冲，制动器灵敏可靠。安全防护装置齐全有效。

（4）金属切削机床的防护栏、罩齐全有效。夹、装装置完好，限位、联锁、操作手柄灵敏可靠。

（5）使用钻床时，必须把工件固定牢固。清除钻孔内金属碎屑时，必须先停止钻头的转动。不准用手直接清除铁屑。

（6）使用钻床、车床等转动机械时严禁戴手套。

（7）使用锯床时，工件必须夹牢，长的工件两头应垫牢，并防止工件锯断时伤人。

五、使用射钉枪、高压清洗机和气动工具安全措施

1. 射钉枪

（1）严禁用手掌推压钉管，严禁将枪口对人。

（2）击发时，应将射钉枪垂直压紧在工作面上，当两次扣动扳机，子弹均不击发时，应保持原射击位置数秒钟后，再退出射钉弹。

（3）射钉弹应随用随装。在更换零件或转移工作地点时，射枪内均不应装有射钉弹。

2. 高压清洗机

（1）使用高压清洗机前，应检查电气部分绝缘良好，高压软管不应扭结、挤压或强行拖拉，禁止使用不合适或有缺陷的软管。

（2）高压枪头固定不牢不准加压。加压过程应缓慢进行，不应突然加压，不应超过铭牌最大压力。

（3）操作喷枪的工作人员应有固定的立足点，严禁把高压水枪对人或电气设备。

3. 气（风）动工具

（1）不熟悉气、风动工具使用方法和修理方法的工作人员，不准擅自使用或修理气、风动工具。

（2）风动工具的锤子、钻头、钎子等工作部件，应安装牢固，以防在工作时脱落。工作部件停止转动前不准拆换。

（3）风动工具应使用干燥的压缩空气。风动工具的送风软管必须和工具连接牢固；连接前应把软管吹净；只有在停止送风时才可拆装软管；工作中禁止采用折弯软管的方法停止供气。

（4）在有可能对眼、面部造成伤害的场所使用风动工具时，操作人员应佩戴防护眼镜或其他眼、面部防护用品。

（5）气压大于0.2MPa时，不应用供气管路中的压缩空气清洁机器和吹扫。

（6）修理后的工具应进行试运转，试运转应在有防护的封闭区域内进行。

（7）在梯子或移动平台上使用风动工具，必须将梯子或平台固定牢固。

（8）禁止使用氧气瓶等高压气源作为风动工具的气源。

六、使用喷灯安全措施

（1）使用喷灯的人员应熟悉喷灯使用方法。

（2）喷灯使用前应检查：油筒不漏油，喷火嘴无堵塞，丝扣不漏气，油筒内的油量不超过油筒容积的3/4；加油的螺丝塞应拧紧。

（3）用喷灯工作时，严禁将喷嘴对着人或易燃物品点火，工作地点不应靠近易燃物品和带电体，尽可能保持空气流通。

（4）严禁在使用煤油或酒精的喷灯内注入汽油。

（5）不应将喷灯放在温度高的物体上，油筒内压力不应过高。

（6）加油、放油以及拆卸喷嘴或其他零件等工作，必须待喷嘴冷却泄压后再进行。

（7）喷灯用完后，应消压，待冷却后方可放入工具箱内。

七、防止气焊伤人措施

1. 气瓶储存应遵守下列规定

（1）储存气瓶的仓库应具有耐火性能；门窗应采用向外开形式，装配的玻璃应用毛玻璃或涂以白色油漆；地面应该平坦不滑，砸击时不会发生火花。

（2）容积较小的仓库（储存量在50个气瓶以下）与其他建筑物的距离应不少于25m；较大的仓库与施工及生产地点的距离应不少于50m；与住宅和办公楼的距离应不少于100m。

（3）储存气瓶仓库周围10m距离以内，不准堆置可燃物品，不准进行锻造、焊接等明火工作，并禁止吸烟。

（4）仓库内应设架子，使气瓶垂直立放，空的气瓶可以平放堆叠，但每一层都应垫有木制或金属制的型板，堆叠高度不准超过1.5m。

（5）装有氧气的气瓶不准与乙炔气瓶或其他可燃气体的气瓶储存于同一仓库。

（6）储存气瓶的仓库内不准有取暖设备。

（7）储存气瓶的仓库内，必须备有消防用具，并应采用防爆的照明，室内通风应良好。

2. 气瓶的搬运应遵守下列规定

（1）气瓶搬运应使用专门的抬架或手推车。每一气瓶上必须套以厚度不少于25mm的防震胶圈两个，以免运输气瓶时互相撞击和震动。

（2）运输气瓶时应安放在特制半圆形的承窝木架内；如没有承窝木架时，可以在每一气瓶上套以厚度不少于25mm的绳圈或橡皮圈两个，以免互相撞击。

（3）全部气瓶的气门都应朝向一面。

（4）用汽车运输气瓶时，气瓶不准顺车厢纵向放置，应横向放置。气瓶押运人员应坐在司机驾驶室内，不准坐在车厢内。

（5）为防止气瓶在运输途中滚动，应将其可靠地固定住。

（6）用敞车运输气瓶时，应用帆布遮盖或采取其他遮阳措施，以防止烈日暴晒。

（7）气瓶内不论有无气体，搬运时，应将瓶颈上的保险帽和气门侧面连接头的螺帽盖盖好。

（8）运送氧气瓶时，必须保证气瓶不致沾染油脂、沥青等。

（9）严禁把氧气瓶及乙炔瓶放在一起运送，也不准与易燃物品或装有可燃气体的容器一起运送。禁止运送和使用没有防震胶圈和保险帽的气瓶。

3. 氧气瓶和乙炔气瓶的使用规定

（1）在连接减压器前，应将氧气瓶的输气阀门开启1/4转，吹洗1～2s，然后用专用的扳手安上减压器。工作人员应站在阀门连接头的侧方。

（2）发现气瓶上的阀门或减压器气门有问题时，应立即停止工作，进行修理。

（3）氧气瓶应按《气瓶安全监察规程》（原劳动部颁发）进行水压试验和定期检验。过期未经水压试验或试验不合格者不准使用。在接收氧气瓶时，应检查印在瓶上的试验日期及试验机构的鉴定合格证。

（4）运到现场的氧气瓶，必须验收检查。如有油脂痕迹，应立即擦拭干净；如缺少保险帽或气门上缺少封口螺丝或有其他缺陷，应在瓶上注明“注意！瓶内装满氧气”，退回制造厂。

（5）氧气瓶应涂天蓝色，用黑颜色标明“氧气”字样；乙炔气瓶应涂白色，并用红色标明“乙炔”字样，氮气瓶应涂黑色，并用黄色标明“氮气”字样，二氧化碳气瓶应涂铝白色，并用黑色标明“二氧化碳”字样。其他气体的气瓶也均应按规定涂色和标字。气瓶在保管、使用中，严禁改变气瓶的涂色和标志，以防止涂色层脱落造成误充气。

（6）氧气瓶内的压力降到0.196MPa，不应再使用。用过的瓶上应写明“空瓶”。

（7）氧气阀门只准使用专门扳手开启，不准使用凿子、锤子开启。乙炔阀门应用特殊的键开启。

（8）在工作地点，最多只许有两个氧气瓶；一个工作，一个备用。

（9）使用中的氧气瓶和乙炔气瓶应垂直放置并固定起来，氧气瓶和乙炔气瓶的距离不得小于5m。

（10）禁止使用没有防震胶圈和保险帽的气瓶。严禁使用没有减压器的氧气瓶和没有回火阀的溶解乙炔气瓶。

（11）禁止装有气体的气瓶与电线相接触。

（12）在焊接中禁止将带有油迹的衣服、手套或其他沾有油脂的工具、物品与氧气瓶软管及接头相接触。

（13）安放在露天的气瓶，应用帐篷或轻便的板棚遮护，以免受到阳光暴晒。

（14）严禁用氧气作为压力气源吹扫管道。

（15）焊接工作结束或中断焊接工作时，应关闭氧气和乙炔气瓶、供气管路的阀门，确保气体不外漏。重新开始工作时，应再次确认没有可燃气体外漏时方可点火工作。

4. 减压器使用规定

（1）减压器的低压室没有压力表或压力表失效，一概不准使用。

（2）将减压器安装在气瓶阀门或输气管前，应注意下列各项：

1）必须选用符合气体特性的专业减压器，禁止换用或替用。

2）减压器（特别是连接头和外套螺帽）不应沾有油脂，如有油脂应擦洗干净。

3）外套螺帽的螺纹应完好，帽内应有纤维质垫圈（不准用棉、麻绳、皮垫或胶垫代替）。

4）预吹阀门上的灰尘时，工作人员应站在侧面，以免被气体冲伤，其他人员不准站在吹气方向附近。

（3）将减压器和氧气瓶连接后，应将减压器顶针松起，再开启氧气瓶的阀门，开启阀门不准猛开，应监视压力，以免气体冲破减压器

（4）减压器冻结时应用热水或蒸汽解冻，禁止用火烤。

（5）减压器如发生自动燃烧，应迅速灭火并把氧气瓶的阀门关闭。

（6）减压器需要长时间停用时，应将氧气瓶的阀门关闭。工作结束时，应将减压器自气

瓶上取下，由焊工保管。

（7）氧气瓶的减压器应涂蓝色；乙炔发生器的减压器应涂白色，以免混用。

（8）每个氧气减压器和乙炔减压器上只允许接一把焊炬或一把割炬。

5. 橡胶软管使用规定

（1）橡胶软管应具有足以承受气体压力的强度，并采用异色软管，氧气软管应用1.961MPa的压力试验，乙炔软管应用0.490MPa的压力试验，两种软管不准混用。

（2）橡胶软管的长度宜大于15m，两端的接头（一端接减压器，另一端接焊枪）必须用特制的卡子卡紧，或用软的和退火的金属绑线扎紧，以免漏气或松脱。

（3）在连接橡胶软管前，应先将软管吹净，并确定管中无水后，才准许使用。禁止用氧气吹乙炔气管。

（4）使用的橡胶软管不准有鼓包、裂缝或漏气等现象。如发现有漏气现象，不准用贴补或包缠的方法修理，应将其损坏部分切掉，用双面接头管将软管连接起来并用夹子或金属绑线扎紧。

（5）可燃气体（乙炔）的橡胶软管如在使用中发生脱落、破裂或着火时，应首先将焊枪的火焰熄灭，然后停止供气。氧气软管着火时，应先采取措施停止供气。

（6）通气的橡胶软管上方禁止进行动火作业，以防火灾。

（7）乙炔和氧气软管在工作中应防止沾上油脂或触及金属溶液。禁止把乙炔及氧气软管放在高温管道和电线上，不应将重的或热的物体压在软管上，也不准将软管放在运输通道上，不准把软管和电焊用的导线敷设在一起。

6. 焊枪使用规定

（1）焊枪在点火前，应检查其连接处的严密性及其嘴子有无堵塞现象，禁止在着火的情况下疏通气焊嘴。

（2）焊枪点火时，应先开氧气门，再开乙炔气门，立即点火，然后再调整火焰。熄火时与此操作相反，即先关乙炔气门，再关氧气门，以免回火。

（3）由于焊嘴过热堵塞而发生回火或多次鸣爆时，应迅速先将乙炔气门关闭，再关闭氧气门，然后将焊嘴浸入冷水中。

（4）焊工不准将正在燃烧中的焊枪放下，如有必要时，应先将火焰熄灭。

第三节　储运煤设备伤人事故防范措施

一、基本安全措施

（1）发电厂运煤系统的各工作地点应有相互联系用的信号或通信设备。

（2）各工作场所或通道以及铁道沿线应有良好的照明。

（3）严禁在运煤设备运行中进行任何检修或清理工作。

（4）各种运煤设备在许可开始检修工作前，运行值班人员必须将电源切断并挂上警告牌。检修工作完毕后，检修工作负责人必须检查工作场所已经清理完毕，所有检修人员已离开，方可办理工作票终结手续。

（5）检修工作处所如有裸露的电线，应认为是带电的，不准触碰。对可能触到的裸露电线，应在检修工作开始前由电气人员拉开电源和上锁，并将该线挂上接地线接地。

(6) 严禁在可能突然下落的设备（如抓斗、吊斗等）下面进行工作或行走。必须在这些设备下面进行检修等工作时，应先做好防止突然下落的安全措施。

(7) 不准在有煤块掉落的地方通行或工作，并在周围设置围栏和安全警示标志。

(8) 在移去煤中的雷管时，必须由专业人员操作并特别小心，防止撞击、掉落、挤压或受热，在任何情况下不得拉动导火线。运煤皮带上发现雷管时，应立即将皮带停下处理。取出的雷管，必须交有关部门处理。

(9) 斗轮机、皮带等储运煤设备开动前，必须进行音响警示，管理部门应对持续时间、间隔时间、次数等进行详细规定。

二、运煤皮带伤人事故安全防范措施

(1) 运煤皮带及各种有关设备旁边的人行通道，应保持畅通，所有转动部分及拉紧皮带的重锤，均应有遮栏。运行中加油的装置，应接在遮栏外面。不准用手伸入遮栏内加油。

(2) 运煤皮带的两侧人行道均应装设防护栏杆和紧急停运的“拉线开关”。皮带上方适当位置宜安装高置停运装置，以备紧急时刻自救。各段皮带及转运站等重要场所应设有皮带起动的警告电铃。相关管理部门应明确规定起动预警铃声响时间的长短、间隔和次数。在紧急情况下，任何人都可拉“拉线开关”停止皮带的运行。事后，必须经过检查联系，方可再次起动。

(3) 禁止在皮带上或其他有关设备上站立、越过、爬过及传递各种用具，跨越皮带必须经过通行桥。螺旋输粉机、刮板给煤机上盖板应完好，封闭严密，不应敞口运行。禁止在螺旋输粉机、刮板给煤机盖板上作业、行走或站立。

(4) 禁止在运行中的皮带上直接用手撒松香、涂油膏等防滑物料。皮带在运行中不准对设备进行维修、人工取煤样或检出石块等杂物的工作。工作人员应站在栏杆外面，袖口要扎好，以防被皮带挂住。

(5) 人工疏通下煤管时应站在平台上，并注意防止被捅煤工具打伤。

(6) 清理磁铁分离器的铁块时，应先停止皮带运行并切断电源。工作人员应戴上手套，并使用工具（如铁铲）进行清理工作。

(7) 运煤皮带和滚筒上，应装刮煤器。禁止在运行中人工清理皮带滚筒上的粘煤或对设备进行其他清理工作。

(8) 禁止与工作无关的人员在运煤皮带的通廊及各种有关设备的室内通行或逗留。外人进入以上地点时，应先得到值班人员的许可，并遵守注意事项。

(9) 在拨煤小车的车轮前，应装清道器，以防小车行走时伤人。

(10) 带式磁性除铁器传动轮周围应有防护罩，并有防止运行中的除铁器上铁物飞出伤人的措施。

(11) 在清理振动筛、碎煤机设备时，应待设备完全停稳后，做好安全措施才能进行清理。

第四节　燃油（气）设备伤人事故防范措施

一、油区燃油设备检修的安全措施

(1) 油区检修应使用防爆工具（如有色金属制成的工具）。紧急情况下，如使用铁制工具时，应采取防止产生火花的措施，例如，涂油、加铜垫等。

(2) 油区检修用的临时动力和照明的电线，应符合下列要求：

1）电源应设置在油区外面。

2）横过通道的电线，应有防止被轧断的措施。

3）全部动力线或照明线均应有可靠的绝缘及防爆性能。

4）禁止把临时电线跨越或架设在有油或热体管道设备上。

5）禁止把临时电线引入未经可靠地冲洗、隔绝和通风的容器内部。

6）用手电筒照明时应使用防爆电筒。

7）所有临时电线在检修工作结束后，应立即拆除。

(3) 燃油设备检修需要动火时，应办理动火工作票。动火工作票的内容应包括动火地点、时间、工作负责人、监护人、审核人、批准人、安全措施等项。发电企业应明确规定动火工作的批准权限。

(4) 动火工作必须有监护人。监护人应熟知设备系统、防火要求及消防方法。其职责是：

1）检查防火措施的可靠性，并监督执行。

2）在出现不安全情况时，有权制止动火。

3）动火工作结束后检查现场，做到不遗留任何火源。

动火工作进行时，消防人员必须始终在场。

(5) 检修油管道时，必须作好防火措施。禁止在油管道上进行焊接工作。在拆下的油管上进行焊接时，必须事先将管子冲洗干净。

(6) 在油区进行电、气焊作业时，电、气焊设备均应停放在指定地点。不准使用漏电、漏气的设备。相线和接地线均应完整、牢固，禁止用铁棒等物代替接地线和固定接地点。电焊机的接地线应接在被焊接的设备上，接地点应靠近焊接处，不准采用远距离接地回路。

(7) 在燃油管道上和通向油罐（油池、油沟）的其他管道上（包括空管道）进行电、气焊作业时，必须采取可靠的隔绝措施，靠油缸（油池、油沟）一侧的管路法兰应拆开通大气，并用绝缘物分隔，冲净管内积油，放尽余气并测量油气合格后方可工作。

(8) 在油罐内进行检修工作，必须按照有关规定执行。在油罐内进行明火作业时，应将通向油罐的所有管路系统隔绝，拆开管路法兰通大气。油罐内部应冲洗干净，并进行良好的通风。油泵房及油罐区禁止采用皮带传动装置，以免产生静电引起火灾。

二、燃气设备（燃机系统）的运行与检修安全措施

(1) 燃机系统及其附近必须严禁烟火并设“严禁烟火”的警示牌，应备有必要的消防设备，严禁放置易爆易燃物品。

(2) 禁止与工作无关人员进入燃机系统附近。因工作需要进入时实施登记准入制度，严禁携带火种、禁止穿带铁钉的鞋，关闭移动通信工具。进入燃机系统前应先消除静电。燃机系统附近应安装强力通风设备。

(3) 在燃机系统及其附近进行明火作业或做可能产生火花的工作，必须办理动火工作票。应事先经过可燃气体含量测定。

(4) 燃机系统的相关防爆规定可参照有关规定执行。

(5) 在可燃气管道上进行检修工作（如更换阀门、垫，焊接支管等），应将检修的一段

管道与运行中的可燃气管道可靠地隔断（关闭阀门并加堵板），然后用压缩空气或蒸汽通入管道进行吹洗，将残留的可燃气完全排出，并用小动物或仪器试验，证明管道内确无可燃气存在，可开始工作。

（6）在可能有可燃气体的地方进行检修工作时，应遵守下列规定：

1）必须戴防毒面具，并宜在上风位置上工作。

2）工作人员不得少于2人，其中一人担任监护工作。

3）在管道内部或不易救护的地方工作，应使用安全带，安全带绳子的一端紧握在监护人的手中，监护人随时与管道内部工作人员保持联系。

4）应使用铜制的工具，以避免引起火花（必须使用钢制的工具时，应涂上黄油）。禁止穿有铁钉的鞋。

5）工作人员感到不适时，应立即离开工作地点，到空气流通的地方休息。

6）应准备氧气、氨水、脱脂棉等急救药品。

（7）禁止用捻缝和打卡子的方法消除可燃气管道的不严密处。

（8）严禁一切火源接近运行中的可燃气体管道。应用仪器或肥皂水检查可燃气管道的严密性，禁止用火焰检查。可燃气管道内部的凝结水发生冻结时，应用蒸汽或热水熔化，禁止用火烤。

（9）检修后的可燃气管道，应进行可燃气泄漏试验，经检验合格后，才可恢复管道的使用。

第五节　锅炉和煤粉制造设备伤人事故防范措施

（1）观察锅炉燃烧情况时，应戴防护眼镜或用有色玻璃遮护眼睛，严禁站在看火门、检查门或喷燃器检查孔的正对面。

（2）对于循环流化床等正压锅炉，巡检时应避免在封闭的人孔门及与炉膛连接的膨胀节处长期停留，在锅炉运行时，严禁打开任何门孔。

（3）当制粉设备内部有煤粉空气混合物流动时，严禁打开检查门。开启锅炉的看火门、检查门、灰渣门时，应缓慢小心，工作人员应站在门后，并选好向两旁躲避的退路。

（4）在锅炉运行中应经常检查锅炉承压部件有无泄漏现象。

（5）冲洗水位计时，应站在水位计的侧面，操作阀门时应缓慢小心。

（6）当锅炉濒临灭火时。禁止投油、气助燃。当锅炉发现灭火时，禁止采用关小风门。继续给粉、给油、给气使用爆燃的方法来引火。锅炉灭火后，必须立即停止给粉、给油、给气。只有经过充分通风后（5min），方可重新点火。

（7）捅下煤管或煤斗内的堵煤，要使用专用的工具。捅下煤管堵煤时，不准用身体顶着工具或放在胸前用手推着工具，以防打伤。工具用毕，应即取出。捅煤斗堵煤时，应站在煤斗上面的平台上进行，严禁进入煤斗站在煤层上捅堵煤。

（8）给煤机在运行中发生卡、堵时，禁止用手直接拨堵塞的异物。如必须用手直接工作，应将给煤机停下，并做好防止转动的措施。

（9）在锅炉运行中，不应带压对承压部件进行焊接、捻缝、紧螺丝等工作。在特殊紧急情况下，需带压进行上述工作时，必须采取安全可靠措施，并经厂主管生产的领导批准，正确使用防烫伤护具，由专业人员操作，方可进行处理。

(10) 检修后的锅炉，允许在升压过程中热紧法兰、人孔、手孔等处的螺丝。但热紧时，锅炉汽压不准超过下列数值：

额定汽压不大于 5.884MPa 的锅炉汽压不准超过 0.294MPa；

额定汽压大于 5.884MPa 的锅炉汽压不准超过 0.490MPa。

热紧螺丝只许由专业人员进行，并必须使用标准扳手，不应将扳手的手把接长。

(11) 安全门必须按照 DL 612《电力工业锅炉压力容器监察规程》的规定执行，定期进行排汽试验。

第六节　锅炉内部检修伤人事故防范措施

(1) 在锅炉内部进行检修工作前，应把该炉与蒸汽母管、给水母管、排污母管、疏水总管、加药管等的联通处用有尾巴的堵板隔断，或将该炉与各母管、总管间的严密不漏的阀门关严并上锁，然后挂上警告牌并打开门后疏水门。电动阀门还应将电动机电源切断，并挂上警告牌。

(2) 在工作人员进入燃烧室及烟道内部进行清扫和检修工作前，将该炉的烟道、风道、燃油系统、煤气系统、吹灰系统等与运行中的锅炉可靠地隔断，并与有关人员联系，将给粉机、排粉机、送风机、增压风机、回转式空气预热器、电除尘器等的电源切断，并挂上禁止起动的警告牌。

(3) 进入循环流化床炉膛内部检修时，必须将炉膛出口及分离器入口烟道进行有效的隔离，防止工作人员高空坠落或防止高空落物。分离器内有检修工作时，禁止人员进入回料阀内工作，如果必须进入时，必须采取有效的防范措施。

(4) 燃烧室及烟道内的温度在 60℃以上时，不准入内进行检修及清扫工作。若有必要进入 60℃以上的燃烧室、烟道内进行短时间的工作时，应制定组织措施、技术措施、安全措施、应急救援预案，设专人监护，并经厂主管生产的领导批准。

(5) 在锅炉大修中，动火作业（包括氧气瓶、乙炔气瓶等易燃易爆装置的放置）应与运行油管道保持足够的安全距离，并采取可靠的安全措施。

(6) 在工作人员进入燃烧室、烟道以前，应充分通风，不准进入空气不流通的烟道内部进行工作。检修的锅炉不应漏进炉烟、热风、煤粉或油、气。

(7) 进入炉内、锅内（汽包）、烟风道、回转式预热器、除尘器、煤粉仓等封闭空间内工作时，工作人员至少 2 人以上且外面必须有 1 名工作人员监护，所有工作人员必须进行登记，工作结束必须清点人员及工具，确保不遗留在工作室内。在关闭人孔门或砌堵人孔以前，检修工作负责人应再进行一次同样的检查，确认没有人、工具或杂物遗留后立即关闭。

第七节　环保设备伤人事故防范措施

(1) 在脱硫塔内部进行检修工作前，应将与该脱硫塔相连的石灰石浆液进料管、石膏浆液排除管、事故浆液排出管、事故浆液进入管、出入口烟道的阀门或挡板门关严并上锁，挂上警告牌。电动阀门还应将电动机电源切断，并挂上警告牌。停止该脱硫塔的增压风机、浆液循环泵、氧化风机、烟气换热器（GGH）、脱硫塔搅拌器等设备的运行，并将各设备电源切断，并挂上警告牌。

（2）在脱硫吸收塔内动火作业前，工作负责人应检查相应区域内的消防水系统、除雾器冲洗水系统在备用状态。除雾器冲洗水系统不备用时，严禁在吸收塔内进行动火作业。动火期间，作业区域、吸收塔底部各设置一名专职监护人。

（3）工作人员进入各类除尘器、脱硝设施、脱硫设施检修工作前，必须将对应锅炉的吸风机、给粉机、排粉机、送风机、回转式空气预热器等的电源切断，并挂上禁止起动的警告牌。

（4）不停锅炉运行进行袋式除尘器个别烟气室的检修时，必须将要检修的袋式除尘器烟气室对应的烟道进出口挡板门关闭，切断挡板门电源，并挂上警告牌。

（5）进入电除尘器、袋式除尘器、脱硝反应器内检修时，先进行充分的通风降温，除尘器内的温度应在40℃以下，否则不准入内进行检修工作。若必须进入40℃以上的除尘器内进行短时间的工作时，应订出具体的安全措施并设专人监护，并经厂主管生产领导批准后进行。

（6）工作人员进入脱硫系统增压风机、烟气换热器（GGH）、脱硫塔、烟道以前，应充分通风，不准进入空气不流通的烟道内部进行工作。

（7）工作人员进入气力输灰系统储灰罐内检修工作前，必须将进入到该储灰罐的气力输灰仓泵停止运行或将干灰输送管道切换到其他储灰库，将输灰管道阀门关闭（电动门应将电源切断），并挂上禁止开关的警告牌。

（8）工作人员进入脱硝储氨罐内检修工作前，必须把氨罐内剩余氨气清除干净，将与该罐相连的管道阀门关闭，并挂上禁止开关的警告牌。

第八节　汽（水）轮机设备伤人事故防范措施

（1）汽轮机在开始检修之前，应用阀门与蒸汽母管、供热管道、抽汽系统等隔断，阀门应上锁并挂上“禁止操作，有人工作”警告牌。还应将电动阀门的电源切断，并挂“禁止合闸，有人工作”警告牌。疏水系统应可靠地隔绝。对汽控阀门，也应隔绝其控制装置的气源，并在进汽汽源门上挂“禁止操作，有人工作”警告牌。检修工作负责人应检查汽轮机前蒸汽管确无压力后，方可允许工作人员进行工作。

（2）汽轮机各疏水出口处，应有必要的保护遮盖装置，防止放疏水时烫伤人。

（3）必须经过有关主管领导批准并得到值长的同意后，才可以在运行中的汽轮机上进行下列调整和检修工作：

1）在汽轮机的调速系统或油系统上进行调整工作（例如，调整油压、校正调速系统连杆长度等）时，应尽可能在空负荷状态下进行。

2）在内部有压力的状况下紧阀门的盘根或在水、油或蒸汽管道上装卡子以消除轻微的泄漏。以上工作应由检修单位指定的熟练人员担任，并在工作负责人指导下进行。

（4）如需对运行中的汽轮机的承压部件进行焊接、捻缝、紧螺丝等工作，必须遵守有关规定。

（5）禁止在起重机吊着的重物下停留或通过。

(6) 在尾水不排水情况下检修工作密封、水导轴承或其他部件时，应可靠投入检修密封围带，并确保顶盖处排水设施运行正常。

第九节　氢冷设备和制氢装置伤人事故防范措施

(1) 制氢站、发电机氢系统和其他装有氢气的设备附近，必须严禁烟火，严禁放置易爆易燃物品，并应设“严禁烟火”的警示牌。在制氢站、发电机的附近，应备有必要的消防设备。制氢站周围应设有不低于 2m 的围墙。

(2) 禁止与工作无关的人员进入制氢室和氢罐区。因工作需要进入制氢站的人员应实行登记准入制度，所有进入制氢站的人员应关闭移动通信工具、严禁携带火种、禁止穿带铁钉的鞋。进入制氢站前应先消除静电。

(3) 禁止在制氢室、储氢罐、氢冷发电机以及氢气管路近旁进行明火作业或做能产生火花的工作。如必须在上述地点进行焊接或点火的工作，应事先经过氢气含量测定，证实工作区域内空气中含氢量小于 3%，并经厂主管生产的领导批准办理动火工作票后方可工作，工作中应至少每 4h 测定空气中的含氢量并符合标准。

(4) 制氢站的配电间、控制操作间电气、通信设施的设计应符合 GB 50058《爆炸危险环境电力装置设计规范》的规定。

(5) 制氢和供氢的管道、阀门或其他设备发生冻结时，应用蒸汽或热水解冻，禁止用火烤。为了检查各连接处有无漏氢的情况，可用仪器或肥皂水进行检查，禁止用火检查。

(6) 储氢设备（包括管道系统）和发电机氢冷系统进行检修前，必须将检修部分与相连的部分隔断，加装严密的堵板，并将氢气按规程规定置换为空气，按照（3）规定办理手续后，方可进行工作。

(7) 排出带有压力的氢气、氧气或向储氢罐、发电机输送氢气时，应均匀缓慢地打开设备上的阀门和节气门，使气体缓慢地放出或输送。禁止剧烈地排送，以防因摩擦引起自燃或爆炸。

(8) 制氢室中应备有橡胶手套和防护眼镜，以供进行与碱液有关的工作时使用；还应备有稀硼酸溶液，以供中和溅到眼睛或皮肤上的碱液。在配制电解液工作中，关于处理碱液的安全注意事项，应按照有关规定执行。

(9) 在发电机内充有氢气时或在电解装置上进行检修工作，应使用铜制的工具，以防发生火花；必须使用钢制工具时，应涂上黄油。

第十节　气体绝缘金属封闭开关设备伤人事故防范措施

(1) 气体绝缘金属封闭开关设备（GIS）运行时，将会在其外壳产生感应电压和感应电流，感应电流将导致外壳发热、温度升高。为防止人员触及外壳造成人身伤亡事故，外壳感应电压在正常运行条件下应不大于 24V，故障条件下应不大于 100V；外壳温度在运行人员易触及的部位不大于 70℃，在运行人员虽可触及但操作时无需触及的部位不大于 80℃，在运行人员触及不到的部位不大于 105℃。

(2) 在 GIS 外壳温度可能超过 80℃的部位应作出明显的高温标记。

(3) GIS室内空气中的SF_6气体浓度在正常运行时不宜大于1000μL/L，短时可放宽为1250μL/L。GIS室内的通风装置设计应按事故情况时排气使室内SF_6气体浓度小于1000μL/L。

(4) GIS室内通风装置应沿着地坪两侧布置进风口和排风口；进风口顶部距室内地坪不宜大于300mm，排风口设置在易于扩散的通风处。

(5) 检测空气中SF_6气体浓度的检测仪应能在超标时发出报警信号。

(6) 户外GIS配电装置应将与控制楼或电缆廊道连接的电缆沟、孔、洞进行封堵，防止泄漏的SF_6气体进入控制楼或电缆廊道。

(7) 一旦发现SF_6气体外逸时，人员必须立即撤离现场，并马上采取强力通风，换气控制不得少于15min一次。事故发生后凡是需要进入GIS室内必须穿防护服，戴手套和防毒面具。

第十一节　交通事故伤人防范措施

一、防止交通事故重点要求

为防止电力生产交通事故的发生，应认真贯彻《中华人民共和国道路交通安全法》和《中华人民共和国道路交通安全法实施条例》及其他有关规定，并提出以下重点要求：

1. 建立健全交通安全管理机构

(1) 建立健全交通安全管理机构（如交通安全委员会），按照“谁主管、谁负责”的原则，对本单位所有车辆驾驶人员进行安全管理和安全教育。交通安全应与安全生产同布置、同考核、同奖惩。

(2) 建立健全本企业有关车辆交通管理规章制度并严格执行，完善安全管理措施（含场内车辆和驾驶员），做到不失控、不漏管、不留死角，监督、检查、考核到位，严禁客货混装，保障车辆运输安全。

(3) 建立健全交通安全监督、考核、保障制约机制，严格落实责任制。应实行“准驾证”制度，无本企业准驾证人员，严禁驾驶本企业车辆，强化副驾驶座位人员的监护职责。

(4) 建立交通安全预警机制。按恶劣气候、气象、地质灾害等情况及时启动预警机制。

(5) 各级行政领导，应经常督促检查所属车辆交通安全情况，把车辆交通安全作为重要工作纳入议事日程，并及时总结，解决存在的问题，严肃查处事故责任者。

2. 加强对各种车辆维修管理

各种车辆的技术状况应符合国家规定，安全装置完善可靠。对车辆应定期进行检修维护，在行驶前、行驶中、行驶后对安全装置进行检查，发现危及交通安全问题，应及时处理，严禁带病行驶。

3. 加强对驾驶员的管理和教育

(1) 加强对驾驶员的管理，提高驾驶员队伍素质。定期组织驾驶员进行安全技术培训，提高驾驶员的安全行车意识和驾驶技术水平。对考试、考核不合格或经常违章肇事的应不准从事驾驶员工作。

(2) 严禁酒后驾车，私自驾车，无证驾车，疲劳驾驶，超速行驶，超载行驶。严禁领导干部迫使驾驶员违章驾车。

4. 加强对多种经营企业和外包工程的车辆交通安全管理

多种经营企业和外地施工企业行政正职是本单位车辆交通安全的第一责任者，对主管单位行政正职负责。多种经营企业和外地施工企业的车辆交通安全管理应当纳入主管单位车辆交通安全管理的范畴，接受主管单位车辆交通安全管理部门的监督、指导和考核。

5. 加强大型活动、作业用车和通勤用车管理

加强大型活动、作业用车和通勤用车管理，制定并落实防止重、特大交通事故的安全措施。

6. 加强大件运输、大件转场的严格管理

大件运输、大件转场应严格履行有关规程的规定程序，应制定搬运方案和专门的安全技术措施，指定有经验的专人负责，事前应对参加工作的全体人员进行全面的安全技术交底。

二、防止车辆行驶事故措施

(1) 驾驶员应严格执行国家最新颁布的《中华人民共和国道路交通安全法》及国家电网公司、中国南方电网有限公司、五大发电集团等企业内部的有关规定，司机必须有驾驶执照，非驾驶人员不准驾驶车辆。

(2) 每天出车前后应对车辆进行安全性能方面的全面检查，并作详细记录，杜绝病车上路。不得驾驶安全设施不全或者有安全隐患的机动车，确保行车安全。严禁酒后驾车、私自驾车、无证驾车、疲劳驾驶、超速行驶、超载行驶。严禁领导干部迫使驾驶员违章驾车。

(3) 机动车停车场或车库内禁止存放汽油及易燃物品，应备有足够的消防器材。动火检修后应全面检查，不应留有火种。禁止吸烟。

(4) 驾驶员长途驾驶时间达 3h，必须休息一次，每次休息时间不应少于 20min。

(5) 机动车行驶至有人看守路口、交叉路口、装卸作业、人行稠密地段、下坡道、设有警告标志处或转弯、调头时，货运汽车载运易燃、易爆等危险货物时，应当减速或者停车，在确认安全后通过。

(6) 机动车行驶至积水路段、无人看守路口或机动车行经人行横道时，应当减速行驶；遇行人正在通过人行横道，应当停车让行。

(7) 夜间行驶或者在容易发生危险的路段行驶，以及遇有沙尘、冰雹、雨、雪、雾、结冰等气象条件时，应当降低行驶速度。

(8) 雨中行车时，禁止滑行并尽量避免猛打方向盘和紧急制动。应使用刮水器，发现工作不良应停止行驶进行检查排除。大雨或久雨后，应注意道路变化，尽量在路中行驶，会车减速或暂停时不要太靠路边土路，雨雾较大、视线不清，应选择安全地点暂停，开小灯和尾灯，放置警告牌。

(9) 下坡行驶时，驾驶员要思想集中，判断准确，认真操作并随时做好停车准备，时刻注意制动器作用是否有效。根据坡度情况选择适当挡位，万一脚制动器失效，应马上越级换入低速挡，利用发动机制动作用和手动制动器控制车速。

(10) 按规定超车，超车后在不影响被超车辆行驶的情况下，再驶入正常行驶路线，不准强行超车，不得超车后在高速行驶的情况下猛打方向盘以防车辆失控碰撞他车或路边行人、树木等。

(11) 机动车在道路上发生故障，需要停车排除故障时，驾驶人应当立即开启危险报警闪光灯，将机动车移至不妨碍交通的地方停放；难以移动的，应当持续开启危险报警闪光

灯，警告标志应当设置在故障车来车方向 150m 以外，车上人员应当迅速转移到右侧路肩上或者应急车道内，并且迅速报警。

（12）严禁驾驶员边开车边打手机或查看短信息。必要时，应选择安全地点靠右暂停，电话联系结束后，再集中精神驾驶。

（13）机动车载人不得超过核定的人数，客运机动车不得违反规定载货。乘车人的头、手不得伸出车厢挡板；车厢挡板上严禁坐人。

（14）驾驶员和乘坐人员在车辆行驶途中应按规定使用安全带。

（15）乘车人员严禁在车上玩耍、吵闹或与司机闲聊，影响司机驾驶，严禁向车外扔杂物。

三、防止车辆在场区内作业事故措施

（1）发电厂、变电站等工作场所或办公区域内道路上应在明显的位置按规定设置限速交通标志、警示标志或者安全防护设施。应在职工上下班时间、就餐时间人流密集的出入口和路段，干道与职工人数较多的生产车间、办公楼衔接处标划出人行横道线（斑马线），必要时设置减速提示线，实行强制性减速。

（2）机动车在保证安全的情况下，在没有限速标志的厂站内行驶时，车速不得超过 15km/h。

（3）变电站进行新、扩建施工时，应对运输道路进行硬化处理。

（4）车辆进入基建施工现场时，应将车速限制在 15km/h 以内。机动车在进出厂房、仓库大门、停车场、加油站、危险地段、生产现场、倒车时，车速不得超过 5km/h。

（5）变电站和发电厂升压站内通往户外设备区域的通道上，应设置移动式栏杆，上面可标注“未经许可，禁止车辆进入”或“生产重地，高压危险”等警告语。任何车辆进入高压设备场地内，包括检修车、工程车、大小货车、电试车、起重车以及外来车辆等，均应征得站长、值班长许可，并做好相应安全措施。防止安全距离不够，带电设备对车辆放电。

（6）生产现场内部使用的特殊车辆，如微型工具车、机械运输车、吊车、电瓶车、翻斗车、铲车等机械车辆，应按国家规定进行年检，由国家有关部门核发机动车辆牌照。

（7）厂区内机动车辆驾驶人员属特种作业人员，必须持证上岗。特种作业人员经国家有关部门考核、发证和按规定周期进行年审。驾驶员应按准驾车类驾驶，其他车种不得混开，并在企业范围指定区域内行驶。

（8）翻斗车、铲车、自卸车、吊重汽车等除驾驶室外，一律不准载人（包括操作室）。

（9）生产现场使用的铲车、翻斗车、电瓶车等，因工作需要装运重量轻而体积大的特殊物件遮挡驾驶员正常视线时，应预先制定保证安全的特殊运输方案和措施，设专人指挥，采用慢速倒车行驶等方式。

（10）施工作业需占用机动车道时，必须在来车方向前 50m 的机动车道上设置交通警示牌（若施工作业需占用高速公路车道时，必须在来车方向前 150m 的车道上设置交通警示牌），并将工作现场围蔽。夜间不能恢复道路原来状态时，应在警示牌上方悬挂红色警示灯。

（11）在公路或公路旁进行施工作业的工作人员，必须穿反光衣。路面应设置警示标志，机动车周围设围栏。

（12）线路工程使用汽车运输，在工程未开工以前应指定专人对运输道路进行检查，确定运输路线；对易发生事故的坡路，弯路、泥泞冰雪之处，应详细告知运输人员，必要时应事先予以补修和树立标示牌。

四、防止厂区内专用机动车辆（电瓶车、铲车、翻斗车等）伤人安全措施

（1）厂内专用机动车辆是指 GB/T 16178 场（厂）内机动车辆安全检验技术要求中所确定的适用车辆，即从事场（厂）内运输作业的各类机动车辆。

（2）生产现场内部使用的特殊车辆，如微型工具车、机械运输车、吊车、电瓶车、翻斗车、铲车等机械车辆，应按国家规定进行年检，由国家有关部门核发机动车辆牌照。安装厂内机动车牌照、安全检验合格后方可投入使用。

（3）厂区内机动车辆驾驶人员属特种作业人员，必须持证上岗。特种作业人员经国家有关部门考核、发证和按规定周期进行年审。驾驶员应按准驾车类驾驶，其他车种不得混开，并在企业范围指定区域内行驶。厂区内机动车辆实行专人驾驶和保养。

（4）翻斗车、铲车、自卸车、吊重汽车等除驾驶室外，一律不准载人（包括操作室）。

（5）开车前应检查车辆的制动系统、转向系统、操纵机构和传动系统、行驶系统、车身的安全性能；叉车还应检查升降架、倾斜机构、叉架动作应正常。车辆的制动器、转向器、喇叭、灯光、雨刷和后视镜必须保持齐全有效。行驶途中，如制动器、转向器、喇叭、灯光发生故障或雨雪天雨刷发生故障时，应停车进行修复，未经修复不得继续驾驶。

（6）车辆装载不得超过铭牌核定荷重。

（7）生产现场使用的铲车、翻斗车、电瓶车等，因工作需要装运重量轻而体积大的特殊物件遮挡驾驶员正常视线时，应预先制定保证安全的特殊运输方案和措施，设专人指挥，采用慢速倒车行驶等方式。

（8）电瓶车充电时应距离明火处 5m。

（9）铲车运输时铲架应放低行驶，工作完毕应收起绑好。

（10）车辆应停在指定地点或道路有效路面以外不妨碍交通的地方。不应逆向行驶，坡路上停车必须采取防溜车措施。驾驶员离开车辆时应拉紧手刹、切断电路、锁好车门。

五、防止船舶运输伤人安全措施

（1）使用船舶运输应根据船只载重量及平衡程度装载，不准超载。运输重大设备时，应事先制定安全措施。

（2）上下船只用的跳板，必须宽搭稳架。所装器材均应顺序堆放，并用绳索绑牢。装卸前，工作负责人应仔细检查和研究装卸方法和存放位置，并详细向工作人员说明。凡油脂及易燃物品均应妥善保管，并做好防火措施。

（3）遇 6 级以上大风时，船舶不准行驶，应靠岸停泊。

（4）船上应备有救生设备和消防设备。乘船人员必须遵守乘船规定，禁止下水洗澡。船未停妥，不准上下。船上应指定维护安全的人员。

（5）非驾驶人员严禁开船。

六、防止卸船机和推扒机伤人安全措施

（1）非卸船机司机不得操作卸船机。卸船机司机操作时必须听从班长指挥，确认周围作业环境无障碍后，方可进行作业。

（2）禁止拆除安装在卸船机和推扒机上的安全保护装置，应经常检查安全装置的完整性。

（3）禁止用卸船机进行吊人的危险操作。

（4）卸船机作业中，无关人员不得登机。

（5）卸船期间，发现缆绳松动必须及时通告船方。禁止使用直接磨掉7%的钢丝绳或一束中的股线断线数达10%的钢丝绳。煤船漂离码头2m以上，禁止卸煤作业。

（6）安装吊具必须通知司机切断主电源。

（7）遇有暴雨、突发性大风、大雾天气视线不清及不可抗拒的自然灾害时应停止卸船机作业，并将卸船机开至指定的停机位置，将锚定板插入码头的锚定坑中，迅速组织人员撤离到安全地带。

（8）吊推扒机时，禁止在推扒机上载人、载物。指挥人员及地面工作人员不得站立在推扒机和抓斗的下方或从下方通过。

（9）非推扒机司机严禁操作推扒机。

（10）卸船机抓斗、推扒机不得同舱作业。

（11）斜坡超过25°时，推扒机不得横向上坡；超过35°时，不得上坡下坡，应将推刀触立倒车慢行；斜坡上下不得停车。

（12）严禁司机在提起的推刀下检查或清洗推扒机。

（13）夜间工作应保证照明良好。

（14）工作完毕离开卸船机时，必须做到“人离机、电先停”，并做好其他安全措施。推扒机工作完毕后应熄火停在平地。

第八章

电力生产现场物体打击、挤压作业人员事故防范措施

第一节　高处落物、物体打击伤人事故防范措施

（1）任何人进入生产现场（办公室、控制室、值班室和检修班组室除外），应戴合格的安全帽，并要扎紧系好下颚带。企业应制定职工安全帽佩戴场所的具体要求和管理规定。

（2）在高处作业现场，工作人员不得站在作业处的垂直下方，高空落物区不得有无关人员通行或逗留。在行人道口或人口密集区从事高处作业，工作点下方应设围栏或其他保护措施。

（3）在高处上下层同时作业时，中间应搭设严密牢固的防护隔离措施，以防落物伤人。工作人员必须戴安全帽。

（4）高处作业地点的下方应设置隔离区，并设置明显的警告标志，防止落物伤人。隔离区域应为高处作业地点半径 R 与起吊工作最大长度之和：

当 $2\text{m}\leqslant h\leqslant 5\text{m}$ 时，$R=2\text{m}$；

当 $5\text{m}<h\leqslant 15\text{m}$ 时，$R=3\text{m}$；

当 $15\text{m}<h\leqslant 30\text{m}$ 时，$R=4\text{m}$；

当 $h>30\text{m}$ 时，$R=5\text{m}$。

h 为作业位置至其底部的垂直距离。

（5）在坝顶、陡坡、屋顶、悬崖、杆塔、吊顶以及其他危险的边沿进行工作，临空一面应装设安全网或防护栏杆。

（6）峭壁、陡坡的场地或人行道上的冰雪、碎石、泥土应经常清理，靠外面一侧应设1.2m 高的栏杆。在栏杆内侧底部应设 18cm 高的侧板或土埂，以防坠物伤人。

（7）高处作业应一律使用工具袋。较大的工具应用绳拴在牢固的构件上，不准随便乱放，以防止从高空坠落发生事故。

（8）在进行高处工作时，不准在工作地点的下面通行或逗留，工作地点下面应有围栏或装设其他保护装置，防止落物伤人。如在格栅式的平台上工作，应采取防止工具和器材掉落的措施。

（9）不准将工具及材料上下投掷，要用绳系牢后往下或往上吊送，以免打伤下方工作人员或击毁脚手架。

（10）水池的隔墙应足够紧固，当一侧放水后，隔墙应能承受另一侧池水的静压力。放水检修水池或清除淤泥时，工作人员应避免站在隔墙下边，防止隔墙倒塌受伤。

(11) 进入水塔内部工作时，应注意塔筒内壁没有厚积的青苔等杂物落下。塔内走道及栏杆应保持完整，水塔中央竖井井口必须有栏杆和盖板。进入机力通风塔内工作时，应先切断风机电源，挂上“禁止合闸，有人工作”警告牌，并将风机叶轮制动；如机力通风塔运行时，则应将通向风机的门关闭上锁。

(12) 冬季清除水塔进风口和水池的积冰时，至少应有 2 人进行工作，应有充分的照明和防止滑跌摔倒的措施。

(13) 检修冷水塔及间接空冷塔筒身时，地面四周应做好围栏，防止碎块落下伤人。

(14) 检修冷水塔及间接空冷塔筒壁时，应遵守高处作业的有关规定。工作人员必须站在脚手架或可靠的吊篮上进行筒壁的检修工作，严禁站在梯子上修理筒壁。工作人员应使用安全带，戴安全帽。

(15) 使用吊台必须有可靠的升降联系制度和操作方法。每次开始工作前应对卷扬机、钢丝绳和滑车详细进行检查。卷扬机应设专人操作。

第二节　土石方作业伤人事故防范措施

一、基本规定

(1) 在有地下设施（如电缆、管道及埋设物等）的地方进行土方工程，必须在施工前与该项设施的主管部门联系，查看图纸资料，以便查明地下设施的正确位置，办理动土工作票且应在该项设施的主管部门的代表监督下进行施工。

(2) 开始挖土前，必须采取排除地面水及防止其侵入的措施。当基坑、井坑挖至地下水位以下的深度时，四周应作成适当纵坡的排水沟。大型基坑、井坑的排水设施必须在开挖前经过设计并具有建设单位、设计单位、施工单位审核的施工方案。

(3) 挖掘石方应自上而下施工。在挖掘前应将斜坡上的浮石或在斜坡上工作时发现的松动浮石或单块大石头，全部清除。严禁采用挖空底脚的方法挖掘土石，防止坍塌事故。

(4) 在接近地下电缆、管道及埋设物的地方施工时，不准使用铁镐、铁撬棍或铁楔子等工具进行挖土，也不准使用机械挖土。

(5) 在挖掘地区内发现有事先未预料到的地下设备或其他不可辨别的东西时，应立即停止工作，并报告上级领导处理。严禁随意敲击或处置。

(6) 在可能出现可燃气的地点工作时，应预先通告工作人员，施工现场严禁烟火，并在明显位置挂有“禁止烟火”的警示牌，做好防毒准备，如应备有足够的防可燃气用具及可燃气检定器等。在基坑、井坑、沟槽内等地方工作时，如突然发现可燃气体或有可疑现象，应立即停止工作，撤离全部工作人员，并报告上级处理。在有害气体未彻底消除前不准恢复工作。

(7) 沿轨道边缘进行挖土时，应设围栏或设专人监视车辆的来往，以防危险。

(8) 在交通拥挤地点、广场或施工区域进行挖掘沟道、井坑、基坑工作，应在其周围设置围栏及警告标志，夜间设红灯示警。

(9) 在基坑、井坑、地槽边缘堆置土方或其他材料时，其土方底角（或其他材料）与坑边距离应不少于0.8m，且堆置土方等物的高度不应超过1.5m。但当边坡为直坡或在自然坍落角（安息角）范围内的坡度时，则其与坑边的距离应根据计算确定。

(10) 当发现土壤有可能坍塌或滑动裂缝时，所有在下面工作的人员必须离开工作面，然后组织工人将滑动部分先挖去，或采取防护措施再进行工作。在雨季和化冻期间，应注意土方坍落。

(11) 工人上下基坑、井坑应使用铺设钉有防滑条的跳板，如坑道窄狭，可使用靠梯，但梯阶的距离应不大于40cm。坑内应设置便于施工人员疏散的爬梯，工人上下基坑不准攀登水平支撑或撑杆。

(12) 在铁塔、电杆、地下埋设物及铁道附近进行挖土时，必须在其周围加固后，方准进行工作。

(13) 开挖没有边坡的沟、井，必须根据挖掘的深度，先打桩后设支撑再开挖；装设支撑的深度，应根据土壤的性质和湿度决定。如挖掘的深度不大于1.5m，可将两壁挖成小于自然坍落角的边坡，而不设支撑。在施工中应经常检查支撑的安全状况，有危险征象时，应立即加固。

(14) 禁止一切人员在基坑内休息，防止土方坍落伤人。

(15) 已挖出的基坑、沟槽等，遇到雨、雪浸湿时，应采取下列措施：

1) 工作负责人应经常检查土壤变化情况，如有滑动、裂缝等现象时，应先将其消除才可继续进行工作。

2) 土方有坍塌危险者，应先停止工作，采取措施将险情排除后再将积水排出。

3) 局部放宽土坡边坡或加固边坡，以保持稳定。

4) 坡顶附近，禁止行人和车辆通过。

(16) 拆除支柱、木板的顺序应从下而上。一般的土壤，同一时间拆下的木板不应超过三块；松散和不稳定的土壤，一次不应超过一块。更换横支撑时，必须先安上新的，然后拆下旧的。拆卸工作必须在工作负责人的指导下进行。

(17) 冬季挖土，在冻层深度范围内，可不设支撑，但超过此范围时，必须作适当的固壁支撑。

二、防止挖土伤人安全措施

(1) 人工挖土的各种工具（锹、镐、锄等）必须坚实，工具把柄应用坚硬的木料制成，表面必须刨光。锹、镐、锄等应有倒楔子使其安装牢固。

(2) 在挖土的工作面上，工作人员间应保持适当的间隔距离，以防所用工具脱落伤人。

(3) 每班开始工作前，应详细检查挖土的边坡是否有松动、断裂、虚软和悬土层等现象，如有上列现象，应立即采取措施防止土坡坍落。

(4) 在挖土坑中留作人行道的土堤，应保持有足够稳定的边坡，或加适当的支撑，但顶宽应大于70cm。

(5) 使用挖土机或推土机进行机械挖土时，应订出专门的操作规程和安全措施。

(6) 开动挖土机械前，应发出规定的音响信号。

(7) 当挖土机械正在工作或行走时，应遵守下列规定：

1) 禁止在举重臂或吊斗下面有人逗留或通过。

2) 禁止任何工作人员上下挖土机和在挖斗内载重或传递东西。

3) 禁止进行各种辅助工作和在回转半径内平整地面。

4) 地面上应有专人指挥、引导。

(8) 挖土机暂时停止工作时，司机应将吊斗放到地面上，不准使其悬空。

(9) 清除吊斗内的泥土或卡住的石块，应经司机许可并将吊斗置于地面并停止工作后，才可进行清除。

(10) 挖土机械在建筑物附近工作时，对墙柱、台阶等建筑物的距离应保持在1m以上，以免推倒建筑物。

三、防止打眼作业伤人安全措施

(1) 人工打眼应遵守以下各项规定：

1) 打眼的位置应选在符合安全条件的适宜地方。

2) 在开始打眼工作前，应检查锤头、锤把及钢钎子等，以防止脱落或断裂，并且应注意站立的地方是否有裂缝、松软、坠落、坍陷、滑动等现象。

3) 人工打眼可以采取单人打眼（即一手拿钎子，另一手打锤子）或2人打眼（一人扶钎子，另一人打锤子），严禁采用1人扶钎子，2人轮流打锤子的方法打眼。

4) 打锤的人应站在扶钎子人的侧面，禁止站在对面，以避免落锤不准、脱锤或断把时打伤对方。

5) 在工作前和举锤时，应注意附近是否有人，两组以上同时进行工作，打锤人的左右前后应与其他工作人员保持一定的距离，以免伤人。

6) 打眼时应注意钎头是否开花，如有此现象，应立即更换钎子。

(2) 进行钻眼工作前应检查的项目如下：

1) 工作地点附近是否有不稳固的岩石。

2) 工作面里是否还有瞎炮，或者在炮眼底部未爆炸部分内是否还剩有未爆炸的药包，发现有瞎炮药包时，应报告工作负责人通知炮工进行处理。

3) 在钻眼时，不准钻旧眼底和防震孔。

4) 如用水洗式凿岩机钻眼时，水箱应装满水。

(3) 对含有石英的岩石钻眼时，应使用水洗式凿岩机，以防止石英粉对人体的损害。凿岩机所用的水，必须清洁。

(4) 当开动水洗式凿岩机时，应先开水门，后开风门；当停钻时应先关水门后关风门。向水箱里注水或清理水箱时，开盖以前应关闭进气门并将放气门打开，消除箱中压力。

(5) 钻眼工人应戴手套、安全帽；在有粉尘的地方应戴防护眼镜和口罩；使用湿钻时，工人应配备适当的防水用具（雨衣、雨鞋等）。

(6) 钻眼时必须注意不使钻钎楔住和被岩粉卡住。如被卡住，不准将凿岩机往外拔，应用扳手向外转动拔出。

四、防止爆破作业伤人的安全措施

(1) 爆破工作必须委托具有专业资质的单位执行。必须经过专门训练并取得相关爆破资质的人员执行任务和帮助搬运爆破物品。

(2) 炸药和雷管必须分别储存和携带，不应和易燃物放在一起，应设专人管理。储存地点，必须取得当地公安部门的同意。携带时，应放在专用的背包内，禁止将炸药和雷管放在衣兜里或揣在怀内。

(3) 对无效的炸药进行处理时，应采取可靠方法，不准任意销毁。一般可用下列方法处理：

1) 硝酸炸药——用爆炸法、溶解法、淹溺法或烧毁法。

2）黄色炸药——用爆破烧毁法。

3）导火线——用烧毁法。

4）雷管——用爆破法。

（4）炮眼装药前，应检查炮眼内是否还有钻粉及杂物，将炮眼内清理干净后方可装药。在同一工作地点一次放炮的炮眼，应全部打好后，再行装药。往炮眼内装药应用木棍轻轻送，不得用力过大压挤药包；严禁使用铁钎子往眼内推送药包。

（5）放炮地点与建筑物距离不符合放炮的规定时，应在爆破点的上部加保护设施，防止岩石块飞出伤人。

（6）在放炮前，要将工具及爆破材料全部拿出现场。工作负责人应清点人员，所有工作人员应退出现场 200m 以外。如为土方爆破，应在 100m 以外的安全地点隐避。如采取深孔爆破并加大药力时，可适当增加安全距离。

（7）担任放炮的人员，应经过专业学习并持有从事该工种的工作资格证书。采取电放炮时，接线与放炮必须由一人担任。

（8）雷管和导火线连接时，应用特殊钳子夹雷管口部，严禁碰雷汞部分或用牙代替钳子。

（9）放炮前，应同附近工作人员及居民取得联系，并应在危险区域内，设立明显的警告标志，必要时采取声光报警的方式，警告附近的人员，交叉路口应设专人看守，爆破现场应禁止使用手机等无线电通信工具。雷雨天禁止进行爆破工程的相关工作。

（10）爆破工作只准由一人负责统一指挥。必须在得到爆破指挥者同意后才能进行放炮。

（11）炮响后，应详细检查是否有瞎炮，但必须等待 20min 后，方可回到坑口进行检查。

（12）点导火线应用火绳或其他特殊办法。在同一基坑内不应同时点 4 个以上的导火线，如需要时，可集体连引导火线。

（13）未响的炮眼和剩药的炮底，不准继续打眼或从炮眼里往外抽药包和雷管。重新打眼时，应离瞎炮 60cm 以上，并应与原来炮眼方向相同。

（14）放完炮后，必须清点雷管、药点数目是否相符，再把剩余的雷管和药包退回仓库。

（15）岩石经爆破后，松动的以及有裂缝的部分和孤石，应先用撬棍撬下或用大锤敲下后，才可在下面进行其他工作。在山崖上或斜坡上进行撬石工作应由上而下，工人应站在石头的两侧撬，严格禁止站在石头滑落的方向撬。用撬棍撬石，不应将棍端紧抵腹部，撬棍撬着地点的仰角在 60°以下时，不应将撬棍放在肩上施力，防止重石滑下发生危险。

第三节　起重作业伤人事故防范措施

一、基本规定

（1）在进行设备检修、改造工程与基本建设建筑安装工作前，必须在施工组织设计中明确规定起重工作所采用起重设备的规范与安全操作要求。

（2）起重能力在 50t 以上的起重设备，有关的工程设计单位应参加设备的订货、验收、试运转及鉴定起重设备的安全技术问题。

（3）交接起重设备时，应由交付单位提出设备构造、装配、安全操作与维护的说明书；

接收单位按说明书及清单上的规定进行验收。

（4）对于需要经过安装、试车方可运行的起重设备，包括与之相关的电力接线、行驶轨道或路面、路基的状况及标准的设置等，必须经有关的专业技术人员进行检查和试验，出具书面检验报告和发放合格证书，方可正式投入使用。特种设备应在特种设备安全监督管理部门登记并经检验检测机构检验合格。

（5）起重设备的停置，燃料或附属材料的存放环境应制定相关的管理措施，事先应进行查验或提出要求，以确保安全。

（6）起重机械只限于熟悉使用方法并经有关机构业务培训考试合格、取得操作资格证的人员操作。取得一种或几种起重设备合格证的驾驶人员，去承担另一种新型起重设备的驾驶工作前，应经过新设备的单独测验，取得相应的操作资格证后方可正式工作。

（7）起重机械和起重工具的工作负荷，不准超过铭牌规定。没有制造厂铭牌的各种起重机具应经查算，并作荷重试验后，方准使用。

（8）一切重大物件的起重、搬运工作应由有经验的专人负责指挥，参加工作的人员应熟悉起重搬运方案和安全措施。起重搬运时应由一人指挥，指挥人员应经有关机构专业技术培训取得资格证的人员担任。

（9）遇有大雾、照明不足、指挥人员看不清各工作地点或起重驾驶人员看不见指挥人员时，不准进行起重工作。

（10）遇有6级以上的大风时，禁止露天进行起重工作。

（11）各种起重机检修时，应将吊钩降放在地面。

（12）各种起重机械的安装、使用以及检验、试验等，除应遵守本部分的规定外，还应执行相关的国家、行业标准。

（13）各式起重机的齿轮、转轴、联轴器等露出的转动部分，均应安设保护装置。

（14）各式起重机应根据需要安装过卷扬限制器、过负荷限制器、起重臂俯仰限制器、行程限制器（电动葫芦单梁、悬挂起重机的小车和手动起重机运行机构除外）、联锁开关等安全装置以及移动旋转及升降机构的刹车装置。悬臂起重机应有起重指示器。露天工作的起重机必须安有夹轨钳、锚定装置等防风装置，其零件无缺损，独立工作分别有效。轨道移动式起重机必须安有夹轨钳。

（15）电动行车的移动机构及电动行车小车的移动机构，当其行车速度超过0.5m/s时，应设有切断电源的自动刹车装置。电动起重机卷筒的每一方面驱动都应有二个刹车装置，但起重能力在30t以下而按设备的结构又不能再装第二套刹车装置时，可在仅有一套刹车装置的情况下投入运行。

（16）大型机组用的室内桥式起重机，必须装有可靠的微量调节控制系统，以保证大件起吊时的可靠性。

（17）各式起重机的技术检查，每年至少一次。对新装、拆迁的起重机在运行前，应经过一次技术检查，并用一定的荷重进行静力试验和动力试验。对于起重机的技术检查，首先应检查其有无保险装置、联锁装置和防护装置，以及这些装置是否完好；再检查附件（绳索、链条、吊钩、齿轮和转动装置）的状况与磨损程度和固定物（螺帽开口销等）的状况；对电力传动的起重机，还应检查接地状况。

（18）没有得到司机的同意，任何人不准擅自登上起重机或起重机的轨道。

二、防止扒杆、缆索起重机、绞磨伤人的安全措施

（1）组立扒杆和缆索起重机，应由专业的起重人员绑设，所用的材料应按设计规定。

（2）组立扒杆和缆索起重机所用的材料必须仔细检查，质量不良的材料不准使用，所用的拖拉绳和地锚绳以及地锚应经过计算。地锚的分布和埋设深度，应根据不同的土质而设计，锚碇绳的安全系数应为拖拉绳的1.5倍。

（3）扒杆和缆索起重机的拖拉绳，不准挂设在未经计算过的建筑物或其他物件上。

（4）组立扒杆和缆索起重机支架时，前后方禁止站人，同时应有专人统一指挥，指挥者应站在能看见各处的较高的地方。每根拖拉绳应有专人负责，按照指挥信号准确地松紧。

（5）缆索起重机承载小车至少应有3个滑轮，当载重量大时尚应增加，以减低钢丝绳的弯曲应力。

（6）使用扒杆或缆索起重机起重时，应详细检查以下各项工作：

1）基础或垫木以及锚碇（桩锚或地锚）必须稳固。

2）承载索、拖拉绳应拉紧。

3）起吊荷重不准超过允许荷重，也不准偏拉斜吊。

4）锚碇（桩锚或地锚）应拴紧，不准松动。

（7）绞磨必须安装在平稳牢固的地方，并设有制动及逆止的安全装置。固定机座的地锚和钢丝绳必须经过计算。钢丝绳的安全系数应不低于6。

（8）绞磨曳引钢丝绳，必须在磨芯上绕4道以上，并不准重叠。磨芯应有防止绳索跑出的安全装置。

（9）绞磨应有专人指挥，推磨工人必须听从指挥，未经许可不准离开绞磨，松紧绞磨曳引钢丝绳的工作应由有经验的起重人员来进行。

（10）选用扒杆应经过计算，扒杆至少应有4根拖拉绳，人字扒杆应有2根拖拉绳，所有拖拉绳均应固定在已经计算过的地锚或建筑物上。

（11）使用斜臂扒杆起重机，其斜臂与水平面所成的角度应不小于30°，也应不大于75°，当斜臂扒杆与水平面所成角度为30°时，斜臂与起伏滑车组的夹角应不小于45°。

（12）由于安装斜臂扒杆而使建筑物的个别部分增加荷重，必要时应采取加固措施，并应事先征得有关单位的同意。

（13）起重滑车组除了向扒杆所在的方向倾斜外，不准向其他方面倾斜。

（14）滑车组在拉紧时，上下两个滑车间的距离，应不小于0.5m。

（15）由滑车组钢丝绳通至卷扬机中间的导向滑车必须有销子，起重时销子必须扣上。导向滑车的内角侧应避免站人。

三、防止钢丝绳、纤维绳、吊钩、滑车、手拉葫芦伤人的措施

（1）麻绳、棕绳或棉纱绳，用作一般的允许荷重的吊重绳时，应按其断面积$10N/mm^2$计算，用作捆绑绳时，应按其断面积$5N/mm^2$计算。

（2）麻绳、棕绳或棉纱绳在潮湿状态下的允许荷重应减少一半，涂沥青的纤维绳应降低20%使用。

（3）切断绳索时，必须先将预定切断的两边用软钢丝扎结，以免切断后绳索松散。钢丝绳在切断前每边需要扎结的道数应为麻心钢丝绳，3道；钢心钢丝绳，4道。

（4）无论是单面或双面吊钩，均应有制造厂家的技术规范，否则不准用在起重设备中。

(5) 起重设备中所用的吊钩和吊环，应是锻成的或用钢板铆成的，不准使用铸成的或用钢条弯成的。有裂纹或显著变形的不准使用，也不准在吊钩上焊补或在受力部位钻孔。

(6) 使用的滑车或滑车组，必须经常详细检查，如滑车边缘磨损过多、有裂纹或滑车轴弯曲等缺陷，均不准使用。

(7) 滑车不准拴挂在未经计算的结构物上。使用开门滑车，应将开门的钩环紧固，防止钢丝绳（或纤维绳）自动滑出。

(8) 拴挂固定滑车的桩或锚，应按土质不同情况加以计算，使之埋设牢固可靠。如使用的滑车可能着地，则应在滑车底下垫以木板，防止垃圾窜入滑车。

(9) 在高处悬挂滑车的工作，应由有经验的人员进行，并应使用安全带；必要时工作负责人应在场指导和监护。

(10) 对没有制造厂铭牌或调换过零件（如链索、蜗母轮等）的链式起重机，应根据连索及蜗母轮的计算能力作荷重试验，以规定其工作荷重。

(11) 链式起重机的链扣、蜗母轮及轮轴发生变形、生锈或链索磨损严重时，应禁止使用。

(12) 悬挂链式起重机的架梁或建筑物，必须经过计算，否则不准悬挂。梁架必须固定。以防斜向受力或重物摇晃时，架梁滑动走位跌落。禁止用手拉葫芦长时间悬吊重物，禁止用链式起重机长时间悬吊重物。禁止链式起重机悬挂在运行状态或存有介质的管道上。

(13) 使用手拉葫芦前，应作无负荷的起落试验一次，检查其刹车以及传动装置是否良好，然后再进行工作。

(14) 在起吊、牵引过程中，受力钢丝绳的周围、上下方、内角侧和起吊物的下面，严禁有人逗留和通过。吊运重物不得从人头顶通过，吊臂下严禁站人。不准用手拉或跨越钢丝绳。

四、防止千斤顶伤人的措施

(1) 千斤顶的顶重头必须能防止重物的滑动。螺旋千斤顶或齿条千斤顶应装有防止螺杆或齿条脱离丝扣或齿轮的装置。不准使用螺纹或齿条已磨损的千斤顶。

(2) 千斤顶必须垂直地放在荷重的下面，必须安放在结实的或垫以硬板的基础上，以免在举重时发生歪斜，压弯齿条或螺纹。

(3) 不应在千斤顶的摇把上套接管子或用其他任何方法来加长摇把的长度。液压千斤顶使用配套的手柄起升额定起重量时，手柄操作力应不大于400N，不小于100t的使用双油泵的千斤顶的操作力不得超过（400×2)N。

(4) 使用液体或压缩空气传动的千斤顶时，禁止工作人员站在千斤顶安全栓的前面。

(5) 当液体或压缩空气传动的千斤顶升至一定高度时，必须在重物下放垫板，防止活塞突然下降，发生事故。往下放时，应随重物下放高度逐步撤去垫板。

(6) 用两台以上千斤顶起一重物时，应选择上升速度相同者。如用不同的速度者，则应逐一多次轮流慢慢起动。

(7) 禁止将千斤顶放在长期无人照料的荷重下面。

第四节　人工搬运作业伤人事故防范措施

一、基本规定

(1) 卸水泥杆时，除打好掩木防止车身倾斜、杆子滚子伤人以外，还应加缆绳固定好，防止散堆。不得将数根水泥杆同时滚向卸杆的车厢侧，应松一根放一杆。

(2) 在卸杆时应利用跳板或圆木组成斜道，向下滚动时应用大绳溜放，缓缓滚下，严禁在溜放的杆子前方站人。

(3) 用绳子牵引水泥杆上山，必须将水泥杆绑牢，钢丝绳不得触磨地面，爬山路线两侧5m以内，不得有人停留或通过。

(4) 用机动车拖运一列灰车时，运灰人员不准站在灰车与灰车之间。

(5) 人力推灰车时不准在灰车前拉灰车，应在后面推。运灰人员不准站在灰车底座上，以防轧伤或撞伤。在几个人同时推灰车时，灰车之间应保持一定的距离。

(6) 搬运的过道应平坦畅通，夜间搬运应有足够的照明，如需经过山地陡坡或凹凸不平之处，应预先勘测道路。

(7) 用人工搬运或装卸重大物件而需要搭跳板时，应使用厚5cm以上的木板，跳板中部应设有支持物，防止木板过度弯曲。

从斜跳板卸物件时，应用绳子将物件从后面拴住，工作人员应站在卸放重物的两侧，不准站在卸放重物的正面下边。

(8) 不准肩荷重物登上移动式梯子或软梯。

(9) 容易破碎的物品必须放在适当的筐、箱或架子上搬运。

(10) 搬运管子、工字铁梁等长形物件，应注意防止物体甩动，打伤附近的人员或设备。用车推时应绑好。

(11) 加热的液体应放在专门的容器内搬运，并且不应盛满，应用车子推或2人抬，不准1人肩荷搬运。

二、手工搬运的安全要求

(1) 肩扛。其重量以不超过本人体重为宜、最好有人搭肩，搭肩应稍下蹲，待重物到肩后，直腰起立，不应弯腰，以防扭伤腰部。

(2) 肩抬。2人以上抬运重物时，必须同一顺肩。换肩时重物必须放下。多人共同搬运、抬运或装卸较大的重物时，应有1人担任指挥，搬运的步调应一致，前后扛应同肩，必要时还应有专人在旁监护。

(3) 使用撬杠。可根据具体情况采用长短大小不同的撬杠。操作时，撬杠应放在身体一侧，两腿叉开，两手用力。不准站在或骑在撬杠上面工作，不准将撬杠放在肚子下，以防发生事故。

(4) 使用跳板。有时候手工装卸时需要使用跳板。如果选择不当，搭架不好，往往会造成摔伤。为此，在使用跳板时，应注意以下事项：

1) 必须使用厚度大于50mm的跳板，凡腐朽、扭纹、破裂的跳板，不得使用。

2) 单行跳板，其宽度不得小于0.6m。双行跳板，其宽度不得小于1.2m。

3) 跳板坡度不得大于1∶3。凡超过5m长的跳板，下部应设支撑。

4) 跳板两头应包扎铁箍，以防裂开。

三、用管子滚动搬运必须遵守的规定

(1) 应由专人负责指挥。

(2) 管子应能承受重压，直径相同。

(3) 管子承受重物后两端各露出约30cm，以便调节转弯。

（4）在重物滚动搬运中，放置管子应在重物移动的前方，并应有一定距离。移动中需要增加滚杠时，必须停止移动。在移动中需要调正方向时，应用锤击，禁止用手去拿受压的管子，以防压伤手指。

（5）重物上坡时应用木楔垫牢管子，以防管子滚下；下坡时，必须用绳子拉住重物的重心位置，防止下滑过快。

第五节　工件飞落伤人事故防范措施

（1）钻床、金属切削机床等加工件的固定夹具应完好，防夹具脱落装置应可靠。加工时，夹具应将工件夹紧，防止工件飞脱伤人。

（2）砂轮机禁止安装在正对着附近设备及操作人员或经常有人过往的地方。砂轮必须装有用钢板制成的防护罩，其强度应保证当砂轮碎裂时挡住碎块。

（3）使用砂轮机磨削工件时，应戴防护眼镜或装设防护玻璃。操作者应站在砂轮的侧面，以免故障时，砂轮飞出或破碎伤人。

（4）生产现场使用的手提式高速砂轮机，应由有经验的工作人员操作。使用前应先检查磨具是否匹配，禁止将低转速的砂轮片用于高速砂轮机上。禁止自制夹具套用其他砂轮片或磨具，防止砂轮片或碎伤人。

（5）在从事压力容器作业时（如开关液压机构，氧气瓶、氮气瓶、乙炔瓶等压力容器），应严格执行操作规程，以防喷出物或容器损坏伤人。

第六节　线路作业伤人事故防范措施

（1）线路施工紧线时，应检查接线管或接线头以及过滑轮、横担、树枝、房屋等处有无卡住现象。如遇导、地线有卡、挂住现象，应松线后处理。处理时操作人员应站在卡线处外侧，采用工具、大绳等撬、拉导线。严禁用手直接拉、推导线。

（2）线路拆旧施工时，断线杆塔要先安装可靠的拉线，做好防止倒杆塔措施。工作人员不得站在导线的下方和内角侧，防止断线时意外跑线伤人。

（3）立、撤杆塔过程中基坑内严禁有人工作。除指挥人及指定人员外，其他人员应在离开杆塔高度的 1.2 倍距离以外。

（4）立、撤杆塔过程中，吊件垂直下方、受力钢丝绳的内角侧严禁有人。

（5）放线、撤线和紧线工作时，人员不得站在或跨在已受力的牵引绳、导线的内角侧和展放的导、地线圈内以及牵引绳或架空线的垂直下方，防止意外跑线时抽伤。

（6）立杆及修整杆坑时，应有防止杆身倾斜、滚动的措施，如采用拉绳和叉杆控制等。

第七节　码头作业伤人事故防范措施

（1）码头上应备有一定数量的救生设施和消防器材，并应放在明显的地方。工作人员临水作业时，必须穿救生衣。

（2）应及时清除码头工作场所的油渍、霜、雪。冰冻期间应铺上草包，以防滑跌。码头上不准堆积杂物及易燃易爆物品。

(3) 工作人员接、解缆绳时，人应站稳，不准站在码头边缘处。拉不住的缆绳应放手。应注意船上抛出的缆绳方向，不准手拉缆绳甩头的顶端，防止手轧伤。

(4) 上下码头和跨越两船时，如高低相距大于0.5m，应使用跳板或梯子。

(5) 扶梯、跳板使用前应先检查，并应搁在牢靠的地方。船上使用木梯、竹梯时，上端应用绳子绑牢。栈桥应设有扶手。

第九章

创伤急救基本要求和处理操作

第一节　创伤急救的基本要求

一、创伤急救原则和急救成功关键

1. 创伤急救原则

创伤急救的目的是要挽救伤员生命和稳定伤情，因此，创伤急救原则是：先抢救、后固定、再搬运，用最短的时间将伤员安全转运到医院。

注意采取措施，以防伤情加重或污染。需要送医院救治的，应立即做好保护伤员的措施后送医院救治。

2. 急救成功关键

（1）动作快，尽快使伤员脱离事故现场。

（2）操作正确，任何延迟和误操作均可加重伤情，并可能导致死亡。

二、创伤急救一般要求

抢救前先使伤员安静躺平，迅速判断伤员全身情况和受伤程度，如有无出血、骨折、休克等。常用的急救技术包括心肺复苏、止血、包扎、固定及搬运等。

（1）急救时，应先解除和处理危及伤员生命的情况，包括心跳和呼吸骤停、窒息、大出血、休克等。现场发现伤员心跳、呼吸骤停，应立即进行心肺复苏。

（2）体表出血时，应立即采取止血措施，以防失血过多而导致休克。

（3）开放性损伤，伤口用无菌或清洁的敷料包扎，预防伤口二次污染；严重软组织损伤或大血管损伤，应采取有效的方法进行止血，防止失血性休克。发生或疑似骨折的伤员，应对骨折部位进行固定，防止骨折端对神经、血管等组织的损伤。

（4）外观无伤，但呈休克状态、神志不清或昏迷者，要考虑胸腔腹腔部的内脏或脑部受伤的可能性。

（5）为防止伤口感染，应用清洁布片覆盖。救护人员不得用手直接接触伤口，更不得在伤口内填塞任何东西或随便用药。

三、伤员搬运要求

（1）搬运伤员时要使伤员平躺在担架上，腰部和担架束在一起，以防伤员跌下担架，如图 9-1 所示。

（2）平地搬运伤员时，脚部在前，头部在后。

（3）上楼、下楼、上坡、下坡时，要使伤员的头部在上位。

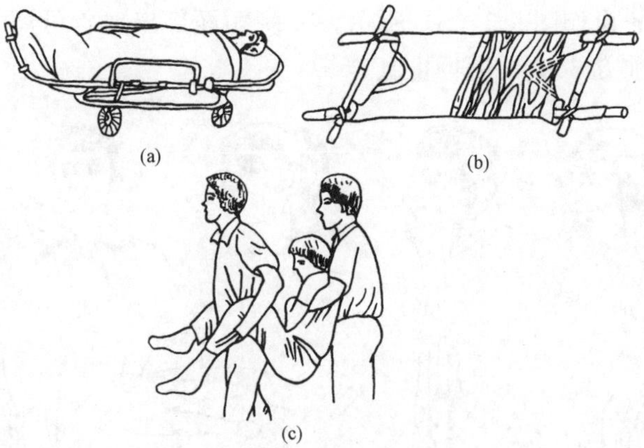

图 9-1　伤员搬运

(a) 正常担架；(b) 临时担架及木板；(c) 错误搬运

(4) 在搬运伤员过程中应严密观察伤员，防止伤情突变。

第二节　创伤止血处理操作

一、出血的几种现象

一个体重 60kg 的人，体内约有 4500mL 血液。任何创伤均可造成不同程度的出血。

(1) 毛细血管出血表现为从创面渗血，出血不多，无危险。

(2) 静脉出血，颜色暗红，表现为不停地从伤口流出，速度较慢。

(3) 动脉出血，颜色鲜红，且呈喷射状，出血速度快。若未能及时止血，血液损失达总量的 20%，患者便会出现烦躁不安、皮肤苍白、出冷汗，血压下降乃至休克。若失血量达总量的 40%以上，则会因全身主要器官供血不足而发生衰竭，造成不可逆转的损害，乃至死亡。因此，一旦发现出血，必须及时止血，防止和减少血液流失，为挽救生命赢得时间。

二、创伤止血的常用方法

大出血可使伤员迅速陷入休克，甚至致死，须及时止血。常用的止血方法有指压法、加压包扎法、填塞法和止血带法等。

1. 加压包扎止血法

加压包扎止血法就是先用消毒纱布或干净的毛巾、布块敷盖伤口，再以干净布块折叠成厚垫敷盖在纱布上，然后以三角巾、绷带或代用品加压包扎。适用于头皮和四肢的毛细血管、小静脉和小动脉出血。但要注意加压要适当，以既能止血又不影响远端的血运为度（即仍可摸到远端的动脉搏动）。包扎后将伤肢抬高，以减少出血。

2. 指压止血法

指压止血法就是根据动脉沿着肢体的体表的投影，以手指、手撑或拳头用力压迫伤口的血管的近心端，从而达到临时止血的目的。指压法适用于较大的动脉出血，在一时找不到止血带或不适宜使用止血带的情况下，采用指压止血法的确是一种急救的好方法，迅速而有效；其缺点是不宜长久。人体不同部位指压止血法操作技术示意图如图 9-2 所示。

(1) 头顶出血止血如图 9-2 (a) 所示。一侧头部出血，可用食指或拇指压迫同侧耳屏前方搏动点进行止血。

（2）额面部出血止血如图 9-2（b）所示。一侧颜面部出血，可用食指或拇指压迫同侧下颌骨下缘，下颌角前方 3cm 处进行止血。

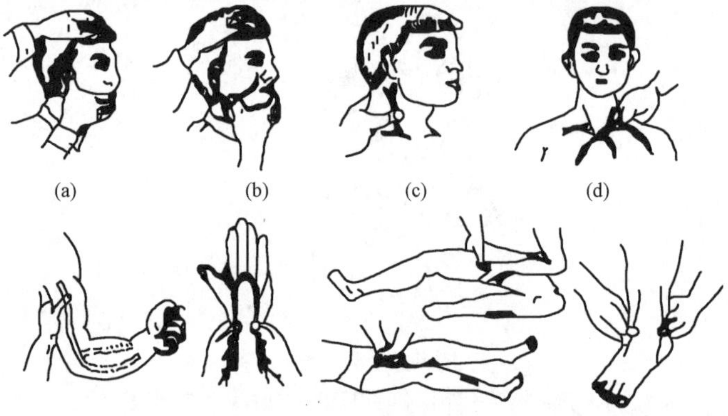

图 9-2　人体不同部位指压止血法操作技术示意图

（a）头顶出血止血；（b）颜面部出血止血；（c）头面部出血止血；（d）肩腋部出血止血；（e）前臂出血止血；（f）手部出血止血；（g）大腿以下出血止血；（h）足部出血止血

（3）头面部出血止血如图 9-2（c）所示。一侧头面部出血，可用拇指或其他四指在甲状软骨、环状软骨外侧与胸锁乳突肌前缘之间的沟内搏动处，向颈椎方向压迫止血（注意非紧急情况勿用此方法）。

（4）肩腋部出血止血如图 9-2（d）所示。肩腋部出血，可用拇指压迫同侧锁骨上窝中部的搏动点进行止血。

（5）前臂出血止血如图 9-2（e）所示。前臂出血，可用拇指或其他四指压迫上臂内侧二头肌的内侧沟处的搏动点进行止血。

（6）手部出血止血如图 9-2（f）所示。手部出血，互救时可用两手拇指分别压迫手腕横纹稍上处内外侧的各一搏动点进行止血。

（7）大腿以下出血止血如图 9-2（g）所示。大腿以下出血，自救时可用双手拇指重叠用力压迫大腿上端腹股沟中点稍下方的一个强大的搏动点进行止血，互救时可用手撑压迫，另一手压在其上进行止血。

（8）足部出血止血如图 9-2（h）所示。足部出血，可用两手食指或拇指分别压迫足背中间近脚腕处和足跟内侧与内踝之间进行止血。

3. 填塞止血法

用于肌肉、骨端的渗血。其方法是：用无菌或干净敷料（如果现场缺乏，宜用干净的布料替代）填塞在伤口内，再加压包扎。此法止血不彻底，且能增加感染机会。

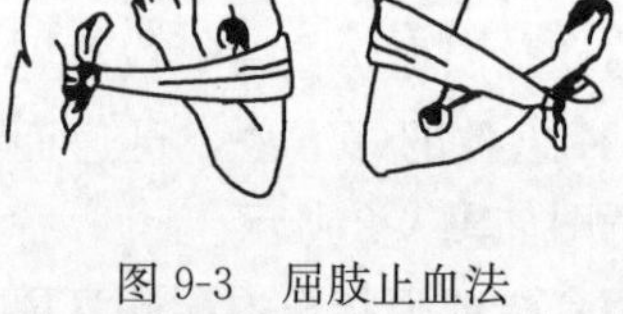

图 9-3　屈肢止血法操作技术示意图

4. 屈肢法

屈肢法就是在肘窝或腘窝（即腿弯处）放一个纱布卷或布卷，然后将肢体尽量屈曲，再用绷带将小臂与上臂或将小腿与大腿做“8”字形结扎，达到压迫止血的目的，如图 9-3 所示。屈肢法适用于前臂或小腿出血。

5. 止血带止血法

止血带有气囊式橡皮管或硅胶管、布带以及其他代用品，如三角巾、毛巾、宽布条等。止血带止血法适用于四肢大动脉出血或用其他方法止血失败的情形。

上肢出血绑扎在上臂的上 1/3 处，此处可避开压迫臂丛神经。下肢出血应绑扎在大腿中部。在选定的绑扎止血带的部位，先裹上一层棉垫、衣服或毛巾，以避免神经勒伤；然后绑上气囊式止血带，用血压计连接止血带的橡皮管，用血压计的橡皮球充气，气囊充气后膨胀产生的压力压迫止血。充气的多少以伤口不继续流血为度。再用止血钳夹住止血带的橡皮管，使它不跑气。如无气囊止血带，可用较粗的硅胶管或宽布带、三角巾代替。

(1) 用止血带或弹性较好的布带等止血时，如图 9-4 (a) 所示，应先用柔软布片或伤员的衣袖等数层垫在止血带下面，再扎紧止血带以刚使肢端动脉搏动消失为度。上肢每 60min，下肢每 80min 放松一次，每次放松 1～2min。开始扎紧与每次放松的时间均应书面标明在止血带旁。扎紧时间不宜超过 4h。不要在上臂中 1/3 处和腘窝下使用止血带，以免损伤神经。若放松时观察已无大出血可暂停使用。

(2) 用布条做止血带时，先将布条绕肢体一圈松松打结，在布条下方穿一根竹筷子或短木棍，然后将竹筷或短木棍顺一侧方向旋转收紧布条，见达到止血目的后将竹筷扎缚固定，防止松开，如图 9-4 (b) 所示。

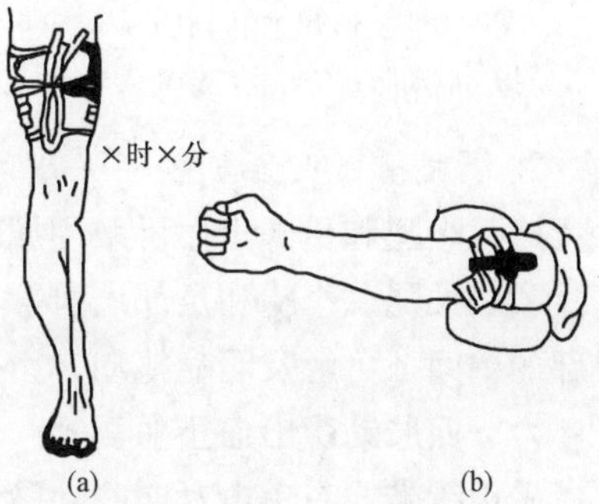

图 9-4　用止血带止血方法
(a) 止血带；(b) 木棍止血带止血

(3) 无论使用何种材料的止血带，都必须注意以下几点：

1) 在已上好的止血带上系一布条，上面写明上止血带的日期和时间（某时某分）。

2) 上止血带前局部都要裹以衬垫。

3) 每隔 40min 要放松止血带一次，每次为 3～5min，以恢复肢体远端的血运，防止坏死。

4) 上止血带的时间不要超过 2h，力争在 2h 内把患者送到医院作进一步处理。

5) 严禁用电线、铁丝、细绳等作止血带使用。

三、头面部出血的止血要领

如为毛细血管出血，出血量不大，采用加压包扎法即可。若为较大动脉出血可采用指压法：

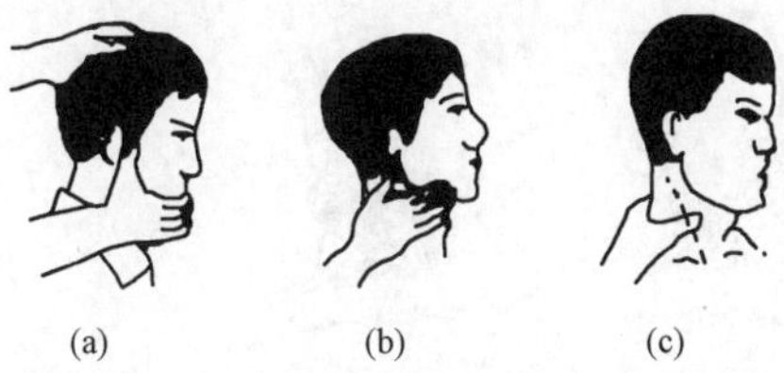

图 9-5　头面部出血止血方法
(a) 指压颈动脉；(b) 指压颌外动脉；
(c) 指压颈总动脉

(1) 额部及头皮出血，指压同侧的颈动脉，在耳屏的前方部位可触到搏动，如图 9-5 (a) 所示。

(2) 如为颜面部下端和一侧口腔出血，可压迫同侧颌外动脉，在下颌角前 3cm 左右处可触到动脉搏动，如图 9-5 (b) 所示。

(3) 大面积的头面部、颈部和口腔出血，可按压同侧的颈总动脉。方法是在颈部胸锁乳突肌前缘触到颈总动脉的明显搏动，以拇指用力向颈后压迫，如图 9-5 (c) 所示。必须特别注意的是，此法应慎用，仅用于紧急止血，且只能压迫一侧，绝对不能同时压迫两侧，否则会造成脑部缺血、缺氧，心跳骤停和脑死亡。

四、伤口渗透血处理要领

用比伤口稍大的消毒纱布覆盖伤口数层后，再行包扎。如果包扎后仍有较多渗血，可再用绷带适当加压止血。

五、伤口大出血处理要领

伤口大出血是指伤口出血呈喷射状或涌出鲜红血液。此时应根据出血部位不同，按图 9-2 中的方法立即用清洁手指压迫出血点上方（近心端），使血流中断。为减少出血量，应将出血肢体抬高或举高。

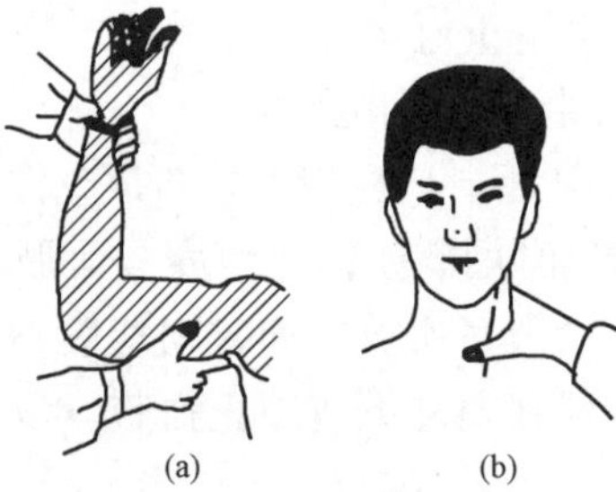

图 9-6　上肢出血止血方法
（a）指压肱动脉；（b）指压锁骨下动脉

1. 上肢出血止血方法

（1）手部和前臂出血可采用屈肢结扎法或止血带止血。

（2）上臂下端、前臂及手部出血也可采用指压肱动脉止血。肱动脉在上臂内侧肱二头肌后方近腋窝处，可明显触到搏动，如图 9-6（a）所示。

（3）如果上肢出血同时合并有肩部、腋窝部出血，可指压锁骨下动脉止血。其部位在锁骨上凹颈根处，可触及搏动，如图 9-6（b）所示，压迫之即可止血。

2. 下肢出血止血方法

（1）小腿和足部出血可采用屈肢法止血或止血带止血。

（2）大腿、小腿和足部出血，可采用止血带止血，也可指压股动脉止血。股动脉在大腿根部的中间，可触及明显搏动。由于血管较粗，可用两手拇指重叠压迫，如图 9-7 所示。

六、四肢动脉出血止血要领

采用绷带或三角巾对四肢动脉出血勒紧止血时，可在伤口上部用绷带或三角巾叠成带状或就地取材勒紧止血。其要领步骤：第一道绑扎作为垫层，第二道压在第一道上面勒紧。如有可能，尚可在出血伤口近心端的动脉上放一个敷料或纸卷作垫，然后勒紧止血。

用止血带或弹性较好的布带等止血时，应先用柔软布片、毛巾或伤员的衣袖等数层垫在止血带下面，以右手的拇指、食指、中指持止血带的头端，左手将长的尾端绕肢体一圈后压住头端，再绕肢体一圈，然后用右手的食指和中指夹住尾端，将尾端从已绕两圈的止血带下拉过，由另一缘牵出，便成为一个活结，如需放松止血带，只需将止血带尾部拉出即可，如图 9-8 所示。

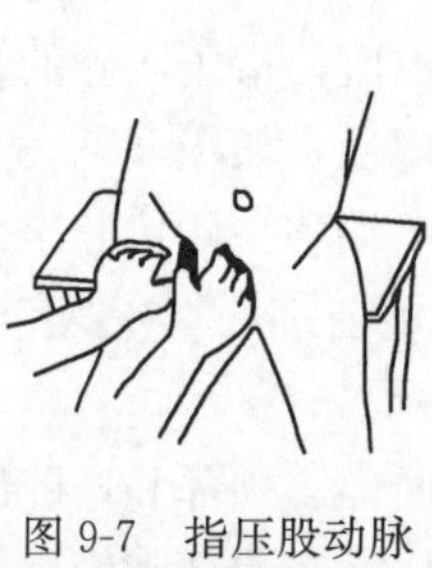

图 9-7　指压股动脉

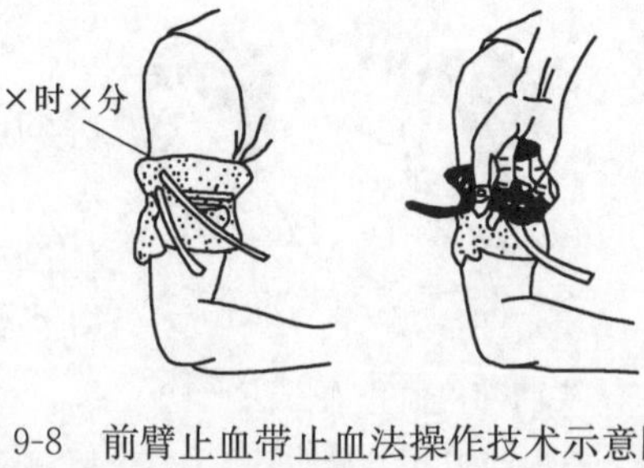

图 9-8　前臂止血带止血法操作技术示意图

止血带止血法处理应注意以下事项：

（1）止血带止血法只适用于四肢大血管出血，能用其他方法临时止血的不要轻易使用止血带。

（2）止血带应绑在上臂的上 1/3 处和大腿中部；不应在上臂的中 1/3 处和腘窝下使用止血带，以免损伤神经。

（3）止血带缚扎不必过紧，以能止住血为度。

（4）若放松止血带观察已无大出血时，可暂停使用止血带。

（5）止血带在放松过程，如仍有活动性出血，可用手指压迫出血动脉进行临时止血，3～5min 后再在该平面上方或下方绑扎，禁止在同一部位反复绑扎。如已不出血，则需继续使用，密切观察。停用止血带时，应缓慢放松，防止血压下降。

（6）伤员转运途中应严密观察其伤肢情况、止血带是否脱落，如伤肢有剧痛、发紫、变黑，说明止血带绑扎过紧，应予以调整。

（7）伤肢远端明显缺血或有严重挤压伤时，禁用此方法。

七、对无外出血可能有内出血的伤员处理技术

高处坠落、撞击、挤压可能会使胸腹腔内脏破裂出血，虽然受害者的外观无出血，但常常表现面色苍白、脉搏细弱、气促、冷汗淋漓、四肢厥冷、烦躁不安甚至神志不清等休克状态。遇到这种情况，应迅速将伤员平躺，抬高下肢，如图 9-9 所示。保持伤员温暖，速送医院救治。如途中时间较长可给伤员饮用少量糖盐水。

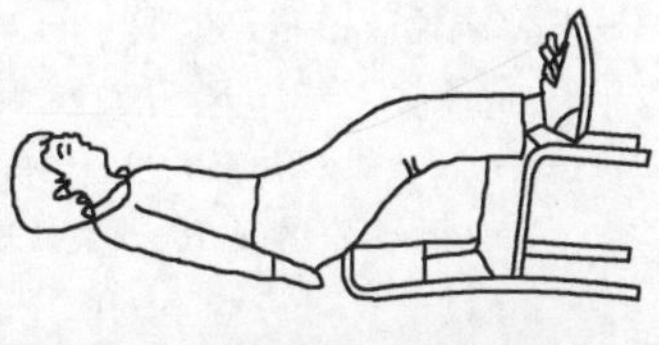

图 9-9　将内出血伤员平躺抬高下肢示意图

内出血是一种很危险的伤情，一旦发现应采取以下应急措施：

（1）绝对卧床休息，尽量保持安静，适当给止痛剂肌注、止血药物肌注和抗生素肌注。

（2）休克者取平卧、头低足高位，注意保温和呼吸道通畅，及时清理口鼻分泌物，若有活动假牙应除去，并要有专人护理。

（3）密切观察脉搏、呼吸和血压，如发现呼吸、心跳停止应立即行心肺复苏术。

（4）警惕迟发性出血。有人在受伤后不立即出现症状，随着出血量的逐渐增多而逐渐出现症状，所以千万不可掉以轻心，应注意观察。

（5）内出血隐蔽而危险，因此在采取上述措施的同时应及早拨打 120 急救电话，尽快将患者送往医院，采取输血、急诊手术等抢救措施，以挽救生命。

八、包扎

包扎的目的是保护伤口，减少污染，还有压迫止血、固定骨折、关节及敷料并止痛。

（1）包扎最常用的材料是绷带和三角巾，也可就地取材用干净毛巾、包袱布、手绢、衣服等替代。

（2）绷带包扎方法有环形包扎、螺旋包扎、8 字包扎和帽式包扎等，适用不同部位的创伤包扎。

（3）包扎时应松紧适宜、牢固，既要保证敷料固定和压迫止血，又不影响血液循环。包扎敷料应超过伤口边缘 5～10cm。

第三节　骨折急救处理操作

一、人的身体部位名称和骨骼名称

人的身体各部位的名称和全身骨骼名称，如图 9-10 和图 9-11 所示。

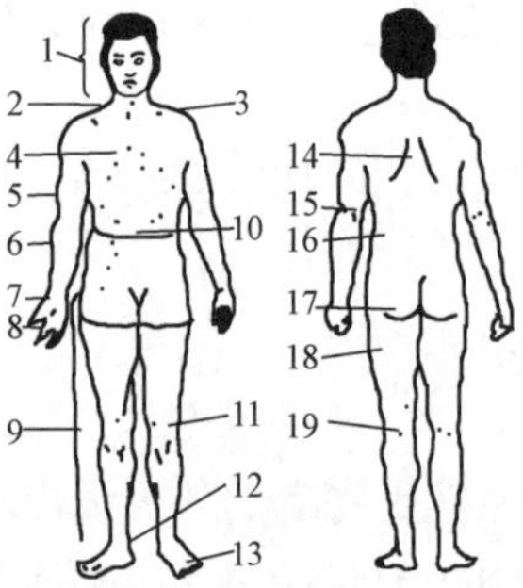

图 9-10　人的身体部位名称

1—头；2—颈；3—肩；4—胸；5—臂（上臂）；6—臂（前臂）；7—腕；8—手；9—腿；10—腹；11—膝；12—踝；13—脚；14—背；15—肘；16—腰；17—臀；18—股；19—腘

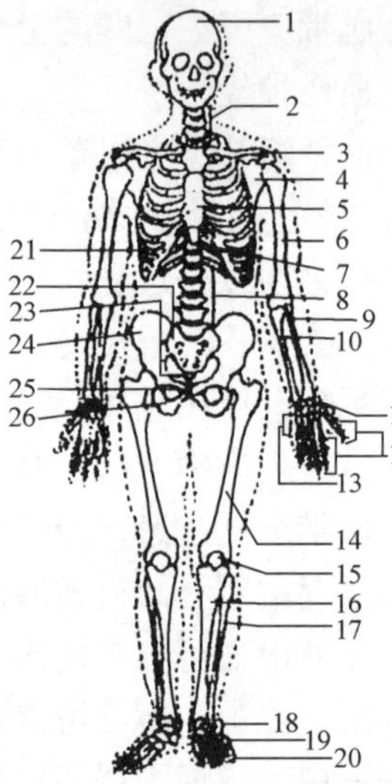

图 9-11　人的全身骨骼名称

1—颅；2—颈椎；3—锁骨；4—肩胛骨；5—胸骨；6—肱骨；7—胸椎；8—腰椎；9—桡骨；10—尺骨；11—腕骨；12—指骨；13—掌骨；14—股骨；15—髌骨；16—胫骨；17—腓骨；18—跗骨；19—跖骨；20—趾骨；21—肋骨；22—骨盆（骶骨）；23—骨盆（尾骨）；24—骨盆（髋骨-髂骨）；25—骨盆（髋骨-耻骨）；26—骨盆（髋骨-坐骨）

二、骨折分类及表象

1. 骨折分类

因外伤造成的骨折称外伤性骨折，因骨头本身病变造成的骨折称病理性骨折。外伤性骨折多发生于直接暴力或间接暴力作用于骨骼的情况下，如打击、撞击、跌倒、坠落、车祸等。骨折断端与外界相通的称开放性骨折，不与外界相通的称闭合性骨折。骨头完全断裂的称完全性骨折，未完全断裂的称不完全性骨折，骨头断裂成 3 块以上的称粉碎性骨折。

2. 骨折表象

（1）局部肿胀和淤血。骨折部位因骨头损伤和周围软组织损伤造成出血和组织水肿。

（2）疼痛和压痛。完全性骨折疼痛剧烈，不完全性骨折局部也会有明显的压痛，检查时不可用力太大，以免加重骨骼损伤程度。

（3）畸形。完全性骨折会造成骨折断端移位，出现畸形和肢体缩短。检查时应与对侧正常部位相对照。

（4）功能障碍。完全性骨折可使肌肉失去骨骼的支架和杠杆作用，乃至肌肉、肌腱和神经损伤，从而造成原有的功能发生障碍；不完全性骨折也可因疼痛和肿胀而造成功能障碍。

（5）骨擦音。系骨折断端互相摩擦所发出的声音，切记不要为了听骨擦音而重复检查，以免骨折断端刺伤血管、神经而造成更大的损伤。

（6）严重创伤。大型骨折或多发性骨折、开放性骨折因出血过多、软组织损伤严重或伴有内脏损伤、疼痛剧烈等均可出现休克症状，表现为面色苍白、烦躁不安、出冷汗、脉搏细弱、血压下降，甚至意识不清、呼吸困难、心跳骤停。

三、骨折急救目的和处理原则

骨折急救的目的是用最简单而有效的方法抢救生命、保护患肢、迅速转运，以便伤员尽快得到处理。

（1）固定是骨折急救中的重要环节，可以防止搬运伤员过程中骨折端对血管、神经和内脏损伤，同时减轻疼痛，便于运送。固定可用夹板或就地取材用木板、木棍、树枝、硬纸板等。肢体骨折时，可用夹板或木棍、竹竿等将断骨上下方的两个关节一同固定。若无任何可利用的固定材料，上肢骨折可将患肢固定于胸部，下肢骨折可将患肢与对侧健肢捆绑固定。

（2）对开放性骨折，创口用无菌敷料或清洁布类包扎，以减少污染。伤口出血应先止血再固定，伴大出血时，可用止血带止血。若骨折端已戳出伤口，不应将其复位。

（3）发生肢（指）体离断时，应将离断肢（指）断面用无菌敷料包扎止血，减少污染。离断肢（指）用无菌敷料或清洁布类包裹，置放塑料袋中密封，低温（4℃）干燥保存，随伤员一同送至医院，切忌用任何液体浸泡。

（4）脊柱损伤伤员一般伤情严重，特别是颈椎骨折伴有高位颈髓损伤，可致呼吸、心跳抑制或骤停，应及时进行心肺复苏。对颈或腿部疼痛、肢体运动及感觉障碍、高处坠落者，应考虑脊柱损伤的可能。对怀疑脊柱、脊髓损伤者一律按脊柱骨折处理。

（5）颈椎损伤时，一人须始终固定保护伤员头颈部，使其平卧，可用沙土袋（或其他代替物）放置头颈部两侧使颈部固定不动。如有条件可上颈托，保护效果更佳。需要人工呼吸时，应采用托下颌法打开气道，清除呼吸道异物，保持呼吸道通畅。不能将伤员头部后仰或转动，以免加重其损伤导致高位截瘫或死亡。

（6）脊柱损伤时，先将伤员双下肢伸直，将担架或木板放在伤员一侧，数人合作，共同用手将伤员平托至硬质担架上，将其腰椎躯干及双下肢一同进行固定，预防其脊髓损伤引起瘫痪。

（7）应用止痛、止血药，用抗生素预防感染。

（8）休克者取头低足高平卧位，注意观察脉搏、呼吸和血压变化、注意呼吸道通畅。

（9）心跳骤停者立即行心肺复苏术。

四、肢体骨折处理操作

1．肢体骨折处理的一般要求

（1）发现受伤者是四肢骨折时，可用夹板或木棍、竹竿等将断骨上、下方的两个关节固定，如图 9-12 所示。也可以利用伤员自身身体进行固定，以避免骨折部位移动，减少疼痛，还可以防止伤势恶化，便于搬运伤员。

（2）对开放性骨折且伴有大出血者，应先止血，再固定，并用干净布片覆盖伤口，然后速送医院医治。切勿将外露的断骨推回伤口内。

（3）在发生肢体或指体离断后，应进行止血并妥善包扎伤口，同时将断肢（指）体用干净布料包裹随送，最好能低温（4℃）干燥保存，切忌用任何液体浸泡。

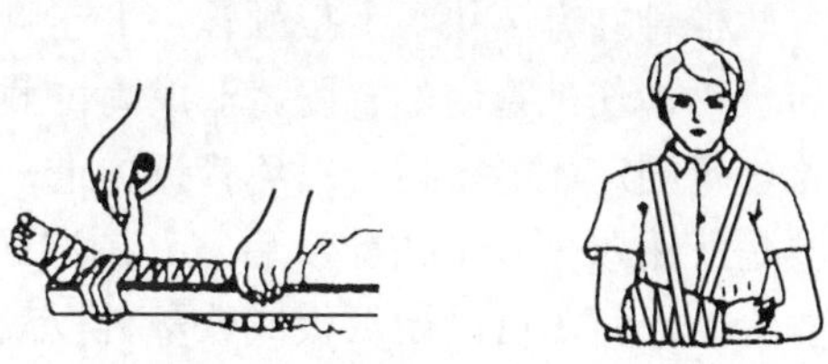

(a)　　(b)

图 9-12　四肢骨折固定技术

（a）小腿骨折固定；（b）前臂骨折固定

2．上肢骨折的固定方法

由于上肢活动范围大，骨折后如不固定，骨折断端会刺伤周围的组织、血管和神经。固定前应先止血、消毒、包扎伤口，再行固定后送医院。

（1）前臂骨折的固定。使肘关节屈曲成90°，前臂置于胸前，掌心朝向胸部。在骨头凸起处垫好棉花或软布。取宽窄合适的两块木板，分别放在前臂的掌侧和背侧。掌侧的木板长度以从肘弯至掌心为宜，背侧木板长度大致与掌侧相等。以布条分别扎缚骨折的上下端、肘前和腕部（共4条）。扎缚时可请伤员或另一人帮忙扶住木板。最后再用三角巾或宽布条将前臂悬吊在胸前，注意一定要使肘部屈曲成90°，如图9-13（a）和（b）所示。

(a) (b) (c)

图9-13 上肢骨折固定法

（a）前臂骨折固定法；（b）固定后三角巾悬吊；（c）上臂骨折固定法

（2）上臂骨折固定。用两块长短宽窄合适的木板，一块放于上臂内侧，一块放于外侧，用绷带或布条固定扎缚。肘部屈曲成90°，前臂用三角巾或宽布带悬吊。如无木板也可将上臂用三角巾或宽布带固定在胸壁上，如图9-13（c）所示。

3. 下肢骨折的固定方法

（1）小腿骨折固定。将伤肢拉直，以长度相等的两块木板（上至大腿中部，下至足底），分别放于小腿内外侧，骨头凸起处放棉花以防止压迫，以三角巾或布带扎缚骨折处上下两端、大腿和踝部，再送医院，如图9-14（a）所示。

（2）大腿骨折固定。将伤腿拉直，取一块长度从腋窝至足底的木板放在大腿外侧，另一块长度从大腿根部至足底的木板放在大腿内侧，骨头凸起处垫上棉花，以三角巾、绷带或布条扎缚骨折处上下端、大腿上端、小腿和足踝部，如图9-14（b）所示。最后用一条长布带将大腿外侧的木板上端结扎于伤员胸部。搬运时为减轻伤员痛苦可采用三人平托搬运法。

(a) (b)

图9-14 下肢骨折固定法

（a）小腿骨折固定法；（b）大腿骨折固定法

五、颈椎损伤处理操作

1. 颈椎骨及颈椎损伤处理原则

颈椎骨共有7块，上接颅骨，下连胸椎。常因车祸、坠落或直接暴力而发生骨折。颈椎骨折极易损伤椎管内的脊髓，造成高位截瘫，因此凡疑有颈椎骨折可能的伤员，首先必须对颈椎进行固定才能搬运，以免骨折加重，对脊髓和周围很多重要神经造成损伤。固定的方法主要是使用颈托。颈托前窄后宽，围在颈部正好固定颈椎，使颈部不会前倾后仰或左右摆动。无颈托时，可用硬纸板或软塑料板裁剪后代替。裁剪时应根据伤员颈子的长短和粗细确定尺寸，并在自制颈托的边缘敷以棉花或毛巾，以防硌破颈部皮肤，如图9-15所示。

图9-15 自制简易颈托

2. 颈椎骨折固定方法

若怀疑伤员有颈椎损伤时，应先将伤员平卧后，再用沙土袋（或其他代替物）放置头部两侧使颈部固定不动，如图 9-16 所示。

3. 颈椎骨折伤员的搬运

搬运伤员时必须有专人用两手托住伤员颈项两侧的颈托，使头部与躯体平直，既不能前倾后仰，又不能向两侧转动。最理想的方法是四人搬运法。第一人面对伤员头部以两手托颈，第二人双手托肩与背部，第三人托腰与臀部，第四人托大腿与小腿部，四人动作协调一致，同时将伤员托起，如图 9-17 所示。

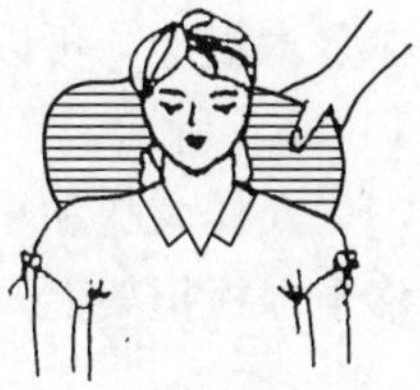

图 9-16　颈椎骨折固定

图 9-17　四人搬运颈椎骨折伤员的方法

六、腰椎骨折处理操作

1. 脊柱骨折的特点及分类

颈椎、胸椎、腰椎同属于脊柱，脊柱骨折多由严重外伤引起，如从高空坠落、覆车、撞车或塌方事故等。伤后患处肿胀、疼痛和压痛、坐立均感不适，甚至翻身困难，脊柱各方向运动障碍。颈椎骨折者，可见头颈倾斜，患者常用两手托住头部，胸腰椎骨折者，由于胸膜后血肿对植物神经的刺激，使肠蠕动减慢，患者常伴有腹胀、腹痛或大便秘结等症状。若出现截瘫、大小便功能障碍等症状，则表面伴有脊髓损伤。X 射线摄片可显示脊柱骨折的部位、类型和移位情况。

根据骨折发生机理，脊柱骨折分为屈曲型骨折和伸直型骨折。若暴力使脊柱过度屈曲而损伤，称屈曲型骨折。若暴力使脊柱过度伸直而损伤，称伸直型骨折，以前者为多见。根据骨折稳定程度，脊柱骨折又可分为稳定骨折和不稳定骨折。

2. 脊柱损伤的处理原则

脊柱骨折的急救处理，对患者的愈后有密切关系。若搬运不当会加重脊柱和脊髓的损伤，造成不可挽回的严重后果。对任何可疑的脊柱骨折脱位者，不得任意搬动或试验脊柱的运动。在搬运过程中，应使脊柱保持伸直位置，避免脊柱扭转和屈曲，可采用滚地毡式的搬运方法，将患者移至木板担架或硬板上。若用帆皮担架搬运，则应采用俯卧位。对颈椎损伤者，应有一人固定其头部，并略加牵引，切忌有旋转活动。

凡怀疑有脊柱骨折时不要随意搬动伤员，不能扶持伤员行走，更不能一人抓肩、一人抓腿搬运，这样做极易使骨折的椎骨刺伤脊髓和周围的神经，造成严重后果。正确的方法是就地对脊柱进行固定。脊柱的固定难度较大，需细心操作。

3. 脊柱骨折固定及搬运

(1) 腰椎骨折时应将伤员平卧在平硬木板上，如伤员呈仰卧位时，可就地固定。在腰、膝下方和身体两侧用棉垫、衣物等软物填塞固定，并将腰椎躯干及两侧下肢一同进行固定，预防瘫痪，如图 9-18 所示。暂时不要搬运伤员，

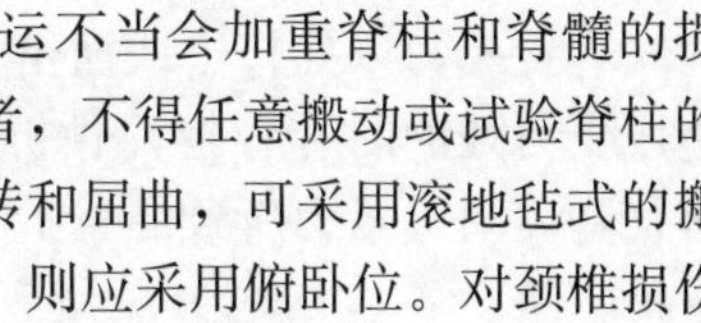

图 9-18　伤员仰卧位时腰椎骨折固定方法

待硬木板担架到来时，采取三人平托法将伤员搬至木板担架上，再将腰、膝、胸、髋固定好抬走。搬运伤员时应数人合作，保持平稳，不能扭曲腰部。

（2）如伤员呈仰卧位时，可就地固定，在腰、膝下方和身体两侧用棉垫、衣服等软物填塞固定，暂时不要搬运伤员，待硬木板担架到来时，采取三人平托法将伤员搬至木板担架上，再将腰、膝、胸、髋固定好抬走。

（3）如伤员呈俯卧位时，可采用三人平托法将伤员移至木板担架上，用宽布带在胸、髋、膝、踝处结扎固定，如图9-19（a)所示。

伤员呈俯卧位时，有些医学专家提出用木板以“工”字形方法固定，其方法是：先在脊柱、肩胛、臀部骨头凸起处垫上棉花等软物，将两块横木板压在竖木板上，再以布带扎缚固定两肩和骶部。这种方法更有利于减轻对脊柱的损伤，如图 9-19（b）所示。

三人平托搬运法：由一人托头颈和背部，一人托腰和臀部，一人托大腿和小腿。三人动作必须协调一致，使脊柱保持平直位，不可弯曲和扭曲，平行移至木板担架上，切记不可放在软担架上，如图 9-19（c）所示。

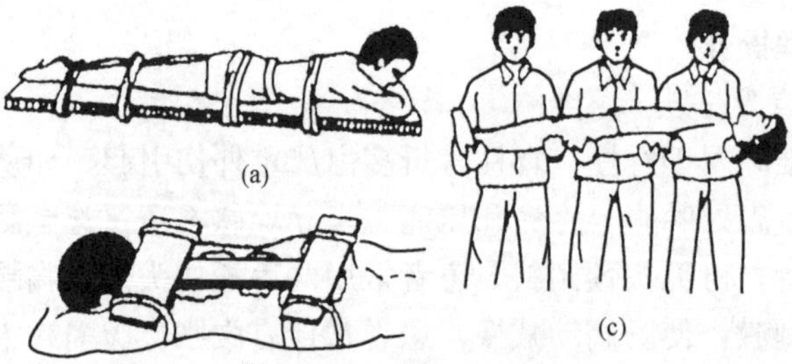

图 9-19　脊柱骨折固定及搬运

（a）脊柱骨折俯卧固定法；（b）脊柱骨折“工”字形固定法；（c）脊柱骨折三人搬运法

七、肋骨骨折处理操作

1. 肋骨骨折特点和最主要症状

肋骨共 24 根（一侧为 12 根），组成胸腔的外壳，保护胸腔内的重要脏器。肋骨骨折多因直接暴力（如打击或撞击）或间接暴力（如塌方或车祸的挤压）所引起，直接暴力造成受力处的肋骨骨折，骨折断端常向内刺伤胸膜、肺、肋间血管而发生气胸、血胸或血气胸。间接暴力所致的骨折常发生于胸部的侧壁。骨折可单发，也可多发，常见于第 4 至第 7 肋。

骨折发生后最主要的症状是局部胸痛，并与呼吸关系密切，骨折处有明显压痛。如刺破胸膜会出现气胸或血气胸，刺伤肺组织会出现咯血。多发性骨折可引起反常呼吸，即吸气时骨折侧胸部向内凹陷，呼气时胸壁却向外凸出，导致呼吸循环功能紊乱，甚至有生命危险。

2. 肋骨骨折的处理操作

（1）单根闭合性肋骨骨折一般不需处理。

（2）对多发性肋骨骨折未出现反常呼吸者，可用宽胶布或弹力绷带固定。方法是用宽 5cm 的胶布数条，其长度要比胸廓半周长 2cm 左右，在伤员呼气的末尾，从骨折处下方的第二根肋骨处开始粘贴胶布，贴于胸壁；贴第二条胶布时使其下部的 1/3 与第一条胶布重叠，如此依次贴完数条胶布，一直贴到骨折处上方的第二根肋骨。注意胶布的前后端均应超过胸壁的中线，而且每次都在呼气的末尾即胸围最小时粘贴。固定后不仅可减轻疼痛，还可减轻骨折断端对组织的损伤。

（3）疼痛较剧时可口服镇痛药。

（4）如伤情严重，伴发失血性休克时应及时抢救，并及早将伤员送医院。

3. 气胸的三种类型

（1）闭合性气胸。伤口较小，已经闭合，不与外界相通。

（2）开放性气胸。伤口未闭合，气流随呼吸进出胸膜腔。

以上两型相对较安全。

（3）张力性气胸。伤口处形成活瓣，吸气时空气进入胸膜腔；呼气时活瓣关闭，气体不能排出，因此胸膜腔内气体越来越多，压力增大，先将患侧肺部压缩，进而将纵隔推向健侧，使健侧肺部压缩，甚至压迫大血管而影响血液循环，气管也会移位，造成伤员窒息及至死亡。

4. 气胸抢救操作

（1）凡发生气胸者均应半卧位休息，避免用力咳嗽。

（2）胸痛剧烈者应用止痛剂；咳嗽较剧时可给镇咳药；呼吸困难者可吸氧。

（3）对张力性气胸，病情危急时可用一根粗针头在第二肋间锁骨中线处（在前胸壁）插入胸膜腔排气减压。也可在针头的尾部接一段橡皮手套的指套，扎紧后人为形成一个活瓣，使气体只出不进，便可避免胸膜腔内的压力增高。

经上述处理后，尽快将伤员送医院，特别是并发血胸、血气胸者更应及时送医院。

八、肢体离断伤处理操作

1. 肢体离断部位和发生原因

肢体离断主要发生在手指、足趾和四肢，多因车床、冲床、铡刀、农用机械的切割和轧压造成，火车、汽车的碾压也可造成。

2. 肢体离断分类

肢体离断分为两种：完全断离的或基本上完全断离的称完全性离断；肢体虽已断离但仍连着较多的皮肤、肌肉等组织，断离部分尚有血液供应的称不完全性离断。

3. 肢体离断症状

离断处会有严重的组织损伤、疼痛和出血，失血过多者会出现口渴、少尿、面色苍白、出冷汗、血压下降、脉搏加快乃至休克。锐器切割离断伤口整齐，有利于断肢再植；钝器碾压离断多有粉碎性骨折，血肉模糊，皮肤、血管和神经破坏严重，再植难度大，需切除严重破坏的部分而使肢体缩短。

4. 肢体离断处理原则和处理方法

（1）首先抢救生命，如系车祸造成的肢体离断，可能合并有其他伤情，应尽快检查，并密切注意生命体征，即血压、呼吸和脉搏。休克昏迷者，应采取平卧、头低足高位，并给予补液升压。呼吸、心跳停止者立即行心肺复苏术。

（2）及时止血，如断肢有较大的动脉喷射出血，立即采取指压止血，上肢压肱动脉，下肢压股动脉。或用止血带止血。有条件时也可用止血钳夹住出血动脉的外端。

第四节 颅脑外伤处理操作

一、颅脑外伤处理

(1) 迅速了解受伤原因、受伤时头部位置、头部外伤的着力点及对侧伤情。

(2) 病情判断：有无昏迷及昏迷时间长短：呼吸道有无异物阻塞及分泌物，若没有呼吸或呼吸缓慢应立即开放气道；颈动脉触不到搏动时应立即给予胸外心脏按压。

(3) 现场急救：将伤员平卧，解开衣领，清除口腔内异物、分泌物等保持呼吸道通畅。制止活动性出血，局部创面采用无菌纱布加压包扎止血，对有头皮撕脱伤的伤员还要保护撕脱的头皮，在初步清洁、消毒后置于无菌、无水及低温（4℃）密封条件下保存，随伤员一同送至医院救治。耳鼻有液体流出时，不可用纱布、棉球填塞，只可轻轻拭去。创口内有碎骨片或异物，切不可摇动或拔出，可用无菌纱布覆盖，相应包扎固定。

二、颅脑外伤处理注意事项

(1) 伤员颅脑外伤时，病情复杂多变，应禁止其饮食，观察瞳孔、意识变化，迅速送医院救治。

(2) 伤员可能伴有颈椎、胸椎损伤时，不能轻易搬动头颈部，可将伤员躯体和头颈部同时转动，固定后再行搬运，保持头高 15°～30°。昏迷伤者应侧卧或仰卧，头偏向一侧，以防呕吐误吸。

(3) 车祸、地震、爆炸等强大暴力往往造成全身多处复合伤，损伤颅脑时往往会造成脑组织膨出，对裸露和膨出的脑组织切忌加压包扎，有条件时只需用消毒纱布轻轻围裹覆盖，并用大小合适的干净碗扣上，用棉垫或毛巾轻轻填塞将碗固定，然后尽快送往有脑外科的医院。

第五节 挤压伤处理操作

一、挤压伤处理的一般原则

挤压伤是由挤压造成的直接损伤，是人体肌肉丰富的部位如四肢、躯干遭受重物长时间挤压而造成以肌肉伤为主的软组织损伤。

(1) 挤压伤部位早期处理恰当与否直接关系到病程发展及其愈后恢复好坏。

(2) 严禁将挤压伤员的患肢抬高、按摩、热敷。

二、挤压伤处理操作技术

伤员发生挤压伤时，应迅速解除受伤部位的压迫，移至安全地带，进行全面检查和紧急处理。

(1) 首先检查伤员生命体征，对发生心跳、呼吸停止者，立即进行心肺复苏。

(2) 挤压伤常伴有胸腹部内脏损伤而发生失血性休克，应尽早发现、优先处理，快速送往医院救治。

(3) 解除伤肢压迫后，保持制动，使伤肢尽量暴露在凉爽的空气中，用冷水或冰块冷敷受伤部位。伤肢禁止抬高、按摩和热敷。

(4) 被挤压的肢体有开放性伤口和活动性出血者，应立即止血，但禁忌加压包扎和使用止血带止血，以免加重损伤。

（5）在伤员转运过程中，须减少肢体活动，无论有无骨折，都要用夹板固定。对肢体肿胀严重者，注意外固定的松紧度，防止过紧加重损伤。

三、挤压综合征的处理

挤压综合征是指由于肌肉长时间受到挤压造成的肌肉细胞损伤坏死而出现的临床症候群，主要特征为受伤肢体肿胀、肌红蛋白尿及高血钾为特点的急性肾功能衰竭。挤压综合征是肢体挤压后逐渐发生的，必须密切观察，及时转送医院，不要因为受伤肢体无伤口而忽视其严重性。伤员在转运过程中应严密观察其尿液颜色，如尿液呈茶褐色或红棕色，应考虑肌红蛋白尿，注意出现急性肾功能衰竭的可能，同时注意高钾血症造成的心跳骤停。让伤员口服碱性饮料，可起到一定的预防作用。

第十章

灼伤、烧烫伤、冻伤事故防范措施和急救操作

第一节　灼伤、烧烫伤、冻伤事故防范措施

一、引起灼伤、烧伤、烫伤的可能原因

（1）电厂的锅炉为高温设备，工作人员在设备运行检查过程中容易发生灼伤、烧伤、烫伤等事故。

（2）热力系统管道内蒸汽压力大，温度高，错综复杂地布置在电厂内，且阀门多，焊接多，易发生泄漏事故，从而造成工作人员的烫伤；巡检人员不小心接触高热管道或热力设备而引起烫伤。

（3）除灰渣系统有大量的高温炉渣、灰、热水及蒸汽，作业人员在违章作业或安全措施不到位时可能发生灼伤、烫伤事故。

（4）化学水处理系统使用的具有强腐蚀性的酸、碱，一旦管线、阀门等出现故障，酸碱泄漏极易灼伤人体。

二、防止灼伤事故的措施

1. 防止电灼伤事故的措施

（1）发电厂、变电站电气设备进行部分停电检修或新设备安装时，工作许可人应根据工作票的要求在工作地点或带电设备四周设置遮栏（围栏），将停电设备与带电设备隔开。围栏上每侧应至少悬挂一个面向工作人员的“止步，高压危险!”等标示牌。防止检修、试验、施工人员走错工作地点，误入带电间隔，误登带电设备、发生人身触电。

（2）无论高压设备是否带电，工作人员不得单独移开或越过遮栏（围栏）进行工作；若有必要移开遮栏（围栏）时，应有监护人在场，并满足设备不停电时的安全距离。

（3）运行中的高压设备其中性点接地系统的中性点应视作带电体，不得触摸。雷雨天气，需要巡视室外高压设备时，应穿绝缘靴，并不得靠近避雷器和避雷针。

（4）雷电时，禁止进行就地倒闸操作。

（5）验电作业时，高压验电应戴绝缘手套。验电器的伸缩式绝缘棒长度应拉足，验电时手应握在手柄处不得超过护环，人体应与验电设备保持安全距离。雨雪天气不得进行室外直接验电。

（6）在室内高压设备上工作，应在工作地点两旁和对面运行设备间隔的遮栏（围栏）上和禁止通行的过道遮栏（围栏）上悬挂“止步，高压危险!”的标示牌。

（7）高压开关柜内手车开关拉出后，隔离带电部位的挡板必须可靠封住，禁止开启，并

设置“止步，高压危险!”的标示牌。

(8) 在电气设备上进行检修，工作班成员在攀登设备构架前，首先应认真核对设备名称、编号、位置，检查现场安全措施无误后方可开始。因故离开工作现场返回工作地点时，必须重新核对设备名称、编号、位置，确认无误后方准继续工作，防止误入带电间隔。

(9) 因平行或临近带电设备导致检修设备可能产生感应电压时，应加装接地线或工作人员使用个人保安接地线。

(10) 装、拆接地线顺序要正确，并均应使用绝缘棒操作。人体不得碰触接地线或未接地的导线，以防止感应电触电。检修人员带地线拆设备接头时，必须采取防止地线脱落的可靠措施，防止地线脱落感应电伤人。

(11) 在变、配电站（开关站）的带电区域内或临近带电线路处、禁止使用金属梯子。搬动梯子、管子等长物时，应放倒，由两人搬运，并与带电部分保持足够的安全距离。

(12) 在电气设备上进行高压试验，应在试验现场装设遮栏，向外悬挂“止步高压危险!”标示牌，并派人看守。非试验人员不得靠近。加压过程中应集中精力，不得触及试验的高压引线。试验时不得进行其他检修、维护等工作。当被试设备两端不在同一地点时，两端都要派人看守。试验结束后，要及时断开试验电源，将试验设备及被试设备正确放电。

(13) 由于高压试验而拆开的一次设备引线，必须用结实的绳子绑牢，防止引线摇晃触及临近带电设备或被试设备而造成触电。

(14) 试验人员在变电站（开关站）放、收试验线（电源线）时，应特别小心，防止试验线弹到或接近带电设备，发生人身触电。

(15) 室内母线分段部分、母线交叉部分及部分停电检修易误碰有电设备的，应设有明显标志的永久性隔离挡板（护网）。

(16) 进行变电站高压配电室（厂用变压器室）内停电清扫母线工作时，应先将备用电源、联络线电源、多回路电源等对侧带电的或所有可能来电的间隔停电。如特殊情况不能停电，则必须将对侧带电的间隔上锁并悬挂“止步，高压危险!”标示牌。

(17) 在带电设备附近测量绝缘电阻时，测量人员和绝缘电阻表安放位置，应选择适当，保持安全距离，以免绝缘电阻表引线或引线支持物触碰带电部分。移动引线时，应注意监护。

(18) 严禁在带电设备周围使用钢卷尺、皮卷尺和线尺（夹有金属丝者）进行测量工作，防止工作人员触电。

(19) 单人操作时不得进行登高或登杆操作。

(20) 严禁变电运行人员不认真执行操作监护制度，误入带电间隔；严禁变电检修（试验）人员不执行工作票制度擅自扩大工作范围，防止误入带电间隔（误登带电构架）。

(21) 变电运行人员在电气设备停电后（包括事故停电），在未拉开有关隔离开关和做好安全措施前，不得触及设备或进入遮栏，以防突然来电。

(22) 线路检修人员应严格执行同杆塔架设多回线路以及相互平行或交叉线路中防止误登有电线路的相关措施，并严禁在有同杆架设的10kV及以下线路带电情况下，进行另一回线路的登杆停电检修工作。

(23) 线路运行人员事故巡线时，应始终认为线路带电。即使明知该线路已停电，也应认为线路随时有恢复送电的可能。严禁登杆塔作业。

(24) 使用绝缘绳索传递大件金属物品（包括工具、材料等）时，杆塔或地面上作业人员应将金属物品接地后再接触，以防电击。

(25) 在带电杆塔上刷油漆、除鸟窝、除风筝、紧杆塔螺丝、检查架空地线、金具、瓷瓶等工作，作业人员活动范围及其所携带的工具、材料等与带电导线最小距离应保证不小于设备不停电时的安全距离。不得通过限制作业人员肢体活动的方式来满足安全距离。

(26) 带电作业断、接引线时严禁同时接触未接通的或已断开的导线两个断头，以防人体串入电路。

(27) 带电作业断开耦合电容器后，应立即对地放电。

(28) 带电作业短接阻波器，被短接前严防等电位作业人员人体短接阻波器。

(29) 在 330kV 及以上电压等级的带电线路杆塔上及变电站构架上作业，应采取穿静电感应防护服、导电鞋等防静电感应措施（220kV 线路杆塔上作业时宜穿导电鞋）。防止静电感应造成人体感电。

(30) 采用高架绝缘斗臂车进行带电作业，先检查绝缘臂为合格状态。严禁一个斗内两名作业人员同时接触电源作业，防止作业人员感电。

2. 防止强酸强碱性药品灼伤事故的措施

(1) 在涉及酸、碱类工作的地点，应备有自来水、毛巾、药棉及急救时中和用的溶液。

(2) 搬运和使用浓酸或强碱性药品的工作人员，应熟悉药品的性质和操作方法；并根据工作需要戴口罩、橡胶手套及防护眼镜，穿橡胶围裙及长筒胶靴（裤脚应放在靴外）。工作负责人应检查防护设备是否合适。

(3) 搬运盛装浓酸或浓碱溶液的容器时，应将容器固定，严禁溶液溅出和损坏容器，容器应由两人搬运，不应由一人单独搬运，用车子或抬箱搬运时，必须将容器稳固地放在车上或抬箱中，或加以捆绑。严禁用肩扛、背驮或抱住的方法搬运盛装浓酸或浓碱溶液的容器。

(4) 搬运容器的道路应畅通，并在必要地点装设水源和急救用品。

(5) 使用浓酸的一切操作，都必须在室外或宽敞并通风良好的室内通风柜内进行。如果室内没有通风柜，应装强力通风设备。

(6) 酸碱槽车进厂后应取样检验。用压缩空气顶压卸车时，顶压的压力不应超过槽车允许的压力。严禁在带压下进行泄压操作。严禁在无送气门、空气门和不准承压的槽车上用压缩空气顶压卸车。

(7) 从酸槽或酸储存箱中取出酸液时，宜采用负压抽吸、泵输送或自流方式输送。如采用虹吸的方法时，不应使用不耐酸的橡胶管。在室内取酸时，如必须用酸瓶倒酸，则操作应特别缓慢，下面应放置较大的耐腐蚀盆（玻璃盆或陶瓷盆）。

(8) 配制稀酸时，严禁将水倒入酸内，应将浓酸缓慢地沿着器壁注入水中，并不断进行搅拌，使产生的热量迅速扩散。

(9) 当浓酸倾洒在室内时，应先用碱中和，再用水冲洗，或先用泥土吸收，扫除后再用水冲洗。

(10) 开启强碱容器和溶解强碱时，应戴橡胶手套、口罩和眼镜并使用专用工具。打碎大块强碱时，应先用废布包住，细块不应飞出。配制热的浓碱液时，必须在通风良好的地方或在通风柜内进行。溶解的速度应慢，并经常以木棒搅拌。

(11) 地下或半地下的酸碱罐的顶部不应站人，酸碱罐周围应装设不低于 15cm 的围堰及不低于100cm的围栏。酸碱罐周围悬挂明显的安全警示标志。

（12）酸碱储存罐应使用电子液位计，当采用玻璃液位管时，应装金属防护罩。

（13）用氢氟酸酸洗锅炉时，应遵守下列规定：

1）氢氟酸应装在聚乙烯或硬橡胶容器内，桶盖密封。不准放在阳光下曝晒。

2）参加浓酸系统工作人员除按照（2）规定穿戴必要的防护用具外，还应戴防毒口罩（含有钠石灰过滤的）和面罩。工作结束后，必须冲洗头面和身体各部。

3）稀酸系统如有泄漏，应用警戒带围起，并派人看守，严禁靠近。

4）皮肤上溅着酸液，应立即用大量清水冲洗，并涂可的松软膏，眼睛内溅入酸液，应用大量清水冲洗，并滴氢化可的松眼药水。

5）严禁将酸洗废液不经处理直接排放入河流或其他水域。

三、防止烧伤烫伤事故的措施

1. 防止油区火灾事故烧伤的措施

（1）发电厂内应划定燃油（气）区。燃油区周围必须设置围墙，其高度不低于2m，并挂有“严禁烟火”等明显的警告标示牌，动火应办动火工作票。锅炉房内的燃油母管检修时，按寿命管理要求应加强检查；运行中巡回检查路线应包括各单元燃油（气）母管管段和支线。

（2）必须制定燃油（气）区出入管理制度。非值班人员进入燃油（气）区人员应进行登记，交出火种，关闭手机、对讲机等通信设施，不准穿钉有铁掌的鞋子，并在入口处释放静电。

（3）燃油（气）区的一切设施（如开关、隔离开关、照明灯、电动机、空调机、电话、门窗、电脑、手电筒、电铃、自起动仪表接点等）均应为防爆型。当储存、使用油品为闪点不小于60℃的可燃油品时，配电间、控制操作间的电气、通信设施可以不使用防爆型，但设施的选用应符合标准GB 50058《爆炸危险环境电力装置设计规范》的规定。电力线路必须是暗线或电缆。不准有架空线。

（4）燃油（气）区内应保持清洁，无杂草树木等易燃物品，无油污，不准储存其他易燃物品和堆放杂物，不准搭建临时建筑。

（5）燃油（气）区内应有符合消防要求的消防设施，必须备有足够的消防器材，并经常处在完好的备用状态。燃油（气）区宜安装在线消防报警装置。

（6）燃油（气）区周围必须有消防车行驶的通道，通道尽头设有回车场，并经常保持畅通。燃油（气）区内禁止电瓶车进入。因工作需要必须进入的机动车，应按规定在尾气排放处加装防火罩。

（7）卸油区及燃油（气）罐区必须有避雷装置和接地装置。燃油（气）罐接地线和电气设备接地线应分别装设。输燃油（气）管应有明显的接地点。燃油（气）管道法兰应用金属导体跨接牢固，热力管道尽可能布置在燃油（气）管道的上方。每年雷雨季节前应检查，并测量接地电阻。

（8）燃油（气）区内一切电气设备的维修，都必须停电进行。

（9）参加燃油（气）区工作的人员，应了解燃油（气）的性质和有关防火防爆规定。对不熟悉的人员应先进行有关燃油（气）的安全教育，然后方可参加燃油（气）设备的运行和维修工作。

2. 防止热源烫伤事故的措施

（1）从锅炉的烟道下部放灰时，工作人员必须缓慢地打开灰斗的挡板，并站在侧边以防烫伤。必要时应先向热灰浇水。

（2）放炉排漏煤时，应缓慢打开漏煤斗挡板，应注意有无红煤冲下，若发现有红煤，应用水浇灭。

（3）采用水力除灰时，禁止将锅炉的排污、疏水等排到除灰沟内。

（4）定期疏通或清扫地下除灰沟时，应采取必要的安全措施（如切断水源，保证通风等），并应有人在外监护。

（5）检查液态除渣的出渣口时，工作人员必须戴上有色防护眼镜，并应避开通渣孔的正面，防止烫伤。如产生氢爆时，应把水源切断，放尽存水，工作人员应戴防爆面罩，无关人员不准在现场逗留。

（6）循环流化床锅炉必须配备冷却介质流量控制功能。实现冷却介质控制门关闭与冷渣器开启闭锁，同时实现冷却介质流量低温度高跳冷渣器等保护功能。主床排渣时，必须保证冷渣器在投运状态，渣温能够降到允许的温度。外罩床事故排渣口周围必须设置固定的围栏，事故排渣时，现场必须有人监督，放出的渣料应冷却至常温后才可清理。

（7）禁止在运行中的捞渣机周围长时间停留，防止人员烫伤。

（8）不停炉进行捞渣机检修时，应采取措施防止大焦块坠落渣飞溅伤人。不停炉检修干渣机时应带空气呼吸器，防止烫伤。

四、防止冻伤事故的措施

1. 预防冻疮的主要措施

（1）做好居室防寒、保暖和防潮湿，室内温度最好能保持 15℃以上，相对湿度 50％左右。

（2）保持鞋袜、鞋垫、手套干燥。汗脚者不宜穿胶鞋，并用止脚汗粉。

（3）应经常锻炼身体，提高机体对寒冷的适应性。并注意全身及局部保暖，尽早戴手套，鞋袜要温暖宽松，以保持手足干燥。

（4）食物要有充足的脂肪、蛋白质和维生素，保证身体有足够的热量。

（5）平时应经常自己按摩手足和耳廓，促进手足血液循环。

（6）每年复发冻疮的患者可在入冬前用紫外线照射以往患冻疮的部位以起到预防作用。患冻疮之后，宜及时尽早地治疗。市售冻疮膏、貂油防冻治裂膏都有一定的疗效。

（7）冻疮治愈的关键是摆脱湿冷环境和温冷作业，保持冻疮局部温暖和干燥。

2. 作业场所预防冻伤事故的措施

（1）进行低温设备操作时，作业人员应穿戴好防护用品（帽子、护目镜、防冻鞋、防冻手套、工作服），且防护用品应干燥，不要使肢体和皮肤裸露，防止液体飞溅时落到皮肤上。

（2）进行低温设备检修作业时，要先将设备加热至常温，对未加热的设备进行检修作业时，作业人员应采取必要的防冻措施，防止发生冻伤事故。

（3）低温容器设备或管道要有良好的保温防护措施，不得裸露。

（4）加强工艺操作，避免因误操作导致设备损坏和管道阀门中液氧、液氮泄漏。

（5）控制室操作人员要加强对压力、流量等参数的监控，以便及时发现泄漏情况并及时有效控制。

第二节 烧烫伤急救处理

一、烧烫伤及其烧烫伤深度

烧烫伤是由50℃以上的热力（火焰、灼热气体或液体、固体等）作用于人体体表组织所引起的损伤。根据烧烫伤深度可分为Ⅰ、Ⅱ、Ⅲ度。

Ⅰ度为红斑性烧伤，局部皮肤红肿灼痛。

Ⅱ度为水疱性烧伤，浅Ⅱ度则见水疱，去表皮后创面湿润，创底艳红，局部水肿、剧痛，感觉过敏，肤温增高。深Ⅱ度则见真皮深层损害，局部感觉神经受到破坏，可见水疱，去表面皮肤后创面微湿，浅红或白中透红，水肿明显疼痛，感觉较迟钝，温度略低。

Ⅲ度为焦痂性烧伤，损伤皮层的全层，创面呈苍白或焦黄炭化，黑色焦痂，表面干燥无渗液，状似皮革样，感觉消失，拔毛试验不痛，且易拔除，局部发凉。

二、烧烫伤急救的一般原则

(1) 烧烫伤遵循“冲、脱、泡、盖、送”五字原则，“冲”指冷水冲淋降温，“脱”指除去燃烧后或浸满热液的衣物，“泡”指冷疗，“盖”指创面的覆盖，“送”指妥善地转送医院。

(2) 未经医务人员同意，切忌在烧烫伤或灼伤创面敷搽任何药物和其他东西。

(3) 送医院途中，可给烧烫伤患者多次口服少量糖盐水。

三、烧烫伤急救处理方法

(1) 尽快脱离热源，对火焰烧伤或高温汽、水烫伤，用冷水局部降温，然后脱去已经灭火或热液浸渍的衣服。衣服着火时不要站立、奔跑、呼叫，以防增加头面部烧伤或吸入性损伤。

(2) 中小面积烧烫伤，特别是四肢的烧烫伤，可将烧烫伤处在冷水下淋洗或浸入清洁冷水中（水温以伤员能耐受为准，宜为15～20℃），或用清洁冷水浸湿的毛巾、纱垫等外敷。不宜长时间（不超过10min）冰敷或冰水冷敷，尤其对烧烫伤范围超过半个肢体的伤员，极易造成冻伤或低体温危及生命。

(3) 伤员烧烫伤处用无菌纱布或清洁织物覆盖，并及时送医院救治。未经专业医务人员许可，切忌在烧烫伤处敷擦任何物品或药物。如送医时间大于2h，伤员可多次口服少量盐水或糖盐水。

(4) 发生电烧伤时，立即切断电脱离电源，并进行急救后，依上述五字原则处理送医。

(5) 酸碱或有毒有害物品化学灼伤时，首先用干布或吸水性强的纸张清除残留化学品，迅速剪除被侵蚀的衣物，然后立即用大量清水彻底冲洗，冲洗时间一般不少于10min。救护者最好佩戴防护手套或其他防护用品进行操作，以免自身灼伤。

第三节 电灼伤、火焰伤或高温汽（水）烫伤处置方法

一、对电灼伤、火焰烧伤或高温汽（水）烫伤处置的基本要求

(1) 对电灼伤、火焰烧伤或高温汽（水）烫伤均应保持伤口清洁。伤员的衣服、鞋袜用剪刀剪开后除去。伤口全部用清洁布片覆盖，防止污染。

(2) 对于四肢烧伤的患者，先用清洁冷水冲洗，然后用清洁布片或消毒纱布覆盖然后送往医院。

（3）直接用冰冰敷灼伤处。冰敷有可能导致组织缺血，长时间冰敷会造成小的灼伤进一步损伤。因此应避免用冰敷或冰水冷敷灼伤处超过 10min，尤其是烧伤比较广的（大于人体体表面积 20％者）。

二、现场烫伤急救灵药

简单有效的处理烫伤治疗中要利用“蛋白”这也是消防人员培训中常常用到的方法。

遇到烫伤，不管有多严重，第一要务就是将患处浸在流动的冷水中，直到热感消失为止。接着把蛋白涂在患处，鸡蛋蛋白里的天然胶原蛋白所富有的胎盘素和维生素使患处得以完全重生。

第四节　电灼伤的特点和处理方法

一、处理电灼伤伤员的一般规定

灼伤在医学上是指皮肤及皮下组织由于高温、电击、接触腐蚀性化学品、辐射（包括太阳辐射）受到的伤害。

电灼伤是一种急而快的损伤，常常危及伤员生命。对电灼伤伤员除进行就地抢救外，应视情况转运伤员到相应的医疗机构治疗。转送途中应注意防寒、防暑、防颠，并密切观察病情。转送治疗应选择安全时机和有利于伤员的运输工具迅速转运。转运途中的安全亦应慎重考虑，并尽量做好创面保护。如采用高速运输工具时，应避免让伤员头部朝向行进的前方，否则加重伤员休克。

电灼伤含义较广，包括电接触伤和电弧烧伤，下面介绍一下它们的特点和处理方法。

二、电接触伤的特点和处理方法

发生电接触伤的全身表现：可能出现休克、昏迷、呼吸停止、心肌纤颤、心跳停止。急救不及时，将会立即死亡。

发生电接触伤的局部表现如下：

（1）有两个以上的伤口：一为入电口，一为出电口。

（2）伤口小且深，可伤及内脏和骨质。损伤面多为圆形或椭圆形，分界线清楚，但其深度在早期不易判断，组织损害呈锥形，向深部扩散，其光端向外。

（3）受伤部位均有电性水肿和电弧烙痕。

（4）伤口局部坏死组织的范围比受伤时所见要大，伤口愈合慢，病程长。

（5）因血是电的良导体，故血管受损严重。血管壁弹力纤维破坏常出现继发性坏死，肢体坏死及动脉出血，出血时间多在伤后 2～3 星期。

（6）肢体电接触伤，肢体多难保留，须进行截肢术，截去肢体。

对电接触伤的局部伤口最好用暴露疗法，这样易于控制感染，尤其是已坏死的肢体。局部坏死组织须清除或截肢，最好是在坏死分界线清楚以后进行为好。应注意伤口继发性出血，床旁应备有止血带、止血药和急救止血包。创面处理同一般热力烧伤。

三、电弧烧伤的特点和处理方法

电弧烧伤的特点和处理方法与火焰烧伤很相近。应迅速脱掉燃烧的衣服，使伤员卧倒，利用手边的物品，如毯子、大衣，甚至雪、砂土等，迅速覆盖着火处，使与空气隔绝，就地滚动，压灭火焰。衣服着火时，切忌伤员依旧站立喊叫或惊慌奔跑。因为奔跑或两手摆动会助长燃烧，增加头面部及呼吸道的灼伤，也要防止由于慌乱而造成再损伤。火焰扑灭后，应予镇痛，以解除伤员肉体痛苦，防止休克（但如有严重呼吸道灼伤，则不给镇痛药物以免抑制呼吸）。通常可用针刺止痛、口服吗啡 10mg 或肌肉注射杜冷丁 50～100mg。将创伤面用清洁的被单、衣服简单包扎保护，避免污染或再损伤。

四、对电灼伤患者的综合治疗康复

电灼伤作为严重的创伤是一种强烈的应激性刺激源，不仅对患者造成心理应激，还因其住院期间的痛苦经历、毁容、肢体缺失、功能障碍以及重返社会后面临的各种问题，引起患者明显的心理障碍。因此，现代电灼伤治疗不仅包括抗休克、抗感染、覆盖创面，还包括生理、心理和社会功能的综合康复。如果说，成功的抢救治疗延长的是患者生命的“量”，那么，合理的心理护理模式是提高患者生命“质”的一个重要手段。患者焦虑症状和抑郁症状的发生与电灼伤面积、电灼伤部位等都有一定的相关性。特殊部位的小面积损伤，其情绪反应倾向于抑郁反应；而对于大中面积的电灼伤患者其情绪反应偏重于焦虑反应；同时患者的伤前应激性生活事件的有无、家庭关系的好坏等对伤后患者心理障碍的发生都具有相关性。目前，灼伤临床心理护理的重点在于通过建立良好的医患关系及了解患者的心理背景，早期确立其对受伤后的正确认知，并通过适当心理疏导，改变患者负性自动思维，建立正确的思维方式和价值观念，从而有效地预防心理障碍。

第五节　浓酸或强碱灼伤急救操作

（1）从事酸碱等工作时应戴防护眼镜（面罩）；

（2）当浓酸溅到眼睛内或皮肤上时，应迅速用大量的清水冲洗，再用 0.5%的碳酸氢钠溶液清洗。

（3）当强碱溅到眼睛内或皮肤上时，应迅速用大量的清水冲洗，再用 2%的稀硼酸溶液清洗眼睛或用 1%的醋酸清洗皮肤。

（4）经过上述紧急处理后，应立即就医治疗。

（5）当浓酸溅到衣服上时，应迅速将被浸蚀的衣物剪去，先用水冲洗，再用 2%稀碱液中和，最后再用水清洗。

（6）为防止酸、碱残留在伤口内，冲洗时间一般不少于 10min。

第六节　冻 伤 急 救 操 作

一、冻伤及其损害程度

冻伤是低温对人体组织所造成的损伤。在低温寒冷环境作业，或短时间接触介质（制冷剂、液态气体等），出现受冻部位皮肤苍白、温度低、麻木刺痛等冻结表现，排除其他原因所致的类似疾病，即可确定冻伤。职业性冻伤的处置原则参见 GBZ 278。局部冻伤先有寒冷感和针刺样疼痛，皮肤苍白，逐渐麻木或丧失知觉。根据伤员复温解冻后，人体组织的损害程度分为三度。

Ⅰ度冻伤在皮肤浅层，受冻部皮肤浮肿，呈蓝紫色，以后有充血、瘙痒或灼痛。

Ⅱ度冻伤达真皮层，先局部充血，水肿，以后发现浆液性水疱，12～24d 后逐渐干枯坏死，形成黑色干痂，疼痛加剧。

Ⅲ度冻伤达皮肤全层及皮下，严重者可累及肌肉、骨骼，有显著水肿，初呈苍白色，渐变为蓝黑色，形成坚硬的痂皮，其周围出现水疱、灼痛、跳痛和刺痛，然后出现不同程度的坏死现象。全身"冻僵"者先感寒冷，寒战；四肢发凉，皮肤苍白或紫颜，嗜睡疲乏，呼吸与脉搏缓慢，体温下降，继之神志模糊，反应迟钝，幻觉幻视或进入昏迷状态，严重者可因心脏衰弱、贫血而死亡。

二、冻伤救治原则

（1）冻伤会使肌肉僵直，严重者深及骨骼。因此在救护转运过程中，动作一定要轻柔，千万不可强使其肢体弯曲活动，以免加重损伤。

（2）救护转运冻伤伤员应使用担架，将伤员平卧在担架上，抬到温暖室内救治。

（3）全身冻伤者的呼吸和心跳十分微弱，不应误认为死亡，放弃抢救。如果冻伤伤员无呼吸、心跳，应立即实施心肺复苏术抢救。在未获得确切的死亡证据前应持续不断努力抢救。

三、冻伤救治操作技术

（1）迅速脱离低温环境和低温介质，将伤员移至防风保暖场所，脱去潮湿衣服，用毛毯或棉被包裹身体。衣服、鞋袜等冻结不易脱离者，立即用 40℃左右温水使冰冻融化后脱下或剪开。

（2）迅速复温是急救的关键，对处于冻结状态的部位，用电热毯、热水袋、40～42℃温水浸泡肢体或浸浴全身，直至冻区组织软化、皮肤转红。严禁采用拍打按摩、冷水浸泡、冰雪搓擦或明火烧烤等方法复温。

（3）对于脸面部的冻伤，可用 42℃左右的温水浸湿毛巾，进行局部热敷。

（4）在无温水可用的情况下，救护人员可先将冻肢立即置于救护者自身或被救护者身体的温暖部位。严禁烤火、搓雪、冷水浸泡或用力捶打受冻伤部位。

（5）受冻时间超过 24h 者不宜复温。

（6）将伤员抬至温暖室内后，可将患处浸浴于 30～40℃的药液中，如无水疱或坏死，可在患部轻轻按摩。药液取干姜、桂枝各 15g，附子 10g，水煎。也可将桂枝、当归、干姜各 15g，附子 5g，研成细末，让伤员分别握两只手中，每次 30min，或以手汗长为度。每天 2 次，15 天为 1 个疗程。

（7）全身冻伤伤员呼吸和心跳十分微弱，在未获得确切的死亡证据前，必须积极抢救。对心跳、呼吸骤停者，按心肺复苏技术进行处理。

（8）伤员在转运过程中，搬运动作应轻柔，避免强使肢体弯曲活动，以免骨折，伤肢创面用无菌或干净敷料敷盖包扎，保持制动，以免加重损伤。

第十一章

电力生产现场中毒事故防范措施和急救操作

第一节　六氟化硫气体中毒事故防范措施和急救操作

（1）进入六氟化硫（SF_6）配电装置室低位区或电缆沟进行工作应先检测含氧量（不低于18%）和 SF_6 气体含量是否合格。

（2）在 SF_6 配电装置室低位区应安装能报警的氧量仪和 SF_6 气体泄漏报警仪，在工作人员入口处也要装设显示器。这些仪器应定期试验，保证完好。

（3）工作人员进入 SF_6 配电装置室，入口处若无 SF_6 气体含量显示器，应先通风15min，并用检测仪测量 SF_6 气体含量合格。尽量避免一人进入 SF_6 配电装置室进行巡视，不准一人进入从事检修工作。

（4）设备解体检修前，应对 SF_6 气体进行检验。根据有毒气体的含量，采取安全防护措施。检修人员需穿着防护服并根据需要佩戴防毒面具。打开设备封盖后，现场所有人员应暂离现场30min。取出吸附剂和清除粉尘时，检修人员应戴防毒面具和防护手套。

（5）SF_6 配电装置发生大量泄漏等紧急事故时，人员应迅速撤出现场，开启所有排风机进行排风。未佩戴隔离式防毒面具人员禁止入内。只有经过充分的自然排风或恢复排风后，人员才准进入。发生设备防爆膜破裂事故时，应停电处理，并用汽油或丙酮擦拭干净。

（6）进行气体采样和处理一般渗漏时，要戴防毒面具并进行通风。

（7）SF_6 开关进行操作时，禁止检修人员在其外壳上进行工作。

（8）检修结束后，检修人员应洗澡，把用过的工器具、防护用具清洗干净。

第二节　有害气体中毒事故防范措施和急救操作

一、发电厂可能产生有害气体的场所

（1）发电厂工作人员进入锅炉汽包、凝汽器、煤粉仓、干灰库等作业时，容易发生缺氧窒息、中毒事故。

（2）工作人员进入电缆隧道、检修涵管及各类污水池等场所检修作业时，容易发生窒息事故。

（3）气体消防灭火系统灭火后，如果房间内消防气体未及时排除，可能引起人员窒息事故。

（4）发电厂化学水处理系统为确保除盐水的pH值，须向除盐水加氨，须进行给水加联氨。氨和联氨具有强烈刺激性有毒和腐蚀性，吸入后对人体危害极大且易中毒。

（5）发电厂运行过程中存在的有毒有害物质主要有水处理系统使用的盐酸、氢氧化钠、氨、联氨、次氯酸钠，点火用的轻柴油等。

二、防止有害气体中毒事故的措施

（1）在下水道、煤气管线、潮湿地、垃圾堆或有腐质物等附近挖坑施工时，应设监护人。在挖深超过 2m 的坑内工作时，应采取戴防毒面具、带救生绳、向坑中送风等安全措施。监护人应密切注意坑内工作人员，防止煤气、沼气等有毒气体中毒。

（2）电缆隧道应有充足的照明，并有防火、防水、通风的措施。电缆井内工作时，禁止只打开一只井盖（单眼井除外）。进入电缆井、电缆隧道前，应先用吹风机排除浊气，再用气体检测仪检查井内或隧道内的易燃易爆及有毒气体的含量是否超标，并做好记录。电缆沟的盖板开启后，应自然通风一段时间后方可下井工作。电缆井、隧道内工作时，通风设备应保持常开，以保证空气流通。在电缆隧道内进行长距离巡视时，工作人员应携带便携式有害气体测试仪及自救呼吸器。

（3）对在工作中接触有毒、有害、危险物品或从事危险性作业的工作人员，其人身安全专用防护用品，要根据实际情况及时配备。

（4）使用有毒危险品（如氯气、氨、汞、酸、碱）的人员，必须熟悉这些物质的特性及应急处理常识，防止不当施救。

（5）使用有放射性物质（如钴、铯）的人员，必须熟悉放射防护及应急处理常识。

（6）油漆作业时，应保持现场通风良好，工作人员戴口罩或防毒面具，现场应做好防火措施。

三、有害气体中毒的反映和症状

有害气体中毒是指员工在密闭空间或电缆沟等可能存在有毒有害气体的场所工作，出现头晕、头痛、乏力、胸闷、昏迷等症状，严重时甚至心跳、呼吸骤停。

（1）气体中毒开始时有流泪、眼痛、呛咳、咽部干燥等症状，应引起警惕。

（2）稍重时会出现头痛、气促、胸闷、眩晕。

（3）严重时将引起惊厥昏迷。

四、有害气体中毒急救基本要求

（1）怀疑可能存在有害气体时，应设法利用一切通风设施排除有害气体，立即将有关人员迅速撤离现场，转移到上风口空气新鲜处，安静休息。

（2）抢救人员应戴好防护工具，使用正压自给式呼吸器、化学安全防护眼镜、橡胶手套，才能执行施救任务。

（3）立即拨打 120 电话，请求医务人员紧急救治。迅速查明有害气体的种类名称，供医院对症施救。

五、有害气体中毒患者急救操作

（1）对有害气体中毒患者的转移护送要取平卧位，头稍低，并偏向一侧。避免呕吐物进入气管。

（2）对已昏迷有害气体中毒患者应保持其气道通畅，解开领扣、裤带等束缚身体的物件，有条件时给予患者氧气吸入，并注意勿使患者中暑或受寒。

（3）对已昏迷且呼吸心跳停止的有害气体中毒患者，应立即用心肺复苏术进行抢救，并联系医院救治。

(4) 迅速查明有害气体的名称，供医院及早对因治疗。

第三节　水银中毒事故防范措施

一、从事水银仪表工作的人员应遵守的规定

(1) 从事水银仪表工作的人员必须穿工作服，工作服应经常洗涤，保持清洁。

(2) 从事水银仪表工作不应用手直接接触水银，应戴乳胶手套（外科手术用的)。禁止用嘴含工具吸水银。

(3) 饭前和工作后应仔细洗手和洗脸。

(4) 禁止在水银仪表工作的房屋内饮食。

(5) 工作结束后应换下工作服；每天工作结束后应洗澡。

二、水银仪表修理场所安全措施

(1) 水银仪表的修理场所应和其他房间隔离（如在同一楼房内应设在底层)，应装有机械通风的设备，并定期测量室内含汞量。

(2) 水银仪表修理场所的墙壁应涂刷油漆，油漆的高度应占墙壁高度的 2/3。

(3) 水银仪表修理场所的地面应平滑、严密无缝（如水磨石地面)，地面应略向一边倾斜，排水沟应有单独的积水井。

(4) 水银仪表修理台的台面应光滑无缝，四周边缘应高起，台面的一角应较低，在该角下面应接有排出管，使落在台面上的水银经该管流入放在下面并盛有清水的容器内。

三、水银仪表修理过程的安全措施

(1) 水银应妥善保管，盛水银的容器必须紧密封闭。

(2) 往仪器内部灌注水银时，盛水银的容器内必须浮盖一层清水。

(3) 从仪表往外放水银时，在任何场所，都应放人盛有清水的容器内。

(4) 在拆卸仪表时，如发现有水银附着在零件的表面上，应把零件放在盛有汽油的容器内，用毛刷将水银刷干净。

(5) 为了避免水银从容器中溢出，真空表的容器应做成封闭形的，但仍应保持容器和外界大气相连通（例如，可采用穿有 50～60mm 高玻璃管的橡皮塞)。

(6) 如果气压表和真空表的水银容器没有盖，必须在水银面上浮盖一层 1～2mm 厚的甘油，以防水银蒸发。

(7) 玻璃的水银真空表或气压表，应装在木制的或金属制的匣子内，匣子的一面，应装上保护玻璃，以便观看。

(8) 厂房内如发现仪表漏出水银，应立即报告热工值班人员进行处理。

(9) 水银工作所用的工具不准外借他人使用。

(10) 水银工作用过的废棉纱、抹布以及清除的垃圾、报废的水银灯、水银器件等不准随意抛弃，应集中保管，妥善处理，防止水银扩散。

四、关注身体健康及时治疗水银中毒

定期进行身体检查，发现有中毒情况应及时治疗。

1. 水银中毒的表现

水银［汞（Hg)］，为液态银白色金属，常温下即能蒸发。水银蒸气具有很大的毒性，

通过人的呼吸道可进入神经系统，造成中毒症状。如果不小心碰到皮肤上也能进入体内，更是损害身体的健康。水银会损伤大脑，甚至可能损伤生殖系统造成畸形后代。金属汞被消化道吸收甚微，一般不会引起中毒。

水银中毒的一般症状如头痛、疲乏、健忘和精神异常等，其他特殊症状，如感觉异常：口周围和肢端麻木、感觉障碍、语言障碍、步态不稳、视野缩小、听力障碍，以及肌肉萎缩、肌痉挛等。

慢性汞中毒者会有一种特殊的精神状态，表现为易激动、口吃、焦虑、思想不集中、记忆力减退，精神压抑等。此外胃肠道、泌尿系统、皮肤、眼睛均可出现一系列症状。急性汞中毒其症候为肝炎、肾炎、蛋白尿、血尿和尿毒症。

2. 水银中毒治疗措施

(1) 口服汞中毒者，应及早用碳酸氢钠溶液或温水洗胃催吐，然后口服牛奶，蛋清或豆浆，以吸附毒物。需注意的是，切忌用盐水，否则，即有增加汞吸收的可能。

(2) 吸入汞中毒者，应立即撤离现场，换至空气新鲜，通风良好处，有条件的还应给氧气吸入。

(3) 有吞咽困难者，应当禁食，并口服绿豆汤、豆浆水、麻油三种物质混合的液体。

(4) 注意口腔护理，对抽搐，昏迷者，应及时清除口腔内异物，保持呼吸道的通畅。

(5) 汞从伤口处进入人体后，应当立即停止使用汞溴红溶液。

第四节　职业性慢性苯中毒的表现和防治

一、苯

苯是一种常见而且重要的化工原料，广泛用于制造苯乙烯、染料、药物、农药、炸药，还可用于油漆、油墨、树脂、人造革、粘胶等。从事上述作业的人员都有可能接触苯。

二、职业性慢性苯中毒的表现

职业性慢性苯中毒是指劳动者在职业活动中由于接触苯或含苯化合物而引起的健康损害。苯主要经呼吸道进入体内，如果在职业活动中没有做好防护就有可能引起苯中毒。短期内吸入高浓度苯，可能产生急性中毒，主要损伤中枢神经系统；长期吸入低浓度苯，主要影响造血组织和神经系统。临床上见得更多的是慢性苯中毒，临床表现有头痛、头晕、乏力、多梦、记忆力减退等神经衰弱综合征，特征性的改变是造血系统改变：

1. 轻中度中毒

最常见、多见的表现为白细胞减低或血小板减少。

2. 重度中毒

依据临床表现的不同又可分为：①全血细胞减少；②再生障碍性贫血；③骨髓增生异常综合征；④白血病。

3. 其他表现

部分患者以皮肤黏膜的出血症状为主要表现，有些女性则可能以月经失调为主要或首要表现。

三、苯中毒的治疗和防治

苯中毒的治疗至今尚无特效解毒药，主要为对症支持治疗。慢性中毒者必须脱离苯和含苯的作业环境，对症治疗神经衰弱综合征，纠正贫血，应用升高白细胞药物等。再生障碍性贫血按内科治疗原则，轻者可用丙酸睾酮，并有溶血反应者，可短期应用大量糖皮质激素；重者，有可能的可作异基因骨髓移植等。骨髓异常增生综合征及白血病患者，可行抗肿瘤化疗。

苯中毒虽无特效解毒药，但是完全可以预防的，并需采取综合防治措施。

(1) 尽量做到生产过程密闭化、自动化，防止跑、冒、滴、漏，使用机械通风；用无毒或低毒物质代替苯作溶剂等。

(2) 在高浓度苯存在的场所作业，佩戴有效的防毒口罩或面罩，按规定对作业场所进行苯浓度监测、检测。

(3) 特别要做好作业工人的健康监护工作，上岗前健康体检可以发现并防止患有职业禁忌症的人员上岗；在岗期间体检，可以及时发现职业健康损害，及时调离，积极诊治。

第五节　四氯化碳中毒表现和急救预防措施

一、四氯化碳的特性和用途

1. 四氯化碳的特性

四氯化碳又称四氯甲烷，是无色有特臭的透明液体，极易挥发。在有催化剂碘存在的情况下，以干燥氯气通入二硫化碳中，再行分馏而制得。分子式：CCl_4。相对分子质量：153.84。熔点：－22.6℃。沸点：76.8℃。饱和蒸汽压：13.33kPa（23℃）。相对密度（水＝1）：1.60，相对密度（空气＝1）：5.3。溶解度：微溶于水，易溶于多数有机溶剂。不燃烧，受热分解能放出剧毒的光气。与二甲基酰胺可发生剧烈反应。

2. 四氯化碳主要用途

四氯化碳用于制造二氯二氟甲烷和三氯氟甲烷制冷剂、杀虫剂，也用作有机溶剂、纤维的脱脂剂、香料的浸出剂。

二、四氯化碳中毒表现

吸入高浓度的四氯化碳蒸气，出现鼻、眼、咽、喉和呼吸道黏膜的刺激症状，脱离接触后数小时即可减轻。随后可出现中枢神经系统抑制和胃肠道刺激症状。表现为头痛、头晕、抑郁、精神恍惚、步态蹒跚、恶心、呕吐、腹痛和腹泻。继之出现肝和肾损害。食欲减退，发热、肝肿大并伴有压痛、黄疸和肝功能异常。少数病例尚可有末梢神经炎、球后视神经炎的表现。轻度中毒者，表现为神经衰弱综合征及胃肠功能紊乱，重症者可有肝、肾损伤，个别病人出现球后神经炎。皮肤可因脱脂而干燥、皲裂。

三、紧急救护措施

迅速脱去污染的衣服，用流动清水彻底冲洗。眼睛接触时立即提起眼睑，用大量流动清水或生理盐水冲洗。吸入冲毒者，迅速脱离现场至空气新鲜处。呼吸困难时给吸入氧气。呼吸停止时，立即进行人工呼吸。误服者给饮大量温水，催吐，洗胃，就医。

四、预防措施

(1) 生产过程要严格密闭。应避免四氯化碳与火焰或高热表面接触。

(2) 使用四氯化碳时应加强通风。

(3) 工作现场禁止吸烟、进食和饮水。工作后，淋浴、更衣。对作业工人应进行就业前和定期的体检。

（4）由于四氯化碳是很好的有机溶剂，有的工人手沾机油时，使用四氯化碳洗手、洗涤工作服，这是非常危险的做法。

（5）用四氯化碳清洗设备零件时应在很好的防护措施下进行。

（6）空气中四氯化碳浓度超过《工作场所有害因素职业接触限值　第1部分：化学有害因素》（GBZ 2.1—2019）规定的工作场所有害因素职业接触限值（PC-TWA）15mg/m^3 时，必须佩戴防毒面具。紧急事态抢救，事故现场处理时，戴空气呼吸器，穿相应的防护服，戴防化学品手套。PC-TWA 表示时间加权平均容许浓度（Permissible Concentration-Time Weighted Average，PC-TWA），指以时间为权数规定的 8h 工作日的平均容许接触水平。

（7）发生泄漏事故时，疏散泄漏污染区人员至安全区，污染区周围设立警示标志。应急处理人员戴空气呼吸器，穿化学防护服。在确保安全的情况下堵漏。用活性炭或其他惰性材料吸收，然后收集运至废物处理场所处置。

第六节　氯中毒事故防范措施和急救操作

一、防止氯中毒事故的措施

（1）氯气室屋顶，应设有足够的淋水设施（水门应装在室外）和排气风扇。加液氯工作应由两人进行。

（2）氯瓶应涂有暗绿色“液氯”字样的明显标志。严禁将氯瓶放在烈日下曝晒和用明火烤。应采用淋水法增加氯气挥发量，但水温不宜过高，严禁用沸水浇氯瓶安全阀。

（3）应用 10%氨水检查储氯设备有无泄漏，如有泄漏应及时处理，漏氯处不应与水接触，防止腐蚀。

（4）拆卸加氯机时，检修人员应尽可能站在上风位置，如感到身体不适时，应立即离开现场，到空气流通地方休息。

（5）在用酒精擦洗加氯机零件时，严禁烟火。

（6）加氯机检修工作结束后，应由专人对所有接头逐个检查，防止漏装错装，并用氨水检漏。

二、紧急救护措施

（1）当有大量氯气漏出时，工作人员应立即戴上防毒面具，关闭门窗，开启室内淋水阀门，将氯瓶放入碱水池中。最后，用排气风扇抽出余氯。

（2）受氯气轻微中毒仍能行动者，应立即离开现场，口服复方樟脑酊解毒，并在胸部用冷湿敷法救护；中毒较重者应吸氧气；如已昏迷者，应立即施行人工呼吸法，并通知医务人员急救。

三、氯气中毒的表现

当吸入氯气中毒后，呼吸道、肺脏和机体将发生一系列病理变化，急性氯气中毒在临床上依据呼吸系统损害的严重程度，分为刺激反应、轻度、中度和重度中毒。

1. 氯气刺激反应

出现一过性的眼及上呼吸道刺激症状。肺部无阳性体征或偶有少量干性啰音，一般 24h 内消退。

2. 轻度中毒

主要表现为支气管炎或支气管周围炎，有咳嗽、咳少量痰、胸闷等。两肺有散在干性啰音或哮鸣音，可有少量湿性啰音。肺部X线表现为肺纹理增多、增粗、边缘不清，一般以下肺叶较明显。经休息和治疗，症状可于1～2天内消失。

3. 中度中毒

主要表现为支气管肺炎、间质性肺水肿或局限的肺泡性肺水肿。眼及上呼吸道刺激症状加重，胸闷、呼吸困难、阵发性呛咳、咯痰，有时咯粉红色泡沫痰或痰中带血，伴有头痛、乏力及恶心、食欲不振、腹痛、腹胀等胃肠道反应。轻度紫绀，两肺有干性或湿性啰音，或两肺弥漫性哮鸣音。上述症状经休息和治疗2～10天逐渐减轻而消退。

4. 重度中毒

在临床表现或胸部X线所见中，具有下列情况之一者，即属重度中毒。

(1) 临床上出现：①吸入高浓度氯数分钟至数小时出现肺水肿，可咯大量白色或粉红色泡沫痰，呼吸困难、胸部紧束感，明显紫绀，两肺有弥漫性湿性啰音；②喉头、支气管痉挛或水肿造成严重窒息；③休克及中度、深度昏迷；④反射性呼吸中枢抑制或心跳骤停所致猝死；⑤出现严重并发症如气胸、纵隔气肿等。

(2) 胸部X线表现：主要呈广泛、弥漫性肺炎或肺泡性肺水肿。有大片状均匀密度增高阴影，或大小与密度不一，边缘模糊的片状阴影，广泛分布于两肺野，少量呈蝴蝶翼状。重度氯中毒后，可发生支气管哮喘或喘息性支气管炎。后者是由于盐酸腐蚀形成的机化瘢痕所致，难以恢复，并可发展为肺气肿。

根据短期内吸入大量氯气后迅速发病，结合症状、体征、胸部X线表现综合分析，排除其他原因引起的呼吸系统疾病，方可诊断为急性氯气中毒。

第七节　铅中毒事故防范措施和急救操作

一、铅及其化合物的特性

1. 铅

铅（Pb），灰白色金属，原子量207.20，比重11.34，熔点327.5℃，沸点1620℃，加热至400～500℃时，即有大量铅蒸汽逸出，并在空气中迅速氧化成氧化亚铅，而凝集为铅尘。随着熔铅温度的升高，可进一步氧化为氧化铅、三氧化二铅、四氧化三铅，但都不稳定，最后离解为氧化铅和氧。

2. 铅的化合物

铅的化合物，如氧化铅（又称黄丹、密陀僧）、四氧化三铅（又称红丹）、二氧化铅、三氧化二铅、硫化铅、硫酸铅、铬酸铅（又称铬黄）、硝酸铅、硅酸铅、醋酸铅、碱式碳酸铅、二盐基磷酸铅、三盐基硫酸铅等分别用于油漆、颜料、橡胶、玻璃、陶瓷、釉料、药物、塑料、炸药等行业，铅化合物均以粉尘形式逸散。

铅酸蓄电池生产中的有害物质有铅、硫酸、炭黑、硫磺、沥青等。其中接触铅和硫酸的人员最多，这两种物质对操作者的危害也很严重。我国目前已将铅中毒、炭黑尘肺、牙酸蚀病列入法定职业病名单之中。

二、铅的侵入途径及危害

铅及其化合物的侵入途径，主要是呼吸道，其次是消化道，完好的皮肤不能吸收。

1. 呼吸道

通常以蒸汽、烟及粉尘形态进入，其吸入的铅量，随着尘粒的大小而有差异，如尘粒在0.27μm时吸入率达54%。一般说，吸入的铅大部分仍随呼气排出，仅35%～50%吸入人体内。

2. 消化道

主要来自在铅作业场所进食、饮水。

三、铅对人体的毒性作用

铅对人体各个部位均有毒性作用：铅可以造成血红素的合成障碍，从而引起贫血；还可导致血管的痉挛，并引起铅中毒的一些明显症状，如腹绞痛、中毒性脑病、神经麻痹等。腹绞痛进可伴有视网膜小动脉痉挛和高血压，患有面色苍白，即所谓“铅容”，这是皮肤血管收缩所致。铅中毒性脑病是一种高血压病，是脑血管痉挛、脑贫血、脑水肿等引起的。铅中毒后最常见的症状是神经衰弱、肠胃的消化不良，还可发生麻痹和中毒性脑病，如短时间接触高浓度铅可引起剧烈的腹绞痛和中毒肝炎。

四、硫酸的侵入途径及危害

硫酸的侵入途径主要是硫酸雾由呼吸道吸入，对操作人员的牙齿和上呼吸疲乏造成伤害。目前列入法定职业病名单中的为牙酸蚀病，呼吸道的地敏性炎症虽然未列入法定职业病之中，但也应受到关注。

五、炭黑和沥青的侵入途径及危害

炭黑主要通过呼吸道和皮肤对人体造成危害。人体长期吸入炭黑，肺部组纷呈会发生纤维化病变，使肺部组织逐渐硬化，失去正常的呼吸功能，造成炭黑的尘肺病（法定职业病的一种）。炭黑粉尘的粒径为0.5～5μm时，对人体危害最大，严重污染全身时对皮肤有刺激。

沥青烟和粉尘可经呼吸道和皮肤而引起中毒，发生皮炎、视力模糊、眼结膜炎、胸闷、心悸、头痛等症状。沥青烟中所含的“3、4苯并芘”能导致皮肤癌、肺癌、胃癌和食道癌。

六、有害物质的形态特征及其分布

1. 有害物质的形态特征

铅酸蓄电池生产企业的所有生产工序均不同程度地产生以铅尘、铅烟为主的有害物质，少部分工序还有硫酸雾的溢散。

电池极板在充电过程中以稀硫酸为电解液的温度能够达到40～50℃时，即有硫酸蒸气溢出。当充电过程进入中后期，充电槽内会冒出大量气泡，电解液呈“沸腾”状态，此时，硫酸雾的蒸发量最大。

沥青是一种棕黑色的有机胶凝状物质，包括天然沥青、石油沥青、页岩沥青和焦油沥青4种。主要成分是沥青质和树脂，其次有高沸点矿物油和少量的氧、硫和氮的化合物。4种沥青中以焦油沥青危害最大。沥青加热呈流质状态时产生大量烟气，其中含致癌物质“3、4苯并芘”高达2.5%～3.5%，高温处理时随烟气一起挥发出来。

炭黑是铅酸蓄电池铅膏添加剂，以轻质粉尘的形态出现，其粒径一般在1μm以下。

2. 有害物质的分布

（1）铅烟是含铅物质中对操作者危害最大的一种形态。在铅酸蓄电池生产工序中，铅合金配制、板栅制造、铅零件制造、铸造球（或切块）、化成焊接、极群焊接、端子焊接等工序主要以铅烟的危害性为主。而各焊接工序产生焊接铅烟的部位往往处于操作者的近前下方，高浓度的铅烟极易被操作者直接吸入。同时，铅烟可以在通风较差的车间空气中长时间留存。现有技术水平对铅烟的治理难度均大于其他形态的含铅有害物质。

(2) 铅尘的产生工序。铅尘是含铅物质中对操作者构成危害的另一种形态，可以通过呼吸道和食道进入人体。它的产生源主要分布在铅粉制造、和膏、涂板、灌粉、插板、分板、极群配组等工序。产尘方式主要是因震动使含铅粉尘溢散到空气中，当生产场所通风除尘设备运行不良时，地面或设备表面的集尘可形成二次扬尘。

(3) 沥青烟的产生工序。沥青烟产生于铅酸蓄电池橡胶隔板添加剂配制、电池槽封口胶配制和电池封口胶烧灌作业工序。由于沥青在融化过程中不易流动，导热性较差。在加热过程中需要不停地搅拌，尤其在手工搅拌时操作人员会大量吸入沥青烟。

(4) 炭黑粉尘的产生工序。炭黑粉尘主要产生在铅粉辅料的配置过程中。配料时的搬动、称量、搅拌都会大量击起轻质炭黑粉尘的飞扬，其次在和膏操作的投加辅料过程中也会有含炭黑的辅料粉尘溢散。

七、控制措施

1. 管理措施

(1) 健全机构、管理制度并配备专管人员。

(2) 坚持对从业人员进行教育和培训。职业健康安全教育培训是提高企业职业健康安全管理水平的基础工作，除新职工的三级教育以外，还必须进行经常性的专业知识的教育和培训。

(3) 定期进行职工健康状况检查和车间空气卫生监测。

(4) 危害告知。

(5) 加强生产现场管理。在接触有毒有害物质的生产现场应做到：

1) 设置职业病危害警示标识。

2) 监督检查生产作业现场人员规范使用个人劳动防护用品。

3) 定时检查通风、除尘（烟）设备的运行状况，定期测试其功效。

4) 实施“湿式作业”，班后清理地面、墙壁和设备表面的积尘。

5) 坚持实施“5S”（整理、整顿、清扫、清洁、素养）管理。

6) 清洁水与回用水管道分别输送并标志明显。

7) 保持现场清洗、消毒器具完好。

2. 技术措施

(1) 消除有害物质的产生。通过工艺改革将危害程度降低或消除部分工序的有害物质，例如，极板化成工序采用铅条焊接作业方式连接生极板时会产生大量高浓度的铅烟，对焊接工人构成极大的危害。应用不焊接化成工艺不仅可以消除铅烟危害，还能减轻劳动强度。

(2) 降低有害物质的浓度。改进生产工艺和生产设备，降低单位电池容量耗铅比率，对产生有害物质的设备密闭化，生产作业现场强制通风，生产设备局部吸尘、有害物质收集净化等。

(3) 使用高效率的除尘净化设备是降低作业现场空中有害物质浓度最有力的补充措施。在烟、尘或雾的生产场所应根据捕捉对象设置滤筒式、滤网式、水雾喷淋式或高压静电式以及湍球式等不同的除尘净化设备，以适应有害物质的形态，提高除尘效率。

3. 个人防护措施

个人防护及保健措施包括有害作业过程中的防护措施、作业结束后的防护措施以及个人生活中的保健措施。

（1）有害作业过程的个人防护措施。作业过程中的个人防护措施主要包括头面部护具、全身工作服、手足护具的规范使用以及禁止在工作场所吸烟和进食。在配发防护用品时应针对有害物质特征和防护要求按需、按时发放。生产作业过程中，硫酸雾、炭黑粉尘等有害物质由于具有强烈的刺激性或显著的形态特征，操作人员在工作中不做好有效的防护会自觉地感到无法承受，因而能够做到规范地使用个人劳动防护用品。但铅作业场所则不同，由于含铅烟尘没有明显的刺激性，并且较少发生急性中毒现象。操作者容易忽视个人防护用品的使用，尤其容易忽视呼吸防护用具的使用。

（2）作业结束后的防护措施。作业结束后要做到：

1）及时用含3%的醋酸溶液洗手，消除粘附在手上的铅粉。

2）及时更换或清洗防护用品，可以多次使用的防护用品尽量缩短洗涤周期。

3）离开厂区前淋浴洗涤全身，尤其夏季穿着较薄的工作服时更要注意对全身的清洗。

4）淋浴后更衣，将工作服存放在单独分隔的衣柜内，不要与日常服装混放。禁止将受到污染的工作服带回家中或宿舍存放或洗涤。

4. 个人生活中的保健措施

（1）有害作业人员作息时间要规律化，适当参加体育锻炼，提高身体素质。

（2）在饮食上适当增加蛋白质、含钙食品及维生素C的摄入量，控制不良嗜好。酒精能破坏人体血液中的铅含量与骨骼中的铅含量的平衡，酗酒后人体骨骼中的铅将加速向血液中迁移，会造成急性中毒症状发生。因此，应劝阻铅作业人员不饮酒。

（3）有害作业人员自主健康监护也是必要的措施之一。当感觉身体发生异常现象时，如口内金属味、食欲不振，上腹部胀闷、不适，腹隐痛和便秘，记忆力减退或牙齿过敏性酸疼、长期咳嗽等，应及时到职业病医疗机构进行诊治。

八、职业性铅中毒及其易患行业和人群

职业性铅中毒，是指在铅接触行业工作的人们因铅在体内聚集而导致的急性或亚急性中毒。

我国工业、农业、交通运输的迅速发展，铅尘和烟雾污染了空气和水，各种工矿的废物排入农田，也由此进入人的食物链。由于空气和水的污染，蔬菜、粮食和水果都不同程度地被污染，铅每时每刻都在威胁着人类健康。

近年来，随着科技和工业现代化的发展，铅的应用范围越来越广泛，更加剧了铅污染的危险性及广泛性。据不完全统计，以下20种行业人群是易患职业铅中毒人群：铅矿开采及冶炼；蓄电池行业；制造含铅耐腐蚀化工设备、管道、构件、模具、镀料、极板涂料行业；交通运输行业，如火车轴承挂瓦、桥梁工程、船舶制造业等接触铅蒸气；制造放射线防护材料；钱币制造业；电力与电子行业，如熔丝、电缆制造、电视和电话外壳、含铅焊锡、电子显像管的制造等；军火工业；部队导弹、炮弹试射；化工行业；食品行业，如罐头生产中的焊锡过程等；油漆、油墨、颜料行业；建筑工业；橡胶工业；塑料工业；农药工业界；石油工业；玻璃、景泰蓝、陶瓷工业；自业水管与暖气管道的连接（铅白）；金属制品加工业，如金属集装箱制造。

另外，长期在大城市交通繁华的道路上值勤的民警，在铅冶炼厂区附近生活的居民也是易患职业铅中毒人群。

九、铅中毒临床表现

职业性铅中毒通常呈慢性，铅中毒的临床指标主要是尿铅超过0.08mg/L，血铅超过50μg/t，职业史和临床症状是诊断的依据。职业性铅中毒临床上有神经、消化、血液等系统

的综合症状。

1. 神经系统

主要表现为神经衰弱、多发性神经病和脑病。

(1) 神经衰弱是铅中毒早期和较常见的症状之一，表现为头昏、头痛、全身乏力、记忆力减退、睡眠障碍、多梦等，其中以头昏、全身乏力最为明显，但一般都较轻，属功能性症状。尚有不少早期铅中毒者，上述症状也不明显。

(2) 多发性神经病可分为感觉型、运动型和混合型。感觉型的表现为肢端麻木和四肢末端呈手套袜子型感觉障碍。运动型的表现为：肌无力，先是握力减退出现较早，也较常见，进一步发展为肌无力，多为伸肌无力；肌肉麻痹，也称铅麻痹，多见于桡神经支配的手指和手腕伸肌呈腕下垂，亦称垂腕症；腓骨肌、伸趾总肌、伸庶趾肌节呈足下垂，亦称垂足症。

(3) 脑病为最严重的是铅中毒，表现为头痛、恶心、呕吐、高热、烦躁、抽搐、嗜睡、精神障碍、昏迷等症状，类似癫痫发作、脑膜炎、脑水肿、精神病或局部脑损害等综合征。国内由于劳动条件改善，较少发生。

2. 消化系统

轻者表现为一般消化道症状，重者出现腹绞痛。

(1) 消化道症状包括口内有金属味，食欲不振，上腹部胀闷、不适，腹隐痛和便秘，大便干结呈算盘珠状。

(2) 铅绞痛发作前常有顽固性便秘作为先兆。腹绞痛处多在脐周突然发作，呈持续性痛，阵发时加重，每次发作从数分钟至几小时。因疼痛剧烈难忍，常弯腰屈膝，辗转不安，手按腹部以减轻疼痛。同时，面色苍白，全身冷汗，可有呕吐。检查时，腹部平坦柔软，可有轻度压痛，无固定压痛点，肠鸣音减少，常伴有暂时性血压升高和眼底动脉痉挛。

3. 血液系统

主要是铅干扰血红蛋白合成过程而引起其代谢产物变化，如血 δ-ALAD 活性降低，尿 δ-ALA 增多，尿 CP 增多，血 FEP、ZPP 增多等，最后导致贫血，多为低色素正常红细胞型贫血。

4. 其他系统

铅对肾脏的损害多见于急性、亚急性铅中毒或较严重慢性病例，出现氨基酸蛋白尿、红细胞、白细胞和管型及肾功能减退，提示中毒性肾病，伴有高血压。女工对铅较敏感，特别是孕期和哺乳期，可引起不育、流产、早产、死胎及婴儿铅中毒。男工可引起精子数目减少、活动减弱及形态改变。此外，尚可引起甲状腺功能减退。

十、铅中毒预防措施

1. 采用工程技术措施，控制铅有害因素的扩散

(1) 采用适当的生产工艺，包括加料、出料包装等方法，以减少空气污染，储存中注意温度、湿度，用低毒物质代替高毒物质。

(2) 对粉尘、有毒蒸汽或气体的操作在密闭情况下进行，辅以局部吸风，有热毒气发生时，可采用局部排气罩，控制职业性铅有害因素的扩散。

(3) 采取远距离操作、自动化操作，辅以个人防护用品，防止直接接触。

2. 控制职业性铅有害因素的作用条件

职业有害因素的作用条件是能否引起职业病的决定性前提之一。其中最主要的是接触机会

和作用强度（剂量），决定接触机会的主要因素是接触时间。因此，在保护职业人群健康时，还应考虑作用条件，能否改善环境措施，严格执行卫生标准来达到控制职业性铅有害因素。

3. 控制人的因素

（1）加强健康监护。健康监护的基本内容包括健康检查、健康监护档案建立、健康状况分析和劳动能力鉴定等。

1）健康检查包括就业前健康检查和定期健康检查。就业前健康检查是指对准备从事某种作业人员进行的健康检查，目的在于了解受检查者就业前健康状况和各项基础数据，发现职业禁忌症。对犯有血液病、贫血、神经系统器质性疾患，肝、肾器质性疾患者，不能从事有铅行业岗位的工作。

2）健康监护档案主要包括：①职业史和病史；②家族史（重点是遗传性疾病史）；③基础健康资料，重点有就业前有关指标的水平；④接触职业性铅有害因素及水平；⑤与职业有关的监护项目；⑥其他，包括嗜好及生活方式。健康监护卡应每个工人一份，编号保管。

（2）加强个人防护。个人防护用具包括呼吸具（防尘防毒用的口罩、面罩）、面盾（防紫外线）、防护服（防酸、碱、高温）、手套（防振动）、鞋等，应根据危害接触情况而选用。

（3）食用保健膳食。为增强机体抵抗力，保护受职业危害作用的靶组织、靶器官，应根据接触职业性铅有害因素作用性质和特点，适当补充某些特殊需要的营养成分。食物中存在多种成分，具有螯合铅和抗铅损伤的作用。苜蓿富含维生素、矿物质及其他有用的营养素，并对身体有解毒作用。成人可试服芦荟汁，早上喝半杯，睡前喝半杯可柔和肠运动，并协助将金属从消化道中清除。此外，可补充卵磷脂颗粒或胶囊、硒和谷胱甘肽等。铁、锌、铜、硒、锗等对铅的毒性均有一定的拒抗作用。这些营养毒富含在水果和蔬菜中，例如，刺梨、沙棘、猕猴桃、海带、洋葱和蒜头等。因此，铅接触人群应多摄入水果和蔬菜。每日理想的配餐应包括3～5种以上蔬菜，2～3种以上水果，颜色不要一样。尽量多吃富含果酸、维生素C及生物黄酮的水果，它们有助于拒抗铅损伤和去除体内的铅。

4. 加强健康教育

使人们正确认识职业性铅有害因素，提高自我保健意识，自觉参与预防，并做好个人卫生和培养良好的卫生习惯，不在车间内吸烟、用餐。

5. 生产环境监测

生产环境监测是识别、评价职业有害因素有的一个主要依据。其目的是掌握生产环境中职业性铅危害的性质、种类、强度（浓度）及其时间、空间的分布状况，为评价职业环境是否符合卫生标准提供依据；为研究接触水平—反应关系提供基础资料；鉴定预防措施的效果等。为此，应根据生产实际情况及监测目的，建立定期监测制度及卫生档案制度。

第八节　氩弧焊烟尘吸入人体的防护措施

（1）焊接工作场所应有良好的通风。

（2）焊工应戴防护眼镜、静电口罩或专用面罩，以防臭氧、氮氧化合物及金属烟尘吸入人体。

（3）焊接时应减少高频电流作用时间，使高频电流仅在引弧瞬时接通，以防高频电流危害人体。

（4）氩弧焊所用的铈、钍、钨极应放在铅制盒内。氩弧焊时应尽量采用放射性元素少的铈钨电极，在磨钨极时应戴口罩和手套，磨完钨极后应洗脸和洗手。

（5）操作时应先开冷却水管阀门，确认回流管里已有冷却水回流时，打开氩气阀门，再打开焊枪点弧开关；熄火的操作步骤与上述相反，以防铈、钍、钨极烧坏挥发。

第九节　磷酸酯抗燃油中毒防范措施和急救操作

一、防止磷酸酯抗燃油中毒的措施

（1）从事磷酸酯抗燃油工作的人员应熟悉磷酸酯抗燃油的特性，工作时应穿工作服，戴手套及口罩。现场严禁吸烟和吃东西。

（2）试验室应有良好的通风条件，加热应在通风橱中进行。

（3）磷酸酯抗燃油如有泄漏迹象，应采取以下措施：

1）消除泄漏点。

2）采取包裹或涂敷措施，覆盖绝热层，消除多孔性表面，以免磷酸酯抗燃油渗入保温层中。

3）将泄漏的磷酸酯抗燃油通过导流沟收集。

4）如果磷酸酯抗燃油渗入保温层并着火，应使用二氧化碳及干粉灭火器灭火，不应用水灭火，磷酸酯抗燃油燃烧会产生有刺激性的气体，除产生二氧化碳、水蒸气外，还可能产生一氧化碳、五氧化二磷等有毒气体。因此，现场宜配备供氧装置或防毒面具，防止吸入对身体有害的烟雾。

（4）废磷酸酯抗燃油的处理方法。

1）不准随意排放磷酸酯抗燃油。对报废以及洒落的磷酸酯抗燃油应妥善处理。

2）对于退出运行的磷酸酯抗燃油，宜再生利用，如果没有再生利用价值，应采取返回制造厂回收或高温焚烧的方法处理。

3）对于撒落的磷酸酯抗燃油应收集，如果难以收集，用锯末或棉纱汲取收集，采取高温焚烧的措施处理。

二、急救操作

人体接触磷酸酯抗燃油后，应采取以下处理措施：

（1）误食处理：一旦吞进磷酸酯抗燃油，应立即采取措施将其呕吐出来，然后到医院进一步诊治。

（2）误入眼睛内：立即用大量清水冲洗，再到医院治疗。

（3）皮肤沾染：立即用水、肥皂清洗干净。

（4）吸入蒸汽：立即脱离污染气源，送往医院诊治。

第十节　呼吸器官防护用品的正确使用

一、呼吸器官防护用品的作用和分类

呼吸器官防护用品是为防御有害气体、蒸汽、粉尘、烟、雾从呼吸道吸入，直接向使用者供氧或清洁空气，保证尘、毒污染或缺氧环境中作业人员正常呼吸的防护用品。

呼吸器官防护用品主要有防尘口罩和防毒口罩（面罩）。

二、防尘口罩、面罩的使用

（1）作业场所除粉尘外，还伴有有毒的雾、烟、气体或空气中氧含量不足18%时，应选用隔离式防尘用具，禁止使用过滤式防尘用具。

（2）淋水、湿式作业场所。选用的防尘用具应带有防水装置。

（3）劳动强度大的作业，应选用吸气阻力小的防尘用具。有条件时，尽量选用送风式口罩或面罩。

（4）使用前要检查部件是否完整，如有损坏必须及时整理或更换。此外，应注意检查各连接处的气密性，特别是送风口罩或面罩，看接头、管路是否畅通。

（5）佩戴要正确，系带和头箍要调节适度，对面部应无严重压迫感。

（6）复式口罩和送风口罩头盔的滤料要定期更换，以免增大阻力。电动送风口罩的电源要充足，按时充电。

（7）各式口罩的主体（口鼻罩）脏污时，可用肥皂水洗涤。洗后应在通风处晾，切忌暴晒、火烤，避免接触油类、有机溶剂等。

（8）防尘用具宜专人专用。使用后及时装塑料袋内，避免挤压、损坏。

（9）对于长管面具，在使用前应对导气管进行查漏，确定无漏洞时才能使用。导气管的进气端必须放置在空气新鲜、无毒无尘的场所中。所用导气管长度以10m内为宜，以防增加通气阻力。当移动作业地点时，应特别注意不要猛拉、猛拖导气管，并严防压、戳、拆等不良行为。

三、防毒口罩、面具的使用

1. 防毒口罩、面具的分类和适用场合

防毒面具、口罩可分为过滤式和隔离式两类。过滤式防毒用具是通过滤毒罐、盒内的滤毒药剂滤除空气中的有毒气体再供人呼吸。因此劳动环境中的空气含氧量低于18%时不能使用。通常滤毒药剂只能在确定了毒物种类、浓度、气温和一定的作业时间内起防护作用。所以过滤式防毒口罩、面具不能用于险情重大、现场条件复杂多变和有两种以上毒物的作业。隔离式防毒用具是依靠输气导管将无污染环境中的空气送入密闭防毒用具内供作业人员呼吸。它使用于缺氧、毒气成分不明或浓度很高的污染环境。

2. 防毒口罩、面具的正确使用

（1）使用防毒口罩时，严禁随便拧开滤毒盒盖，避免滤毒盒剧烈震动，以免引起药剂松散；同时应防止水和其他液体滴溅到滤毒盒上，否则降低防毒效能。

（2）使用防毒口罩过程中，对有臭味的毒气，当嗅到轻微气味时，说明滤毒盒内的滤毒剂实效。对于无味毒气，则要看安装在滤毒盒里的指示纸或药剂的变色情况而定。一旦发现防毒药剂失效，应立刻离开有毒场所，并停止使用防毒口罩，重新更换药剂后方可使用。

（3）佩戴防毒口罩时，系带应根据头部大小调节松紧，两条系带应自然分开套在头顶的后方。过松和过紧都容易造成漏气或感到不舒服。

（4）防毒面具使用中应注意正确佩戴，如头罩一定要选择合适的规格，罩体边缘与头部贴紧。另外，要保持面具内气流畅通无阻，防止导气管扭弯压住，影响通气。

（5）当在作业现场突然发生意外事故出现毒气而作业人员一时无法脱离时，应立即屏住气，迅速取出面罩戴上；当确认头罩边缘与头部密合或佩戴正确后，猛呼出面具内余气，方可投入正常使用。

(6) 防毒面具某一部件损坏，以致不能发挥正常作用，而且来不及更换面具的情况下，使用者可采取下列应急处理方法，然后迅速离开有毒场所：

1) 头罩或导气管发现孔洞时，可用手捏住。若导气管破损，也可将滤毒罐直接与头罩连接使用，但应注意防止因罩体增重而发生移位漏气。

2) 呼气阀损坏时，应立即用手堵住出气孔，呼气时将手放松吸气时再堵住。

3) 发现滤毒罐有小孔洞时，可用手，黏土或其他材料堵塞。

(7) 使用后的防毒面具，要清洗、消毒、洗涤后晾干，切勿火烤、暴晒，以防材料老化。滤毒罐用后，应将顶盖、底塞分别盖上、堵紧，防止滤毒剂受潮失效。对于失效的滤毒罐，应及时报废或更换新的滤毒剂和作再生处理。

(8) 一时不用的防毒面具，应在橡胶部件上均匀撒上滑石粉，以防黏合。现场备用的面具，放置在专用的柜内，并定期维护和注意防潮。

四、氧气呼吸器的正确使用

1. 使用前的全面检查

氧气呼吸器是一种与外部空气隔绝、依靠自身供给氧气的防毒面具。在使用前应全面检查一遍，确认达到下列要求方可使用：

(1) 氧气瓶内的氧气压力，应保持在 980N/cm^2 以上。

(2) 清净罐内装填的氢氧化钙吸收剂应为粉红色圆柱状颗粒。如变为淡黄色，即为失效，应及时更换。

(3) 应注意各密封垫圈是否齐全，啮合程度、阀门是否良好，自动排气阀工作是否正常，以及手动按钮供氧是否有效。

2. 正确使用方法

(1) 使用时，先打开氧气瓶阀门，检查压力表的数值，估计使用时间。然后按动补给按钮数次，以清除气囊内原积存气体。再戴上头罩，检查找体边缘与头部密合情况。经确认各部件正常后，即可使用。

(2) 使用过程中，如感到供气不足，可用深长呼吸法，使自动补给器充氧。若仍感呼吸困难，应采用手动按钮补给氧气。当以上措施均无效时，应立即退出有毒场所。

(3) 使用中，应经常检查压力表的指示值。一旦氧气压力降至 245～296N/cm^2 时，应及时离开有毒场所。

3. 注意事项

(1) 注意避免与油类等可燃物料接触，并与火源保持足够的安全间距。

(2) 防止氧气呼吸器撞击和跌落，以免损坏部件。

(3) 险情重大的作业以及进入事故现场从事抢救，必须两人一组，以利于彼此关照。

(4) 使用后的氧气呼吸器，应及时通知专业人员检查，并进行头罩清洗、消毒、氧气瓶充气和更换清净罐内的氢氧化钙等工作，以备随时使用。

(5) 若长期搁置不用，应倒出清净罐内的氢氧化钙。所有橡胶部件均应涂以滑石粉，以防粘连。氧气瓶则应保留一定的剩余压力。

第十二章

中暑、溺水、动物咬伤事故防范措施和急救操作

第一节 高温中暑事故防范措施和急救操作

一、中暑及其分类

1. 中暑

中暑是在高温作业环境条件下，出现以体温调节中枢功能障碍、汗腺功能衰竭和水电解质丧失过多为主要表现的急性疾病。轻症中暑表现为头昏、全身乏力、面色潮红、大量出汗，体温在38.5℃以上；重症中暑可出现高热、肌肉痉挛和昏迷等症状。

2. 中暑症状

高温中暑症状一般为恶心、呕吐、胸闷、眩晕、嗜睡、虚脱，严重时抽搐、惊厥甚至昏迷。

(1) 先兆中暑。病人常常感到大量出汗、头晕、眼花、无力、恶心、心慌、气短、注意力不集中，定向力障碍。体温常常小于37.5℃。在离开高温作业环境进入阴凉通风的环境时，短时即可恢复正常。

(2) 轻症中暑。病人除有先兆症状外，有的表现为体温升高至38℃以上，皮肤灼热、面色潮红；面色苍白，呕吐，皮肤湿冷，脉搏细弱，血压下降等周围循环衰竭的表现，通常休息后体温可在4h内恢复正常。

(3) 重症中暑，上述症状进一步加重。中暑衰竭主要表现为皮肤苍白，出冷汗，肢体软弱无力，脉细速。血压下降，（收缩压降至80mmHg以下）呼吸浅快，体温正常或变化较小，意识模糊或昏厥。日射病主要表现为剧烈头痛、头晕、耳鸣、呕吐、面色潮红、头温40℃以上，体温一般正常，严重者昏迷。中暑高热主要表现为高热，体温高达40℃以上，伴有晕厥，皮肤干燥灼热，头痛、恶心、全身乏力，脉快，神志模糊，严重时引起脏器损害而死亡。

3. 中暑分类

(1) 热射病（中暑高热）。热射病是指人体受外界环境中热源的作用和体内热量不能通过正常生理性散热致使体内热蓄积引起的体温升高，临床表现主要是高热、无汗、意识障碍。多发生于高温作业数小时后，或耐热力下降的持续几天高温后中暑。热射病还有一种特殊的类型“日射病”，当在烈日下或强辐射下劳作，由于强烈光线和红外线长时间照射头部，引起头部温度升高，导致脑组织水肿，出现颅内高压的症状，主要表现为头晕、头痛、耳鸣、剧烈呕吐、烦躁，严重者出现昏迷、惊厥。

(2) 热痉挛（中暑痉挛）。由于过度出汗、体内水盐过量损失，使细胞外液渗透压降低，水转移至细胞内，肌肉细胞过度稀释，发生水肿，使肌肉产生疼痛性痉挛。热痉挛多见于高温环境从事体力劳动而有大量出汗的年轻人，年老者少见，炎热季节刚开始尚未热适应前。表现为严重的肌肉痉挛伴有肌肉收缩时疼痛，以四肢、咀嚼肌多见，痉挛肌肉呈对称性发作，时发时愈，但病人的体温正常。

(3) 热衰竭（中暑衰竭）。高热引起外周血管扩张，大量出汗，水盐丢失，血液浓缩，黏度增加，细胞呈高渗状态，水分进入细胞内，有效循环血量降低，机体为了代偿，促进散热，心排血量升高，心血管系统负荷增加，致使心功能或循环功能衰竭，脑短暂缺血，严重者可发生休克。这种类型的中暑常发生于老年人，及未能热适应者。起病急，先有头晕，头痛，突然昏倒，平卧并离开高温作业场所即清醒，体温轻度升高，无中枢神经损伤。

二、造成中暑的原因

1. 环境因素

发生中暑的外界因素主要为高温、高湿、风速小。在高温辐射作业环境（干热环境）和高温高湿作业环境（湿热环境）中易发生。同时也要注意有时虽然气温不高，湿度不大，但由于环境通风较差，也易发生中暑。

在城市中，各种高大建筑物影响空气流通，夏季空调的大面积使用，街道的狭窄及逐渐增多的车辆，各种仪器设备的使用，城市绿化面积的减少等原因，形成热岛效应，增加城市的气温。以及全球二氧化碳排放的增多，形成的温室效应，气温呈升高的趋势，这些原因均导致了中暑现象的增多。

2. 中暑伤员的自身因素

(1) 产热增加。如从事体力劳动和体育运动，以及患有发热、甲亢等代谢增加的疾病。

(2) 热适应差。如营养不良、年老体弱、孕产妇、过度疲劳、缺乏体育锻炼、睡眠不足、饮酒、饥饿以及突然进入旅游热区和高温环境。

(3) 散热障碍。如过度肥胖、穿紧身、透气性差的衣裤、先天性汗腺缺乏症、硬皮病、痱子、大面积烧伤病人恢复的瘢痕。另外，在使用抗胆碱药物、抗组胺药物、抗抑郁药物、B肾上腺素受体阻滞剂、利尿剂、吩噻嗪类等药物治疗期间，以及患有脱水、休克、心衰等疾病的患者，也是导致中暑的不可忽视的因素。

三、中暑的预防方法

(1) 进入电除尘器本体检修前，必须停止锅炉吸送风机运行，微开吸送风机出入口挡板。当本体内温度降至40℃以下时，方可进入本体工作。如因工作需要，本体内温度在40～50℃时，应根据自身身体情况轮流工作和休息。超过50℃时，严禁进入本体内工作。进入本体工作时，应由专人负责进出本体人员的管理登记工作，每次进出本体由本人签名。

(2) 躲避烈日暴晒。避免10点到16点这段时间在烈日下巡线或杆上作业。

这个时间段发生中暑的可能性是平时的10倍！尤其老年人、孕妇、有慢性疾病的人，特别是有心血管疾病的人，在高温季节要尽可能地减少外出。

(3) 遮光防护。如打遮阳伞，戴遮阳帽、太阳镜，涂抹防晒霜，准备充足的饮料。

(4) 补充水分。养成良好的饮水习惯，通常最佳饮水时间是晨起后、上午10时、下午3～4时、晚上就寝前，分别饮1～2杯白开水或含盐饮料（水2～5L加盐20g）。不要等口渴了才喝水，因为口渴表示身体已经缺水了。平时要注意多吃新鲜蔬菜和水果亦可补充水分。

(5) 充足睡眠。夏天日长夜短，容易感到疲劳。充足的睡眠，可使大脑和身体各系统都得到放松，既利于工作和学习，也是预防中暑的好措施。

(6) 增强营养。营养膳食应是高热量、高蛋白、高维生素 A、B1、B2 和 C。平时可多吃番茄汤、绿豆汤、豆浆、酸梅汤等。

(7) 备防暑药。随身携带防暑药物，如人丹、十滴水、藿香正气水、清凉油、无极丹等。一旦出现中暑症状就可服用所带药品缓解病情。

(8) 适时查体。提倡每年暑期来临前进行健康体检。凡发现有心血管系统器质性疾病、持久性高血压、溃疡病、活动性肺结核、肺气肿、肝肾疾病、甲状腺功能亢进、中枢神经系统器质性疾病、重病后恢复期及体弱者，要增强防护意识，不宜从事高温作业。

四、高温中暑急救操作技术

(1) 当发现有高温中暑者，应立即将中暑患者从高温区或强烈日晒环境中转移到阴凉通风处。

(2) 对于重症中暑伤员立即拨打 120 电话，给予吸氧，请求医务人员紧急救治。职业性中暑的诊断处置参见 GBZ 41。

(3) 让中暑伤员仰卧解开衣扣，脱去或者松开衣服，如衣服被汗水湿透，应更换干衣服，进行皮肤肌肉按摩，促进散热。

(4) 对于意识清醒的中暑患者或经过降温处理后清醒的中暑患者，可饮服绿豆汤、淡盐水、人丹、藿香正气水等解暑制剂。

(5) 视现场条件可采用以下方法为中暑患者降低温。

1) 用 15℃冷水擦浴患者身体。

2) 用湿毛巾覆盖患者身体。

3) 用电风扇对着中暑患者吹风。

4) 在中暑患者头部放置冰块。

第二节 溺水事故防范措施和急救操作

一、溺水

溺水是指在游泳、失足落水、车船事故或跳水自杀、发生水灾时，因大量水和泥沙堵塞呼吸道而发生窒息的伤害。溺水可在数分钟内致人死亡。自我保护意识欠缺，不懂游泳技术，场地缺乏安全设施或现场存在潜在的隐患，身患某种疾病（如在游泳时癫痫发作或下水后肌肉突然痉挛等），游泳前未做准备活动，溺水发生时不会自救或互救等，这些都是可能发生溺水事故的原因。造成溺水死亡的主要原因是窒息缺氧。淡水在人体内能很快经消化系统循环吸收，溺水者大都是憋气憋不下去后呼吸呛水，人体的气管和肺叶能容纳的水量很少。

二、防止游泳溺水事故的措施

(1) 巡线途中不得独自一人游泳，更不要到不摸底和不知水情或比较危险且宜发生溺水伤亡事故的地方去游泳。一般而论，巡线工对水库、湖泊、河流水质是否卫生，水下是否平坦，有无暗礁、暗流、杂草水域的深浅等情况都不甚了解，很容易发生意外。

(2) 单位组织的游泳活动必须要有熟悉水性的师傅带领下去游泳。以便互相照顾。下水前后都要清点人数、并指定救生员做安全保护。

(3) 要清楚自己的身体健康状况，平时四肢容易抽筋者不宜参加游泳，更不要到深水区游泳。

(4) 做好下水前的准备，先活动活动身体，如水温太低应先在浅水处用水淋洗身体，待适应水温后再下水游泳；镶有义齿的应将义齿取下，以防呛水时义齿落入食管或气管。

(5) 对自己的水性要有自知之明，下水后不能逞能，不要贸然跳水和潜泳，更不能互相打闹，以免喝水和溺水。不要在急流和漩涡处游泳，更不要酒后游泳。

(6) 游泳中如果突然觉得身体不舒服，如眩晕、恶心、心慌、气短等，要立即上岸休息或呼救。

(7) 在游泳中，若小腿或脚部抽筋，千万不要惊慌，可用力蹬腿或做跳跃动作，或用力按摩、拉扯抽筋部位，同时呼叫同伴救助。

(8) 如果不慎滑落水中，应吸足气，拍打着水，大声地呼喊，岸上的人应马上呼喊救援，并找附近的有长树枝、竹子、草藤什么的，便于抛向落水的人抓住，如果没有会水者来救援，岸上的人可一边呼喊一边马上脱掉衣服、皮带并把它们接起来抛向落水的人。

(9) 如果不幸溺水，当有人来救助的时候应该身体放松、让救助的人托住腰部。

(10) 当自己特别心爱的东西，不慎掉入水中时不要下意识地急着去捞，要冷静处置。

三、喷水池、冷水塔及空冷塔维护防止溺水措施

(1) 严禁在循环水进水口附近区域内、喷水池或冷水塔的水池内游泳。

(2) 进入喷水池或冷水塔的储水池内及空冷塔工作不得少于 2 人，其中 1 人担任监护。在池内水中工作须使用安全带，戴救生圈或穿救生衣。

(3) 在运行中的水池内工作时，严禁靠近循环水泵的进水管口。严禁进入运行中的水沟内工作。

(4) 检修喷水池的喷嘴应站在木船或木排上进行，禁止在配水管上行走。

(5) 在水沟、水井、进水滤网及冷水塔水池周围等地点，应装设防止工作人员落入水中的栏杆、盖板等防护装置以及必要的照明。喷水池四周的池壁应高出地面至少 200mm，旁边应有便道。

四、溺水急救操作

(1) 发现有人溺水时，立即呼叫援助并拨打 120 急救电话，在保证自身安全的前提下，通过投递竹竿、衣物、绳索、漂浮物或借助专用浮力救援设备，迅速将其从水中救出。受过水中抢救训练的专业救生人员可在水中抢救。

(2) 溺水者救上岸后立即清理其口鼻内的泥沙和水草，平卧位，用 5～10s 观察胸腹部是否有呼吸起伏，如没有呼吸或仅有濒死呼吸，立即予以心肺复苏，首先给予 2～5 次人工通气，每次吹气 1s，确保能看到胸廓有效的起伏运动，再予胸外心脏按压。专业救生人员可在漂浮救援设施的支持下实施水中通气。

(3) 口对口人工呼吸因溺水患者呼吸道异物阻塞时，可用手指除去口腔内异物。如溺水患者呼吸道内有液体，推荐采用吸引的方法排除。因腹部冲击法具有潜在危险，故不推荐使用。

(4) 在进行人工呼吸或胸外心脏按压时，溺水患者可能会呕吐。如呕吐，可将其头部偏向一侧，用手指、手帕或吸引的方法除去呕吐物。

五、抢救溺水患者注意事项

(1) 在抢救溺水患者时不应因“倒水”而延误抢救时间，更不应仅“倒水”而不用心肺复苏法技术进行抢救。

(2) 搬动溺水患者如发现存在颈椎、脊柱损伤时，应设法将溺水患者的头、颈和躯干固定在同一直线上。

(3) 不应为溺水者实施各种方法的控水措施，包括倒置躯体或腹部冲击法。在不影响心肺复苏的前提下，尽可能去除湿衣服，擦干身体，防止患者出现体温过低。

(4) 冰水中发生淹溺可能会提高存活时间窗，因而需要延长搜救时间。

第三节　潜水作业事故防范措施

一、高气压对人体健康的不利影响

一般情况下，人们工作场所的气压变化不大，但有些特殊工作场所的气压会过高或过低，与正常气压相差甚远，如不注意防护，会对人的工作效率和身体健康产生不利影响。如高气压下的工作有潜水和潜函（沉箱）作业，低气压的作业有高空或高原作业等。

1. 接触机会

(1) 潜水作业。水下作业如海水养殖、打捞、施工等，作业人员在水下承受的压力等于大气压与附加压之和。潜水员每下沉 10.3m，增加 101.33kPa（1 个大气压），成为附加压，附加压高低与潜水的深度有关。水下作业结束，潜水员在向水面上升的过程中，如果上升过快，则会使高压下溶于体内的氮气在血管组织中形成气泡，导致减压病。

(2) 潜函作业。在水下或隧道工程中，采用潜函（沉箱）将施工人员沉到水下作业，为防止潜函外的水进入箱内，需通入大于或等于水下压力的高压气体。

(3) 其他。高压氧舱、加压舱和高压科学研究舱等工作，高空飞行的机舱密封不良等也可造成舱内气压降低过快。

2. 减压病

(1) 定义。减压病为在高气压下工作一定时间后，在转向正常气压时，因减压过速所致的职业病。

(2) 机制。减压过速，原高压状态下溶于组织和血液中的氮气溶出，气泡压迫组织、血管，血管内形成气栓。因组织、血管缺氧损伤继之细胞释放 k+、肽、组织胺和蛋白水解酶等，后者又可刺激产生组织胺和5-羟色胺，此类物质可作用于微循环系统，最终使血管平滑肌麻痹，微血管阻塞，进一步减低组织中氮的脱饱和速度。

(3) 临床表现。急性减压病多在数小时内发病。一般减压越快，症状出现越早，病情也越重。

1) 皮肤。皮肤奇痒是减压病出现较早较多的症状，并伴有灼热、蚁行感、出汗。重者出现皮下气肿和大理石斑纹。

2) 肌肉、关节、骨骼系统。气泡形成于肌肉、关节、骨膜处，则可引起疼痛。约 90% 的减压病人可出现关节痛，轻者酸痛，重者可跳动性、针刺或撕裂样剧痛，使患者关节运动受限，呈半屈曲状态，即“屈肢症”。骨内气泡可致骨坏死。

3) 神经系统。出现截瘫、四肢感觉和运动功能障碍、直肠、膀胱功能麻痹等。若累及脑，可头痛、感觉异常、运动失调、偏瘫、眼球震颤、复视、失明、听力减退、耳内晕眩等。

4) 循环系统。当有大量气栓时，可出现心血管功能障碍和淋巴系统受累，表现为脉细、血压下降、心前区紧压感、皮肤黏膜发绀、四肢发凉，局部浮肿，还可出现剧咳、咯血、呼吸困难、胸痛、发绀等肺梗塞症状。

二、潜水作业应遵守的安全规定

潜水工作应由经过考试合格并执有潜水专业资格证的专业潜水人员担任。

1. 潜水员下潜时必须遵守下列规定

（1）戴好头盔后应试验排气阀门，调节空气，确认正常无异时，方可沿水绳下水。

（2）当头盔刚淹没水线下时，停止排气，检查潜水衣、头盔、接口、袖口等有无漏气现象，经信号员检查许可后，方可下潜。

（3）下潜速度不宜超过 10m/min。

（4）到工作位置后，立即打信号灯或用水下专用通信设备，向岸上指挥人员汇报自己的感觉和身体情况，服从岸上指挥人员的指令，并将水绳按水流方向放置在身体的下游侧。

（5）潜水作业前应对潜水衣具、气源、加压系统、通信设备、水下作业工具、减压设备、修理工具进行认真检查。深水作业应由医生到场监护，并准备实施医疗保障应急预案。

2. 潜水员在水下工作时，必须遵守下列规定

（1）必须按照工作前制定的安全技术措施和潜水方案进行，工作开始前应及时向岸上指挥人员汇报潜水方向，岸上指挥人员应根据气泡对潜水员的路线进行调整布置。

（2）应将信号绳和气管在臂上缠绕一圈。

（3）应随时清理信号绳和气管，以免工作位置转移时缠绕。

（4）禁止将信号绳改作他用，打信号应清楚，接到转移方向指示时，应先面对信号绳和气管，再按指示方向前进。

（5）水下行走应侧身移动，不应在重吊物件、其他悬吊障碍物和船只下面穿过，不应随意触动无关物体或水生物。

（6）应避免踏动淤泥，在淤泥上工作时，应调整空气，使潜水衣有一定浮力，当陷入淤泥中时，应缓慢小心地调整空气，改变潜水衣的浮力，从淤泥中拔出来时，应注意防止放漂。

（7）使用调整阀时应谨慎小心，不准打开过大，防止放漂，在任何情况下，下肢不准高于头部。

（8）带着多根绳子进行工作时，应预先做好记号，工作时未查明是哪根绳子前，不准冒险割断。进行复杂的水下作业时，必须利用“进行绳”来引导方向。

3. 潜水员自水下上升时，必须遵守下列规定

（1）上升前应清理信号绳和气管，收拾好工具，检查周围环境，开始上升时应向水面报告。

（2）应沿入水绳上升，并按减压规定进行减压，服从水面关于减压停休的命令。

（3）上升速度宜为 5～6m/min。

（4）接近水面时，手抓前压重物，大量排气，并应注意防止头部与船底及其他物体相碰。

4. 其他规定

（1）潜水员在进行水下闸门作业时，必须在闸门关闭以后下水，在闸门开启之前出水，并有可靠措施，保证潜水员在水下时不会误开闸门。

（2）在水下检查闸门下放位置时，潜水员必须将身体避开，手扶门面。

（3）在闸门漏水较大处工作时，应在离漏水处 2～5m 处下水，下水前应先用物体试验

吸力大小，防止潜水员被吸。

（4）在水下坝体前工作时，工作段两边闸门不准开启放水。

5. 夜间水下作业规定

在一般情况下禁止夜间水下作业，如遇特殊情况需在夜间作业时，应经主管生产的领导批准，并应遵守下列规定：

（1）潜水作业船上必须有良好的照明设备。

（2）自作业开始至结束，必须有强光照射潜水员排出气泡的水面。

（3）必须保证在电气照明故障时有常明设备。遇电气照明故障时，应立即命令潜水员按减压规定上升出水。

第四节　毒蛇咬伤事故防范措施和急救操作

一、毒蛇咬伤中毒机理

毒蛇咬人时，将其毒液从毒腺排出，注入伤口，常能引起全身中毒，甚或导致死亡。毒蛇的种类不同，所含蛇毒成分也有区别，主要表现为神经系统症状，称为风毒；主要表现为循环系统症状，称为火毒；两者皆有，称为风火毒。在我国较常见的毒蛇约10余种。按其分泌的毒素性质可分为3类：以神经毒为主的有金环蛇、银环蛇、海蛇等；血液毒为主的有竹叶青、五步蛇、蝰蛇等；混合毒的有蝮蛇、眼镜王蛇、眼镜蛇等。其中又以蝮蛇咬伤最为多见。毒蛇咬伤后，一般局部留有一对较大而深的牙痕，局部丧失知觉或疼痛，肿胀明显，并有局部坏死。神经毒主要作用于延髓和脊神经节细胞，对局部组织破坏较小，一般红肿不重，流血不多，疼痛较轻，出现麻木感；约0.5～2h出现全身症状，表现为头昏、眩晕、嗜睡、恶心、呕吐、疲乏无力、步态不稳、头低垂、眼睑下垂等。重者视力模糊，言语不清，呼吸困难，皮肤紫绀，以致出现全身瘫痪，惊厥昏迷、血压下降、呼吸麻痹和心力衰竭等，若抢救不及时可迅速死亡。血液毒引起的局部症状出现早且重伤处剧烈疼痛，出血不止，肿胀明显，迅速向近侧蔓延。皮肤紫绀，并有皮下出血、瘀斑、水疱、血疱，逐渐增大以至溃疡，可有血性渗出，有明显淋巴结炎和淋巴管炎，严重者伤处软组织坏死。有的还可出现衄血、结膜下出血、咯血、呕血、血尿及血红蛋白尿，从而导致肾功能衰竭、胸或腹腔大量出血、颅内出血、心力衰竭等。血液毒症状出现较早且严重，因此一般医疗比较及时，死亡率反较神经毒低。混合毒局部症状明显，全身症状发展也较快。

二、防止毒蛇咬伤事故的措施

蛇一般不主动攻击人。蛇的听觉和视觉较差，但感觉灵敏，对栖息处的地面或树枝的振动极为敏感，一遇响动便会逃之夭夭。所以有“打草惊蛇”的成语。在巡线或维修线路走廊进入树林草丛地带时应采取以下措施以防毒蛇咬伤。

（1）注意自己的脚步。蛇类平均每周进食一次，每当进食之后以及蜕皮之时，它们行动迟缓，更容易被踏中。

（2）在伐取灌木前要小心观察，一些蛇类经常栖于树木之上。

（3）如果与毒蛇不期而遇，保持镇定安静，不要突然移动，不要向其发起攻击，许多情况下，毒蛇只想着如何逃命：千万不要挑逗或提起蛇尾或者将它们逼入困境，一些蛇类在走投无路或保卫自己的巢穴时攻击性会大增。

(4) 翻转石块或圆木以及掘坑挖洞时使用木棒，不可徒手。

(5) 穿上结实的皮靴。许多毒蛇的毒牙很小，不能穿透皮靴。

(6) 野外露营时，在住地周围适当撒一些六六六或石灰粉，以防毒蛇侵入，睡前检查床铺，压好蚊帐，早晨起来检查鞋子；在使用床单、衣服、包裹前要小心查看一遍，蛇类很可能就躲在下面。

(7) 如果迫不得已要杀死毒蛇，可取一根具有良好弹性的长木棒，快速劈向毒蛇的后脑，最好一击成功，因为受伤的毒蛇更加危险。

三、毒蛇咬伤后的处理技术措施

(1) 早期缚扎。绑扎伤肢，放低伤口，避免伤口高于心脏，用绷带或就地取用草绳、手帕、布带等由伤口的近心端向远心端包扎，松紧度以通过一指尖为宜，如果伤者在1h内能送达医院，应立即用止血带阻断静脉和淋巴回流，但还要保持动脉通畅。每30min放松一次，每次放松1min。如果伤处肿胀迅速扩大，要检查是否绑得太紧，否则绑的时间应缩短，放松时间应增多，以免肢体缺血坏死。咬伤大多在四肢，应迅速从伤口上端向下方反复挤出毒液，用负压把停留在伤口内的蛇毒尽量抽吸出来，如此反复进行多次。为避免远端肢体坏死，可将肢体置于5～8℃冰水中。在使用有效蛇药30min后，才可去掉缚扎。

(2) 冲洗伤口。结扎后，可用清水或冷开水，生理盐水、肥皂水、明矾水冲洗伤口，以清除周围黏附的毒液；扩创后，可用肥皂水或盐水冲洗。直至0.5h以上，并注意应将伤肢固定，避免活动，以减少毒液的吸收。

(3) 扩伤排毒。伤口消毒后，沿牙痕作纵形或“十”字形切开1～1.5cm深达皮下。注意勿损伤血管神经，并用力由近心端向远端伤口周围挤压，使毒血排出，同时反复边挤压边冲洗伤口，然后于伤口处拔火罐或用抽吸器作负压吸吮，将伤口毒血吸出，以减轻中毒。如伤口流血不止或有全身出血现象，则不宜扩创，以免伤口流血不止。

四、毒蛇咬伤处理注意事项

(1) 被毒蛇咬伤后；切记不要惊慌失措、奔跑或以为烧酒消毒而饮酒，这些行为只会导致蛇毒在体内加速扩散。

(2) 蛇咬伤部位大多在四肢，此时，正确的救治方法是应迅速从伤口上端向伤口下方挤出蛇毒液，重复多次，也可用口吮吸出蛇毒液。如此反复多次可以把停留在伤口内的蛇毒尽量抽吸出来（需要注意的是，口腔内有伤或溃疡者禁止吮吸）。

(3) 用利器将伤口切开，用大量清水冲洗伤口，直至30min以上。如附近没有水源，也可用自身尿液冲洗。

(4) 将伤肢固定好，避免伤肢活动，以减少人体对毒液的吸收。

(5) 可就地用草绳、手帕或布带、领带等在伤口上方（靠近心脏一端）2～3cm处扎紧，松紧程度以通过一个指尖为宜；每120min放松一次，每次放松1min。如果伤口处肿胀迅速扩大，应检查是否绑得太紧，缩短绑的时间，增多放松时间，以免肢体缺血坏死。

(6) 被蛇咬伤后，应在30～60min内处理完毕，防止毒素扩散。

(7) 如备有蛇药，可先服用，并立即送往医院救治。

(8) 在咬伤后应迅速转运至医院，边冲洗边转运。

(9) 尽可能记录蛇的形状、颜色或拍照，提示毒蛇种类，以利用医院后续抗蛇毒血清的选择使用。

第五节　犬咬伤事故防范措施和急救操作

一、犬咬伤得病机理

狗对人类最大的危害是传播狂犬病，每年全球有5万多人因狂犬病死亡。除了狂犬病外，狗还可能对人造成直接伤害。狗与狼从生物分类的角度看，其实是同一种动物（可相互交配并产生有生育能力的后代）。狗天生具有较强的攻击性，狗将人咬成重伤甚至直接咬死的事件在世界各国都经常发生。因此，除了狂犬病外，对狗直接咬伤人的问题也应当引起足够的重视。

疯狗唾液中的狂犬病毒在人体被疯狗咬伤后随即进入人体，侵犯人体神经组织而发生狂犬病。也可因在黏膜、皮肤有破损时接触病兽或病人的唾液而被传染，或进食病兽的肉也可以引发狂犬病。因此，及早注射足量狂犬疫苗预防发病至为重要。

二、防止犬咬伤事故的措施

（1）不要接近陌生的狗，在从狗身边跑过时不要发出尖叫；当一只陌生的狗向你靠近时，要停住不动。

（2）不要和狗嬉戏，不要和狗玩打斗性的游戏，如摔跤等。要确保狗能看到你，并能对你进行嗅探，然后你才可以与狗嬉戏。

（3）避免眼睛直接与狗长时间对视（可能被误解成是赌气、挑战）。

（4）不要打扰正在睡觉、吃东西或照顾小狗的狗。

（5）被狗追逐的时候不要慌忙地跑，站着别动，否则会让狗更想要攻击目标。

（6）不要对着一只狗大吼，尖叫或者想要吓唬它，哪怕是家里温和的宠物狗。

（7）不要拉狗的尾巴，不要扯它的毛，不要想要骑在狗身上。这些举动很容易引起它们发怒。

（8）想要表达友好应该是轻轻拍小狗的后背，而不是头与前额。在狗没有看见你、嗅闻你之前，不要去抚摸它（即便那是你养的狗）。

（9）千万不要背对狗，然后狂奔而去。狗的天性会命令它追上去、抓住你。

（10）在陌生的狗周围行动时必须多加小心。不认识你的狗可能会将你当作一个入侵者或是小偷。当你觉得一只狗可能会攻击你或已经攻击你时，请遵循以下步骤：

1）绝对不要尖叫，或逃跑；保持静止不动，双手放在体侧，避免和狗对视。

2）一旦狗对你失去兴趣，慢慢地后退离开，直到它消失在你的视野里。

3）若狗已经开始攻击，那就将你随身可扔的东西，如外套、钱包、自行车或任何可以扔出去的东西“喂”给它；如果你已跌倒或被扑倒在地面上，要尽量将身体蜷缩成球状，用双手捂住耳朵，并静静地躺着（可以装死），同时，不要尖叫或翻滚。

三、犬咬伤处理操作

1. 现场简单急救措施

（1）被病狗咬伤后，应立即挤压伤口排出污血，同时冲洗伤口。关键是洗的方法。因为伤口像瓣膜一样多半是闭合着，所以必须掰开伤口进行冲洗。用自来水对着伤口冲洗虽然有点痛，但也要忍痛仔细地冲洗干净，这样才能防止感染。冲洗之后要用干净的纱布把伤口盖上，速去医院诊治。

（2）被疯狗咬伤后，即使是再小的伤口，也有感染狂犬病的可能，同时可感染破伤风，伤口易化脓。患者应向医生要求注射狂犬病疫苗和破伤风抗毒素预防针。

2. 有条件时的急救处理

(1) 被犬咬伤后，立即用20%肥皂水或0.1%新洁尔灭或再用清水充分洗涤彻底冲洗伤口至少15min，较深伤口冲洗时，用注射器伸入伤口深部进行灌注清洗，做到全面彻底。同时用挤压法自上而下将残留在伤口内的犬的唾液挤出，彻底冲洗后再用75%乙醇消毒，继之用2%～3%浓碘酊涂擦。局部伤口处理愈早愈好，即使延迟1～2天甚至3～4天也不应忽视局部处理，此时如果伤口已结痂，也应将结痂去掉后按上法处理；接种狂犬疫苗和在伤口附近浸润注射狂犬病病毒免疫血清。

(2) 伤口有少量出血时，先不要急于止血，也不要忙于包扎或缝合伤口。

(3) 尽量设法查明咬人的犬是否是“疯狗”，因为这对于医院制定下一步的治疗计划很有帮助。

3. 接种狂犬病疫苗

如咬伤人的狗或动物肯定是疯狗或疯动物时，或虽不能肯定是疯狗或疯动物，但咬伤严重，或伤口在头面部、颈部等紧靠中枢神经系统部位时，除应立即注射狂犬病疫苗外［狂犬病疫苗的制备方法有利用动物脑组织培养、和人体双倍体细胞疫苗（HDCV），动物脑组织生产的疫苗，人体免疫反应较大，可能引发脑炎］，还应合并使用抗狂犬病血清。狂犬病血清的治疗方法始于1899年，有效的治疗时间是在被咬伤后24h内。这是因为注射狂犬病疫苗后要15～20天才产生抗体，1个月左右抗体水平才能达到高峰，才能有效地防止发病。当咬伤较重或被咬伤部位靠近中枢神经系统时，往往在注射疫苗后体内还没来得及产生足够的抗体就发病了。而合并使用抗狂犬病血清，血清的抗毒素可以及时中和体内的游离病毒，防止病毒扩散，相对地延长狂犬病的潜伏期，使机体有足够的时间产生自身的抗体，减少发病的机会。使用抗狂犬病血清应做过敏试验。

狂犬疫苗应分别在第0、3、7、14、30天各肌肉注射1针，共注射5针。0是指注射第1针的当天，以后以此类推。如果需注射抗狂犬病血清时，最好在使用疫苗的前一天或当天使用，并应在疫苗全程注射5针后的第10天、第20天再各加强注射1针。注射狂犬疫苗和血清要及时、全程、足量，注射时间距咬伤时间越早，预防效果越好。

4. 注意事项

(1) 被病狗咬伤是很危险的，经常有人被咬伤后或养狗人被咬伤后，发生破伤风而死亡的案例。

(2) 温血动物，包括人在内，牙齿上有各种细菌和病毒生存，狗咬伤的伤口深而且形状复杂，恰好适于细菌繁殖，这也是发生破伤风之类疾病的道理。

(3) 被狗撕咬的衣物，应及时更换煮沸消毒，以防止再接触皮肤或黏膜发生“非咬伤性接触感染”。

第六节　蜂蜇伤事故防范措施和急救操作

一、蜂蜇伤中毒机理和防范措施

1. 蜂蜇伤中毒机理

蜂蜇伤是被蜂尾螫伤，毒液注入人体，或伴刺留皮内所致，局部出现红肿刺痛，甚或有头晕恶心等症的中毒性疾病。若被少数蜂蜇，一般无全身症状。若被多数蜂蜇，可产生大面积肿胀，偶可引起组织坏死，重者出现恶心、无力、发热等全身症状，甚至出现过敏性休克或急性肾功能衰竭。大黄蜂蜇伤，可导致休克、昏迷、抽搐、心脏和呼吸麻痹等，可致死亡。大面积蜂蜇伤的伤员应尽快送医院处理。

2. 防范措施

（1）搞好环境卫生，清除周围杂草。

（2）野外工作时，应掌握蜂的生活习性，加以防范。

1）如有野外作业时，不要涂抹香水、发胶和其他芳香类化妆品，以防毒蜂闻风而至。

2）不要携带甜食和含糖饮料，如已带上要密封好，以免招蜂引蝶。

3）要穿工作服，戴安全帽；鲜艳的服装、头花等都容易诱发毒蜂的攻击行为，特别要避免红、黄、橙等接近花蕊的颜色。

4）在山野丛林活动时，不要乱捅蜂巢，以免群蜂攻击。

5）如不小心触动有蜂巢的树枝、灌木，引起蜂群骚动，千万不要拔腿狂奔，而应就地蹲下，屏息敛气，纹丝不动，可用随身携带的草帽遮挡颜面和头颈，耐心静候十几二十分钟，等蜂群活动恢复正常之后，再慢慢退却，以躲过“劫难”。

二、蜂蜇伤急救操作

1. 被蜂蜇伤的处理方法

被蜜蜂蜇时，首先检查有无毒刺折断在皮肤内，如有折断应立即用镊子或钳子拔出毒刺，然后用负压吸出毒汁。为了减轻疼痛、避免发生中毒现象，可以在伤口部位先把硬刺取出。如果伤口是在四肢，可以用绳子在伤口上方绑紧，防止毒液顺着血流流到别处，然后再用手或其他器具，将毒液从伤口挤出，等流出部分血水后，松开绳子。蜜蜂的毒汁为酸性，可用浓肥皂水或碳酸氢钠溶液（碱水）涂抹伤口，或是用氨水、小苏打水清洗伤口也可以，让酸性的毒液被碱性液体所中和，这样伤口的症状就能稍微减轻了。

如果是被虎头蜂、毒蝎或其他毒虫蜇伤，也可先用这种方法做紧急处理，然后再送医治疗，才是安全且正确的方法。黄蜂的毒汁为碱性，可用醋酸涂抹。

2. 严重蜂蜇伤的处理办法

被蜂蜇伤者如有全身症状，应根据病情予以不同处理。

（1）症状轻者对症治疗或输液，10%葡萄糖酸钙静脉注射，或口服蛇药；过敏反应者，应迅速用肾上腺皮质素、抗组织胺药；发生血红蛋白尿者，应用碱性药物碱化药液，并适当补液量以增大尿量，并可采用20%甘露醇等以利尿；如为少尿或无尿，则按急性肾功能衰竭处理，对休克者要积极抢救；对群蜂蜇伤或伤口感染者，应加用抗菌药物。

（2）局部症状较重者，可采用火罐拔毒和局部封闭疗法，并予以止痛剂或用抗组织胺药。也可根据当地药源选用中草药外敷。

1）野菊花、马齿苋、夏枯草等，捣烂，外敷。

2）玉露散、季德胜蛇药、南通蛇药片等，凉开水调，外涂。

3）入乳汁、米醋、香皂水等，外搽。

4）内服季德胜蛇药、南通蛇药片、解毒消炎丸、牛黄解毒片等。

（3）重症者住院治疗，依病情使用抗组织胺药物。过敏反应明显者，可使用肾上腺毒或10%葡萄糖酸钙等。适当使用止痛、镇静剂。伤口周围外敷南通蛇药。用0.25%～0.5%普鲁卡因行伤口周围封闭。

三、饮食保健

（1）可在蜂蜇伤患处用力涂抹柠檬、橙子等水果，酸性越强的效果越好，酸性不强的也有一定效果。

（2）民间有用人奶治疗蜂蜇伤的验方，颇有效果，在野外可以用携带的纯牛奶擦洗，可以吸收并中和一些毒素。

（3）蜂蜇伤有全身症状者，应多饮水以加快毒素排泄。

（4）饮食上注意以下情况：

1）尽量少吃辛辣、刺激的食物，如洋葱、胡椒、辣椒、花椒、芥菜、茴香。

2）避免吃油炸、油腻的食物，如油条、奶油、黄油、巧克力等，这些食物有助湿增热的作用，会增加白带的分泌量，不利于病情的治疗。

3）不要吃温热食物，如高粱、糯米、韭菜、小茴香等。

第十三章

电力生产现场噪声污染和电磁辐射防范措施

第一节 噪声污染防范措施

一、防噪声污染一般要求

(1) 噪声污染会对人身造成伤害，按照工业卫生的要求，生产场所噪声水平必须符合 GB 12348—2008《工业企业厂界环境噪声排放标准》以及 GB/T 50087—2013《工业企业噪声控制设计规范》的规定。

(2) 工作场所的噪声测量应符合 GBJ 122—1988《工业企业噪声测量规范》、GB/T 1094.10—2022《电力变压器 第 10 部分：声级测定》和 GB/T 1094.101—2023《电力变压器 第 101 部分：声级测定 应用导则》的有关规定；设备本身的噪声测量应符合相应设备有关标准的规定。

(3) 工程设计，应选用噪声和振动水平符合国家现行有关标准的设备，必要时，应对设备提出容许的限制值，或采取相应降低声源噪声、防止噪声传播等的防护措施。

二、存在噪声危害的行业和工种分布

存在噪声危害的行业和工种分布非常广泛，卫生部 2002 年颁布的《职业病危害因素分类目录》中，列举了 61 个可能导致噪声耳聋的行业工种。而实际工作中噪声主要来自于：机械加工业的下料、剪切、锻造、冲压、辊压、铆接、落砂、造型，金属表面处理的抛光、喷砂、清理，热电厂的碎煤、球磨、汽机发电、司炉，水泥制造厂的破碎、研磨，纺织业的纺纱、织造、制条以及采矿业的凿岩、爆破、掘进等工种。

三、电力行业的噪声源

发电厂大型噪声设备主要集中在汽轮机和锅炉车间及其他动力设备车间，主要噪声源有汽轮机、发电机滑环电刷、变压器、凝汽器、磨煤机及各类风机、空压机、泵类等。作业人员长期在高噪声环境中工作，会引起听力损伤和中枢神经功能失调，对妇女能引起月经失调，内分泌紊乱等伤害。

(1) 机械动力噪声。各设备在运转过程中有振动、摩擦、碰撞所产生的噪声，以低、中频为主。汽轮发电机组在高速状态下运行，从透平油泵开始到汽轮机转子、发电机转子、励磁机、联轴器等都会产生噪声。

(2) 气体动力噪声。由各类风机、风道、蒸汽管道中的气流的流动、扩容、截流、排气、漏气等产生的气体动力噪声，具有高、中、低各类频谱，其中尤以排气为高强噪声，对周围环境影响最大。

(3) 其他噪声。发电厂除上述两类主要噪声来源外，尚有锅炉燃烧噪声，即燃料燃烧、气化、烟气流动所产生的噪声；电磁噪声，即电动机、变压器等电气设备的磁场交变运动产生的噪声，以及检修作业中各种机械，人工也产生噪声，主要以中低频为主。

(4) 交通、人群活动噪声。如电厂场内运输车辆，其他车辆喇叭及行驶所产生的交通噪声；另外还有人群活动、广播所引起的噪声。这一类噪声一般高、中、低频都有。

上述噪声源中，以第 (1)、(2) 类对环境影响干扰最大，是噪声防治的重点。

四、噪声对人体的作用和影响因素

1. 噪声对人体健康的作用

噪声对人体的作用可分为特异作用（对听觉系统）和非特异作用（对其他系统）两种。

噪声对听觉系统的影响主要表现为听觉敏感度下降、听力阈值升高、语言接受和信号辨别力变差，严重时可造成耳聋。噪声引起的听力阈移分为暂时性和永久性两种。一般是先出现听觉适应、暂时性听力阈移，属于可恢复的生理性改变。继续接触高强度噪声，就可能发生永久性听力阈移，早期以影响高频听阈为主，时间延长会导致全频受损，甚至噪声性耳聋，属于不可恢复的改变。

除造成听觉损伤外，噪声还会诱发多种其他疾病，如头痛、头晕、耳鸣、失眠、全身乏力等；使肠胃病和溃疡病发病率升高；对心血管等系统产生不良影响。

2. 噪声对人体的影响因素

(1) 噪声强度。噪声强度大小是影响听力损伤程度的主要因素。强度越大，听力损伤出现得越早，损伤越严重，受伤的人数也越多。80dB (A) 以下的噪声一般不会引起身体器质性的变化，长期接触 85dB (A) 以上的噪声，接触噪声人员的自觉症状和听力损失程度均随声级增加而增加。

dB 分贝是衡量声音强度的单位，日常环境中常见声音的分贝值以及不同噪声对听力的损害程度如表 13-1 所示。分贝数越大代表所发出的声音越大，每增加 10dB，则声音大小约是原来的 10 倍。如，20dB 声音功率是 10dB 声音功率的 10 倍，30dB 声音功率是 20dB 声音功率的 10 倍，以此类推。10 个声源同时发出 10dB 的声音，则功率是 10dB 声音功率的 10 倍，也就是 20dB。

表 13-1　日常环境中常见声音的分贝值以及不同噪声对听力的损害程度

分贝值	日常环境	对听力的损害程度
140～165	鞭炮响声	
140	飞机起飞	
120	救护车警笛声、打雷声	
110	手提钻作业、摇滚音乐会、交响乐团演奏	在 110dB 及以上的声音环境中暴露超过 1min，就有形成永久性听力损伤的风险
105	音乐播放器以最大音量播放	如无额外听力保护措施，建议在 100dB 及以上的声音环境中不要超过 15min
95	地铁站台	
85	城市车流、学校食堂	长期处于 85dB 及以上声音环境中，可能导致慢性听力损伤
75	洗碗机	
70	吹风机、吸尘器	

续表

分贝值	日常环境	对听力的损害程度
60	正常交谈	
40	电冰箱启动声	
30	低声悄语	
0	正常听力者通常能听到最小声音	

注 本表根据美国听力健康基金会网站图片制作。

“A”表示加权声级度。正常的人耳能听到20～20000Hz频率的声音，这个频率范围叫作“人耳可听声范围”，可分成8个或24个“频率带”，分别称为倍频程或1/3倍频程。声音或噪声在不同的频率带可有不同的强度或声压级，声音通常以一个声压级值来描述，方法是将所有倍频程或1/3倍频程所占的部分加在一起，得出一个声压级。人类耳朵对声音的敏感度取决于声音的频率，对于2500～3000Hz频率的声音，人类耳朵的反应最灵敏，而对低频率的声音，敏感度则较低。故此，将所有倍频程或1/3倍频程所占的部分加在一起所得到的数值并不能有效反映人类耳朵对声音频率的非线性反应。以“A”加权声级度为例，在将低频率及高频率的声压级值加在一起之前，声压级值会减低。声压级值加在一起后所得数值的单位为dB（A）。dB（A）更能准确地反映人类耳朵对频率的反应，量度声压级的仪器通常都附有加权网络，以提供dB（A）的读数。

（2）噪声频谱。在强度相同的情况下，高频噪声对人体的危害比低频噪声大，窄频带噪声比宽频带噪声危害大。频谱可以影响听力损伤的程度，但不会影响听力损失的高频听谷。

（3）接触时间和接触方式。同样的噪声，接触时间越长，听力损伤越严重，损伤人数也越多。上面病例中提到的患者所在的企业，实行三班倒制度，每班8h，现场监测车间脉冲噪声的峰值为135.6dB（A），日接触脉冲噪声1500次左右，工人暴露在强噪声中的时间过长，导致听力严重损伤。此外，持续接触噪声对人体的危害比间断接触大。防止噪声危害，用人单位应建立隔声休息室，实行工间休息制度，使工人暂时离开车间，缩短接噪时间，有助于恢复听力。

（4）噪声性质。生产性噪声有多种分类方法，职业卫生工作中一般是根据持续时间和出现形态，将生产性噪声分为稳态噪声和脉冲噪声两种。脉冲噪声比稳态噪声危害大，如果噪声的声级、频谱、时间等条件相同，接触脉冲噪声工人的耳聋、高血压及中枢神经系统功能异常等发病率均较接触稳态噪声的工人高。脉冲噪声的峰值声压级越大、宽度越长、次数越多、重复率越快、上升时间越短，对听阈的损伤越大。

（5）协同作用。如果生产现场同时存在振动、高温、寒冷或某些有毒物质等因素，噪声的不良作用会放大，对听觉器官和心血管系统的影响比噪声单独作用更为明显。

（6）机体健康状况及个体敏感度。在同样条件下，对噪声敏感的个体或患有某些疾病的人，特别是耳病患者，即使接触时间不长或接触噪声强度不高，也可能出现明显病变。这与遗传、机体生理与生化代谢、耳部结构以及社会或心理因素等有关。

五、降低噪声的强度和减少噪声危害的一般措施

（1）消声。控制和消除噪声源是控制和消除噪声的根本措施，改革工艺过程的生产设备，以低声或无声设备或工艺代替产生强噪声的设备和工艺，将噪声源远离工人作业区和居民区均是噪声控制的有效手段。

(2) 控制噪声的传播。

1) 隔声。用吸声材料、吸声结构和吸声装置将噪声源封闭，防止噪声传播。常用的有隔声墙、隔声罩、隔声地板、隔声门窗等。

2) 消声。用吸声材料铺装室内墙壁或悬挂于室内空间。可以吸收辐射和反射的声能，降低传播中噪声的强度水平。常用的吸声材料有玻璃、矿渣棉、毛毡、泡沫塑料、棉絮等。

3) 合理规划厂区、厂房。在产生强烈噪声的作业场所周围，应设置良好的绿化防护带，车间墙壁、顶面、地面等应设吸声材料。

(3) 采用合理的防护措施。

1) 合理使用耳塞。防声耳塞、耳罩具有一定的防声效果。根据耳道大小选择合适的耳塞，隔声效果可达30～40dB，对高频噪声的阻隔效果更好。

2) 合理安排劳动制度。工作时间里插休息时间，休息时间离开噪声环境，限制噪声作业的工作时间，可减轻噪声对人体的危害。

(4) 卫生保健措施。接触噪声的人员应进行治疗和观察，重者应调离噪声作业。就业前体检或定期体检中发现明显的听觉器官疾病、心血管病、神经系统器质性疾病者不得参加接触强烈噪声的工作。

六、防护措施

1. 做好前期预防

在项目的设计和建设阶段，应该对厂区进行合理布局，保证配套的职业病防护设施与主体工程同时设计、同时施工、同时投入运行。对可能产生职业病危害的建设项目，应当进行可行性论证阶段职业病危害预评价的卫生审核、竣工验收时的职业病危害控制效果评价及职业病防护设施的卫生验收，对存在的职业病危害项目应如实申报并接受监督，从多方面做好针对噪声危害的前期预防工作。

2. 控制和消除噪声源

降低和消除声源是最根本、最彻底的降噪措施。生产噪声主要分为机械噪声和气流噪声两大类。

(1) 降低机械噪声。

1) 改进机械设计，选用高分子材料或高阻尼合金代替普通钢制造机件。

2) 改进设备结构，如将化纤厂拉捻机的齿轮改成有弹性轴套的钢齿轮、聚脲铸造齿轮。旋转机械设备应尽量选用噪声小的传动方式，如将正齿轮传动装置改成斜齿轮或螺旋齿轮传动装置，或改用皮带传动。

3) 改进工艺与操作方法，如将铆接改成焊接，将锻打改成摩擦挤压或液压加工，建筑施工中用压力打桩机代替柴油打桩机等。

4) 机器运行中，由于机件撞击、摩擦或由于动平衡不好而产生的噪声，可以通过改进机加工精度和机器装配质量的方法有效降低。

(2) 控制、减弱气流噪声。气流噪声指各种风机、空压机排气口、高压高速管道、风动工具等产生的空气动力性噪声。鼓风机、电动机等与生产无直接关系的声源可隔离或移出室外；一般风机应改进结构形式，选择最佳叶型、转速，提高装配精度和质量以降低噪声；高压高速管道发生的噪声应采取降低压差流速、减少速度峰值的措施减轻，进气口通道尽量保持最大面积和最短长度，清除管道中的障碍物，减少弯头和面积突变，改变高压高速气流喷嘴的形状等。

3. 阻断噪声传播途径

厂区应合理规划布局，产生噪声的工厂与居民区之间应有一定距离，最好设置防护带，防护带内种树木或设隔声墙壁。噪声车间与非噪声车间、强噪声设备与一般设备应隔开。也可以利用地形地物阻隔降低噪声，如山丘、土坡、建筑物、树木（森林）等都是良好的屏障，能阻隔或吸收一部分噪声。如果以上方法仍不能达到要求，就需要在噪声传播途径上采取吸声、消声、隔声、隔振、阻尼等声学处理措施。

（1）吸声。利用吸声材料如玻璃棉、泡沫塑料、矿渣棉、毛毡、石棉绒、加气混凝土、木丝板、甘蔗板等装饰墙面或天花板，这些多孔材料能够吸收声波，达到降低噪声强度的目的。吸声材料主要吸收反射声，对从声源直接发出的直达声作用甚微，对高频噪声比对低频噪声有效。低频噪声可采用共振吸声的办法，用多孔板作吸声墙壁。这些措施均能取得较好的吸声效果。

（2）消声。使用消声器是控制空气动力性噪声的主要措施。消声器是一种阻止声音传播而允许气流通过的装置，主要用于风道和排气管道。常用消声器分阻性消声器和抗性消声器两种，二者联合使用消声效果更好。好的消声器应当是消声量大，空气动力性能好，结构性能好，三者缺一不可。

（3）隔声。把发声设备或需要安静的场所封闭在一个小的空间中，使之与周围环境隔绝起来，以达到控制噪声传播的目的。如空压站的隔声室，窗户用双层玻璃，门窗用吸声材料饰面，周围用橡胶条密封。小型声源可用隔声罩。

（4）隔振。为了防止通过固体传播的振动性噪声，可在机器或振动体的基座与地板、墙壁联结处安装隔振或减振装置，也可起到降低噪声的效果。

（5）阻尼。阻尼材料就是内损耗较大的材料，如沥青、软橡胶以及其他高分子材料。涂在金属板上的阻尼材料，其厚度应当为金属板的 3 倍以上，并使其紧紧地粘附在金属板上，这样才能起到良好的阻尼效果。

4. 加强个人防护及健康监护

在较强噪声环境工作的人员，都必须佩戴舒适方便的耳塞、耳罩等个人防护用品。企业应加强对工人使用劳动防护用品的监管，并进行培训教育，让工人养成自觉防护的习惯。上面病例中患者所在的企业，尽管为工人配备了耳塞等个人防护用品，但由于监督管理和教育培训工作不到位，仅有部分作业工人佩戴，没有发挥应有的防护作用。

用人单位应建立健全职业健康监护制度，做好上岗前、在岗期间、离岗时和应急的健康检查。接噪人员上岗前体检应进行纯音测听并存档，若出现永久性感音神经性听力损失大于 25dB，或患有各种能引起内耳听觉神经系统功能障碍疾病的人，均不宜从事强噪声作业。在岗人员体检周期为 1 年，发现高频听力下降者，应注意观察并采取适当措施。

5. 变电站噪声防护措施

（1）对变电站噪声首先从声源上进行控制，要求设备制造部门提供符合国家规定噪声标准的设备。对于声源上无法根治的噪声应采取有效的噪声控制措施，如设置隔音设备或吸音设备等。设计时必须注意主变压器与主控室、通信室、办公室以及居民区的距离。

（2）在变电站的总平面布置中对建筑物和绿化隔声、消声、吸声等作用进行优化，以降低变电站的噪声影响。

(3) 控制室、计算机室、通信值班室等室内空调装置应采取消声、减振措施。

(4) 采取个人防护措施，包括在耳道塞防声棉、防声耳塞或佩戴耳罩，头盔等防声工具。

(5) 变电站站区及周边地区应进行适当绿化，恢复和改善变电站周围地区的生态环境。变电站应种植树木和草皮，绿化率不宜低于15%。

第二节 电磁辐射防范措施

一、电磁辐射和电磁污染

随着电网内330kV及以上电压等级变电站的大量投运，变电站中高压配电装置的电磁辐射问题也日渐突出。电磁辐射主要取决于带电导体表面的场强分布和对大地的距离。我国规定进出线的电磁辐射对环境的影响应符合GB 8702《电磁环境控制限值》、GB 15707《高压交流架空送电线无线电干扰限值》和HJ 24《环境影响评价技术导则　输变电工程》的要求。

1. 电磁辐射和电磁污染的定义

由于广播、电视、微波技术的发展，射频设备功率成倍增加，地面上的电磁辐射大幅度增加，已达到直接威胁人体健康的程度。电场和磁场的交互变化产生电磁波。电磁波向空中发射或汇汛的现象，叫电磁辐射。过量的电磁辐射就造成了电磁污染。电磁污染是指天然和人为的各种电磁波的干扰及有害的电磁辐射。

2. 电磁污染的分类

影响人类生活环境的电磁污染可分天然电磁污染和人为电磁污染两大类。

(1) 天然电磁污染。天然的电磁污染是某些自然现象引起的。最常见的是雷电，雷电除了可能对电气设备、飞机、建筑物等直接造成危害外，还会在广泛的区域产生从几千Hz到几百MHz的极宽频率范围内的严重电磁干扰。火山喷发、地震和太阳黑子活动引起的磁爆等都会产生电磁干扰。天然的电磁污染对短波通信的干扰极为严重。

(2) 人为电磁污染。人为的电磁污染包括：①脉冲放电。例如，切断大电流电路时产生的火花放电，其瞬变电流很大，会产生很强的电磁辐射。它在本质上与雷电相同，只是影响区域较小；②工频交变电磁场。例如，在大功率电机、变压器以及输电线等附近的电磁场，它并不以电磁波的形式向外辐射，但在近场区会产生严重电磁干扰；③射频电磁辐射。例如，无线电广播、电视、微波通信等各种射频设备的辐射，频率范围宽，影响区域也较大，能危害近场区的工作人员。射频电磁辐射已经成为电磁污染环境的主要因素。

3. 电磁辐射的危害

(1) 电磁辐射对易爆物质和装置的危害。高电平电磁感应和辐射可以引起易爆物质和电爆兵器控制失灵，发生意外爆炸。

(2) 电磁辐射对挥发性物质的危害。高电平电磁感应和辐射可以引起挥发性液体或气体意外燃烧。

(3) 形成空间电波噪声。从大功率微波和射频设备泄漏出来的电波，会向空间辐射，形成空间电波噪声。空间电波噪声可以干扰位于这个区域范围内的各种电子设备正常工作。

(4) 电磁辐射影响人体健康。微波对人体健康危害最大，中长波最小。其生物效应，主要是机体把吸收的射频能转换为热能，形成由过热而引起的损伤。

(5) 电磁辐射是心血管疾病、糖尿病、癌突变的主要诱因。

(6) 电磁辐射对人体生殖系统、神经系统和免疫系统造成直接伤害。

(7) 电磁辐射是造成流产、不育、畸胎等病变的诱发因素。

(8) 过量的电磁辐射直接影响大脑组织发育、骨髓发育、视力下降；肝病，造血功能下降，严重者可导致视网膜脱落。

(9) 电磁辐射可使男性性功能下降，女性内分泌紊乱，月经失调。

4. 电磁辐射的一般防护措施

(1) 老人、儿童和孕妇属于电磁辐射的敏感人群，在有电磁辐射的环境中活动时，应根据辐射频率或场强特点，选择合适的防护服加以防护。建议孕妇在孕期，尤其在孕早期，应全方位加以防护，对于电磁辐射的伤害不能存有侥幸心理。

(2) 平时注意了解电磁辐射的相关知识，增强预防意识，了解国家相关法规和规定，保护自身的健康和安全不受侵害。日常生活中碰到的广播、电视效果突然变差，几乎都是电磁干扰造成的。

(3) 不要把家用电器摆放得过于集中，以免使自己暴露在超量辐射的危险之中。特别是一些易产生电磁波的家用电器，如收音机、电视机、计算机、冰箱等不宜集中摆放。合理使用电器设备，保持安全距离，减少辐射危害。

(4) 注意人体与办公和家用电器距离，对各种电器的使用，应保持一定的安全距离，如电视机与人的距离应在4～5m，与日光灯管距离应在2～3m，微波炉在开启之后要离开至少1m，孕妇和小孩应尽量远离微波炉。

(5) 各种家用电器、办公设备、移动电话等都应尽量避免长时间操作，同时尽量避免多种办公和家用电器同时启用。手机接通瞬间释放的电磁辐射最大，在使用时应尽量使头部与手机天线的距离远一些，最好使用分离耳机和话筒接听电话。

(6) 饮食注意多食用富含维生素A、C和蛋白质的食物，加强机体抵抗电磁辐射的能力。

(7) 安设电磁屏蔽装置。在电磁场传递的途径中安装屏蔽装置，使有害的电磁强度降低到容许范围内。这种装置为金属材料的封闭壳体。当交变电磁场传向金属壳体时，幅度衰减。电磁屏蔽可分有源场屏蔽和无源场屏蔽两类。

(8) 使电磁污染源远离居民稠密区：改进电气设备；在近场区采用电磁辐射吸性材料或装置；实行遥控和遥测，提高自动化程度等。

5. 电磁辐射的特别防护措施

(1) 有5种人特别要注意电磁辐射污染：生活和工作在高压线、变电站、电台、电视台、雷达站、电磁波发射塔附近的人员；经常使用计算机、电视电子仪器、医疗设备、办公自动化设备的人员；生活在现代电气自动化环境中的工作人员；佩戴心脏起搏器的患者；生活在以上环境里的孕妇、儿童、老人及病患者等。如果生活环境中电磁辐射污染比较高，公众必须采取相应的防护措施。不要把家用电器摆放得过于集中，以免使自己暴露在超剂量辐射的危险之中。特别是一些易产生电磁波的家用电器，如收音机、电视机、计算机、冰箱等更不宜集中摆放在卧室里。

(2) 各种家用电器、办公设备、移动电话等都应尽量避免长时间操作，同时尽量避免多种办公和家用电器同时启用。手机接通瞬间释放的电磁辐射最大，在使用时应尽量使头部与手机天线的距离远一些，最好使用分离耳机和话筒接听电话。

(3) 注意人体与办公和家用电器距离，对各种电器的使用，应保持一定的安全距离，离电器越远，受电磁波侵害越小。如彩电与人的距离应在4～5m，与日光灯管距离应在2～3m，微波炉在开启之后要离开至少1m远，孕妇和小孩应尽量远离微波炉。

二、防护措施

(1) 在变电站的设计中选用电磁辐射水平低的设备，设备及配件的加工应精良、外形和尺寸合理。避免出现高电位梯度点。

(2) 变电站进出线方向应选择避开人居密集区，主变压器和高压配电装置宜布置在远离人居侧。变电站附近高压区域要设置相应警告。

(3) 必须避免或减少同相布置。

(4) 控制箱等操作设备尽量布置在较低场强区域，以有利于运行检修人员靠近。电场强度大于10kV/m，且人员较为频繁活动的地方，可增设屏蔽线或设备屏蔽环等。

(5) 必要时可适当增加屏蔽线和设备屏蔽环。

(6) 可适当提高电气设备及引线的安装高度。

三、从营养保健饮食方面着手进行防治电磁辐射

1. 蔬菜类

油菜、青菜、芥菜、雪里蕻、卷心菜、萝卜等十字花科蔬菜具有抗污染损伤的功能。我国科学家从这些十字花科植物中成功提取出一种天然污染保护剂SP88，并通过从分子水平到整体动物、植物的一系列实验，对SP88的作用机理及生物功能进行了证实。胡萝卜、豆芽、西红柿等富含维生素A、C和蛋白质，经常吃这些蔬菜均有利于抗电磁污染。值得注意的是，武汉大学公共卫生学院罗琼博士等一项最新研究发现，海带的提取物海带多糖因抑制免疫细胞凋亡，恢复免疫抑制小鼠的细胞免疫、体液免疫以及非特异性免疫功能而具有抗污染作用。众多的实验研究表明，真菌类食物诸如金针菇、香菇、猴头菇、黑木耳也可通过增强机体免疫力起到抗电磁污染作用。综上所述，为了有效预防现代家庭室内的电磁污染，在保证摄入充足的蔬菜时，应保证十字花科蔬菜、胡萝卜、豆芽、西红柿、海带以及真菌类蔬菜的摄入，以增强机体抗辐射能力。

2. 水果类

绝大多数水果都有抗污染功能，常食有益而无害。水果为什么能抗污染呢？因为水果中不仅含有丰富的维生素、粗纤维和微量元素，更为重要的是水果中含很多活性成分，正是这些活性成分在抗电磁污染过程中发挥着重要作用，例如，橘类水果中的萜烯类和浆果中的鞣化酸能激活细胞中的蛋白分子，把电磁污染后变异的癌细胞裹起来，并利用细胞膜的逆吞噬功能，将致癌物排出体外，阻止了致癌物对细胞核的损伤，保证了基因的完好。

3. 饮料

在众多的茶饮料之中，绿茶具有很好的抗污染作用。因为绿茶中含有效的抗氧化剂儿茶酚以及维生素C，不但可以清除体内的自由基，还能使副肾皮质分泌出对抗紧张压力的荷尔蒙。当然绿茶中所含的少量咖啡因也可以刺激中枢神经，提振精神。枸杞茶含有丰富的β-胡萝卜素，维生素B1、维生素C、钙、铁，具有补肝、益肾、明目的作用，菊花茶或者蜂蜜菊花茶都具有明目清肝养肝的作用，这三种茶对抗电磁污染尤其是对“电脑族”预防辐射和缓解眼睛疲劳作用显著。以往的研究还证实了，葡萄籽提取物对污染损伤的保护作用。苏联的宇航员们长期服用一种富含原花青素的植物饮料，以预防他们在太空飞行时所受到的污染损伤。苏联切尔诺贝利核电站发生爆炸，造成严重核污染，当地许多人遭受核污染损伤，生活在该地区的人们被建议喝一种叫作 Crimean 的红葡萄酒。所以，建议现代都市家庭经常饮用红葡萄酒。

参 考 文 献

［1］ 中国电气工程大典编辑委员会．中国电气工程大典：第 2 卷　电力电子技术．北京：中国电力出版社，2009.

［2］ 中国电气工程大典编辑委员会．中国电气工程大典：第 10 卷　输变电工程．北京：中国电力出版社，2009.

［3］ 中国电气工程大典编辑委员会．中国电气工程大典：第 11 卷　配电工程．北京：中国电力出版社，2009.

［4］ 中国电气工程大典编辑委员会．中国电气工程大典：第 8 卷　电力系统工程．北京：中国电力出版社，2009.

［5］ 刘振亚．中国电力与能源．北京：中国电力出版社，2012.

［6］ 本书编写组．县区供电企业安全生产便携手册．北京：中国电力出版社，2012.

［7］ 本书编写组．国家标准《电力（业）安全工作规程》问答（电力线路部分）．北京：中国电力出版社，2012.

［8］ 本书编写组．国家标准《电力（业）安全工作规程》问答（发电厂和变电站电气部分）．北京：中国电力出版社，2012.

［9］ 本书编写组．国家标准《电力（业）安全工作规程》问答（高压试验室部分）．北京：中国电力出版社，2012.

［10］ 本书编写组．国家标准《电力（业）安全工作规程》问答（热力和机械部分）．北京：中国电力出版社，2012.

［11］ 本书编写组．国家标准 GB 26164.1—2010 电力安全工作规程热力和机械部分培训考核指导书．北京：中国水利水电出版社，2015.

［12］ 本书编写组．国家标准 GB 26860—2011 电力安全工作规程发电厂和变电站电气部分培训考核指导书．北京：中国水利水电出版社，2015.

［13］ 本书编写组．国家标准 GB 26859—2011 电力安全工作规程电力线路部分培训考核指导书．北京：中国水利水电出版社，2015.

［14］ 本书编写组．国家标准 GB 26861—2011 电力安全工作规程高压试验室部分培训考核指导书．北京：中国水利水电出版社，2015.

［15］ 国家能源局．DL/T 692—2018 电力行业紧急救护技术规范．北京：中国电力出版社，2018.

［16］ 国家电网有限公司十八项电网重大反事故措施（修订版），2018.

［17］ 国家电网有限公司基建部《输电线路（电缆）工程施工现场关键点作业安全管控措施》，2017.

［18］ 王晋生．电力生产危险化学品安全使用与现场应急处置．北京：中国电力出版社，2019.

［19］ 胡中流．电力生产现场职业健康监护措施．北京：中国电力出版社，2016.

［20］ 倪家春．电力行业应急救护．北京：中国水利水电出版社，2019.

［21］ 张治取．配电线路应急救援．北京：中国水利水电出版社，2019.

［22］ 赵伟．电力有限空间应急救援．北京：中国水利水电出版社，2020.

［23］ 魏峰．化学事故电力应急救援．北京：中国水利水电出版社，2020.